"十二五"江苏省高等学校重点教材（编号：2013-1-171）

BAOFEIQICHE LÜSE CHAIJIE
YU LINGBUJIAN ZAIZHIZAO

报废汽车
绿色拆解与
零部件再制造

贝绍轶　主　编　　周全法　龙少海　副主编

U0243851

化学工业出版社

·北京·

本书主要讲述报废汽车拆解及其零部件再制造有关知识，内容包括我国汽车报废标准和报废汽车拆解回收企业标准，报废汽车回收管理规程，报废汽车技术状况及性能检查鉴定方法及报废汽车整车拆解与整车破碎工艺流程，报废汽车发动机、底盘、车身及电气系统的拆解技术工艺流程，报废汽车材料分类与利用方法，报废汽车拆解场地的设计与管理方法，污染、危险废物及垃圾（废弃物）的处理方法，报废汽车零部件循环利用及再制造技术，报废汽车拆解回收信息管理系统等内容。全书内容条理清晰、文字规范、语言流畅、图文并茂，具有较好的实用性。

本书可供广大报废汽车维修、汽车拆解、汽车再生资源回收相关研究人员与工程技术人员使用，也可作为高等院校汽车服务工程、车辆工程等相关专业"汽车评估与再生"课程的教学参考书或教材。

图书在版编目（CIP）数据

报废汽车绿色拆解与零部件再制造/贝绍轶主编. —北京：化学工业出版社，2015.8
ISBN 978-7-122-24615-8

Ⅰ.①报… Ⅱ.①贝… Ⅲ.①汽车-废物回收
Ⅳ.①X734.2

中国版本图书馆 CIP 数据核字（2015）第 158438 号

责任编辑：朱 彤   文字编辑：陈 喆
责任校对：王素芹   装帧设计：史利平

出版发行：化学工业出版社（北京市东城区青年湖南街 13 号 邮政编码 100011）
印 装：北京虎彩文化传播有限公司
787mm×1092mm 1/16 印张 16½ 字数 496 千字 2016 年 1 月北京第 1 版第 1 次印刷

购书咨询：010-64518888 售后服务：010-64518899
网 址：http://www.cip.com.cn
凡购买本书，如有缺损质量问题，本社销售中心负责调换。

定 价：65.00 元

前言
FOREWORD

近几年我国汽车产业高速发展，报废汽车的数量逐年增多，报废汽车的处理已成为人们关注的焦点之一。根据国际经验，汽车上的各种再生资源90%以上可以回收利用，玻璃、塑料等回收利用率可达50%以上，经处理后的报废汽车零件有很高的使用价值。目前，汽车产业发达国家的汽车回收利用率相当高，德国、法国、美国等国家报废汽车的再利用率已达到95%，大力推广报废汽车的再利用技术既有助于节约社会资源，又有助于促进环境保护，符合构建节约型社会与和谐社会的大方向。

为进一步促进我国报废汽车资源循环产业的发展，规范报废汽车拆解回收技术和工艺，提高汽车零部件及材料的回收利用率，控制环境污染，提高汽车拆解企业的生产效率，本书以汽车拆解工艺流程与报废汽车零部件再制造技术为主线，详细阐述了我国汽车报废标准和报废汽车拆解回收企业标准，报废汽车的回收管理规程，报废汽车技术状况及性能检查鉴定方法，报废汽车整车拆解与整车破碎工艺流程，报废汽车发动机拆解技术工艺流程，报废汽车底盘、车身及电气系统的拆解技术工艺流程，报废汽车材料分类与利用方法，报废汽车拆解场地的设计与管理方法、污染、危险废物及垃圾(废弃物)的处理方法，报废汽车零部件修复与再制造途径。在此基础上，新增汽车拆解回收信息管理系统、报废汽车零部件增材制造、报废汽车拆解工具与设备等章节内容并删减、调整了部分章节的顺序，使本书结构更加合理，内容更加新颖。本书内容充实，涉及拆解国家标准、拆解工艺、拆解企业场地设计与管理、环境污染的预防控制方法及零部件的再制造等知识点，其中的工艺流程按汽车的四大系统分别讲述，且主要以上海大众车系作为拆解对象，具有较好的广泛性，拆解工艺科学、规范、具有较强的实际操作性。

本书依托融合作者及其研究团队在科学研究和实际生产中的研究成果和宝贵经验，充分反映国内外报废汽车拆解与再制造技术研发的最新成就，充分体现了应用型本科院校"现场工程师"人才培养特色，通过构建"拆解标准—拆解工艺—作业管理—再制造"四位一体模块化知识体系，实现专业基础理论和专业技术的融合，彰显"主动实践"的高等工程教育理念和培养模式。

本书由江苏理工学院贝绍轶教授任主编，周全法教授任主审。徐秀英教授也对本书的编写工作提出了宝贵意见，参与了本书的审稿和定稿，在此表示感谢。参加本书编写的人员还有：中国物资再生协会龙少海会长（第1章~第3章）、江苏理工学院杭卫星（第4章、第5章、第10章）、王群山（第6章、第11章）、蒋科军（第7章、第8章）、李国庆（第9章、第12章）、韩冰源（第13章、第14章）。

因编者水平有限，书中不足之处在所难免，恳请广大读者批评和指正。

编者
2015年9月

目录
CONTENTS

第 7 章　报废汽车底盘及车身拆解工艺　　　88

第 8 章　报废汽车电气系统拆解技术工艺　　　115

第9章 报废汽车拆解场地设计与管理   143

第10章 污染物、危险物及废弃物的管理与处理   157

第11章　报废汽车零部件及总成性能检测　169

第12章　报废汽车材料分类检验与利用　178

第13章　报废汽车零部件修复与再制造　198

第 14 章　汽车拆解回收信息管理系统　　239

第①章
绪论

在邓小平理论和"三个代表"重要思想指导下，党中央和国务院为全面落实科学发展观，不但把节约资源和保护环境作为我国的基本国策，而且进一步强调："发展循环经济，是建设资源节约型、环境友好型社会和实现可持续发展的重要途径。"在我国国民经济和社会发展第十一个五年规划纲要中，针对中国经济发展中的突出矛盾和问题，提出了"六个立足"，明确了推动中国经济发展的六大政策导向，其中包含"立足节约资源，保护环境，促使经济增长由主要依靠增加资源投入带动向主要依靠提高资源利用效率带动转变"；要建设低投入、高产出，低消耗、少排放，能循环、可持续的国民经济体系。在发展循环经济中，"坚持开发节约优先，按照减量化、再利用、资源化的原则，在资源开采、生产消耗、废物产出、消费等环节，逐步建立全社会的资源循环利用体系。"并且列出了：再生资源回收利用示范基地，再生金属利用示范企业以及建设若干汽车发动机、变速箱、电机和轮胎翻新等再制造示范企业项目。

随着我国国民经济快速发展，汽车市场潜在的需求开始凸显，我国已成为汽车消费大国。这必然涉及更加宽广的经济领域，如汽车销售、二手车流通、汽车配件流通、对外贸易、汽车报废乃至报废汽车的回收与利用等，这一切都将逐步与生产厂家发生更紧密地联系。因此，报废汽车回收、拆解、材料再利用实现的社会效益在循环经济中的地位和作用就显得尤为重要。

1.1 报废汽车回收利用在循环经济中的地位和作用

报废汽车回收利用是汽车工业产业链的延伸，是完善整个汽车工业产业链的十分重要的环节。其社会目标一是节约资源，二是保护环境，而且在保障公共安全事务方面也负有社会责任。国家发改委、科技部、原环保总局于 2006 年颁布的第 9 号公告《汽车产品回收利用技术政策》第四条指出："要综合考虑汽车产品生产、维修、拆解等环节的材料再利用，鼓励汽车制造过程中使用可再生材料，鼓励维修时使用再利用零部件，提高材料的循环利用率，节约资源和有效利用能源，大力发展循环经济。"由此可见，报废汽车的回收利用在循环经济中具有不容忽视的地位和作用。

1.1.1 报废汽车回收利用与汽车工业

汽车的购买、使用与报废更新（回收利用）是汽车消费的"三部曲"。汽车使用达到一定期限，就不能保障汽车的安全行驶，应当及时报废更新。为此，国家实施汽车强制报废制度，根据汽车安全技术状况和不同用途，规定不同的强制报废标准。在《汽车产品回收利用技术政策》第六条中规定："国家逐步将汽车回收利用率指标纳入汽车产品市场准入许可管理体系。"第七条中规定："加强汽车生产者责任的管理，在汽车生产、使用报废回收等环节建立起以汽车生产企业为主导的完善的管理体系。"上述规定充分体现了汽车报废回收利用与汽车工业之间的密切关系：一方面，通过报废汽车拆解加工后产生的可利用材料，再用于制造或维修汽车之用；另一方面，通过汽车报废更新，促进汽车消费，拉动了汽车的销售，促进了汽车的生产。总之，要实现汽车工业的可持续发展，必须重视解决材料的循环再利用问题。

1.1.2 报废汽车回收利用与公共安全

（1）拆解场地的安全 报废汽车回收拆解企业在接收回收的报废汽车后，应立即送至待拆区，对易燃、易爆以及有毒、有害物质和部位进行细致的清查，并在拆解区内，首先拆除如安全气囊、燃油及各种油液、铅酸电池、含汞开关、空调中的氟里昂等，严格防止引起燃烧或爆炸，防止有毒有害物质造成人身伤害，避免对周围环境产生污染。

（2）交通安全 在《中华人民共和国道路交通安全法》中明确规定："达到报废标准的机动车不得上道路行驶，报废的大型客、货车及其他营运车辆应当在公安机关交通管理部门的监督下解体。""驾驶拼装的机动车或者已达到报废标准的机动车上道路行驶的，公安机关交通管理部门应当予以收缴，强制报废。"作为报废汽车回收拆解企业应禁止利用报废汽车"五大总成"以及其他零配件拼装汽车。禁止报废汽车整车、"五大总成"和拼装车进入市场交易或者其他任何方式交易。这是由于汽车使用达到一定期限，其各个系统，尤其是重要和关键部件，因磨损、老化和服役时间过长会造成材料疲劳，在此情况下如继续使用，必然埋下严重隐患，导致交通事故的发生。为此，必须规范报废汽车的回收管理，严格遵守《报废汽车回收管理办法》（国务院第 307 号令）及其他有关交通法律法规，从根本上消除报废汽车对交通安全构成的威胁。

（3）治安管理 《报废汽车回收管理办法》第十三条规定："报废汽车回收拆解企业对回收的报废汽车应当逐车登记；发现回收的报废汽车有盗窃、抢劫或者其他犯罪嫌疑的，应当及时向公安机关报告。"并不得拆解、改装、拼装、倒卖有犯罪嫌疑的汽车及其"五大总成"和其他零配件。在《机动车修理业、报废机动车回收业治安管理办法》第十三条中也规定报废机动车回收拆解企业严禁从事下列活动：

① 明知是盗窃、抢劫所得机动车而予以拆解、改装、拼装、倒卖；

② 回收无公安交通管理部门出具的机动车报废证明的机动车；

③ 利用报废机动车拼装整车。

从上述规定可以看出，报废汽车的回收利用涉及公共安全的方方面面，是报废汽车回收拆解企业应负的社会责任。

1.1.3 报废汽车回收利用与环境保护

保护环境是我国的基本国策。为此，国家要求从事生产和服务活动的单位以及从事管理活动的部门，都要按照《中华人民共和国清洁生产促进法》之规定，组织、实施清洁生产。其目的在于提高资源利用效率，防护和避免污染物的产生，保护和改善环境，保障人体健康，促进经济与社会可持续发展。

从环保上看，我国报废汽车回收利用过程中，一些企业对不能回收利用的废弃物的处理随意性很大，较普遍的现象是让废油、废液随意渗漏到地下，造成土地甚至地下水的严重污染，对一些有毒废弃物（含铅、汞等）的处理也难以保证符合国家有关危险废物处理的有关规定，对这些废物处理方法不当会产生更严重的后果。因此，在提高拆解技术水平的同时，如果没有基本的经营规范要求和合理的拆解作业程序，不仅达不到资源的合理利用，还极易造成环境污染，规范合理地进行回收和拆解是保证资源回收利用，特别是控制环境污染的重要环节。

1.1.4 报废汽车回收利用与资源节约

节约资源是我国的又一基本国策。国家将再生资源的综合利用和循环利用纳入循环经济的范畴，正是节约资源的体现。在《汽车产品回收利用技术政策》第四条中明确提出："要综合考虑汽车产品生产、维修、拆解等环节的材料再利用，鼓励汽车制造过程中使用可再生材料，鼓励维修时使用再利用零部件，提高材料的循环利用率，节约资源和有效利用能源，大力发展循环经济。"这为报废汽车回收利用提供了政策支撑。

汽车报废回收、拆解和材料再生利用是节约资源、实现资源永续利用的重要途径，是我国实现循环经济可持续发展的重要措施之一。例如，用回收的废钢铁与用开采铁矿石炼钢相比，不但可节约大量能耗，而且还能减少开山采矿对生态环境造成的破坏，保护生态环境和有限的自然资源。因此，报废汽车回收拆解业的发展，不仅节约能源，减少矿源开采，保护生态环境，而且对我国汽车工业发展、劳动力就业以及相关产业的发展，对环境保护、减少道路安全隐患都产生了积极推动作用。这无论是从发展经济的角度，还是从保护环境的角度，都具有长远发展的积极意义。

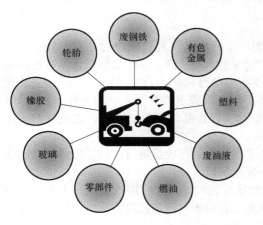

图 1-1　报废汽车拆解再生资源示意

为更进一步提高报废汽车的回收利用率，世界各国汽车产业的注意力正集中在除废钢铁外的目前被丢弃的大约占 25％的废弃物上。即使已利用的 75％也在积极探索能否充分利用或高附加值的利用问题。所以，提高我国报废汽车回收拆解技术水平是提高报废汽车回收利用率的基础，也是节约资源、建设节约型社会的重要途径。从报废汽车的回收利用中挖掘再生资源的潜力是大有可为。

1.1.5　报废汽车材料回收利用

根据各种汽车不同用途，设计、制造时所选用的材料也有所不同，而且性能优良、安全、轻量、强度高的新材料不断被用于新型汽车中。但总体来说，现阶段世界上的汽车制造材料中钢铁占的比例仍然最大，达 80％左右（包括铸铁件3％～5％），其他材料还有有色金属、塑料、橡胶、玻璃、纤维等。各种材料在报废汽车整车质量中所占比例如表 1-1 所示。

报废汽车拆解再生资源如图 1-1 所示。

表 1-1　各种材料在整车质量中所占比例

拆解料名称	废钢铁	可回用零部件	废有色金属	废塑料	废橡胶	废玻璃	废油	拆解损耗及废弃物
比例/%	55～65	8～10	3.5～4.5	4.5～5.5	4～6	2.5～3.5	1.5～2.2	15～22

报废汽车回收拆解程序如图 1-2 所示。

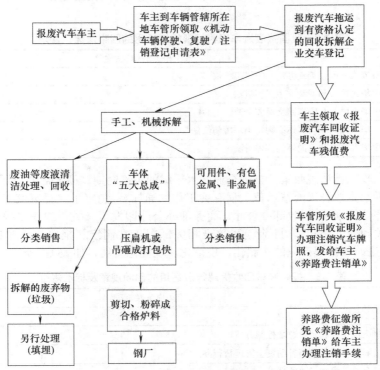

图 1-2　报废汽车回收拆解程序

1.2 我国报废汽车回收利用现状

1.2.1 我国报废汽车回收拆解行业概况

我国报废汽车的市场管理始于 20 世纪 80 年代初期，当时汽车保有量刚超过 200 万辆。1980 年，为了节约能源，原国家计委、原国家经委、原国家能源委和交通部、原国家物资总局遵照国务院关于"近期要把节能放在优先地位"、"逐步更新耗能高的动力机具，明年（1981 年）先从载重汽车试点"、"以节约油料"的指示精神，联合发文《关于印发〈载重汽车更新试行办法〉的通知》（计综［1980］666 号），规定了汽车更新和回收手续，明确"回收部门接收旧车后，应及时解体作废钢铁处理。不得用旧零、部件拼装汽车变卖。"

我国报废汽车回收拆解行业的发展目前已经历三个年代有余，回收拆解行业的管理体系已趋于完善，发展进程及管理体系的完善主要归纳为以下三个发展阶段。

20 世纪 80 年代是报废汽车回收拆解行业管理体系初步形成时期。该时期国家规定了汽车更新和回收手续；成立全国老旧汽车更新改造领导小组；制定了我国老旧汽车的报废标准，报废汽车回收拆解行业管理体系初步形成。

20 世纪 90 年代是国家对报废汽车回收拆解激励政策得到完善的时期：规定和实行报废汽车回收拆解企业的资格认证制度；对回收拆解企业实行税收优惠政策；对车主制定实施了老旧汽车更新补贴政策等国家给予的各项激励政策。

21 世纪初至今，是健全法规政策，强化市场监督管理时期。国务院颁布了《报废汽车回收管理办法》（国务院 307 号令），使报废汽车回收拆解行业管理进入法制轨道。出台的相关政策还包括：《报废汽车回收企业总量控制方案》、《老旧汽车报废更新补贴资金管理暂行办法》、《汽车产品回收利用技术政策》、《报废机动车拆解环境保护技术规范》、《报废汽车回收拆解企业技术规范》、《关于开展报废汽车回收拆解企业升级改造示范工程试点的通知》及《关于加强报废汽车监督管理有关工作的通知》等规章与制度，如表 1-2 所示。上述政策极大促进了报废汽车回收拆解行业的发展。

表 1-2 我国报废汽车回收拆解行业适用的国家法律、法规

年份	国家相关法律、法规
2001 年	《报废汽车回收管理办法》（国务院第 307 号令）
2003 年	《中华人民共和国清洁生产促进法》
2004 年	《中华人民共和国道路交通安全法》
2005 年	《中华人民共和国固体废物污染环境防治法》
2009 年	《中华人民共和国循环经济促进法》

当前将是进一步完善法规政策，推进企业技术升级的关键时期。商务部办公厅印发了《关于推进报废汽车回收拆解企业升级改造示范工程有关工作的通知》，制定了《报废汽车回收拆解企业升级改造项目验收评分标准》。财政部办公厅、商务部办公厅印发了《关于组织申报再生资源回收体系建设项目等有关问题的通知》。目前国家政府相关部门正在制定《报废机动车回收拆解管理条例》，以进一步推进回收拆解行业的法制化、规范化、现代化发展，如表 1-3 所示。

表 1-3 报废汽车回收拆解行业适用的部颁规章及标准规范

年份	相关规章及标准
1986 年	《汽车报废标准》（已失效）
2001 年	《报废汽车回收企业总量控制方案》
2002 年	《老旧汽车报废更新补贴资金管理暂行办法》
2005 年	《汽车贸易政策》（商务部第 16 号令）

续表

年份	相关规章及标准
2006 年	《汽车产品回收利用技术政策》（三部委局 第 9 号公告）
2007 年	《报废机动车拆解环境保护技术规范》（HJ 348—2007）
2008 年	《报废汽车回收拆解企业技术规范》（GB 22128—2008）
2008 年	《机动车登记规定》（公安部第 102 号令）
2012 年	《机动车强制报废标准规定》（2012 年第 12 号令）

以上国家发布的相关法律、法规、规章及行业标准规范，对于报废汽车回收拆解产业的发展起到了重要的指导作用。

经过 30 多年的发展，目前我国报废汽车回收拆解业已经形成了一定规模，成为我国经济建设中一支不可或缺的重要力量。目前，全国报废汽车回收拆解资质企业 500 余家，回收网点 2200 余个，从业人员近 3 万人，报废汽车回收拆解量超过 130 万辆，可提供汽车废钢 200 余万吨和 5 万吨有色金属及可观的废橡胶、废塑料。随着我国国民经济的快速发展，社会对汽车的需求量也将逐年增多，汽车保有量加速积累，而相应的报废汽车依据其周期性运转，也随之大批量产生，而且报废时间、周期将进一步缩短。目前世界上汽车发达国家的汽车保有量的报废率在 6%～8%，而我国目前仅为 1% 左右，从各省的情况看，有一半省市低于 0.6%。然而，汽车的报废时间周转越长，必将影响到汽车工业的发展、技术的进步，带来交通的隐患、油耗的增大、环境的污染等一系列的问题。因此，国家重视报废汽车行业的发展不亚于新车发展的产业政策。

1.2.2 世界发达国家报废汽车回收拆解业概况

世界发达国家关于报废机动车的相关法律的立法背景主要是因为机动车保有量巨大，报废机动车的数量越来越多，由此引起的非法丢弃以及在机动车拆解（破碎）过程中产生的废弃物最终填埋量的增加而给环境保护带来很大压力。通过系统、完善的法律法规，发达国家理顺了报废机动车回收拆解各个环节的责任、权利、义务，规范了报废机动车回收、拆解、破碎过程中的企业及个人行为，最终实现填埋量最小化，达到环境保护的目的。

同时，为了最大限度地再利用资源，发达国家鼓励报废机动车零部件及材料的再利用。报废机动车零部件在国外的维修行业使用比较普遍，一般没有使用上的限定，但欧盟相关法规规定某些报废机动车零部件不能在新车上使用。实际上目前各国汽车制造商还没有在新车上使用任何回收件或翻新件。

1.2.2.1 欧盟

欧盟作为世界上主要的机动车生产和消费地区之一，每年有大量机动车（900 万～1000 万辆）成为报废车辆，如果作为废品处理每年将产生 1000 万吨左右的废品，这不仅浪费了资源，而且还污染环境。从 20 世纪 90 年代初期开始，欧盟的一些成员国政府开始考虑对报废车辆的零部件和材料再使用、再利用和回收利用，以达到保护环境和节约资源的目的。首先是法国和荷兰，由政府和机动车工业界之间签订双边协议，确定报废车辆再利用和回收利用的目标。随后其他的欧盟成员国也纷纷仿效此做法。2000 年 9 月 18 日，欧盟发布技术指令 2000/53/EC，开始将报废车辆的回收利用纳入法制化的管理体系。2000/53/EC 规定欧盟各成员国自行采取必要的措施，在 2006 年 1 月 1 日之前，使其所有的报废车辆拆解材料回收利用的比例至少达到 85%；所有的报废车辆拆解材料的再使用和再利用的比例至少达到 80%。对于 1980 年 1 月 1 日以前生产的车辆，上述比例的限值指标可分别放宽为 75% 和 70%。2000/53/EC 还规定：在 2015 年 1 月 1 日之前，所有的报废车辆拆解材料回收利用的比例至少达到 95%；所有的报废车辆拆解材料的再使用和再利用的比例至少达到 85%。针对这一限值指标，2000/53/EC 同时指出，欧洲议会和理事会将修改欧盟的整车形式批准的框架性技术指令 70/156/EEC，将报废车辆拆解材料的再使用、再利用和回收利用纳入其整车形式批准框架中。

欧盟报废汽车指令性文件主要目的在于通过实施一系列以减少来自报废汽车的垃圾废料为目的的措施，来达到节约资源和保护环境的目的。其基本原则如下。

① 制定重新使用，回收和再生利用目标；根据指令性文件到 2006 年重新使用、回收和再生利用率将提高到 85％，到 2015 年将提高到 95％。

② 要求制造商按照易于回收和再生利用的标准来设计和制造汽车；包括限制某些被列为有害物质的材料的使用。

③ 要求各成员国建立体系，确保所有的报废汽车的报废拆解过程能够按照批准的程序进行，包括制定报废汽车拆解许可证制度。

④ 制定针对报废汽车拆解企业和废旧金属回收拆解企业的环保标准。

根据欧洲议会及欧盟理事会关于报废汽车的指令性文件（2000/53/EC）的附件Ⅰ，对报废汽车拆解和加工处理的最低技术要求如下。

① 拆解前报废汽车的存放地点（包括暂时存放）：

a. 配备有废液回收设备、倾注洗涤器和清洗装备的面积适当的不渗漏的地表面；

b. 符合卫生和环境规定的水（包括雨水）处理设备。

② 拆解地点：

a. 配备有溢出回收设备、倾注洗涤器和与清洗装备的面积适当的不渗漏的地表面；

b. 适当的拆下备用件的存放点，包括用于存放沾有油污的备用件的不渗漏存放点；

c. 用于存放电池（包括对电解液在现场或其他地点进行中和）、过滤器和含聚氯联苯/聚氯三联苯的电容器的容器的地点；

d. 适当的、用于隔离存放报废汽车中各种液体的容器，这些液体包括燃料、发动机机油、减速箱机油、传动机构机油、液压油、冷却液、防冻剂、制动液、电池酸、空调系统中的液体和所有其他液体；

e. 符合卫生和环境规定的水（包括雨水）处理设备；

f. 旧轮胎的妥善存放，包括防火和防止过渡堆放。

③ 报废车辆的防污处理程序：

a. 拆除电池和液化气罐；

b. 拆除有爆炸危险的零部件或使之失效（例如安全气囊）；

c. 对于燃料、发动机机油、减速箱机油、传动机构机油、液压油、冷却液、防冻剂、制动液、电池酸、空调系统中的液体和所有其他报废汽车中的液体，如果其不是相关零件再利用所必需的，将其排放并分别回收贮存；

d. 条件许可，拆除所有标明含汞零部件。

④ 可促进循环利用的处理过程：

a. 拆除或催化；

b. 对于含金属铜、铝和镁的零部件，若在破碎过程中无法将这些金属分离出来，将其拆除；

c. 对于轮胎和大的塑料部件（保险杠、仪表板、液体容器等），如果在破碎过程中无法将它们分离而作为材料循环利用，则将其拆除；

d. 拆除玻璃；

e. 操作应避免对盛有液体的部件或可再生部件和备件造成损伤。

指令还规定，2002 年 7 月 1 日起，机动车制造商应负责回收处理自家生产车辆产生的报废机动车或承担报废机动车的处理费；应向拆解厂提供拆解信息。自 2007 年 1 月 1 日开始，所有机动车的车主无需承担报废机动车的处理费。

欧盟各成员国按照欧盟指令 2000/53/EC 的要求，积极推动报废机动车的回收利用工作，并将有关要求转化为各自的法律法规等相关规定。为了减少报废机动车对环境的影响、提高机动车的回收利用率，大多数国家均对机动车回收、拆解、破碎等进行全面管理，各政府部门以分工协作、各司其职的方式，并且在主管部门的授权和指导下，由政府代理机构（如车辆检查机构、环保机构）实行对车辆检测、报废机动车回收、拆解和破碎企业及有关工作流程的认可、监管，并且制定相应的具体标准法规。

（1）德国

① 主管部门及管理模式 德国报废机动车回收的管理主要由政府部门和认证机构负责。

政府主要起监管作用：根据有关法规委托认证机构对申报从事拆解机动车的企业进行审查，发放营业执照；定期检查或抽查机动车拆解企业是否符合条件，拆解是否符合标准，一般 1 年检查 1~4 次；对违反法规的企业进行处罚。

由政府授权开展报废机动车拆解企业认证的机构既有一定的政府职能，又有企业性质。认证机构根据政府的要求研究提出有关企业的资质条件，同时在为企业服务过程中收取一定费用。目前德国有 3 家认证机构，分别是 TüV Nord、DEICOCA、FRIES SALM，每年到其发放证书的企业检查一次，检查企业的工作环境，拆解下来的零件是否回收保管，并通过回收利用情况推断其质量。

② 政策法规 德国参照 2000/53/EC 指令制定的《旧车回收法》2002 年 7 月开始生效。此前，德国机动车报废回收管理的法律依据是《废物限制和废弃物处理法》，此法案是在 1972 年颁布的《废物处理法》基础上于 1986 年修订发布的。1992 年，德国通过的《限制报废车条例》中规定，机动车制造商有义务回收报废车辆。1996 年生效的德国《循环经济和废物管理法》，对报废机动车拆解材料的比例作了具体的规定。其他相关的法规标准包括安全、环境保护、保险赔偿等。在德国的机动车年鉴中，机动车报废列在"机动车与环境保护"栏。2002 年 3 月，政府批准了环境部提出的一项法律草案，即规定机动车生产厂商与进口商有义务免费回收废旧机动车以及在事故中完全损坏的机动车；在环境影响评价法、环境赔偿法等法规中，对废旧机动车拆解场所也有明确要求。

③ 报废机动车回收处理企业基本情况 德国机动车保有量 4400 万辆，每年注销机动车 350 万辆，车辆的平均使用年限 7~9 年。但真正在德国报废拆解的 100 万辆左右，其余则通过不同途径卖到俄罗斯、波兰、西班牙等国家。

德国建立了全国废旧机动车回收网，有一批从事机动车回收行业的公司共同对废旧机动车的发动机、轮胎、蓄电池、保险杠、安全装置等分类进行全过程处理。德国现有机动车拆解企业 4000 多家，破碎厂有 20 家，这些企业都有联邦议会颁发的执照。其中，机动车工业协会 ARGE 发执照的有 1400 家。也有一些企业没有在协会登记，但有自己的客户和渠道，此类企业必须依法行事。

④ 报废机动车处理企业资质及作业要求 德国对拆解企业关于报废机动车处理、零件再利用以及对环境的影响等都有明确规定。如场地大小是审批企业资格的标准之一，计算公式如下：

场地面积 = 要处理的车辆数×10m²/230 天工作日×堆放高度

工作场地要有指示牌，报废车、零部件的堆放位置，拆解工位等有相关的要求。

作业相关要求如下：没有处理的报废机动车不能侧放、倒放、堆放。拆解机动车必须做的准备工作有：拆掉机动车蓄电池、安全气囊、取暖、制冷用的特殊装置，因为其中含有毒气体，在粉碎过程中会出现废气泄漏；制冷剂、油液需用专门管道分别吸出。必须拆的驱动装置包括发动机、雨刷器等，同时要求保存报废机动车拆解的记录等。

(2) 英国

① 主管部门及管理模式 国家贸易工业部负责管理，包括车辆的年检、制造商和销售商协会及回收和拆解企业等。英国环境、食品和乡村事务部通过其政府代理机构英国环境署（EA）实施车辆回收和拆解的资质认证、环保许可。

② 政策法规 2005 年英国政府发布了《报废车辆规定（制造商责任）》法规（2005 法定文件第 263 号），明确了各部门、机构及相关组织的责任。该法规是对欧盟指令的具体化（如管理部门或者机构、制造商责任、回收网点要求等）。此前在英格兰和威尔士已经有 2003/2635 法定文件（法规）《报废车辆规定》，在苏格兰和北爱尔兰已经有类似法规（S. S. I. 2003/593 和 S. R. 2003/493），这些法规构成了对报废车辆及回收的整体要求。

③ 报废机动车回收处理企业基本情况 英国机动车保有量达 2900 万辆，每年报废机动车约 200 万辆（销售量略高于报废量）。英国法规规定制造商建立回收网点和体系，或者与已有回收机构（预处理机构-AFT）签约（要求签约时间为 10 年），目前英国有大约 900 家 AFT，估计今后可发展到 1400 家。但是根据制造商的要求及网点布置情况，预计最多有 30% 的 AFT 成为各制造

商的签约机构。对于未与制造商签约的 AFT，只要经过许可（达到场地及设备要求），可以独立开展回收拆解工作。目前拆解企业约有 2000 余家，多数拆解厂为小型家族公司。一些大型的拆解公司的雇员大约有 1000 人左右。由于拆解企业的设施及流程要求尚不详细，这些拆解企业中有些条件较差。英国破碎公司共有 37 家，规模都较大，并且是资金密集型企业，可以处理大量的散装的轻型结构钢体。

④ 按照法规对回收拆解企业进行许可管理　为指导拆解企业恰当的拆解和处理报废车辆，英国环境、食品和乡村事务部和贸易工业部联合提出了《报废车辆的无害化处理（认可的拆解机构指南）》，对拆解企业资质提出相关要求，如表 1-4 所示。

⑤ 报废机动车回收处理过程　回收拆解企业在收到车辆后给车辆所有者发放销毁证书，并通知贸易工业部。

拆解企业将零部件从车辆上拆卸下来，对车辆进行无害化处理（清除燃油和液体、电池、安全气囊等），以进行后续的再利用或处理，剩余的车辆残骸直接由挤压设备压成扁体。

破碎企业将挤压后的车辆送入大型破碎机，切成碎块后进行筛选、分类，以达到分别回收利用的目的。

表 1-4　英国拆解企业条件要求

项　目		要　求	
装备		抽取废油、液的专门设备	
		无害化处理设备	
		驱动装备	
场地	贮存场	防渗透表面	
		溢出物收集设施	
		液体处理设施	
	处理场	防渗透表面	
		液体处理设施	
		分类存贮设施	被油料污染的零部件的防渗透贮存
			电池/过滤器和含有多氯联苯和多氯三苯(PCB/PCT)的压缩机的容器
			报废车辆液体的贮存罐
			贮存旧轮胎的场地

1.2.2.2　美国

（1）主管部门　美国环境保护总署针对报废机动车回收业制定法律法规，由各州环境保护局对报废机动车回收业实施管理和监督。

（2）政策法规　1991 年美国出台了关于回收利用废旧轮胎的法律。1994 年起，国家有关条例又规定，凡是国家资助铺设的沥青公路，必须含有 5%用旧轮胎磨碎的橡胶颗粒。联邦贸易委员会出台的《再制造、翻新和再利用机动车零部件工业指南》，对使用再制造零部件进行相关规定。环境保护署发布的《再制造材料建议公告》，要求政府采购项目中优先选择再制造的机动车零部件及相关材料。

根据美国有关法律，报废机动车拆解的零部件只要没有达到彻底报废的年限，不影响正常使用，就可以再利用。

（3）基本情况　美国是世界上最大的机动车生产和消费国家，每年报废的车辆超过 1000 万辆。美国已成为世界上报废机动车回收卓有成效的国家之一，报废机动车回收行业一年获利达数十亿美元。在美国，汽车回收业相当发达，全国有超过 12000 家报废汽车拆解企业和大约 200 家破碎企业。每年回收报废汽车 1200 万辆。回收 1600 万吨废钢铁，85 万吨铝，24 万吨铜，11.2 万吨锌，38.6 万吨轮胎，以及超过 4.6 万吨的再利用零部件。

另外，美国的汽车生产企业都积极致力于报废汽车的回收利用，并提供相应的拆解技术资料。例如"通用公司"，建立并公布了自己产品的拆解手册，并在国际拆解信息系统（IDIS）上免费提供给各拆解企业，其中详细叙述了拆解时每一步骤涉及的车型部件、材料、数量、质量及体积等，2004 款凯迪拉克 CTS 有关预处理阶段的拆解信息如表 1-5 所示。

表 1-5 2004 款凯迪拉克 CTS 拆解手册

领域	部件名称	材　料	数量	总质量或总体积
0.1	机油滤清器	复合材料	1	0.84kg
0.2	发动机机油	油		6.6L
0.3	冷却液	冷却液		13.12L
0.4	电池	复合材料,含铅		16.4kg
0.5	制冷剂 R134a	制冷剂 R134a		0.8kg
0.6	乘客安全气囊	复合材料	1	3.77kg
0.7	驾驶员安全气囊	复合材料	1	1.33kg
0.8	油箱	HDPE(高密度聚乙烯)		11.0kg
0.9	备用胎	EPDM(乙烯、丙烯二烯系共聚物)	1	4.62kg
0.10	变速器油	油		10.60L
0.11	制动液	油		0.5L
0.12	轮胎	EPDM(乙烯、丙烯二烯系共聚物)	4	40kg
0.13	转向油	油		1.0L

　　拆解企业先将报废汽车预处理后，再将各总成部件如发动机、变速箱、前后桥、门窗、电机等零部件拆下，经过检验，若未到报废程度，经修整和翻新后按旧零件价格出售。被拆解后的报废汽车车体送往破碎企业，破碎后按材料的性质归类，分别进行回炉加工。目前美国报废汽车的回收利用率达到82%~84%，年获利达80多亿美元。通用、福特和克莱斯勒等大企业都把废车回收利用作为发展汽车制造业的重要手段。据美国的一项调查，目前，美国从事报废机动车零部件再制造的企业有5万多家，产值达360亿美元。大约有1.15万家报废机动车零部件回收商遍布各州，拆卸报废机动车上的零部件，送到专业的厂家对其中尚有使用价值的部分进行整修和翻新，然后运往修车厂重新使用。统计数字显示，通用汽车公司2005年销售了大约250万件的再制造零部件。报废机动车回收业每年向美国钢铁冶金行业提供的废钢铁占冶金业回收量的1/3还多。

　　据了解，美国再制造业已经确立了一系列经济增长目标：计划到2010年，雇员100万人，年销售额超过1000亿美元，75%的公司通过ISO认证；100%再制造产品性能达到或超过原产品；到2020年，美国再制造业基本实现零浪费，并确保产品的质量和服务。

1.2.2.3　日本

　　(1) 主管部门及管理模式　经济产业省、环境省，主要负责制定报废机动车回收处理行业（主要是拆解企业及破碎企业）的准入要求；国土交通省及其下属各地方陆运支局，负责机动车户籍管理；各地方政府，负责报废机动车回收处理行业的登记和准入审批；机动车回收利用促进中心（由经济产业省主管，日本自动车工业协会等九个单位于2000年11月成立），下设资金管理中心、信息中心、回收再利用支援中心，分别负责机动车回收处理中的资金管理、信息管理、对机动车生产商或进口商实施废弃物回收处置的技术支持。

　　(2) 政策法规　2002年7月日本国会通过了《关于报废机动车再资源化等的法律》（简称《机动车回收利用法》），于2005年1月1日起正式实施，法律规定机动车生产商（本节包括进口商，下同）承担起氟利昂、气囊类和破碎后ASR（指废弃物或废渣）的回收再利用责任。在该法律实施以前，日本报废机动车的处理依据《废弃物处理法》、《氟类回收销毁法》进行。

　　(3) 报废机动车回收处理基本情况　目前，日本报废机动车回收拆解企业约有88870家，氟利昂处理企业23347家，拆解企业6493家，破碎企业124家。在2006年度注销的且未重新注册的车辆为500万辆，大约有350万辆作为报废车辆依法得到再生利用，100万辆作为二手车出口，50万辆作为二手车库存，如表1-6所示。

　　(4) 报废机动车回收处理过程

　　① 费用流程　《机动车回收利用法》规定报废机动车的回收处理费用由车辆用户承担，而具体数目由机动车制造商根据ASR回收处理方式、安全气囊个数及拆卸难易程度、是否带有空调等具体情况确定，并体现在新车价格里（约占车价的0.5%~1%），由此形成一个基于市场竞争并能持续发挥作用的社会环境，促使报废机动车最大限度地回收利用。报废机动车处理费用由用户在购

表1-6 相关企业登记状况一览

企业类型	企业数量/家		
	2005年3月底	2005年9月底	2006年3月底
回收拆解企业	85144	87513	88251
氟利昂类回收拆解企业	22661	23212	23450
拆解企业	5490	6042	6279
破碎加工企业	1166	1195	1239
挤压、截断企业	1043	1075	1115
破碎企业	123	120	124

买新车时预缴给资金管理中心,在该法实施前购买的车辆在车检或报废时补缴。当机动车制造商按照法律要求完成相应的回收义务后,从资金管理中心获取相应的处理费用,并支付给氟利昂、安全气囊、ASR回收处理企业。

② 材料流程 车辆用户将报废机动车交给机动车回收拆解企业,然后报废车依次由氟利昂回收拆解企业、拆解企业、破碎企业进行回收处理。氟类、安全气囊类、ASR的回收由机动车制造商负责。

为了加强对氟类、气囊类的回收处理统一管理,由日本12家国内厂商以及日本机动车进口协会共同出资设立了机动车再资源化协力机构(JARP),由该机构与氟类、气囊类回收处理单位签订合同,承办相关事宜,向这些单位预先支付回收处理费用,并进行业务审核。

由于ASR的回收利用设施与氟利昂和安全气囊的相比,数量较多,其处理费用相对较高,为了降低ASR回收利用处理费,减轻机动车消费者的费用负担,日本政府在回收利用领域导入竞争机制:经济产业省和环境省要求机动车制造商讨论分组计划,最终形成了把所有厂商分成两组(ART组、AH组),各自委托相应的网点进行ASR的回收利用、从而相互竞争的格局。日本报废机动车回收处理流程如图1-3所示。

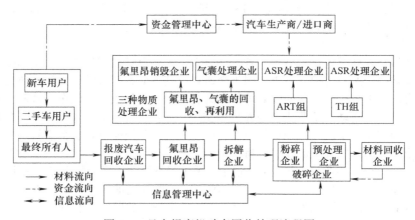

图1-3 日本报废机动车回收处理流程图

③ 信息流程 日本对报废机动车的回收拆解实行电子清单制度。在整个过程中各报废机动车处理单位向日本机动车回收再利用促进中心发送接收、转移的信息报告,具体操作流程如图1-4所示。该中心核实机动车处理全部完成后,通过拆解或破碎企业通知用户,用户根据所提供的车辆处理信息向国土交通省下属的各地陆运支局申请永久注销机动车登记,由国土交通省相关的注册检查系统通过各环节的信息报告核对后,向国税厅提出汽车重量税退税申请,国税厅按照车检残余时间退还给汽车最终所有者有关税金。由此,信息管理中心可以对报废机动车的数量以及每辆报废机动车的回收利用的实施情况进行实时跟踪,杜绝各个环节对报废机动车的不规范处理。

(5) 报废机动车回收处理企业资质要求 日本法律对参与报废机动车回收利用的企业实行严格

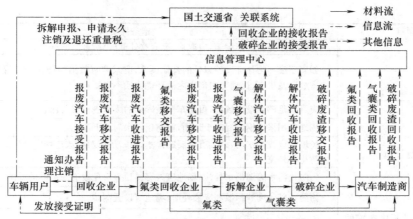

图 1-4 日本报废机动车电子清单管理制度

管理，报废机动车回收拆解企业、氟类回收拆解企业需要备案登记，而拆解、破碎企业需要通过审批才能从事相关业务。

依据《氟类回收销毁法》已于 2004 年 12 月 31 日以前办理了相关备案、从事车辆回收的企业，按照《报废机动车回收利用法》的规定，视为备案通过。但必须在信息管理中心办理用于实施电子清单制度的手续。

① 回收拆解企业备案要求　对新设立企业要求：应提交备案申请书、提交正确确认报废机动车是否使用氟类的作业指导书、具有车载空调方面的知识和熟悉氟类回收作业的人员。

② 氟类回收拆解企业备案要求　对新设立企业要求：应提交备案申请书、有关氟类回收设备的所有权（或使用权）的证明文件、有关氟类回收设备的种类及能力的说明书。

需要满足相关作业标准：氟类回收标准、氟类运输标准。

③ 拆解企业审批要求　拆解场地必须符合以下条件。

a. 具有回收废油（不包括机动车燃料）和废液的装置。

b. 为防止废油废液渗入地下，拆解场应采用钢筋混凝土地面或采取其他同等效果的措施。

c. 为防止废油流出场外，解体工场应安装油水分离装置并建设连接该装置的排水沟。

d. 拆解场地与保管场地分离的，对保管场地有类似条件要求。

拆解企业管理要求：具有如下内容的作业指导书，并对相关人员进行教育。

a. 报废车辆及解体车辆的保管方法。

b. 废油废液的回收、保管以及防止其流出场外的方法。

c. 报废车辆及解体车辆的解体方法（包括指定回收物品及含铅蓄电池的回收方法）。

d. 油水分离装置及截油装置的管理方法。

e. 报废车辆和解体车辆在解体过程中发生的废弃物的处理方法。

f. 从报废车辆和解体车辆拆卸下来的零件、材料及有用物品的保管方法。

g. 报废车辆和解体车辆的运输方法。

h. 解体用设备的维修和保养。

i. 防火措施。

④ 破碎企业审批　日本破碎企业审批设施条件要求如表 1-7 所示。

破碎企业管理要求与拆解企业相关要求类似。

表 1-7　日本破碎企业审批设施条件要求

设施项目	设施条件要求
前期处理及破碎开始前，存放和保管报废车辆的设施	为明确报废车辆的存放和保管区域，防止外部人员进入，存放场地应设置围墙
前期处理设施	具备必要的设施并采取有效措施，防止在轧毁、剪断作业时因废弃物的扩散、废液的排放以及噪声、振动等影响周边的生活环境

续表

设施项目	设施条件要求
破碎设施	如属于废弃物处理设施,应取得《废弃物处理法》所规定的许可
	如属于废弃物处理设施以外的其他设施,应采取有效措施防止因废弃物的扩散、废液的排放以及噪声、振动等对周边生活环境造成不良影响
破碎废渣的保管设施	应具备足够容量的场地,可对车辆破碎后的废渣进行妥善保管
	场地应用采用钢筋混凝土地面,能防止污水向地下渗透
	场地应设置排水沟,并具有必要的排水设备,足以对存放过程中产生的污水进行处理,并防止其外流
	为防止污水等随雨水外流,场地应具有屋顶等避免废渣受雨淋的设施
	为防止破碎废渣飘散和废液外泄,场地应设置侧墙
轧毁或剪断后的报废车辆的保管设施	为明确报废车辆的存放和保管区域,防止外部人员进入,存放场地应设置围墙

(6) 日本政府对报废汽车市场管理经验 日本政府根据国家制定的《废弃物处理法》、《资源有效利用促进法》、《汽车再生利用法》等有关法律,在报废汽车市场管理方面建立了一整套较完善循环型的管理制度,特别是依据《废弃物处理法》制定的废弃物排放者责任,制定了消费者在购买新车时缴纳再生利用费的规定,解决了可能出现的非法弃置的问题;建立了以生产者责任延伸制度的经济原则为基础的再生利用循环管理制度,妥善地解决了报废汽车拆解、粉碎中产生的"氟利昂"、"安全气囊"、"碎屑废弃物"三种危险废弃物处理问题;有效利用了报废汽车回收、氟利昂回收及汽车拆解、车体破碎企业的渠道,使日本报废汽车回收拆解通过三个阶段完成了整个回收利用过程,实现了资源的有效利用。除此之外,回收、拆解、粉碎企业通过因特网实现了电子声明制度,明确了报废汽车处理渠道,信息及时沟通,确保报废车的回收利用和数据统计的准确性;同时,政府各有关部门互相沟通、协作,各有关法律制度配套,及时按照车检残余时间退还有关税金、保险费的制度,鼓励汽车消费者提前报废,从而促进了社会协调的经济发展。

(7) 日本报废机动车零部件利用及相关企业情况介绍 日本每年报废机动车零部件的销售额大约有955亿日元的规模,占新生产的零部件的销售额(约为7000亿日元)的14%左右。目前日本国内报废机动车回用件、翻新件的45%都是销售给维修或钣金工厂,今后新车销售店的整备工厂(售后服务站)有望成为新的用户群体,其规模大约在14%。在回用件、翻新零件市场上7家流通网络占据了65%的市场份额,受市场竞争的影响,近年来价格上呈现出下滑的趋势。日本尚没有关于回用件、翻新件的质量标准和质量保证的正式法规,但维修行业及各网络都针对各种零部件规定了自己的质量标准和质量保证体系,各种回用零部件均设有3~4个质量等级,各等级都制定了不同的销售单价。

1.2.2.4 欧盟、日本、美国报废机动车回收管理模式对比

欧盟最早通过的指令提出了回收利用率阶段性指标,并规定机动车制造商承担全部回收责任,因此促进了机动车制造商与拆解、破碎企业业务结合,提高了回收拆解行业的技术及资金能力;但在落实回收利用率上以拆解企业提供的数据为准,因此能否实现预期的目标取决于拆解行业的设备、技术及相关的规范管理,执行起来有相当的难度;其次,相关法规提出的标准过高,有些不合理的地方,将增加制造业的成本。

美国则完全基于市场,通过其成熟的环境保护政策、自由的交易形式及完善的二手零部件网络布局等实现了对报废机动车回收利用,取得了较好的经济、社会效益。

日本通过详细的法律规定完善了各个管理环节,突出了政府部门的统筹协调作业,而机动车制造商按规定承担三种物质的回收,并对其提出了阶段性的回收利用率目标。报废机动车处理企业的责任、权利明确,因此在执行起来很顺畅,回收利用率通过三种物质的回收利用率折算,所以容易实现。但政府的运营成本、相关业者的资本前期投入较大。

归纳起来，发达国家报废机动车回收管理的共同点如下。

① 通过完善的法律法规来确保报废机动车回收中的环境保护及资源的再利用问题。

② 采取了对拆解企业进行资格认定的管理模式。政府部门的作用是制定法律，提出资格要求，对相关行业机构、企业进行监督；认证机构负责对报废机动车拆解、破碎企业的资质认定、定期审核。

③ 都建立了全国性的回收网络；报废机动车回收、拆解、破碎企业数量呈金字塔分布，投资额度巨大、技术含量很高的破碎企业数量最少，回收网点分布广泛，报废机动车车主的交车很便捷。

④ 报废机动车回收拆解技术成熟，设施设备先进，材料的分拣程度较高。

⑤ 管理信息化程度较高，回收拆解企业基本上实现了网络化管理，报废机动车回用件、翻新件主要通过互联网出售，时效性较好。

⑥ 机动车制造商均积极投入技术、资金等协助参与报废机动车的回收再利用工作，并且在产品的设计制造阶段考虑回收再利用的相关问题。

⑦ 都存在报废机动车的大量出口，从而将报废机动车处理带来的环境问题转移到了其他国家和地区。

1.2.3 中外报废汽车拆解业情况

目前世界发达国家报废汽车回收拆解业的特点，基本是报废汽车进场后，先将可利用的零部件（包括五大总成）拆卸、保养、入库、销售，车体压扁后集中到机械破碎厂进行破碎加工，即零部件拆卸与车体破碎加工工序分开进行，但车体进行压扁破碎工序前必须经过拆卸轮胎、玻璃、回收残油等清洁工序（政府的强制规定）；破碎工序均采用大型机械自动化破碎机加工，效率高，从业人员少。但由于破碎处理产生的不易分选的再生资源（铜、铝、铅、锌及不锈钢等非磁性混合金属）和非金属废弃物多，资源回收率仅达75%。而我国目前报废汽车回收拆解业的特点是，报废汽车进场后，消费用户自行拆卸可利用的零配件，对无利用零配件价值的残车体通过氧气切割、机械剪切工具进行破碎加工，分品种销售。其优点是：就业人员多、废弃物少、资源综合利用率高（可达90%左右）。缺点是：生产效率低、零部件再利用率低、因气割造成的废气污染严重、达不到清洁生产而造成二次污染问题还比较突出。报废汽车拆解厂与废金属处理中心的工艺流程，如图1-5所示。

废金属粉碎厂（报废汽车压块破碎厂）的工艺流程如图1-6所示。

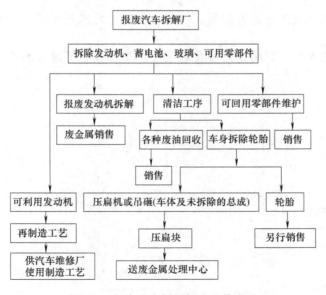

图1-5 报废汽车拆解加工工艺流程

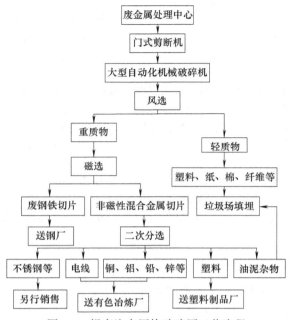

图 1-6 报废汽车压块破碎厂工艺流程

 思考题

1. 国家发改委、科技部、环保总局于 2006 年 2 月 6 日发布的 2006 年第 9 号公告《汽车产品回收利用技术政策》在本章中有哪些主要的相关内容?

2. 报废汽车回收拆解企业在接收回收的报废汽车后,应采取哪些措施以确保拆解场地的安全?

3. 根据《中华人民共和国道路交通安全法》、《报废汽车回收管理办法》,报废回收拆解企业应遵循哪些法律法规?

4. 规范合理地对报废汽车进行回收、拆解、利用,对控制环境污染和节约资源所具有的重要意义与作用?

5. 就本章提供的资料,试阐述国外在对报废汽车回收、拆解与利用方面有哪些值得借鉴的经验?

第②章
我国汽车报废标准

　　我国最早的《汽车报废标准》制定于 1986 年，随着国民经济的快速发展，人民生活水平普遍提高，作为国民经济的主要支柱产业之一——汽车工业呈现出产销两旺的趋势，该标准也得到了不断完善，以适应汽车生产和交通运输发展以及交通安全、节能、环保等方面的需求。2012 年 12 月 27 日国家商务部、发改委、公安部、环境保护部四部委联合发布了《机动车强制报废标准规定》（二〇一二年第 12 号令），自 2013 年 5 月 1 日起施行，原相关标准规定同时废止。新《标准规定》的颁布和实施，对加强报废汽车管理，保障道路交通安全，鼓励技术进步，加快建设资源节约型、环境友好型社会将起到积极的推动作用。

2.1 　我国报废汽车标准的制定内容

2.1.1 　制定汽车报废标准的原因

　　汽车是现代社会生活中使用量最大的代步工具之一，在我国国民经济发展中具有举足轻重的重要作用，随着人民生活的日趋富裕，其汽车保有量呈迅猛增长之势。由此带来的交通安全、环境污染和资源浪费等问题日益突出，这就要求汽车报废标准的制定必然要与经济的发展相适应，否则将导致汽车市场的无序状态，造成严重的后果。

　　汽车经过长期使用后，必然导致汽车零部件的磨损、老化乃至材料疲劳，到一定期限则应退役报废更新。车辆报废应严格掌握报废的技术条件，任何过早报废不但会造成运力的浪费，也不符合节约资源的原则。但到规定报废期限仍继续运行，不但会造成延缓汽车的消费，使汽车工业得不到快速发展，更为严重的是，会给交通安全带来不可预测的隐患，危害人民生命财产安全，危害社会环境。

2.1.2 　《机动车强制报废标准规定》的内容

　　第一条　为保障道路交通安全、鼓励技术进步、加快建设资源节约型、环境友好型社会，根据《中华人民共和国道路交通安全法》及其实施条例、《中华人民共和国大气污染防治法》、《中华人民共和国噪声污染防治法》，制定本规定。

　　第二条　根据机动车使用和安全技术、排放检验状况，国家对达到报废标准的机动车实施强制报废。

　　第三条　商务、公安、环境保护、发改委等部门依据各自职责，负责报废机动车回收拆解监督管理、机动车强制报废标准执行有关工作。

　　第四条　已注册机动车有下列情形之一的应当强制报废，其所有人应当将机动车交售给报废机动车回收拆解企业，由报废机动车回收拆解企业按规定进行登记、拆解、销毁等处理，并将报废机动车登记证书、号牌、行驶证交公安机关交通管理部门注销：

　　（一）达到本规定第五条规定使用年限的；

　　（二）经修理和调整仍不符合机动车安全技术国家标准对在用车有关要求的；

　　（三）经修理和调整或者采用控制技术后，向大气排放污染物或者噪声仍不符合国家标准对在用车有关要求的；

（四）在检验有效期届满后连续 3 个机动车检验周期内未取得机动车检验合格标志的。

第五条　各类机动车使用年限分别如下：

（一）小、微型出租客运汽车使用 8 年，中型出租客运汽车使用 10 年，大型出租客运汽车使用 12 年；

（二）租赁载客汽车使用 15 年；

（三）小型教练载客汽车使用 10 年，中型教练载客汽车使用 12 年，大型教练载客汽车使用 15 年；

（四）公交客运汽车使用 13 年；

（五）其他小、微型营运载客汽车使用 10 年，大、中型营运载客汽车使用 15 年；

（六）专用校车使用 15 年；

（七）大、中型非营运载客汽车（大型轿车除外）使用 20 年；

（八）三轮汽车、装用单缸发动机的低速货车使用 9 年，装用多缸发动机的低速货车以及微型载货汽车使用 12 年，危险品运输载货汽车使用 10 年，其他载货汽车（包括半挂牵引车和全挂牵引车）使用 15 年；

（九）有载货功能的专项作业车使用 15 年，无载货功能的专项作业车使用 30 年；

（十）全挂车、危险品运输半挂车使用 10 年，集装箱半挂车 20 年，其他半挂车使用 15 年等。

对小、微型出租客运汽车（纯电动汽车除外），省、自治区、直辖市人民政府有关部门可结合本地实际情况，制定严于上述使用年限的规定，但小、微型出租客运汽车不得低于 6 年。

小、微型非营运载客汽车、大型非营运轿车、轮式专用机械车无使用年限限制。

机动车使用年限起始日期按照注册登记日期计算，但自出厂之日起超过 2 年未办理注册登记手续的，按照出厂日期计算。

第六条　变更使用性质或者转移登记的机动车应当按照下列有关要求确定使用年限和报废：

（一）营运载客汽车与非营运载客汽车相互转换的，按照营运载客汽车的规定报废，但小、微型非营运载客汽车和大型非营运轿车转为营运载客汽车的，应按照本规定核算累计使用年限，且不得超过 15 年；

（二）不同类型的营运载客汽车相互转换，按照使用年限较严的规定报废；

（三）小、微型出租客运汽车需要转出登记所属地省、自治区、直辖市范围的，按照使用年限较严的规定报废；

（四）危险品运输载货汽车、半挂车与其他载货汽车、半挂车相互转换的，按照危险品运输载货车、半挂车的规定报废。

距本规定要求使用年限 1 年以内（含 1 年）的机动车，不得变更使用性质、转移所有权或者转出登记地所属地市级行政区域。

第七条　国家对达到一定行驶里程的机动车引导报废。

达到下列行驶里程的机动车，其所有人可以将机动车交售给报废机动车回收拆解企业，由报废机动车回收拆解企业按规定进行登记、拆解、销毁等处理，并将报废的机动车登记证书、号牌、行驶证交公安机关交通管理部门注销：

（一）小、微型出租客运汽车行驶 60 万千米，中型出租客运汽车行驶 50 万千米，大型出租客运汽车行驶 60 万千米；

（二）租赁载客汽车行驶 60 万千米；

（三）小型和中型教练载客汽车行驶 50 万千米，大型教练载客汽车行驶 60 万千米；

（四）公交客运汽车行驶 40 万千米；

（五）其他小、微型营运载客汽车行驶 60 万千米，中型营运载客汽车行驶 50 万千米，大型营运载客汽车行驶 80 万千米；

（六）专用校车行驶 40 万千米；

（七）小、微型非营运载客汽车和大型非营运轿车行驶 60 万千米，中型非营运载客汽车行驶 50 万千米，大型非营运载客汽车行驶 60 万千米；

（八）微型载货汽车行驶 50 万千米，中、轻型载货汽车行驶 60 万千米，重型载货汽车（包括半挂牵引车和全挂牵引车）行驶 70 万千米，危险品运输载货汽车行驶 40 万千米，装用多缸发动机的低速货车行驶 30 万千米；

（九）专项作业车、轮式专用机械车行驶 50 万千米；

（十）正三轮摩托车行驶 10 万千米，其他摩托车行驶 12 万千米。

第八条　本规定所称机动车是指上道路行驶的汽车、挂车、摩托车和轮式专用机械车；非营运载客汽车是指个人或者单位不以获取利润为目的的自用载客汽车；危险品运输载货汽车是指专门用于运输剧毒化学品、爆炸品、放射性物品、腐蚀性物品等危险品的车辆；变更使用性质是指使用性质由营运转为非营运或者由非营运转为营运，小、微型出租、租赁、教练等不同类型的营运载客汽车之间的相互转换，以及危险品运输载货汽车转为其它载货汽车。本规定所称检验周期是指《中华人民共和国道路交通安全法实施条例》规定的机动车安全技术检验周期。

第九条　省、自治区、直辖市人民政府有关部门依据本规定第五条制定的小、微型出租客运汽车或者摩托车使用年限标准，应当及时向社会公布，并报国务院商务、公安、环境保护等部门备案。

第十条　上道路行驶拖拉机的报废标准规定另行制定。

第十一条　本规定自 2013 年 5 月 1 日起施行。

对于非营运小微型载客汽车和大型轿车变更使用性质后，累计使用年限计算公式为：

$$累计使用年限 = 原状态已使用年 + \left(1 - \frac{原状态已使用年}{原状态使用年限}\right) \times 状态改变后年限$$

备注：公式中原状态已使用年中不足一年的按一年计算，例如，已使用 2.5 年按照 3 年计算；原状态使用年限数值取定值为 17；累计使用年限计算结果向下圆整为整数，且不超过 15 年。机动车使用年限及行驶里程参考值，如表 2-1 所示。

表 2-1　机动车使用年限及行驶里程参考值

车辆类型与用途				使用年限/年	行驶里程参考值/万千米
汽车	载客	营运	出租客运		
			小、微型	8	60
			中型	10	50
			大型	12	60
		租赁		15	60
		教练	小型	10	50
			中型	12	50
			大型	15	60
		公交客运		13	40
		其他	小、微型	10	60
			中型	15	50
			大型	15	80
		专用校车		15	40
		非营运	小、微型客车、大型轿车*	无	60
			中型客车	20	50
			大型客车	20	60
	载货		微型	12	50
			中、轻型	15	60
			重型	15	70
			危险品运输	10	40
			三轮汽车、装用单缸发动机的低速货车	9	无
			装用多缸发动机的低速货车	12	30
	专项作业		有载货功能	15	50
			无载货功能	30	50
挂车	半挂车		集装箱	20	无
			危险品运输	10	无
			其他	15	无
	全挂车			10	无
摩托车	正三轮			12	10
	其他			13	12
轮式专用机械车				无	50

注：1. 表中机动车主要依据《机动车类型　术语和定义》（GA 802—2008）进行分类；标注"＊"车辆为乘用车。
2. 对小、微型出租客运汽车（纯电动汽车除外）和摩托车，省、自治区、直辖市人民政府有关部门可结合本地实际情况，制定严于表中使用年限的规定，但小、微型出租客运汽车不得低于 6 年，正三轮摩托车不得低于 10 年，其他摩托车不得低于 11 年。

2.2　关于现行汽车报废标准执行的若干说明

（1）新《规定》与现行报废标准的区别　新《规定》借鉴国际先进经验，结合我国实际国情，按照有利于保障安全、保护环境、节约资源的原则，逐步弱化使用年限、行驶里程指标，强化了机动车的技术状态及安全、环保指标。新《规定》整合了现行报废标准的有关内容，主要有以下变化。一是调整了部分车辆的使用年限，取消了小、微型非营运载客汽车、大型轿车使用年限限制，对其他车辆大多放宽了使用年限。二是累计行驶里程仅作为报废参考；将累计行驶里程调整为引导机动车报废的参考指标，不作为强制规定。明确对于达到一定行驶里程的车辆，所有人可以将其提前报废。三是明确了车辆安全技术定期检验的有关要求。为加强机动车运行管理，杜绝逃避安全技术检验的现象发生，增加了机动车在检验有效期届满后连续 3 个安全技术检验周期内未取得检验合格标志的应当报废的规定。

现行报废标准规定车型淘汰、无配件来源的机动车应当报废。新《规定》删除了这一条款，主要基于两方面的考虑。一是机动车技术状态与生产企业是否停止生产之间无必然联系。随着市场竞争日益激烈，机动车生产周期大为缩短，停产车型不一定技术落后。二是虽然有关政策明确要求生产企业应定期公布淘汰车型，但由于尚无强制配套规定，相关管理部门判定淘汰车型时缺乏依据，而无配件来源的判断就更为复杂，难以操作。

现行报废标准规定汽车耗油量超过国家定型车出厂标准规定值 15% 的，应强制报废。由于检测条件等原因，这一要求一直未予实施。考虑到现有检测能力及实际检测的可操作性，油耗指标测试要求现阶段将难以落实，故新《规定》删除了相应的内容。

（2）新《规定》取消了小、微型非营运载客汽车、大型轿车的使用年限　发达国家一般对机动车未规定强制报废年限或里程，主要通过年检来限制安全、环保技术指标不合格的车辆上路行驶。考虑到现行报废标准规定小、微型非营运载客汽车使用 15 年，满 15 年后通过检验的可延长使用年限，以检验结果作为判断标准已经基本具备条件，为合理利用资源，借鉴发达国家的车辆报废管理制度，新《规定》在一定程度上弱化了使用年限指标，突出机动车的技术状态及安全、环保指标。对一般使用频率较低，车况较好的小、微型非营运载客汽车、大型轿车，其只需通过安全技术检验，即可上路行驶。同时，结合我国国情，新《规定》对其他使用频繁、易存在安全隐患的，特别是营运车辆，仍然保留了使用年限要求。

（3）其他车型使用年限的调整　考虑到机动车技术水平不断提高，道路运输环境逐步改善等有利因素，新《规定》对其他机动车大多放宽了使用年限，一般采取现行报废标准规定使用年限加上允许延长年限，或者在现行报废标准规定使用年限的基础上适当增加年限的做法。此外，根据车型特点，一是对于使用较为频繁的小、微型出租客运汽车和营运载客汽车，频繁换挡、车辆损伤快的小、微型教练载客汽车，以及潜在危害性较大的危险品运输等车型，继续维持现行报废标准的使用年限，以利于保证运行安全、符合环保要求。同时，鉴于不同地区小、微型出租客运汽车的使用频率和行驶里程差异较大，规定了除纯电动汽车外，地方可结合本地实际适当降低其使用年限，但不得低于 6 年。二是按照从严的原则，明确了专用校车的使用年限。三是考虑到集装箱半挂车使用工况较稳定、普遍采取甩挂运输等特点，规定其使用年限适当长于其他半挂车的使用年限。

（4）强制报废与贯彻《物权法》的有关规定没有矛盾　物权法第七条规定，"物权的取得和行使，应当遵守法律，尊重社会公德，不得损害公共利益和他人合法权益"，《物权法》第八条规定，"其他相关法律对物权另有特别规定的，依照其规定"。道路交通安全法第十四条第一款规定，"国家实行机动车强制报废制度，根据机动车的安全技术状况和不同用途，规定不同的报废标准"。根据道路交通安全法规定，制定机动车强制报废标准是有法律依据的，与物权法规定没有抵触。

（5）关于租赁车辆规定的使用年限　租赁车辆具有所有权、使用权分离，承租人经常变更等特点，租赁经营人难以全面跟踪车辆的使用状态，车辆在维修、保养、使用方面与非营运载客汽车有很大差距，从安全的角度考虑，新《规定》仍维持原 15 年的使用年限，为营运车辆中最长的使用年限。

（6）规定地方政府相关部门可以制定更严格的出租车报废标准　出租车具有使用频率高、行驶里程长、老化速度快等特点，且不同地区差异较大。据调查，我国 17 个大中型城市出租车平均更新周期约为 6 年。同时，出租车行业营运分散、流动性大、劳动强度高，大幅降低使用年限，会加重从业人员负担。因此，在制定出租车报废标准时，既要凸显安全环保的重要性，考虑发达地区的实际情况，又兼顾了资源节约、车主承受能力、社会稳定等因素，在维持出租车使用年限 8 年不变的基础上，增加了地方可根据实际情况对制定严于 8 年但不低于 6 年出租车使用年限的内容。从网上征求意见情况看，公众对"出租车使用年限为 8 年，地方人民政府有关部门可结合本地实际情况，制定严于上述使用年限的规定，但不得低于 6 年"的规定是基本认同的。

（7）国家对达到一定行驶里程的机动车引导报废 累计行驶里程是反映车辆使用状况的重要指标。在行驶一定里程后，车辆性能或主要技术指标将下降或衰退，部件会发生老化或疲劳。在现行报废标准中，累计行驶里程指标是判断报废标准之一，但由于现行法规和相关标准难以判断和保证累计行驶里程的真实性和有效性，把累积行驶里程作为强制报废的指标实际上无法操作。因此，新《规定》将累计行驶里程调整为引导报废的参考指标，不作为强制规定。明确对于达到一定行驶里程的车辆，所有人可以将其提前报废；同时，考虑到车辆技术、维护、修理水平的提升、道路条件的改善等情况，根据不同类型机动车的使用特点，对大多数车型在现行报废标准基础上适当提高了行驶里程参考指标。

（8）新《规定》更加强调了车辆技术状态 《道路交通安全法》第十三条明确要求：登记后上道路行驶的机动车，应当定期进行安全技术检验。现行报废标准规定，经修理和调整仍达不到国家安全技术条件要求，或者经修理和调整或者采用排放控制技术后，排放污染物或噪声不符合国家规定排放标准的机动车应当报废。但是，目前机动车参检率较低，有的车辆检验不合格后不再参加检验而继续行驶，对道路交通安全带来重大隐患。为落实《道路交通安全法》有关规定，加强机动车运行管理，杜绝逃避安全技术检验的现象发生，新《规定》增加了相应的强制性规定，即在检验有效期届满后连续 3 个安全技术检验周期内未取得机动车检验合格标志的应当报废。

（9）规定了车辆变更使用性质或转出登记地后的使用年限 载客汽车在使用周期中可能会变更使用性质，即由营运载客汽车转为非营运载客或者非营运载客汽车转为营运载客汽车。基于安全、环保、管理的综合考虑，新《规定》一是明确要求营运载客汽车与非营运载客汽车相互转换时，应当按照营运载客汽车的规定报废，但考虑到一些车龄较短、车况较好的非营运小、微型载客汽车和大型轿车转为营运，如一律按营运载客汽车的规定报废，则不尽合理，因此，对这类车型转为营运载客汽车的，明确应按照所附公式核算使用年限。如使用 4 年的非营运小型载客汽车转为出租客运汽车，若出租车使用年限为 8 年，按照现行报废标准规定，能继续使用 4 年，按照新《规定》的公式计算，则还可继续使用 6 年。二是对于不同类型的营运载客汽车相互转换，以及小、微型出租客运汽车需要转出登记所属地省、自治区直辖市范围的，要求按照使用年限较严的规定报废。三是危险品运输载货汽车、半挂车与其他载货汽车、半挂车相互转换的，按照危险品运输载货车、半挂车的规定报废。

（10）规定了不允许距使用年限 1 年以内的机动车变更使用性质、转移所有权或者转出登记地 当前，受利益驱动，不少应报废机动车未按规定交售给正规回收拆解企业，而是在临近报废时通过"假转籍"、"假过户"等形式流入黑市，继续上路超期行驶或者进入地下拆车渠道，重新拼装出售，严重威胁人民群众生命财产安全和污染环境。为加强监管，防止临近报废车辆通过转移登记、变更使用性质规避报废，新《规定》明确距使用年限 1 年以内（含 1 年）的机动车，不得变更使用性质、转移所有权或者转出登记地所属地市级行政辖区。

（11）新《规定》中的机动车与公安机关注册登记的机动车分类一致 新《规定》中所称机动车是指上道路行驶的汽车、挂车、摩托车和轮式专用机械车。为便于管理和操作，有关车型依据《机动车类型术语和定义》（GA 802—2008）进行分类，与目前公安机关交通管理部门注册登记的机动车分类基本一致。

2.3 回收实施汽车报废标准的注意事项

《中华人民共和国道路交通安全法》和公安部发布的《机动车修理业、报废机动车回收业治安管理办法》（公安部第 38 号令）都对执行汽车报废标准方面做出相应的严格规定，严禁"回收车辆与报废证明不符的"、"回收无公安交通部门出具的机动车报废证明的机动车"等；并明确"国家实行机动车强制报废制度，根据机动车的安全技术状况和不同用途，规定不同的报废标准。应当报废的机动车必须及时办理注销登记，达到报废标准的机动车不得上道路行驶。报废的大型客、货车及其他营运车辆应当在公安机关交通部门的监督下解体"。2013 年 4 月 9 日公安部交通管理局下发了《关于做好〈机动车强制报废标准规定〉贯彻实施工作的通知》（公交管［2013］109 号），《通知》明确：要严格执行临近报废期车辆登记管理规定，对临近强制报废年限 1 年以内的机动车，不得办理变更使用性质、转移登记以及迁出登记地车辆管理所管理区域等业务。要严格按照新《规定》要求，对连续 3 个周期未取得检验合格标志的车辆一律强制报废，并督促车辆所有人办理注销登记业务，还新规定了机动车连续 3 个未检验周期从 2013 年 5 月 1 日起开始计算。要严查报废车违法上路行驶行为，对驾驶达到报废标准的机动车上路行驶的，要严格依法处罚，并收缴报废机动车，强制报废。要加强与商务等部门协作配合，建立报废机动车回收证明信息共享、核查机制，推广应用视频监控、数据联网等手段，严格校车、大中型客货车以及营运车辆报废监管。对报废机动车回收拆解企业存在买卖或伪造、变造《报废汽车回收证明》的，抄告商务部门和工商行政管理部门依法处罚。这都体现了国家实行机动车强制报废制度必须维护其严肃性和权威性。

（1）大力宣传《机动车强制报废标准规定》 我国汽车社会保有量已呈逐年增加的趋势，汽车报废更新涉及面很广，关系到千家万户，这不仅是报废汽车监管部门或回收拆解企业的事，还要引起全社会的关注，乃至政府部门高度重视，应该通过广播、电视、报刊等媒体，广泛宣传，真正做到家喻户晓，人人都能自觉遵守有关法律法规，从根本上消除报废汽车非法改装、拼装、倒卖、再上路等现象。

（2）严格执行《机动车强制报废标准规定》 报废汽车回收拆解企业要密切配合公安机关交通管理部门及环保部门，严格把关，正如《道路交通安全法》中所规定的"应当报废的机动车必须及时办理注销登记"；"驾驶拼装的机动车或者已达到报废标准的机动车上道路行驶的，公安机关交通管理部门应当予以收缴，强制报废"。对依法延缓报废年限的要切实加强检验监督。达不到国家有关汽车安全和排放规定的要实施强制报废。

（3）准确掌握《机动车强制报废标准规定》 报废汽车回收利用的社会目标一是保护环境，二是节约资源。而执行《机动车强制报废标准规定》是面临的第一关。有些单位和个人为了购置新车，将未到报废期限的旧车提前报废，这既增加了运输成本，也造成了资源浪费。与此同时，也应严格控制延缓报废，因此对延缓报废做出严格检验手续等规定是十分必要的，否则会造成车辆的过度使用，也会严重影响交通运输质量和效率，很难保证车辆的安全和环境不被污染。

 思考题

1. 我国为何要制定《机动车强制报废标准规定》？
2. 我国新发布的《机动车强制报废标准规定》有哪些主要内容？
3. 《机动车强制报废标准规定》与原报废标准规定的区别有哪些？
4. 报废汽车回收拆解企业如何维护和执行《机动车强制报废标准规定》？
5. 公安部交通管理局下发了《关于做好〈机动车强制报废标准规定〉贯彻实施工作的通知》对执行汽车报废标准方面做出哪些相应的严格规定？

第③章
报废汽车的回收管理规程

为了加强对报废汽车的回收管理，进一步规范报废汽车回收利用的经营活动，保障道路交通安全和人民生命财产安全，坚持清洁生产，保护环境。国务院于 2001 年 6 月颁布了《报废汽车回收管理办法》（307 号令），这是指导报废汽车回收拆解利用活动全过程的行动准则。

当前，我国报废汽车为 10 年以前的产品，轿车少，客、货车多，报废汽车的总量有限。然而，随着近年来汽车工业飞速发展，我国汽车消费猛增，因此可以预测到，今后 8～10 年我国的报废汽车数量将激增，特别是轿车将成为报废的主要车种，这对报废汽车回收拆解企业的水平将提出更高的要求。因此，我国报废汽车回收拆解行业正处在一个发展的关键时期。

3.1 报废汽车回收拆解企业标准

3.1.1 报废汽车回收拆解企业应具备的基本条件

报废汽车回收拆解企业应具备的基本条件在《报废汽车回收管理办法》第七条中已有相应规定：报废汽车回收拆解企业除应符合有关法律、行政法规规定的设立企业的条件外，还应具备下列条件：

① 注册资本不低于 50 万元人民币，依照税法规定为一般纳税人；
② 拆解场地面积不低于 5000m²；
③ 具备必要的拆解设备和消防设施；
④ 年回收拆解能力不低于 500 辆；
⑤ 正式从业人员不少于 20 人，其中专业技术人员不少于 5 人；
⑥ 没有出售报废汽车、报废"五大总成"、拼装车等违法经营行为记录；
⑦ 符合国家规定的环境保护标准。

该《办法》还要求报废汽车回收拆解企业必须向政府有关部门提出申请，经审核符合条件者，领取《资格认定书》，并向公安机关申领《特种行业许可证》。

在持有《资格认定书》和《特种行业许可证》后，才能向工商行政管理部门办理登记手续，领取营业执照后，方可从事报废汽车回收业务。

3.1.2 对报废汽车回收拆解企业的规范要求

3.1.2.1 国家颁布实施的《报废机动车拆解环境保护技术规范》行业标准对企业的规范要求

为贯彻《中华人民共和国固体废物污染环境防治法》及相关法律法规，落实《汽车产品回收利用技术政策》，防治报废机动车拆解过程的环境污染，保护环境，促进资源的循环利用，国家环境保护总局于 2007 年 4 月 9 日发布实施了《报废机动车拆解环境保护技术规范》环境保护行业标准（HJ 348—2007），对企业规定了具体的规范要求。

（1）报废机动车拆解、破碎环境保护基本要求

① 报废机动车的拆解、破碎企业建设与运行应以环境无害化方式进行，不能产生二次污染。

② 报废机动车的拆解、破碎应以材料回收为主要目的，应最大限度保证拆解、破碎产物的循环利用。

③ 报废机动车拆解产生的废液化气罐、废安全气囊、废蓄电池、含多氯联苯的废电容器、废尾气净化催化剂、废油液（包括汽油、柴油、机油、润滑油、液压油、制动液、防冻剂、防爆剂等，下同）、废空调制冷剂等属于危险废物，应按照危险废物的有关规定进行管理和处置。

（2）拆解、破碎企业建设环境保护要求

① 新建拆解、破碎企业应经过环评审批，选址合理，不得建在城市居民区、商业区及其他环境敏感区内；原有拆解、破碎企业如果在这一区域内，应按照当地规划和环境保护行政主管部门要求限期搬迁。

② 拆解、破碎企业应建有封闭的围墙并设有门，禁止无关人员进入。

③ 拆解、破碎企业内的道路应采取硬化措施，并确保在其运营期间无破损。

④ 拆解企业的厂区应划分为不同的功能区，包括管理区、未拆解的报废机动车贮存区、拆解作业区、产品（半成品）贮存区、污染控制区（即各类废物的收集、贮存和处理区，下同）。

⑤ 拆解企业厂区内各功能区的设计和建设应满足以下要求：

a. 各功能区的大小和分区应适合企业的设计拆解能力；

b. 各功能区应有明确的界线和明显的标识；

c. 未拆解的报废机动车贮存区、拆解作业区、产品（半成品）贮存区、污染控制区应具有防渗地面和油水收集设施；

d. 拆解作业区、产品（半成品）贮存区、污染控制区应设有防雨、防风设施。

⑥ 破碎企业的厂区应划分为不同功能区，包括管理区、原料贮存区、破碎分选区、产品（半成品）贮存区、污染控制区。

⑦ 破碎企业厂区内各功能区的设计和建设应满足以下要求：

a. 各功能区的大小和分区应适合企业的设计破碎能力；

b. 各功能区应有明确的界线和明显的标识；

c. 原料贮存区、破碎分选区、产品（半成品）贮存区、污染控制区应具有防渗地面和油水收集设施，并设有防雨、防风设施。

⑧ 拆解、破碎企业应实行清污分流，在厂区内（除管理区外）收集的雨水、清洗水和其他非生活废水应设置专门的收集设施和污水处理设施。

⑨ 拆解和破碎企业应有符合相关要求的消防设施，并有足够的疏散通道。

⑩ 拆解和破碎企业应有完备的污染防治机制和处理环境污染事故的应急预案。

（3）拆解、破碎企业运行环境保护要求

① 拆解、破碎企业应向汽车生产企业要求获得《汽车拆解指导手册》及相关技术信息。

② 拆解、破碎企业应采用对环境污染程度最低的方式拆解、破碎报废机动车。鼓励采用固体废物产生量少、资源回收利用率高的拆解、破碎工艺。

③ 应在报废机动车进入拆解企业后检查是否有废油液的泄漏。如发现有废油液的泄漏应立即采取有效的收集措施。

④ 报废机动车在进行拆解作业之前不得侧放、倒放。

⑤ 禁止露天拆解、破碎报废机动车。

⑥ 报废机动车应依照下列顺序进行拆解：

a. 拆除蓄电池；

b. 拆除液化气罐；

c. 拆除安全气囊；

d. 拆除含多氯联苯的废电容器和尾气净化催化剂；

e. 排除残留的各种废油液；

f. 拆除空调器；

g. 拆除各种电子电气部件，包括仪表盘、音响、车载电台电话、电子导航设备、电动机和发电机、电线电缆以及其他电子电器；

h. 拆除其他零部件。

⑦ 在完成上述各项拆解作业后，应按照资源最大化的原则拆解报废机动车的其余部分。

⑧ 禁止在未完成上述各项拆解作业前对报废机动车进行破碎处理或者直接进行熔炼处理。

⑨ 拆解企业在拆解作业过程中拆除下来的各种危险废物，应由具有《危险废物经营许可证》并可以处置该类废物的单位进行处理处置，并严格执行危险废物转移联单制度。

⑩ 报废机动车中的废制冷剂应在专用工具拆除并收集在密闭容器中，并按照相关规定进行处理，不得向大气排放。

⑪ 禁止在未获得相应资质的报废机动车拆解、破碎企业内拆解废蓄电池和含多氯联苯的废电容器，禁止将蓄电池内的液体废物倾倒出来。应将废蓄电池和含多氯联苯的废电容器贮存在耐酸容器中或者具有耐酸地面的专用区域内，并按照相关规定进行处理。

⑫ 拆解、破碎企业产生的各种危险废物在厂区内的贮存时间不得超过一年。

拆解过程产生的危险废物应按照类别分别放置在专门的收集容器和贮存设施内，有危险废物识别标志、标明具体物质名称，并设置危险废物警示标志。液态废物应在不同的专用容器中分别贮存。

⑬ 拆除的各种废弃电子电器部件，应交由具有资质的处置单位进行处理处置。

⑭ 在拆解、破碎过程中产生的不可回收利用的工业固体废物应在符合国家标准建设、运行的处理处置设施中进行处置。

⑮ 禁止采用露天焚烧或简易焚烧的方式处理报废机动车拆解、破碎过程中产生的废电线电缆、废轮胎和其他废物。

⑯ 拆解得到的可回收利用的零部件、再生材料与不可回收利用的废物应按种类分别收集在不同的专用容器或固定区域，并设立明显的区分标识。

⑰ 拆解得到的轮胎和塑料部件的贮存区域应具有消防设施，并尽量避免大量堆放。

⑱ 拆解、破碎企业厂区收集的雨水、清洗水和其他非生活废水等应通过收集管道（井）收集后进入污水处理设施进行处理，并达到排放标准后方可排放。

⑲ 拆解、破碎企业应采取隔声降噪措施。

⑳ 拆解、破碎企业应按照环境保护措施验收的要求对污染物排放进行日常监测；应建立报废机动车拆解、破碎经营情况记录制度，如实记载每批报废机动车的来源、类型、重量（数量），收集（接收）、拆解、破碎、贮存、处置的时间，运输单位的名称和联系方式，拆解、破碎得到的产品和不可回收利用的废物的数量和去向等。监测报告和经营情况记录应至少保存三年。

（4）污染控制要求

① 拆解、破碎过程不得对空气、土壤、地表水和地下水造成污染。

② 拆解、破碎企业的污水经处理后直接排入水体的水质应满足 GB 8978 中的 1998 年 1 月 1 日起建设（包括改、扩建）的单位的水污染物的一级排放标准要求；经处理后排入城市管网的水质应满足 GB 8978 中的 1998 年 1 月 1 日起建设（包括改、扩建）的单位的水污染物的三级排放标准要求。

③ 拆解、破碎过程中产生的危险废物的贮存应满足 GB 18597 的要求。

④ 拆解、破碎企业产生的工业固体废物的贮存、填埋设施应满足 GB 18599 的要求，焚烧设施应满足 GB 18484 的要求。

⑤ 拆解、破碎企业产生的危险废物焚烧设施应满足 GB 18484 的要求，填埋设施应满足 GB 18598 的要求。

⑥ 拆解、破碎企业除满足相关规定外，其他烟气排放设施排放的废气应满足 GB 16297 中新污染源大气污染物最高允许排放浓度的要求。

⑦ 拆解、破碎企业的恶臭污染物排放应满足 GB 14554 中新、改、扩建企业的恶臭污染物厂界排放限值的二级标准要求。

⑧ 拆解、破碎企业的厂界噪声应满足 GB 12348 中的 II 类标准要求。

（5）进口废汽车压件拆解、破碎的环境保护特殊规定

① 进口废汽车压件的拆解、破碎除满足本标准其他条款要求外，还应满足本章规定。

② 进口废汽车压件的进口、拆解、破碎应满足进口可用作原料的固体废物的审批程序和加工利用管理的相关要求。

③ 进口废汽车压件应满足 GB 16487.13 的要求。

④ 从事进口废汽车压件的拆解、破碎活动，应按照所在地的规划要求，在专设的、符合 HJ/T181 要求的废机电产品集中拆解利用处置区内进行。

3.1.2.2　我国商务部制定的《报废汽车回收拆解企业技术规范》中国家标准对企业的规范要求如下。

（1）场地

① 经营面积不低于 10000m²，其中作业场地（包括贮存、去污和拆解场地）面积不低于 6000m²。

② 具备 100m² 以上的封闭或半封闭去污场所，地面应防止渗漏。

③ 应设置旧零件仓库，旧件仓库应防雨且具备防渗漏地表面。废液容器应当防晒防雨。

④ 报废汽车贮存场地（包括临时存放）和拆解场地的地面需硬化处理并具有防渗漏结构。

⑤ 排污水总管应设置油水分离装置和与其相接的排水沟。

（2）设施设备

① 至少具备一个室内拆解预处理平台。

② 配备专用的废油液收集装置，并配有分类贮存各种废液的专用密闭容器。

③ 具备安全气囊直接引爆装置或者拆除引爆装置。

④ 具备氟利昂收集贮存装置。

⑤ 具备存放电池、滤清器和含聚氯联苯/聚氯三联苯的电容器的容器。

⑥ 具备车身车架的剪断和车体压扁设备。

⑦ 具备起重运输设备。

⑧ 具备总成拆解平台或精细拆解平台。

（3）人员

专业技术人员不少于 5 人，其专业技能应能满足规范拆解、环保作业、安全操作（含危险物质收集、贮存、运输）等相应要求。相关岗位的操作人员应遵守规定持证上岗。

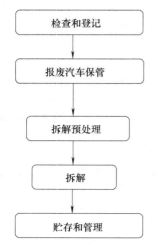

图 3-1　报废汽车回收拆解程序

（4）安全、环保及其他

① 具备电脑等办公设施。

② 消防设施符合国家有关规定。

（5）作业程序

报废汽车回收拆解企业的作业程序应严格遵循环保和循环利用的原则。报废汽车入厂后程序，如图 3-1 所示。

（6）经营管理

① 报废汽车回收拆解企业应建立相关制度，防止禁止销售的报废汽车零部件流向市场。

② 拆解企业应建立对操作工人进行安全操作和废弃物处理方面知识的培训制度，推行培训上岗制度。

③ 企业应实施消防安全检查制度，建立设施设备检修和维护制度、废弃物环保管理制度等，并形成相应的管理文件。

④ 报废汽车回收拆解企业应建立报废汽车回收拆解档案和数据库，对回收的报废汽车逐车登记。记录报废汽车回收、拆解、废弃物处理以及拆解后零部件、材料和废弃物的流向等。档案和数据库的保存期限应不少于 3 年。

⑤ 建立信息化管理制度。

报废汽车典型废弃物拆解和贮存方法及注意事项见表 3-1。

表 3-1 报废汽车典型废弃物拆解和贮存方法及注意事项

废弃物	处理方法及注意事项
安全气囊	未引爆的安全气囊必须尽快拆除或者引爆,拆除和引爆的方法应当严格参考生产企业推荐的方法 已经引爆的安全气囊可让其留在车内;拆解下来的未引爆的安全气囊应放置于专用的防爆贮存装置中,于室内保存,避免露天存放
燃油和油箱	报废汽车进入拆解厂后应尽快拆下油箱并充分排空里面的燃油 区分可再用的燃油和不可再用的燃油(被水、灰尘等其他杂质污染)并分别存放于密闭容器
废油脂(包括:发动机润滑油、变速器机油、动力转向油、差速器油、制动液等石油基油或者合成润滑剂)	将旧油集于密封容器贮存,并置于远离水源的混凝土路面 各种旧油可以混合在一起贮存于同一容器 不要将旧油与防冻液、溶剂、汽油、去污剂、涂料或者其他物质混合 不要使用氯化溶剂清洁装废油的容器,因为很少量的氯化溶剂也可使废油变成有害物质
铅酸电池	首先鉴别铅酸电池是否可用,如不可用则区分是因为能量耗尽还是因为破碎或者泄漏,把因为能量耗尽的电池和破碎泄漏的电池分别装入不同的容器存放 如果铅酸电池仍可用,则拆下之后与不能使用的电池分开存放,并注意防雨防冻 避免长期(6个月以上)存放可用的铅酸电池 铅酸电池不能填埋
含铅部件	在压块粉碎废车之前,一定要完全拆除含铅部件 用足够强度的容器贮存含铅部件,容器要密闭,防雨防雪 含铅部件作为金属或者电池回收
含汞开关	尽快拆解含汞开关,拆解时注意不要弄破装汞的囊 拆解后的含汞开关应贮存在防漏密闭的容器,并防止装汞的囊破裂 只有获得特定许可的金属回收拆解企业才能回收含汞开关
氟利昂	氟利昂需要符合环保规定的专门容器贮存,并交给专门的氟利昂回收机构回收利用
玻璃	挡风玻璃如不能分离其中的塑料层,则作为固体废物填埋
轮胎	废旧轮胎交给符合国家相关规定的废旧轮胎处理单位处理 废旧轮胎的存放要符合有关安全和环保法规的要求
塑料	由于塑料材料的多样性,必须区分各种材料并分别回收处理

3.2 报废汽车定价影响因素

《报废汽车回收管理办法》(国务院令第 307 号)第十九条规定:报废汽车的收购价格,按照金属含量折算,参照废旧金属市场价格计价。《报废汽车回收管理办法释义》进一步明确:报废汽车回收拆解企业,对收购报废汽车的定价,需依据汽车本身钢铁含量,参照当地废钢铁市场收购价格,扣除相关的托运及拆解成本计价。

3.2.1 影响报废汽车收购价格的因素

① 报废汽车收购的托运费用(含拖车、吊车、运输、装卸),一般占销售收入的 0~12%。

② 拆解费用(含场内搬运、拆解切割材料损耗、注销牌照、场地使用等费用),一般占销售收入的 28%左右。

③ 氟利昂、安全气囊及拆解产生的废弃物需无害化处置所产生的环保费用,一般每吨废弃物处置费用在 120 元左右。

④ 回收拆解企业的经营管理费用,一般占销售收入的 20%左右。

⑤ 报废汽车"车型"因素(小客车及轿车车型拆解的废钢铁轻薄料比例较大,钢厂收购价较低;大中型客车用玻璃钢部分车体比例较大,产生的废弃物量较多),钢厂废钢铁收购价一般在 1500~2100 元/吨。

⑥ "报废汽车回用件"的销售不确定因素，一般占金属量的7%～12%。

⑦ 回收拆解企业纳税情况。由于不能得到进项税抵扣，企业缴纳增值税率达18.7%。

以自重1500kg报废轿车、收购价600元/t计算，企业单车经销费用分析，如表3-2所示。

表3-2 报废汽车回收拆解企业经销费用统计

影响因素	收入/元	支出/元	支出比例/%	理论计算
支付残值		900	27.05%	1.5t×600元/t=900元
托运费用		120	3.61%	销售收入×4%=120元
拆解费用		843	25.34%	销售收入×28%=843元
废弃物		57	1.73%	1.5t×17.4%×220元/t=57元
管理费用		630	18.94%	销售收入×20%=630元
税费		622	19.65%	3164×19.65%=622元
废钢铁	1476			1.5t×49.2%×2000元/t=1476元
可回用零部件	614			1.5t×11.7%×3500元/t=614元
其他物资	1237			1.5t×21.7%×3800元/t=1237元
合计	3327	3172		
利润	155		4.65%	

从回收拆解企业生产盈利分析可见，报废汽车回收拆解行业由于目前税率较高，可回用零部件销售比例较低，因此，基本属于微利行业。如报废车辆收购价过高，就会造成企业经营亏损，对行业发展不利。

3.2.2 报废汽车收购价定价原则

根据影响报废汽车收购价格的因素，对于报废的轿车、各种客车及小型货车收购价格定为每吨600元；中型以上货车收购价格定为每吨900元。对以上定价各报废汽车回收拆解企业可根据车辆状况及当地废钢铁市场收购价格上下浮动20%。

3.3 报废机动车的拖运

3.3.1 报废机动车的回收流程

(1) 根据《中华人民共和国道路安全法实施条例》(国务院第405号令)第九条规定：已注册登记的机动车达到国家规定的强制报废标准的，公安机关交通管理部门应当在报废期满的2个月前通知机动车所有人办理注销登记。机动车所有人应当在报废期满前将机动车交售给机动车回收拆解企业，由机动车回收拆解企业将报废的机动车登记证书、号牌、行驶证交公安机关交通管理部门注销。

(2) 在《机动车修理、报废机动车回收业治安管理办法》第八条规定：报废机动车回收拆解企业回收报废机动车时应如实登记下列项目：

① 报废机动车车主名称或姓名、送车人姓名、居民身份证号码。

② 按照公安交通管理部门出具的机动车报废证明登记报废车车牌号码、车型、发动机号码、车架号码、车身颜色。

③ 报废机动车企业在接收报废机动车后，必须查验"五大总成"(发动机、大梁、方向机、前后桥、变速器)是否齐全；查验发动机号、大梁号、过磅附残值，并开具《报废汽车回收证明》。

④ 报废机动车一旦进入待拆区，则应当在公安交通管理部门的监督下进行解体。

3.3.2 报废机动车拖运方法

报废汽车的拖运方法主要有：硬牵引、软牵引、车辆装运、装车与硬牵引相结合等。

(1) 硬牵引

① 适合车型 各类货车、大客车、面包车、客货两用车等。

② 设备和工具 拖车尾部装有牵引钩，并配硬牵一副。其中可直接牵引"解放"、"跃进"、"东风"等车型，大客车、面包车等设有牵引钩的车辆，需在车架前端装置两只牵引钩后，方可实施硬牵引。

③ 对车辆的要求 报废汽车的横、直前杠杆必须完好；前、后桥不能错位；轮胎应齐全并保持有气状态。

④ 拖运车辆的安全 硬牵引报废车辆应遵守交通规则，保持车辆缓慢、平稳行驶。拖车上应由持有三年以上正式驾驶执照人员把握方向，报废汽车尾部应挂有醒目的警示牌，同时，不能有洒、冒、漏、滴现象发生，防止污染环境。

硬牵引拖运的优点：适用于大型车辆如半挂车、公交通道车、重型货车等车型的拖运；安全系数较高；操作比较方便。

（2）软牵引

① 适用车型 各类小轿车、小型面包车、正三轮摩托车等。

② 设备和工具 车辆和钢丝绳、U 形环等。主车车型应大于拖车车型或基本一致。

③ 对车辆的要求 对报废汽车各方面性能要求较高，应保持基本完好，特别是手刹、脚刹齐全等。

④ 拖运车辆的安全 应视同硬牵引车辆拖运要求，且对驾驶员技术要求较高。

⑤ 软牵引拖运的优点 节省时间；对车辆的损坏程度较小；操作方便。

（3）车辆装运

① 装运范围 不具备以上两种拖运方式的车辆及事故车等车辆。

② 设备和工具 货车和吊车、行吊、叉车，配有钢丝绳、手拉葫芦、氧割工具等。

③ 对装运的要求 被装运车辆的车型有可能大小不一，对一些大型车辆，如果超过主车车厢长度，需用氧割工具将其超出部分割断后方能装车。

④ 装运的安全 车辆装运视同货物运输，应按交通法规要求，做到不超长、不超宽、不超高、不超重。整车装运应将被装车辆轮胎气全部放尽，用三角木将轮胎垫实，为防止前后晃动，应用钢丝绳及手拉葫芦绑紧。

⑤ 车辆装运的优点 装运车辆在吊装设备到位的基础上则更为安全，特别是对于一些路途较远的装运过程尤为重要。

（4）装车与硬牵引相结合

此拖运方法适用于报废车辆较多、摆放地点比较集中的单位运输。如某单位一次性报废车辆 5 部（分别为"东风"半挂一部，"桑塔纳"轿车一部，"跃进"货车一部，"东风"标准车一部，"昌河"面包车一部），其中"东风"半挂车车况较好，具备硬牵引条件，则可准备货车（6m 加长）、吊车（8t）和其他辅助工具，先将"东风"标准车按照装车程序吊装在主车上，再将"桑塔纳"轿车吊装在"东风"标准车车厢内，然后将"跃进"货车和"昌河"面包车吊装在"东风"半挂车内，用三根钢丝绳和手拉葫芦绑紧固定，最后用硬牵引将主车与拖车连接，挂好警示牌，一次性安全拖运至拆解场地，既节省了时间，又节约了运输费用。再如，某单位报废老式解放货车 4 部，在准备好货车、吊车及必要的辅助工具后，则应考虑到这批车属淘汰车型，经过检查可选择一部车况较好的作为牵引用，为降低装车高度，预先用氧割割下三部车的前后桥，割断两部车驾驶室与车厢之间的车架，先将拆下前后桥的一部车装入主车后，套放同类型的一只车厢，车厢内放置驾驶室。另一只车厢和驾驶室先后放入拖车的车厢内，余下的空间将前后桥、轮胎放置妥当，用硬牵引连接，经仔细安全检查，确认无超宽、长、高后，即可顺利拖运。

3.4 报废机动车回收中的若干问题

3.4.1 关于机动车所有人的交车问题

根据市场调研，目前存在一个较大的问题是用户交车难，即难以将车交给有资质的报废汽车回收拆解企业。为了保证报废汽车能够流向有资质的回收拆解企业，应从三个方面入手。

（1）报废汽车回收拆解企业在自己的收车区域内合理地增加回收网点，并做好相应的宣传工作，为车主提供方便。

（2）报废汽车的收购价格要遵循如下原则。

① 按其金属含量计算，参照废金属计价，由国家物价部门据此做出规定。一般收购价格小车600元/t左右，大车900元/t左右；有的按报废机动车的残值定价。

② 依据所交车辆完整、零部件齐全等实际情况，价格在一定幅度内可进行相应调整。如北京市物价部门规定的调整幅度为上下浮动20%～30%。

③ 一般情况下应以银行支票结付车款，尽量避免现金交易。

针对目前废车市场的实际情况，回收拆解企业在考虑自身利益的同时，尽量为车主提供较为合理的收购价格。

报废汽车的管理是一个系统工程，涉及的政府部门众多，各部门之间需要明确本部门的责任，尤其要形成合力，严厉打击非法收购报废汽车的企业和个人，公安部门对于私自出售、赠与、转让或者私自拆卸报废汽车的单位和个人要严查，并根据《报废汽车回收管理办法》和相关法规没收其违法所得并罚款。

3.4.2 机动车所有人交售报废机动车规程

汽车所有人交售报废汽车，主要总成不得自行拆用。为满足本单位对个别尚有使用价值的小零部件的需要，交车单位出具证明后，允许交车单位或个人拆下自用，但不得销售。

总之，只有报废汽车回收拆解业的市场环境得到充分改善，报废汽车的回收量和总量控制才能得到一定保障。随着企业实力的不断增强，企业才可能引进先进的技术和设备进行规范经营和规范拆解，实现节约作业和清洁生产，报废汽车资源循环利用产业才能持续、健康发展。

 思考题

1. 我国报废汽车回收利用的阶段目标是什么？

2. 报废汽车回收拆解企业应具备哪些基本条件与一般性规范要求？

3. 请写出汽车报废后的回收流程。

4. 如何采取措施扭转报废汽车市场的无序状态，保证报废汽车流向有资质的回收拆解企业？

5. 报废汽车的管理是一个系统工程，如何使报废汽车资源循环利用产业持续、健康发展？

第 ④ 章
报废汽车拆解工具与设备

4.1 常用工量具及专用拆解设备

4.1.1 常用工具

（1）呆扳手

① 结构与功用　呆扳手的结构特点是使用方便，对标准规格的螺栓螺母均可使用。呆扳手如图 4-1 所示。

② 使用要求

a. 使用时应选用合适的呆扳手，大拇指抵住扳头，另四指握紧扳手柄部往身边拉扳。切不可向外推扳，以免将手碰伤。

b. 扳转时不准在呆扳手上任意加套管或锤击，以免损坏扳手或损伤螺栓螺母。

c. 禁止使用开口处磨损过甚的呆扳手，以免损坏螺栓螺母的六角。

d. 不能将呆扳手当撬棒使用。

e. 禁止用水或酸、碱液清洗扳手，应用煤油或柴油清洗后再涂上一层薄润滑脂保管。

（2）花扳手

① 结构与功用　如图 4-2 所示，花扳手的工作部位呈花环状，套住螺母扳转可使六角受力均匀。花扳手适应性强，扳转力大，适用于拆装所处空间狭小的螺栓螺母。对标准规格的螺栓螺母均可使用花扳手拆装，特别是螺栓螺母需用较大力矩拆装时，应使用花扳手。

图 4-1　呆扳手　　　　　　　　　　　　　图 4-2　花扳手

② 使用要求

a. 使用时，应选用合适的花扳手，轻力扳转时，手势与呆扳手相同；重力扳转时，四指与拇指应上下握紧扳手手柄，往身边扳转。

b. 扳转时，不允许在花扳手上任意加套管或锤击。

c. 禁止使用内孔磨损过甚的花扳手。

d. 不能将花扳手当撬棒使用。

（3）套筒扳手

① 结构与功用　如图 4-3 所示，套筒扳手由一套尺寸不同的套筒和一根弓形的快速摇柄组成，对标准规格的螺栓螺母均可使用。套筒扳手既适合一般部位螺栓螺母的拆装，也适合处于深凹部位

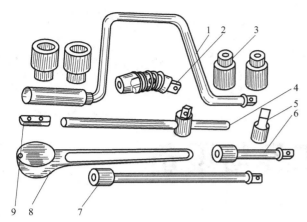

图 4-3　套筒扳手

1—快速摇柄；2—万向接头；3—套筒；4—滑头手柄；
5—旋具接头；6—短接杆；7—长接杆；
8—棘轮手柄；9—直接杆

和隐蔽狭小部位螺栓螺母的拆装。与接杆配合，可加快拆装速度和拆装质量。

② 使用要求

a. 使用时根据螺栓螺母的尺寸选好套筒，套在快速摇柄的方形端头上（视需要与长接杆或短接杆配合使用），再将套筒套住螺栓螺母，转动快速摇柄进行拆装。

b. 用棘轮手柄扳转时，不准拆装过紧的螺栓螺母，以免损坏棘轮手柄。

c. 拆装时，握快速摇柄的手切勿摇晃，以免套筒滑出或损坏螺栓螺母的六角。

d. 禁止用锤子将套筒击入变形的螺栓螺母的六角进行拆装，以免损坏套筒。

e. 禁止使用内孔磨损过甚的套筒。

f. 工具用毕，应清洗油污，妥善放置。

（4）扭力扳手

① 结构与功用　扭力扳手结构如图 4-4 所示，通常使用的扭力扳手有预调式和指针式两种形式。一般用于有规定拧紧力矩的螺栓螺母的拆装，如缸盖、曲轴主轴承盖、连杆盖等部位螺栓螺母的拆装。

② 使用要求

a. 拆装时用左手把住套筒，右手握紧扭力扳手手柄往身边扳转。禁止往外推，以免滑脱而损伤身体。

b. 对要求拧紧力矩较大，且工件较大、螺栓数较多的螺栓螺母时，应分次按一定顺序拧紧。

c. 拧紧螺栓螺母时，不能用力过猛，以免损坏螺纹。

d. 禁止使用无刻度盘或刻度线不清的扭力扳手。

e. 拆装时，禁止在扭力扳手的手柄上再加套管或用锤子锤击。

f. 扭力扳手使用后应擦净油污，妥善放置。

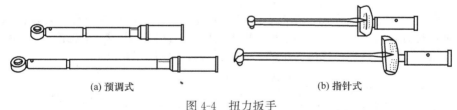

(a) 预调式　　　　　　　　　　　(b) 指针式

图 4-4　扭力扳手

g. 预调式扭力扳手使用前应做好调校工作，用后应将预紧力矩调到零位。

（5）活扳手

① 结构与功用　活扳手结构如图 4-5 所示，由固定和可调两部分组成，扳手的开度大小可以调整。活扳手一般用于不同尺寸的螺栓螺母的拆装。

② 使用要求

a. 使用活扳手时，应根据螺栓螺母的尺寸先调好活扳手的开口，使之与螺栓螺母的六角一致。

b. 扳转时，应使固定部分承受拉力，以免损坏活动部分。

c. 扳转时，不准在活扳手的手柄上随意加套管或锤击。

d. 禁止将活扳手当锤子使用。

（6）管子钳

① 结构与功用　管子钳如图 4-6 所示，由固定和可调两部分组成，钳口有齿，以增大与工件的摩擦力。管子钳一般用于扳转金属管件或其他圆柱形工件。

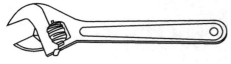

图 4-5 活扳手

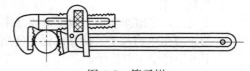

图 4-6 管子钳

② 使用要求

a. 使用时，应根据圆柱件的尺寸预先调好管子钳的钳口，使之夹住管件，并使固定部分承受拉力，以免扳转时滑脱。

b. 管子钳使用时不得用锤子锤击，也不可将管子钳当锤子使用。

c. 禁止用管子钳拆装六角螺栓螺母，以免损坏六角。

d. 禁止用管子钳拆装精度较高的管件，以免改变工件表面的粗糙度。

（7）火花塞套筒

① 结构与功用 如图 4-7 所示，火花塞套筒属薄壁长套筒，为火花塞的专用拆装工具。

② 使用要求

a. 使用时，根据火花塞的装配位置和火花塞六角的尺寸应选用不同高度和径向尺寸的火花塞套筒。

b. 拆装火花塞时，应套正火花塞套筒再扳转，以免套筒滑脱。

c. 扳转火花塞套筒时，不准随意加长手柄，以免损坏套筒。

（8）螺钉旋具

① 结构与功用 螺钉旋具俗称起子，常用的有一字形和十字形两种，如图 4-8 所示。螺钉旋具有木柄和塑料柄之分，木柄螺钉旋具又分为普通式和穿心式两种，后者能承受较大的扭矩，并可在尾部作适当的敲击。塑料柄螺钉旋具具有良好的绝缘性能，适于电工使用。

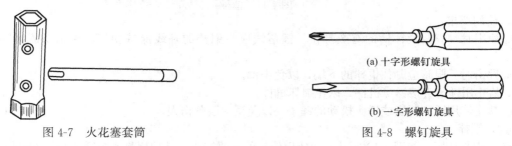

图 4-7 火花塞套筒

(a) 十字形螺钉旋具

(b) 一字形螺钉旋具

图 4-8 螺钉旋具

② 使用要求

a. 应根据螺钉形状、大小选用合适的螺钉旋具。

b. 使用时手心应顶住柄端，并用手指旋转旋具手柄。如使用较长的螺钉旋具，左手应把住旋具的前端。

c. 螺钉旋具或工件上有油污时应擦净后再用。

d. 禁止将螺钉旋具当撬棒或錾子使用。

（9）钳子

① 结构与功用 如图 4-9 所示，汽车拆装中常用的是鲤鱼钳和尖嘴钳，一般用于切断金属丝，夹持或弯曲小零件。

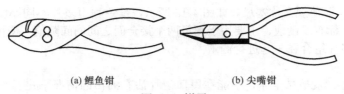

(a) 鲤鱼钳   (b) 尖嘴钳

图 4-9 钳子

② 使用要求

a. 使用时，先擦净油污。根据需要选用尖嘴钳或鲤鱼钳。

b. 禁止将钳子当扳手、撬棒或锤子使用。

c. 不准用锤子击打钳子。

d. 禁止用钳子夹持高温机件。

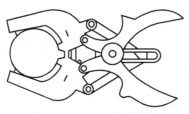

图 4-10　活塞环拆装钳

（10）活塞环拆装钳

① 结构与功用　如图 4-10 所示，活塞环拆装钳是用来拆装活塞环的专用工具。

② 使用要求

a. 使用时，应将其卡入活塞环的端口，并使其与活塞环贴紧，然后握住手把，慢慢收缩，使活塞环张开，便可将活塞环从活塞环槽内取出或装入槽内。

b. 操作时不得扳转，以免滑脱损坏工具。

c. 操作时不得过快收缩手把，以免折断活塞环。

（11）锤子

① 结构与功用　如图 4-11 所示，按锤头形状分有圆头、扁头及尖头三种，按锤头材料分有铁锤、木锤和橡胶锤等。锤子主要用来敲击物件。

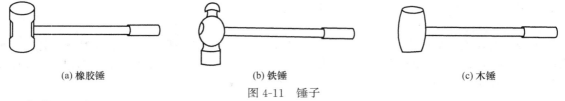

(a) 橡胶锤　　　　　　　　　　(b) 铁锤　　　　　　　　　　(c) 木锤

图 4-11　锤子

② 使用要求

a. 使用时，应握紧锤柄的有效部位。锤落线应与铜棒的轴线保持相切，否则易脱锤而影响安全。

b. 锤击时，眼睛应盯住铜棒的下端，以免击偏。

c. 禁止用锤子直接锤击机件，以免损坏机件。

d. 禁止使用锤柄断裂或锤头松动的锤子，以免锤头脱落伤人。

（12）铜棒

① 结构与功用　如图 4-12 所示，铜棒用较软的金属制成，其功用是避免锤子与机件直接接触，保护机件在拆装中不受损伤。

② 使用要求

a. 不准将铜棒当撬棒使用，以免弯曲。

b. 不准推磨铜棒，以免损坏。

c. 禁止将铜棒加温后使用，以免改变其材料性质。

4.1.2　常用量具

常用量具有厚薄规、游标卡尺、外径千分尺、百分表、量缸表等。

（1）厚薄规

① 用途与特点　厚薄规又称塞尺，如图 4-13 所示，是一种由多片不同厚度的标准钢片所组成的测量工具，钢片上标有厚度值，主要用于测量两个接合面之间的间隙值。使用时，可以用一片进行测量，也可以由多片组合在一起进行测量。

② 使用方法

a. 用干净布将厚薄规擦拭干净，不能在厚薄规片沾有油污的情况下进行测量，以免直接影响测量结果的准确性。

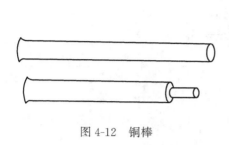

图 4-12　铜棒

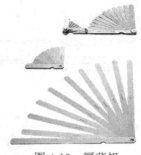

图 4-13　厚薄规

b. 将厚薄规片插入被测间隙中，来回拉动厚薄规片，感到稍有阻力时，表明该间隙接近厚薄规片上所标出的数值。如果拉动时阻力过大或过小，则该间隙值小于或大于厚薄规片上所标出的数值。

③ 使用注意事项

a. 测量过程中不允许剧烈弯折厚薄规片，或用较大的力硬将厚薄规片插入检测间隙中，否则将损坏厚薄规片。

b. 测量后，应将厚薄规片擦拭干净，并涂上一薄层机油或工业凡士林，然后将厚薄规片收回夹框内，以防锈蚀、弯曲或变形。

（2）游标卡尺　在汽车维修中，游标卡尺是不可缺少的测量工具。目前游标卡尺主要可以分成三大类：普通游标卡尺、指针式游标卡尺和数显游标卡尺，如图 4-14 所示。下面以普通游标卡尺为例讲解其结构和使用方法。

① 用途和构造　游标卡尺主要由可移动的游标和尺身两部分组成，如图 4-15 所示。从背面看，游标尺是一个独立的整体，游标与尺身之间有一弹簧片，利用弹簧片的弹力使游标与尺身靠紧。游标上部有一紧固螺钉，可以将游标固定在尺身上的任意位置。尺身和游标上都有量爪，利用内测量爪可以测量槽的宽度和管的内径，利用外测量爪可以测量零件的厚度和轴类零件的直径。此外，游标上还有深度尺，深度尺可以测量孔和槽的深度。

图 4-14　游标卡尺

② 游标卡尺的原理和读数　以准确度为 0.1mm 的游标卡尺为例，尺身的最小刻度是 1mm，游标上有 10 个小的等分刻度，它们的总长等于 9mm。所以当左右测量爪贴合在一起时，游标的零刻线与尺身上主尺的零刻线重合，游标的第十条刻度线与主尺的 9mm 的刻度线重合外，其余八条刻度线都不重合。

在游标卡尺长时间使用之后，游标卡尺外测量爪的贴合面磨损后，游标卡尺会产生零误差。零误差会影响游标卡尺的读数。

读数时首先以游标零刻度线为基准，在尺身上读取主尺上的读数，即以毫米为单位的整数部分。然后看游标上第几条刻度线与尺身的刻度线对齐，如第 4 条刻度线与尺身刻度线对齐，则小数部分即为 0.4mm（若没有正好对齐的线，则取最接近对齐的线进行读数）。如果游标卡尺有零误差，则需要用上述结果加上零误差，读数结果为：

$$L＝整数部分＋小数部分＋零误差$$

判断游标上哪条刻度线与尺身刻度线对准，可用下述方法：选定相邻的三条线，如左侧的线在尺身对应线左右，右侧的线在尺身对应线之左，中间那条线便可以认为是对准了，如图 4-16 所示。如果需测量几次取平均值，不需每次都考虑零误差，只要在最后的结果上加上零误差即可。

（3）螺旋测微器

① 用途和构造　螺旋测微器又称千分尺，测量长度可以准确到 0.01mm。螺旋测微器的构造如

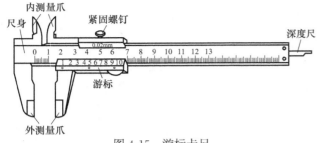

图 4-15　游标卡尺

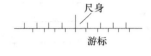

图 4-16　游标卡尺读数

图 4-17 所示。

② 原理和使用　螺旋测微器是依据螺旋放大的原理制成的，即螺杆在螺母中旋转一周，螺杆便沿着旋转轴线方向前进或后退一个螺距的距离。因此，沿轴线方向移动的微小距离，就能用圆周

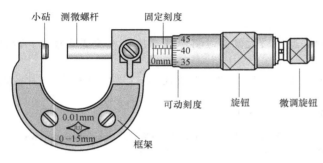

图 4-17　螺旋测微器结构

上的读数表示出来。螺旋测微器的精密螺纹的螺距是 0.5mm，可动刻度有 50 个等分刻度，可动刻度旋转一周，测微螺杆可前进或后退 0.5mm，因此可动刻度每旋转一个小刻度格，相当于测微螺杆前进或后退 0.5mm 的五十分之一，即 0.01mm。所以，可动刻度上的每一小刻度格表示 0.01mm，也就是说螺旋测微器可准确到 0.01mm。由于读数时还能再估读一位，可以读到毫米的千分位，故又名千分尺。

测量时，当小砧和测微螺杆并拢贴合时，可动刻度的零点若恰好与固定刻度的零点重合，旋出测微螺杆，并使小砧和测微螺杆的面正好接触待测长度的两端，那么测微螺杆向右移动的距离就是所测的长度。这个距离的整毫米数由固定刻度上读出，小数部分则由可动刻度读出。

③ 使用注意事项

a. 测量时，在测微螺杆快靠近被测物体时应停止使用旋钮，而改用微调旋钮，避免产生过大的压力，既可使测量结果精确，又能保护螺旋测微器。

b. 在读数时，要注意固定刻度尺上表示半毫米的刻度线是否已经露出。

c. 读数时，千分位应有一位估读数字，即使固定刻度的零点正好与可动刻度的某一刻度线对齐，千分位上也应读取为"0"。

d. 当小砧和测微螺杆并拢时，可动刻度的零点与固定刻度的零点不相重合，将出现零误差，应加以修正，即在最后测长度的读数上加上零误差的数值。

④ 螺旋测微器的读数

读数时，先以可动刻度筒的端面为准线，读出固定刻度上的数值（以 0.5mm 为单位），再以固定刻度上的水平横线作为读数准线，读出可动刻度上的数值，读数时应估读到最小刻度的十分之一，即 0.001mm。例如在图 4-18 中，固定刻度数值是 8，可动刻度上的数值在 38 和 39 之间，所以取值为 0.38，估算千分位上的数值为 0.004，所以最终的读数应该为 8.384mm。在图 4-19 中，固定刻度数值是 7.5，可动刻度上的读数应该为 0.42，千分位上估算的数值为 0.003，最后的读数为 7.923mm。

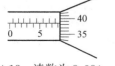

图 4-18　读数为 8.384mm

图 4-19　读数为 7.923mm

有的螺旋测微器可动刻度分为 100 等分，螺距为 1mm，其固定刻度上不需要半毫米刻度，可动刻度的每一等分仍表示 0.01mm。有的螺旋测微器，可动刻度为 50 等分，而固定刻度上无半毫米刻度，只能用眼进行估计。

（4）百分表

① 结构与用途　百分表是一种比较性测量仪器，用于测量工件的尺寸误差和形位误差以及配合间隙等，测量精度为 0.01mm。它的外形结构如图 4-20 所示。

② 读数方法　百分表的表盘刻度一般为 100 格，测量头每移动 0.01mm 时，长指针就偏转 1 小格；当长指针旋转 1 圈时，短指针则偏转 1 小格（表示 1mm）。指针的偏转量就是被测零件（工件）的实际偏差或间隙值。

③ 使用方法

a. 将百分表固定在表架（支架）上，以测杆端量头抵住被测工件表面，并使量头产生一定的位移（即指针存在一个预偏转值）。然后旋转刻度盘，使长指针对准零刻度或者某一整数刻度。

b. 移动被测工件或百分表支架座，观察百分表表盘上指针的偏转量，该偏转量即是被测物体的偏转尺寸或间隙值。

④ 使用注意事项

a. 测杆轴线应与被测工件表面垂直，否则会影响测量精度。

b. 百分表用后应卸除所有的负荷，用干净软布将表面擦拭干净，并在金属表面涂抹一薄层工业凡士林，然后水平地放入盒内，严禁重压。

（5）量缸表

① 结构与用途　量缸表由百分表、表杆、表杆座、活动测杆（量头）、支撑架和一套长短不一接杆等连接装置所组成，如图 4-21 所示。它也是一种比较性测量仪表，测量精度为 0.01mm。在汽车修理中，量缸表主要用来测量汽车发动机汽缸的圆度、圆柱度及其磨损量。

② 测量方法

a. 首先安装、调整量缸表。按被测汽缸的标准尺寸，选择合适的接杆和活动测杆，调整接杆长度，使之与被测汽缸（或者其他孔）的尺寸相适应，即使其测量范围能包含该汽缸的最大和最小磨损缸径，拧紧固定螺母。

图 4-20　百分表

图 4-21　量缸表

b. 校正百分表，用游标卡尺或者其他测量工具将测杆校准到被测汽缸的标准尺寸，并使伸缩杆有 2mm 左右的压缩行程。调整百分表刻度盘，使指针对正零位。

c. 将校对后的量缸表活动测杆在平行于曲轴轴线和垂直于曲轴轴线两个方向上，沿汽缸轴线上、中、下取三个位置，测 6 个数值。上面一个位置一般定在活塞在上止点时，位于第一道活塞环汽缸壁处，约距汽缸上端 15mm。下面一个位置一般取在汽缸套下端以上 10mm 左右处，该部位磨损最少。在各个测量位置百分表的读数，表明该位置汽缸实际直径与标准值的偏差。

d. 测量时，量缸表的活动测杆必须和汽缸轴线保持垂直，才能测量准确。当前后摆动量缸表表针指示到最小数字时，即表示活动测杆已垂直于汽缸轴线。

③ 使用注意事项

a. 百分表刻度盘和测量者应相对，但与接杆的位置错开 180°，便于测量者看读数。

b. 百分表的预压量理论上规定在 1～2mm，即将百分表装入表杆座孔时，表盘上小指针的转动量。转动量小于 0.5mm 时，造成测量行程不够甚至指针有时会没有反应。反之，表盘内部的弹簧拉伸变形太大，容易使弹簧的弹力减弱，造成量缸表的恢复零位作用变差或丧失。因此，使用量缸表时，首先要掌握测量部位的磨损不均匀性的情况。当在磨损不均匀性大且磨损也大的部位测量时，应使百分表的预压量大些；反之，百分表的预压量应小些。实际使用中，百分表的预压量常取 0.5～1mm。

c. 选取接杆要合适。接杆旋入表杆座座孔的深度不能太浅，不能用增加或减少接杆旋入长度的方法，来达到能够测量孔径的目的。这样做会影响接杆在螺纹座孔中的稳定性，造成测量失准，但可根据孔的磨损量大小适当调整接杆旋入座孔的深度，即同一尺寸磨损量大的孔，接杆旋入深度稍浅些；反之接杆旋入深度稍深些。

d. 使用中必须保持量缸表百分表的刻度盘不转动，且小心轻放。量缸表不要测量太毛糙或有沟痕的内孔，因为在测量这样的孔时，表针抖动，使测量的数值不准。百分表的内部齿轮传动是靠表杆中的金属推杆来驱动，表杆受热后推杆变长，使长指针原对好"0"的位置发生改变，影响测量精度。因此，百分表应避免测量温度较高的内孔。同时在操作量缸表时，手应握在表杆的绝热套处，以免影响测量精度。

e. 量缸表使用完毕后，应解除全部负荷，并将其各部分干净整齐地放入包装盒中，妥善保管。

4.1.3 拆解专用工具

（1）顶拔器

① 结构与功用　如图 4-22 所示，顶拔器由拉爪、座架、丝杆、手柄等组成。顶拔器用于拆卸配合较紧的轴承、齿轮。

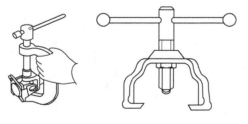
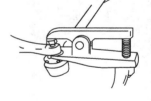

(a) C形方向节顶拔器　　(b) 分离轴承顶拔器　　(c) 横、直拉杆球头销顶拔器

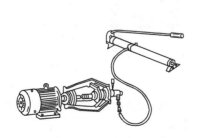
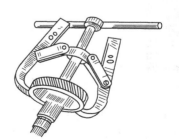

(d) 液压式顶拔器　　(e) 通用顶拔器　　(f) 专用顶拔器

图 4-22　顶拔器

② 使用要求

a. 使用时，根据轴端与被拉件的距离转动顶拔器的丝杆，至丝杆顶端顶住轴端，拉爪钩住轴承或齿轮的外圈，然后慢慢转动丝杆将其拉出。

b. 拉工件时，不能在手柄上随意加装套管，更不能用锤子敲击手柄，以免损坏顶拔器。

c. 顶拔器工作时，其中心线应与被拉件轴线保持同轴，以免损坏顶拔器。如被拉件过紧，可边转动手柄，边用木锤轴向轻轻敲击丝杆尾端，将其拉出。

（2）气门弹簧钳

① 结构与功用

a. 弓形气门弹簧钳如图 4-23 所示。它的凸台用来顶住气门头，压头是半边切开的，压缩气门弹簧时，两锁片便落在压头的凹槽内，将其取出即可。

b. 杠杆式气门弹簧钳如图 4-24 所示，用于拆装顶置气门。

② 使用方法与要求

a. 使用弓形气门弹簧钳时，先旋出螺杆至凸台顶住气门头，并使压头贴住气门弹簧座，再转动螺杆，带动压头及弹簧座向下，使锁片落在压头凹槽内。

b. 使用杠杆式气门弹簧钳时，将前端孔套到缸盖螺柱上，旋上螺母定位，并使槽孔对准气门弹簧座，然后压下弹簧钳手柄，将气门弹簧压缩，用尖嘴钳取出气门锁片。

c. 气门弹簧钳的活动部分应保持良好的润滑。

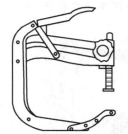

图 4-23　弓形气门弹簧钳

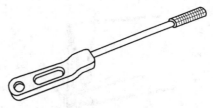

图 4-24　杠杆式气门弹簧钳

（3）发动机翻转拆装台

① 结构与功用　发动机翻转拆装台由座架、蜗轮蜗杆减速器、轮子、手轮及突缘盘等组成。装卸台是用来拆装发动机的专用机具，可使发动机作 180°翻转，以方便拆装，如图 4-25 所示。

② 使用要求

a. 使用时，应慢慢摇转手轮使发动机翻转。

b. 发动机翻转拆装台的轴承、蜗杆蜗轮副等处应保持良好的润滑。

（4）龙门式吊车

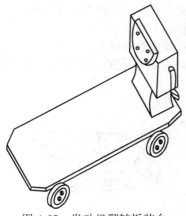

图 4-25　发动机翻转拆装台

图 4-26　龙门式吊车

① 结构与功用　如图 4-26 所示，龙门式吊车由吊架、手拉滑轮、转子等组成。吊车可前后移动，手拉滑轮可作横向移动，主要用于吊装汽车各个总成。

② 使用要求

a. 使用时将吊车移至被吊总成所处位置，用钢缆扎好总成，并根据需要放下滑轮链条，钩住钢缆后，缓缓拉起滑轮链条，将总成吊起。移动吊车可将总成吊至拆装台。

b. 手拉滑轮链条时如卡住，不要硬拉，应查明故障予以排除。

c. 总成起吊时应随时注意重心位移，及时纠正，以免倾翻。

d. 吊车各活动部位应保持良好的润滑。

（5）轻便吊车　在汽车拆解企业中，轻便吊车的作用主要是在拆解车间内吊装和短区间移动汽车零部件总成。目前汽车拆解作业中常用的轻便吊车主要指小型悬臂吊车。小型悬臂吊车按照动力不同可以分为两大类：机械悬臂吊车和电动悬臂吊车。

机械悬臂吊车的结构如图 4-27 所示，一般由底座、悬架、吊钩和液压油缸组成。使用时，要先用可靠绳索将被吊总成扎好，将吊车移到被吊总成的位置，通过液压油缸上的卸压螺钉和调整吊钩位置，将吊钩钩住绳索，慢慢地摇动液压油缸摇柄吊起被吊总成，如果需要也可以推动吊车，移动被吊总成的位置。放下被吊总成时要慢慢旋松液压油缸上的卸压螺钉，此操作过程一定要慢，防止被吊总成下落速度太快，损坏被吊总成和地面。

电动悬臂吊车如图 4-28 所示，它采用电能来进行起重和移动作业。它是在机械悬臂吊车的基础上增加了电动行走和电动起吊机构，降低了工人的工作强度，作业效率提高显著。

图 4-27　机械悬臂吊车

图 4-28　电动悬臂吊车

（6）千斤顶　如图 4-29 所示，汽车上常用的千斤顶有液压式、气压式和机械式三种。液压式千斤顶有 3t、5t、10t 等。千斤顶一般用于举升汽车。其使用方法如下。

① 千斤顶举升汽车前，应用三角木将车轮塞好，以防汽车滑溜发生危险。

② 起重时，地面要硬实可靠，千斤顶底座下应垫厚木板，不可垫石块或水泥板，以防碎裂发生危险。

③ 起重时，千斤顶的顶柱与被支顶的端面应保持垂直，以防滑脱发生危险。

④ 千斤顶举升后应将车架好，使其卸载，才可在车下作业。放下时应慢慢旋松开关。

⑤ 千斤顶举起的工件未架好前，禁止用锤子击打，以免损坏千斤顶。

⑥ 千斤顶缺油时，应按规定添加液压油，不可用制动液或其他油液代替。

（7）离合器拆装专用工具　离合器拆装专用工具是拆装离合器总成的专用工具，其结构如图

图 4-29　千斤顶（液压式）

图 4-30　离合器拆装专用工具

4-30所示，由夹板、丝杆、手柄等组成。离合器拆装专用工具的使用方法如下。

① 使用时将离合器总成放在两夹板之间，板上装一个推力球轴承及座，以使转动丝杆手柄时省力。

② 使用时，不准在手柄上加装套管或用锤子锤击，以免损坏工具。

③ 使用后应将其清洗干净，涂一层薄薄润滑脂，以防生锈。

4.2 报废汽车拆解设备

4.2.1 拆解常用设备

（1）汽车举升机 汽车举升机的主要作用是整体举升汽车，方便拆解工作人员进行汽车底盘上的作业。目前，常用的汽车举升机一般有两种：立柱式液压举升机和剪式液压举升机。立柱式液压举升机又可以分成双立柱式液压举升机（如图 4-31）和四立柱式液压举升机（如图 4-32）。

双立柱式液压举升机主要由立柱、托臂、机械保险装置和液压举升系统组成。双立柱式液压举升机使用方法比较简单，把 4 个托臂缩至最短位置，并降至最低位置，同一立柱上的两托臂张开至最大角度，汽车驶入工位，要尽量保持汽车重心位于两立柱中间，把四托臂上的撑脚调整至汽车底盘的托举位置，放开机械保险装置，升起托臂，当撑脚抵至汽车底盘时，再次确认撑脚托举的位置是汽车底盘指定的托举位置，然后把

图 4-31 双立柱式液压举升机

汽车举升至操作高度。在确认汽车车身平稳、机械保险装置处于保险状态后，操作人员方可在汽车底部开展作业。此外，在放下汽车前，必须要先解除机械保险装置，否则机械保险装置将锁住举升机构。

图 4-32 四立柱式液压举升机

剪式液压举升机结构，如图 4-33 所示，其结构由举升液压系统、举升平板、机架等部分组成。剪式液压举升机一般可以采用隐藏式平板结构，具有占用空间小、维修方便等特点。

剪式液压举升机在举升时，须确认下层平台上的侧滑板处于锁紧位置。同时在举升时要时刻观察汽车和举升平板是否水平，有无不正常异响，举升到位后必须扣压下保险按钮，并检查安全卡榫确实切入安全排齿内，之后操作人员才可进入车辆底盘下作业。举升机下降前，先检视举升机下方四周是否有异物。举升机下降前，下层平台应上升一小段距离，使卡榫脱离安全排齿。

图 4-33 剪式液压举升机

（2）叉车 在拆解企业中，叉车主要用来装卸、搬运包装

良好的汽车零部件或者其他较大型的物品。通过叉车的机械化操作，可以减轻劳动强度，节约大量劳动力，提高工作效率，加速物资周转。同时利用叉车可以实现库房货架的多层化，提高仓库利用率。

目前汽车拆解作业中常用的叉车主要有两种：一种是动力叉车，如图 4-34 所示；另一种是手动式叉车，如图 4-35 所示。

动力叉车一般采用汽油机或柴油机作为动力，动力叉车的驾驶员需要专门培训后才能上岗，同时动力叉车需要定期专业维护。

图 4-34 动力叉车

图 4-35 手动或叉车

手动叉车主要依靠人力实现举升和行走，举升机构大都为液压系统，行走机构一般为实心小轮。在操作手动叉车过程中主要应注意以下几点。

① 行走速度要适中不能太快，转向要缓慢。

② 负荷不能超过规定值，货叉应全部插入货物下面，并使货物均匀放在两货叉上。

③ 不允许用单个货叉挑物，不得搬运未固定好或松散堆码的货物。

④ 举升和下放物品要缓慢，在行走过程中，物品重心不能过高，要下放至适当高度。

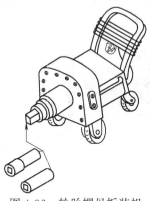

图 4-36 轮胎螺母拆装机

（3）轮胎螺母拆装机 轮胎螺母拆装机是拆装轮胎螺母的专用机具，其结构如图 4-36 所示，由电动机、机架、冲击器、带轮等组成。其使用方法如下：

① 使用前应先检查电源接插件和导线绝缘是否可靠，以防触电事故发生；

② 拆装时套筒与螺母不能偏斜，以免滑脱而损坏螺母六角；

③ 最初旋松螺母时，可利用启动惯性进行敲击。紧固螺母时，敲击力勿过大，以免损伤轮胎螺柱螺母的螺纹；

④ 使用后妥善保管。

（4）轮胎拆装机 轮胎拆装机俗称扒胎机，是一种实现将汽车轮胎从轮毂上拆下、安装和充气功能的设备。它主要用于汽车轮胎的修补、更换、安装等，是轮胎拆装的必备的设备。采用轮胎拆装机拆装汽车轮胎，具有省时省力、不损伤胎口和轮辋的优点。

轮胎拆装机的种类比较多，按照拆装范围可分为小、中型轮胎拆装机和大型轮胎拆装机。一般来说，按轮辋直径划分，拆装范围在 15in❶ 以下的属于小型轮胎拆装机，15～24in 的属于中型轮胎拆装机，大于 24in 的属于大型轮胎拆装机。按照轮胎拆装机设计样式不同可以分为立式轮胎拆装机（图 4-37）和卧式轮胎拆装机（图 4-38），一般小、中型轮胎拆装机都采用立式轮胎拆装机，大型轮胎拆装机采用卧式轮胎拆装机。此外按照使用动力源不同，轮胎拆装机还可以分为气体传动轮胎拆装机和液压传动轮胎拆装机。

虽然不同轮胎拆装机的结构和形状各有差别，但由于其功能都是拆装轮胎，所以轮胎拆装机的

---

❶ 1in＝25.4mm。

操作是基本相同的。下面以小型立式轮胎拆装机（型号：元征 TWC-502RMB）为例，说明轮胎拆装机的结构和使用方法。

图 4-37　立式轮胎拆装机

图 4-38　卧式轮胎拆装机

元征 TWC-502RMB 型立式轮胎拆装机的结构如图 4-39 所示。其使用方法如下。

① 首先检查轮胎拆装机上的控制脚踏是否正常，踩下脚踏 12，转盘顺时针旋转；上抬脚踏 12，转盘逆时针旋转；踩下脚踏 11，分离铲动作，松开脚踩后回位；踩下脚踏 10，转盘上的卡爪张开，当踩踏一下时，卡爪又合上；踩下脚踏 9，立柱慢慢地后仰，当再踏一下时，立柱回位；上抬辅助臂控制杆，辅助臂上升；下压辅助臂控制杆，辅助臂下降；轻踩充气脚踏 8，气体从气压表所接气管中喷出，再踩到底，气体从四个卡爪后面（滑鼠尾部）迅速喷出。

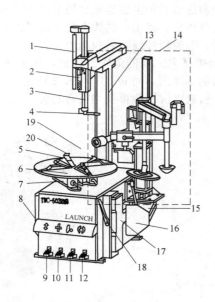

(a)

(b)

1—六方杆汽缸；2—锁紧手柄；3—六方杆；4—拆装头；5-卡爪；
6—转盘；7—夹紧汽缸；8—充气脚踏；9—立柱摆动脚踏；
10—夹紧汽缸脚踏；11—分离铲脚踏；12—转盘转向脚踏；
13—立柱；14—辅助臂；15—分离铲臂；16—分离铲；
17—橡胶垫；18—撬杠；19—贮气罐；20—气源三联件

a—滑柱；b—直臂；c—可调位手柄；d—压胎横杆；
e—压胎轮；f—压块；g—升降汽缸；h—托胎盘；
i—定位锥；j—托盘臂；k—控制盒；l—升降杆；
m—弯臂；n—滑套

图 4-39　元征 TWC-502RMB 型立式轮胎拆装机结构图

② 拆卸轮胎

a. 拆胎前，先将轮胎内的空气全部放掉，清除车轮上的杂物和平衡块，以免发生不必要的损坏和危险。

b. 使用毛刷蘸上润滑剂（一般可采用肥皂水）润滑胎缘，否则胎圈唇口会与分离铲产生过度磨损。

c. 将轮胎置于分离铲和橡胶垫之间，使分离铲边缘置于胎缘与轮辋之间，离轮辋边缘大约1cm处，然后脚踩分离铲脚踏，使胎缘与轮辋分离。

d. 在轮胎其他部分重复以上操作，使胎缘与轮辋彻底脱离。

e. 把胎缘与轮辋已分离的车轮放在转盘上，脚踩夹紧汽缸脚踏到底，夹紧轮辋。

f. 拉回横摆臂，转动旋扭手柄，调整水平臂，按下垂直于转盘的六方杆让拆装头贴紧轮辋外缘，并顺时针转动锁紧手柄锁紧六方杆，使拆装头位置固定。要求拆装头内侧距离轮辋边缘2～3mm，避免划伤轮辋。拆装头角度在出厂时已按标准轮辋调校完毕，如遇特大或特小轮辋时，请重新调整拆装头的角度，以免损伤轮胎。

g. 用专用撬杠将胎缘撬在拆装头前端半球形突起上。为了方便撬出，可将拆装头对面的胎缘用力下压，压到轮槽内，再使用专用撬杠将胎缘撬出，脚踩转盘转向脚踏，让转盘顺时针旋转，直到胎缘脱落为止。如果有内胎，为了避免损坏内胎，在进行这步操作时，建议将轮胎气门嘴置于拆装机头前端约10cm。若拆胎时转盘转动受阻，应立即停止运转，用脚面上抬转盘旋转脚踏，让转盘逆时针转动，以免损坏轮胎。

h. 卸下上轮缘后，有内胎的，要先取出内胎。

i. 上抬轮胎，使下胎缘进入轮槽再将下胎缘撬在拆装头前端半球形凸起上。然后踩下脚踏直至下轮缘脱离轮辋。踩下脚踏松开卡爪，取下轮辋，拆胎完成。

（5）制冷剂回收加注机　目前汽车空调使用的制冷剂品种主要是氟利昂R12和R134a。R12由于其分子中含有氯原子，在太阳光的强烈照射下会分离出氯离子，释放出的氯离子同臭氧会发生连锁反应，不断破坏臭氧分子。臭氧层被大量损耗后，吸收紫外线辐射的能力大大减弱，导致到达地球表面的紫外线明显增加，给生态环境和人类健康带来多方面的危害。因此，国家规定2002年1月1日起所有的出厂新车必须使用以R134a为工质的制冷剂，而R134a与R12相比较，R134a价格要高出很多，从环境保护和经济效益上考虑，R12和R134a回收再利用很有必要。R12制冷剂回收设备如图4-40所示。R134a制冷剂回收设备如图4-41所示。

图4-40　R12制冷剂回收设备

图4-41　R134a制冷剂回收设备

（6）气割设备　气割设备是目前拆解汽车使用比较普遍的金属切割工具，气割是利用可燃气体与氧气混合燃烧的火焰热能将工件切割处预热到一定温度后，喷出高速切割氧流，使金属剧烈氧化并放出热量，利用切割氧流把熔化状态的金属氧化物吹掉，而实现切割的方法。金属的气割过程实质是金属在纯氧中的燃烧过程，而不是熔化过程。气割采用的可燃气体主要有乙炔、液化石油气和氢气等，气割一般用来切割纯铁、低碳钢、中碳钢和低合金钢以及铁等金属，其他金属如铸铁、不锈钢、铝和铜等，则必须采用特殊的气割方法方能进行切割。

由于乙炔-氧气型气割使用比较广泛，所以下面以乙炔-氧气型气割为例说明气割设备的结构和操作方法。在乙炔-氧气型气割中,可燃气体乙炔与氧气的混合及切割氧的喷射是利用割炬来完成的,割炬的结构,如图4-42所示。

乙炔-氧气型气割的操作过程如下。

① 将气割枪移到工作位置,理顺胶管,准备相应工具。

② 操作人员穿带好必要的防护用具。

③ 按顺序打开氧气、乙炔瓶阀门,调节气体压力,用点火器点火并通过燃烧氧气手轮和乙炔手轮调节火焰,一般火焰为淡蓝色时为好。

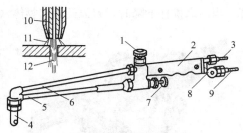

图 4-42 割炬的结构
1—切割氧气阀门;2—手柄;3—氧气接头;
4—割嘴;5—混合气管;6—切割气管;
7—燃烧氧气阀门;8—乙炔阀门;9—乙炔接头;10—割嘴;11—预热火焰;
12—切割氧气流

④ 气割时先用氧乙炔火焰将割口附近的金属预热到燃点(约1300℃,呈黄白色),然后打开割炬上的切割氧气阀门,高压氧气射流使高温金属立即燃烧,生成的氧化物(即氧化铁,呈熔融状态)同时被氧气流吹走。金属燃烧产生的热量和氧乙炔火焰一起又将邻近的金属预热到燃点,沿切割线以一定的速度移动割炬,即可形成割口。

⑤ 切割完成后,按先后顺序关闭割枪上乙炔、氧气阀门,熄灭火焰,然后关闭乙炔、氧气瓶阀门。

在操作过程中,操作人员必须严格遵守气割设备的相关安全操作规程,若发现有气体泄漏或设备有问题,一定要停止使用,修缮完好后方可再次使用。

(7) 等离子切割机 等离子切割机是一种热切割设备,其外形如图4-43所示。它的工作原理是以压缩空气为工作气体,以高温高速的等离子弧为热源,将被切割的金属局部熔化,并同时用高速气流将已熔化的金属吹走,形成狭窄的切割缝。等离子切割机可用于不锈钢、铝、铜、铸铁、碳钢等各种金属材料切割,具有切割速度快、切缝狭窄、切口平整、热影响区小等特点,而且其操作也比较简单,具有显著的节能效果。在汽车拆解作业中,等离子切割机主要用来切割汽车车身,此外对于一些锈死或无法拆卸的连接部位,也可用等离子切割机进行切割。

图 4-43 等离子切割机

在使用等离子切割机,需要注意以下几点。

① 开始切割工作前,应认真检查电源输入线和切割电缆绝缘是否良好,接线是否正确、牢固可靠,配电箱及电源线容量是否满足需求。使用过程中,不要碰触任何带电部位。切割机在拆卸外壳及其他防护装置的情况下不得用于切割作业。

② 操作人员必须穿戴切割作业的安全防护用品,切割作业完毕或暂时离开切割现场时,应切断切割机所有的输入电源。切割场所不得放有易燃、易爆的物品或可燃物。

③ 切割机的定期维护保养应由专业人员进行,使用中如出现故障应及时停机检查,待故障排除后方可继续使用。

(8) 液压剪 为了缩短拆解作业时间,减轻作业人员的劳动强度,液压剪是目前汽车拆解汽车使用比较普遍的破拆工具。如图4-44所示,液压剪通常有一个铝合金外壳,它的刀刃由热轧钢锻造而成。活塞及活塞推杆则通常由热轧合金钢制成。液压剪主要用来剪切如片状金属和塑料之类的材料。

液压剪是弯曲的爪状延伸,它的末端呈尖状。与液压扩张器的原理一样,液压液体流入液压缸后把压力施加给活塞。刀刃的开合取决于施加在活塞上动力的方向。当活塞推杆上升时,刀刃张开。当活塞推杆下降时，刀刃开始向物体（例如车顶）合拢，并将它剪开。

图 4-44　液压剪

（9）翻转设备　翻转机主要用于采用定位作业手工拆解车底零部件时车辆的翻转，它可以提高车底零部件拆解效率及报废汽车横放时的稳固性。

① 叉车式翻转机　叉车式翻转机通过在叉车上安装可以翻转的夹具，在驾驶室内进行操纵，就可以使车辆翻转，如图 4-45 所示。

② 链式收卷翻转机　链式收卷翻转机由电机、控制箱、减速器、滚筒、拉链、拉钩和支撑架组成，如图 4-46所示。电动机通过链传动驱动减速器带动滚筒，由滚筒拉动拉链。

链式收卷翻转机的主要特点是：比叉车式翻转机工作效率更高，叉车式翻转机仅能用于特定的设计车型；使用更加安全、结构简单、故障少；可操作工作区域较大，翻转车辆只需要 20s，适用于微型车、轿车和工具车等车型。

图 4-45　叉车式翻转机

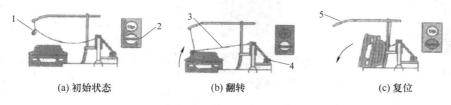

(a) 初始状态　　　　　　　(b) 翻转　　　　　　　(c) 复位

图 4-46　链式收卷翻转机组成及工作过程示意图
1—拉钩；2—控制箱；3—拉索；4—电机；5—制成杆

4.2.2　拆解专用设备

（1）汽车拆解机　汽车拆解机主要用于拆解金属零部件和车内外树脂饰件。日本小松株式会社

(a) 旧式拆解剪　　　　　　(b) 拆解机外形　　　　　　(c) 新型拆解剪

图 4-47　PC200 型汽车拆解机

生产的汽车拆解机是由工程机械挖掘机改装而成，即通过将挖掘铲换成拆解剪，并在底盘上加装辅助夹臂，实现对废旧汽车破坏性拆解。日本小松（Komatsu）生产的 PC200 型汽车拆解机的外形，如图 4-47 所示，主要参数见表 4-1。小松 PC200 汽车拆解机，可完成拆解、分选和堆高等多项作业，可大幅度提高拆解汽车的速度。在进行其他原有作业的同时，25min 可以回收 1000kg 的金属零部件材料。

表 4-1　日本小松（Komatsu）生产的 PC200 型汽车拆解机主要参数

质量/kg		22670
额定输出功率/[kW(Ps)/(r/min)]		99.3(135)/2000
作业范围	最大作业半径/m	10340
	最大作业高度/mm	9875
	最大可作业半径/mm	8580
	最大可作业高度/mm	6010
	最小可作业半径/mm	4390
	夹臂最大作业高度/mm	1630
	夹臂作业范围/mm	4530
车辆尺寸	全长×全高×全宽/mm	11330×3200×2800
液压剪	液压剪质量/kg	1750
	液压剪切断力/kN	(35～120)×9.8

（2）辅助拆解机　为了缩短拆解作业时间，减轻作业人员的劳动强度，用叉车为平台改装的辅助拆解机主要用于保险杠、座椅、仪表板、车门饰件和加热器铁芯等拆解。使用辅助拆解机所用的拆解时间比手工拆解缩短 60%。通过改进拆解爪前端形状，可减少辅助拆解机的移动空间，从而提高了工作效率。

辅助拆解机，如图 4-48 所示。辅助拆解机拆解爪具有张合、转动和上下滑动的功能。在此基础上，加上叉车功能，可使其动作更加灵活。在拆解保险杠时，夹住保险杠的右角，就可将固定部分剥离。辅助拆解机拆解保险杠情形，如图 4-49 所示。拆解仪表板时，拆解爪应尽量靠一端叼住仪表台，并且旋转，如图 4-50 所示。拆解右车门饰件时，拆解爪叼住车门的扶手部分，并且向上提，如图 4-51 所示。

图 4-48　辅助拆解机

图 4-49　拆解保险杠示例

图 4-50　拆解仪表板示例

图 4-51　拆解右车门饰件示例

（3）安全气囊引爆装置　安全气囊引爆装置其作用是在报废汽车拆解之前，利用该装置对安全气囊和安全带预紧器拆解后引爆，保证后续拆解安全进行，其外形如图 4-52 所示。

优点：工具设计简单，可方便引爆安全气囊及安全拉紧装置，成本低，导线长，保证引爆安全气囊时人员安全。

（4）废油收集装置 报废汽车废油包含废机油、废助力油、废齿轮油等各种废油。废油中包含烃类、重金属、废酸、化学添加剂、污泥以及其他对环境有害的有机或无机物等。若采用简单的传统方法回收，会对环境造成极大污染。因此，从资源利用和环境保护两个方面考虑，必须对其进行回收利用。废油收集设备主要分为以下两类。

① 移动式废油收集器 如图4-53所示，这种收集设备通常利用重力来收集各种废油，适用于业务量较小的汽车维修或报废汽车拆解回收企业。使用这种设备通常需要将汽车用升降器抬高，再将其置于汽车底下来收集废油。设备中的废油可以靠重力、空气压力或者依靠安装在设备中的泵来排出。

图4-52 安全气囊引爆装置

图4-53 移动式废油收集器

② 真空废油抽取系统 真空废油抽取系统适用于大型的汽车维修车间或汽车拆解企业。电控真空系统安装方便，不需要特殊的放置场所。如图4-54所示，该装置拥有5号空压泵，可以针对5种不同的液体进行抽排，所有液体都用不同的颜色标识。工作压力高达6bar❶，泵抽水量可达50m。

优点：吸油工具带有观察窗口用于监控液体，且连接方便快捷；操作人员不需接触废油；不需要辅助的移动设备。

图4-54 真空废油抽取装置

图4-55 残余油气回收装置

---

❶ 1bar＝10^5Pa。

（5）残余油气回收装置　在节能环保社会大背景下，既可以用油，也可以用天然气作为燃料的油气两用汽车得到广泛推广，尤其是营运车辆。

对双燃料汽车报废回收，因钢瓶内总会残留相当的残液，特别是气温较低的冬季残留量更大，残液如未及时有效的回收，会产生很大的安全隐患。

如图 4-55 所示，残余油气回收装置能安全回收液化石油气和甲烷的装置，对液化石油气残余液体部分装入压力瓶中，气体部分则通过燃烧清除。对于甲烷则全部燃烧清除并用氮气冲洗，满足 ATEX 防爆保护标准。

（6）玻璃拆卸装置　汽车中除传统的玻璃以外，广泛采用钢化玻璃和夹层玻璃。报废汽车玻璃与其他非金属材料一样都可以回收利用。

汽车玻璃的拆卸一般采用手工拆卸，成本过高，难度大。随着技术的发展，市场上出现用于汽车玻璃拆卸的专业刀具，如气动玻璃拆卸刀具和电动玻璃拆卸刀具（如图 4-56 所示）。

优点：各种刀具及吸尘装置组合在推车上形成，完整的移动式单元；单人作业，作业过程中产生的玻璃屑自动吸收，安全环保；当刀具被拿起/放回储藏架时，自动接通电源/关闭电源，可节约能源，使用方便。

图 4-56　玻璃拆卸装置

4.3　设备和工量具维护与管理

报废汽车拆解企业的设备与工量具是指汽车拆解与再制造加工作业生产中使用的机械、工量具以及仪器等，这些机械、工量具、仪器并非在生产中一次消耗掉。配备一定品种和数量的拆解设备、工具和仪器是汽车拆解企业开业的必备条件，这些拆解设备、工具和仪器的科学使用、维护、修理又是拆解企业开展正常经营活动的必要保证。所以，汽车拆解企业应该对设备、工量具、仪器实行从选型、购置、安装、调试、使用、维护、修理乃至报废、更新的全过程实施科学管理。

从经济角度来说，设备、工量具和仪器属于汽车拆解企业的固定资产，也应该有专门机构或人员来进行管理，从购置投资、支出维修费用、提取折旧费等方面进行保证资金支持和费用控制。

从技术角度来说，设备、工量具和仪器的使用说明书、维修技术资料、维修配件也需要专人收集和管理，使用人员需要专门培训和指导，遇到无法自行解决的技术问题时，可与制造厂家沟通协调，以获得技术支持。汽车拆解设备在汽车拆解生产中具有以下几方面的作用。

① 汽车拆解设备管理以充分利用拆解机具、专用工具、检测仪器，提高汽车拆解质量和生产效率从而获得最大经济效益为前提。

② 汽车拆解设备维护与管理是随时保证设备处于良好技术状况来维持汽车拆解生产的正常进行。

③ 汽车拆解设备维护与管理应不断改善设备技术状况和提高设备的技术性能，为优质、低耗、安全运行创造条件，以促进汽车维修技术的不断发展，并提高汽车拆解企业的经济效益。

4.3.1　拆解设备使用与维护

汽车拆解设备的合理使用是保持设备处于正常运行状态、保证汽车拆解质量和生产效率、降低拆解生产成本的重要一环。合理使用设备是汽车拆解企业设备管理的基础工作。

汽车拆解设备在使用过程中随着作业时间延长，零部件在运转过程中将发生摩擦和磨损。如果配合间隙正常、润滑条件良好，可以降低零部件磨损。设备维护可使设备保持在正常状态下运转，减少设备的磨损，延长使用寿命。

汽车拆解设备的维护，一般采用三级维护制，即日常维护、一级维护、二级维护。维护周期一般根据设备的分类和利用率而定。一般一级维护 3 个月进行一次，二级维护 12 个月进行一次。实践经验证明，严格执行三级维护制度的汽车拆解企业，设备完好率都很高。汽车拆解设备的维护作业内容如下。

（1）日常维护　设备的日常维护是维护作业的基础性工作，应当做到制度化、经常化，每天由设备操作人员进行。操作者在使用前对设备进行检查、润滑，使用中严格执行操作规程，使用后对设备进行认真清扫擦拭并做好使用运行记录。

（2）一级维护　以设备操作使用人员为主，在设备维修工指导下，按维修计划对汽车拆解设备进行局部或重要部位的拆卸和检查，彻底清洗设备外表面和内部，以调整、紧固为主，并做好维护、记录。

（3）二级维护　以设备维修工为主，设备操作使用人员参与维护。对汽车拆解设备进行部分解体检查和修理，更换或修复磨损件，清洗、换油、检修电器控制部分，使设备恢复完好，以满足汽车拆解工艺要求。二级维护后要做好维护记录。

做好汽车拆解设备的合理使用与维护，管理上应注意以下几方面内容。

（1）合理配备操作人员。随着现代汽车制造技术的发展，汽车拆解技术手段也不断深入发展，汽车拆解设备、工具、仪器自动化、电子化、精密化程度越来越高，这就要求设备使用者不仅是一名体力劳动者，更重要的是一名应具备一定理论知识和技术水平的脑力劳动者。因此，必须配备与设备相适应的操作人员才能充分发挥设备的性能，使设备经常处于最佳技术状态。

（2）操作人员应进行岗前培训。新加入的拆解人员在独立使用拆解设备前，必须经过专业培训，熟练掌握设备的构造、原理和操作要领，并具备"四会"（会使用、会维护、会检查、会排除故障），方可独立操作拆解设备。对汽车拆解人员还应经常进行素质教育，使所有人员能够爱护设备，能够养成自觉维护设备的良好习惯。

（3）为汽车拆解设备创造良好的工作环境和条件。为保证汽车拆解设备的正常可靠运行、延长使用寿命、保证安全生产，汽车拆解设备应有适宜的工作环境。一般来讲，安装汽车拆解设备的厂房应整洁、宽敞、明亮，并且还应根据设备的具体要求，配备必要的防尘、防潮、防腐、恒温、通风设施。对于精密量具还应设立单独的工作间，室内的温度、湿度、防尘、防震、通风、亮度应满足设备使用说明书中的有关规定。

（4）建立健全拆解设备使用、维护的规章制度。为保证汽车拆解设备的合理使用，汽车拆解企业应根据汽车拆解设备的构成特点，建立一套科学严密的管理制度，如岗位责任制。汽车拆解设备的使用维护岗位责任制的基本原则是谁使用、谁维护，谁管理、谁负责，明确规定各有关岗位人员的责任是加强拆解设备使用维护和保管行之有效的办法。岗位责任制在具体制定上一般采用定人定机管理，其目的是把设备的使用、维护、保管的各项规定落实到人，要求每一位操作人员固定使用一台或多台汽车拆解设备，并根据实际情况制定相应的定人定机保管制度。

4.3.2　汽车拆解设备更新与报废

设备在使用过程中总有磨损，设备的磨损形式分为有形磨损和无形磨损两种。有磨损就需要有补偿，磨损的形式不同，补偿的形式也不同。补偿分为局部补偿和整体补偿。设备有形磨损的局部补偿是设备的维护和修理，设备无形磨损的局部补偿是设备改造和技术升级。有形磨损和无形磨损的完全补偿是设备的更新。

汽车拆解设备随着使用时间的延长，使用性能不断下降，虽经修理，仍满足不了汽车拆解工艺的要求。另外，随着汽车制造业的不断发展，高性能、高度电子集成化的新车型不断出现，原有拆解设备虽然没有达到磨损极限，但已不能满足拆解技术的需要，这就必须要对设备进行更新或升级。

（1）设备更新与报废应坚持的原则　汽车拆解设备凡有下列情况之一，均应更新或报废：

① 经过大修仍不能满足汽车拆解生产工艺要求的汽车拆解设备；

② 技术性能落后，经济效益很差，已无修复价值的汽车拆解设备；

③ 耗能多或污染环境，威胁人身安全与健康，无技术改造升级的可能，又不经济的汽车拆解设备；

④ 因灾害或意外事故，设备受到严重损坏，已无法修复的汽车拆解设备。

（2）汽车拆解设备寿命　汽车拆解设备的寿命一般分为物质寿命、经济寿命、技术寿命。物质寿命是指设备从投入使用到报废为止所经历的时间；技术寿命是设备从投入使用直到因无形磨损而被淘汰所经历的时间；经济寿命是设备从投入使用到因使用不经济而提前更新所经历的时间。在设备的使用后期，设备老化，使用费用大幅度增加。确定设备经济寿命，即设备最佳更新期的方法很多，在此不再赘述。

4.4　拆解设备设计与开发

由于废钢来源广泛，堆比密度不均，成分差异很大，对电炉钢的发展影响很大。因此，废钢的预处理，可改善钢铁产品性能和投入的产出比。目前废钢处理设备主要有三类：一是打包压块设备，主要用来处理薄板、盘条及机械加工过程产生的切屑等轻薄料，方便运输和提高堆比密度；二是剪断设备，主要用来处理重型废钢和大型构件，便于入炉；三是破碎设备，用来处理未分类混杂的低质废钢，得到纯净成分稳定的破碎钢。比较这三类废钢加工设备，相对来说破碎机的加工范围较大，生产率较高，最重要的是其能剔除杂物，配以适当的分选设备，则更能将对炼钢有害的、混在废钢里的有色金属分选出来，得到非常纯净的优质黑色金属原料。

世界上能加工出理想废钢铁的设备是废钢铁生产线，其主体是破碎机，辅助设备是输送、分选、清洗装置。先由破碎机用锤击方法将废钢铁破碎成小块，再经磁选、分选、清洗，把有色金属和非金属、塑料、涂料等杂物分离出去，得到的洁净废钢铁是优质炼钢原料。目前这样的处理废旧汽车生产线在世界上已有 600 多条，大多集中在汽车工业发达的国家。

汽车拆解技术和设备落后引起的直接后果是资源浪费。目前我国报废汽车材料回收以零部件为主，存在回收利用率低、效率低、回收种类少等问题。例如，车架的分割采用氧气切割，此方法能耗高，金属烧损量大。由于加工设备的限制，不能加工出高质量的废钢，而钢铁公司对废钢铁的要求很高。因此，开发适合我国国情的报废汽车回收拆解设备及废钢铁生产线势在必行。

打包机、液压机和剪切设备在我国相对来说，起步较早，目前已有数家生产企业，其中处于主导地位的是湖北力帝机床股份有限公司。该公司从 20 世纪 70 年代初开始金属回收机械的研究，拥有全国唯一的金属回收机械研究所，在引进技术的基础上实施创新，开发研制了废钢破碎线、金属回收机械、非金属回收机械、液压机械、生活垃圾处理机械等系列产品，共有剪断、打包、压块、剥离、破碎、分选等类型，上百种规格，品种占有率达 72％。1982 年后，该公司成功开发了可将整个汽车驾驶室一次压成合格炉料的 Y81-250 型金属打包液压机和可将半个解放、东风等车型的驾驶室压成包块的 Y81-160 型金属打包液压机。90 年代引进德国技术生产的 Q91Y 大型系列剪断机已达国内外先进水平。近年又引进美国技术开发出当前世界上先进的废钢铁加工设备和废钢破碎生产线，由公司制造的国内首条 PSX-6080 废钢破碎生产线已于 2001 年通过国家鉴定，达到国际先进水平。

　思考题

1. 简述使用轮胎拆装机拆卸轮胎的步骤。
2. 如何做好汽车拆解设备的使用与维护？

第5章 报废汽车整车拆解作业与整车破碎工艺流程

5.1 报废汽车整车拆解作业

报废汽车拆解作业的组织是否合理，不仅影响到汽车拆解质量、生产效率、拆解成本，而且关系到汽车拆解任务的完成。

汽车拆解作业的组织方法，包括汽车拆解作业方式、作业流程及基本方法、劳动组织形式等。

5.1.1 汽车拆解作业方式

汽车拆解作业方式，一般分为定位作业法和流水作业法。

（1）定位作业法 汽车车架、驾驶室的拆解等，被放置在一个固定工位上进行作业，拆卸后的总成拆解，则可分散至专业组进行。进行拆解作业的工人按不同的劳动组织形式，在规定的时间内，分部位和按顺序完成任务。定位作业法占地面积小，所需设备比较简单，同时便于组织生产，一般适用于拆解车型较复杂的拆解场。

（2）流水作业法 汽车拆装作业是在间歇流水线上的各工位上完成的。对于其他总成，如发动机的拆解作业，也可根据设备条件，组成流水作业线。不能组成流水作业的其他拆解作业，则仍分散在各专业组进行。这种作业方法专业化程度高，总成和组合件运距短，工效高，但设备投资大，占地面积也大。一般适用于生产规模大，拆解车型单一、有足够的拆解作业量的情况下，才能保证流水作业线的连续性和节奏性。

5.1.2 拆解工艺流程

5.1.2.1 定位作业拆解工艺流程

由于每次拆解的报废车型可能不同，因此拆解操作及其程序不仅具有个性，同时也存在共性。同流水作业拆解工艺流程类似，定位作业拆解的一般工艺流程是：登记验收、外部情况检视、预处理（放净油料、先拆易燃易爆零部件）、总体拆卸、拆解各总成的组合件和零部件及检验分类。由于轿车和载货车结构存在差别，因此，拆解程序也可能有所不同。报废汽车的解体应按照由表及里、由附件到主机，并遵循先由整车拆成总成，再由总成拆成部件，最后由部件拆成零件的原则进行。

（1）载货汽车总体拆解 报废汽车的总体拆解就是将汽车拆卸成总成和组合件的过程。载货汽车总体拆解的一般作业程序如下。

① 准备工作。

a. 鉴定。对报废车辆的完好程度进行细致的分析，确定拆解深度和解体程序。

b. 预处理工作。检查报废车辆是否有易燃物和危险品；放净油箱内残余油料；放净润滑油并收集在专用容器内。

② 解体程序。

a. 吊拆车厢。拆解车厢与车架连接的 U 形螺栓，把车厢吊下。

b. 拆卸全车电器及线路。包括蓄电池、启动机、发电机、点火、仪表、照明设备和信号装置等。

c. 拆卸发动机室罩和散热器。拆下发动机室罩；拆卸散热器与车架连接处的螺母、橡胶软垫、弹簧以及橡胶水管、百叶窗拉杆、拉手和百叶窗等；最后拆下散热器。

d. 拆卸挡泥板及脚踏板。

e. 拆卸汽油箱。拆卸与汽油箱连接的油管、带衬垫的夹箍，再把汽油箱拆下。

f. 拆卸转向盘和驾驶室。拆卸转向盘、驾驶室与车架连接处的橡胶软塑及螺栓、螺母，吊下驾驶室。

g. 拆卸转向器。将转向摇臂与直拉杆分开，拆下转向管柱和转向器。

h. 拆卸消声器。先拆下消声器与排气歧管夹箍的固定螺栓，然后拆下消声器。

i. 拆卸传动轴。先拆下万向节凸缘与变速器及主减速器凸缘的连接螺栓，后拆卸中间支承。

j. 拆卸变速器。先拆下变速器与发动机连接的螺栓，后拆下变速器。

k. 拆卸发动机及离合器总成。拆卸发动机与车架的支承连接，吊下发动机及离合器总成。

l. 拆卸后桥。将车架后部吊起，拆卸后桥与车架连接的钢板弹簧和吊耳；或先将后桥与钢板弹簧的 U 形螺栓拆下，然后将后桥推出车架。

m. 拆卸前桥。将车架前部吊起，拆卸前桥与车架连接的钢板弹簧及吊耳；或先将前桥钢板弹簧的 U 形螺栓拆下，然后将前桥推出车架。

（2）乘用汽车总体拆解 按照"先易后难，先少后多"的原则，并正确选择拆解部位。对于遇到的新车型，先拆容易作业的部位，后拆作业空间小、结构复杂的部位。切忌"遇到什么拆什么"的做法，要先观察，再作行动。对于前置后驱动结构的车型，其基本拆解程序如下：发动机、变速器离合器、传动轴、驱动桥、悬架、制动系统、转向系统及车身。

（3）常见连接的拆解 汽车上有上万个零件，部件相互间的连接形式有多种，主要有螺纹、过盈配合、链、铆接焊接、黏结和卡扣连接等。这些连接拆解量大，技术要求高，其拆解方法介绍如下。

① 螺纹连接的拆解 螺纹连接在全车拆解工作量中约占 50%～60%。在拆解过程中通常遇到最麻烦和困难的是拧松锈蚀的螺钉和螺母。在这种情况下，一般可采用下列方法。

a. 非破坏性拆解。在螺钉及螺母上注上一些汽油、机油或松动剂，待浸泡一段时间后，用铁锤沿四周轻轻敲击，使之松动，然后拧出；用乙炔氧火焰将螺母加热，然后迅速将螺母拧出；先将螺钉或螺母用力旋进 1/4 圈左右，再旋出。

b. 破坏性拆解。用手锯将螺钉连螺母锯断；用錾子錾松或錾掉螺母及螺栓；用钻头在螺栓头部中心钻孔，钻头的直径等于螺杆的直径，这样可使螺钉头脱落，而螺栓连螺母则用冲子冲去；用乙炔氧火焰割去螺钉的头部，并把螺栓连螺母从孔内冲出。

② 螺钉组连接件的拆解 在同一平面或同一总成的某一部位上有若干个螺钉和螺栓连接时，在拆解中应注意，先将各螺钉按规定顺序拧松一遍（一般为 1～2 圈）。如无顺序要求，应按先四周、后中间或按对角线的顺序拧松一些，然后按顺序分层次匀称地进行拆解，以免造成零件变形、损坏或力量集中在最后一个螺钉上而导致拆解困难。

首先，拆卸难拆部位的螺钉；对外表不易观察的螺钉，要仔细检查，不能疏漏。在拆去悬臂部件的螺钉时，最上部的螺钉应最后取出，以防造成事故。

③ 折断螺杆的拆解 如折断螺杆高出连接零件表面时，可将高出部分锉成方形焊上一螺母将其拧出；如折断螺杆在连接零件体内，可在螺杆头部钻一小孔，在孔内攻反扣螺纹，用丝锥或反扣螺栓拧出，或将淬火多棱锥钢棒打入钻孔内拧出。

④ 销、铆钉和点焊零部件的拆解 销钉在拆解时，可用冲子冲击。对于用冲子无法冲击的销钉，只要直接在销孔附近将被连接的铰链加热就可以取出。当上述方法失效时，只能在销钉上钻

孔，所有钻头的尺寸比销钉直径小 0.5～1mm 即可。

对于拆解铆钉连接的零件，可用扁尖錾子将铆钉头錾去，尤其对拆解用空心柱铆钉连接的零件十分有效。当錾去铆钉头比较困难时，也可用钻头先钻孔，再铲去。用点焊连接的零件，在拆解时，可用手电钻将原焊点钻穿，或用扁錾将焊点錾开。

⑤ 过盈配合连接件的拆解　汽车上有很多过盈配合连接，如气门导管与缸盖承孔之间连接，汽缸套与缸体承孔间的连接，轴承件的连接等。拆解时，一般采用拉（压）法，如果包容件材料的热膨胀性好于被包容件，也可用温差法。

⑥ 卡扣连接件的拆解　卡扣连接是应用于汽车上的新型连接方式，一般用塑料制成。在拆解时，要注意保护所连接的装饰件不受损坏，对一些进口车上的卡扣更要小心，因为无法购到备件，要使之完好，以便二次利用。拆解的工具比较简便，主要是平口螺丝刀及改制的专用撬板等。

5.1.2.2　流水作业拆解工艺流程

将待拆解报废汽车运送到汽车拆解线，并固定在拆解工作台上。然后，按工位进行拆解操作。流水作业拆解工艺流程如图 5-1 所示。

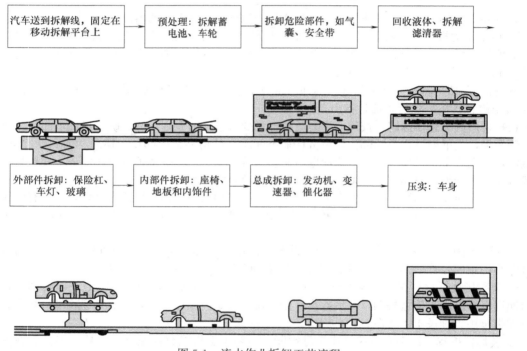

图 5-1　流水作业拆解工艺流程

（1）预处理　对报废汽车进行拆解前，首先要进行预处理工作。其各工位主要作业内容如下。

a. 拆卸蓄电池和车轮。

b. 拆卸危险部件。由认定资格机构培训后的人员按制造商的说明书要求，拆解或处置易燃易爆部件，并进行无害化处理，如安全气囊、安全带预紧器等。

c. 抽排液体。在其他拆解未处理前，必须抽排下列液体：燃料（液化气、天然气等）、冷却液、制动液、挡风玻璃清洗液、制冷剂、发动机机油、变速器齿轮油、差速器双曲线齿轮油、液力传动液、减振器油等。液体必须被抽吸干净，所有的操作都不应当出现泄漏，存贮条件符合要求。根据制造商提供的说明书，处置拆卸液体箱、燃气罐和机油滤芯等。

燃油的清除必须符合安全技术要求，冷却液的排出必须是在封闭系统内进行。处理可燃性液体时，必须遵守安全防火条例，以防止爆炸。在进一步拆解前，由于某些部件的危险或有害等特性，还应拆解以下物质、材料和零件：根据制造商的要求，拆卸动力控制模块（PCM）、含油减振器（如果减振器不被作为再利用件，在作为金属材料回收前，一定要抽尽液体减振器油）、含石棉的零件、含水银的零件、编码的材料和零件、非附属机动车辆的物质等。

报废汽车拆解作业的预处理工艺流程，如图 5-2 所示。

（2）拆解　拆解厂必须组织技术人员，将可再利用部件无损坏地拆卸下来。拆解过程是从外到里，分成外部拆卸、内部拆卸和总成拆卸三个工位。

（3）分类　从报废汽车上拆下的零件或材料应首先考虑再使用和再利用。因此，拆解过程应保证不损坏零部件。在技术与经济可行的条件下，制动液、液力传动液、制冷剂和冷却液可以考虑再利用，废油也可被再加工，否则按规定废弃。再利用的与废弃的油液容器应标明清楚，以便分辨。在将拆解车辆送往破碎厂或作进一步处理时，应分拣全部可再利用和可再循环使用的零部及材料，主要包括：三元催化转换器、车轮平衡块（含铅）和铝轮辋、前后侧窗玻璃和天窗玻璃、轮胎、塑料件（如保险杠、轮毂罩、散热器格栅）、含铜、铝和镁的零部件等。

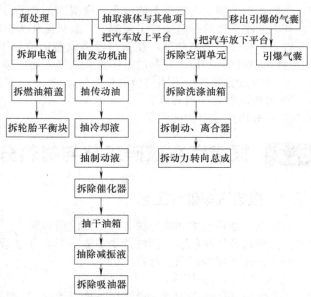

图 5-2　报废汽车拆解作业预处理工艺流程

（4）压实　预处理后或拆解后的汽车可以压实后进行运输。

（5）废弃处理　对报废汽车的拆解过程必须按照要求填写操作日志，主要记录内容有：证明文件编号、拆解过程、再使用、再利用、能源利用和能量回收材料及零部件的比率等。操作日志应包含拆解处理的最基本数据，保证对报废处理过程的透明性和追溯性。所有进出的报废车辆的证明、货运单、运输许可、收据及其各种细目，都应作为必备内容填写在日志中。

5.1.3　汽车拆解作业劳动组织形式

汽车拆解作业的劳动组织形式有综合作业法和专业分工法。

（1）综合作业法　适用于定位作业法的一种劳动组织形式。在汽车拆解场内，将可以进行全面拆解作业的人员安排在一起，对汽车的拆解和总成的拆解等采用的劳动组织形式。综合作业法对工人的要求是：技术全面而不精通，因此，质量不能保证，工效低，施工周期长，设备比较简单。这种作业法，适用于生产规模小，车型复杂的汽车拆解场。

（2）专业分工作业法　将汽车拆解作业，按工种、部位、总成、组合件或工序，划分为若干个作业单元，每个单元的拆解工作固定由一个或几个工人专门负责进行。作业单元分得愈细，专业化程度也就愈高。这种劳动组织形式，既适用于定位作业法，也适用于流水作业法。这种形式，便于采用专用工艺装备，能保证拆解质量，提高工效，易于提高工人的操作技术水平，缩短拆解时间，同时也便于组织各单元的平衡交叉作业。采用这种形式时，要注意拆解进度的相对平衡，要搞好生产计划调度，才能保证有节奏地生产。一般适用于拆解车辆多，车型单一的拆解场。

5.1.4　汽车拆解作业方法和组织形式选择

根据生产规模和拆解车型、工艺装备条件、工人技术水平等具体情况，选择最合理的拆解作业方法和组织形式。根据报废汽车的状态或零部件损坏程度，首先选择拆解方式，然后再确定拆解深度。

对于零部件的拆解不能完全按照装配的逆顺序来考虑，其主要原因是报废汽车的拆解具有以下特性。

① 有效性　选择非破坏性拆解，但没有效益和效率可言。

② 有限性　根据经济效益最大和环境影响最小的原则，确定拆解深度。

③ 有用性　拆卸下来的元件已经由于变形或腐蚀等原因损坏，没有可使用的价值。

例如，对于事故造成损伤的汽车，应根据损伤程度确定可拆解的零部件。但汽车顶棚被压扁时，其内部零部件的拆解受到了限制，一般只能作为材料回收。

对于可再使用的零部件，在满足经济效益的前提下，应选择非破坏性和准破坏性方式进行拆解。对以材料回收利用为目的的拆解方式选择，还应满足以下要求。

① 可有效分离各种不同类型材料。

② 可提高剩余碎屑程度。

③ 可分离危险有害的物质。

5.2　报废汽车破碎工艺与材料分离方法

5.2.1　报废汽车破碎工艺

报废汽车最理想的回收方法是原零件的循环使用，这是一种人工为主的回收方法，即人工分解汽车，然后将各种材料和零部件分类放置。目前工业发达国家用人工拆卸旧车已不再是唯一的方法，并且在逐年减少。原因有：

① 人工拆卸的费用高；

② 拆卸下来的零部件直接利用可能性不大，特别是轿车更新换代很快；

③ 市场上对零部件的需求量很小。

这样，经人工拆卸下的汽车零部件还需重熔回收，拆卸费加重熔回收费使总费用提高。

目前回收旧车上的材料，已从回收零部件的旧模式向回收原材料的新模式转变，即从人工拆卸零部件转向机械化、半自动化回收原材料。现在较多采用切碎机切碎旧车主体后再分别回收不同的原材料，方法如下。

① 将旧车内所有液态物质排放后用水冲洗干净。

② 先局部地将易拆卸下来的大件（车身板、车轮、底盘等）拆卸下来。

③ 将旧车拆卸下来的大件和未拆卸的旧车剩余体，先压扁，然后进入破碎系统流水线破碎。

④ 流水线对碎块进一步处理，其顺序是：全部碎块通过空气吸道，利用空气吸力吸走轻质塑料碎片；通过磁选机，吸走钢和铁碎块；通过悬浮装置，利用不同浓度的浮选介质分别选走密度不同的镁合金和铝合金；由于铅、锌和铜的密度较大，浮选方法不太适用，利用熔点不同分别熔化分离出铅和锌，最终余下来的是高熔点铜。

该种回收方法优点是流程合理，成本相对不很高，缺点是轿车上用的铝、镁合金不能再进一步分离。因此，新的分离方法也在不断被开发出来，如铝废料激光分离法、液化分离法等。

例如：我国湖北力帝机床股份有限公司结合多年生产废钢铁加工机械的经验，借鉴国外先进技术，大胆创新，开发的适合我国国情的首台国产废钢铁破碎分选、输送生产线，即 PSX-6080 型废钢破碎生产线。该生产线主要对废汽车、废机器、废家电设备以及其他适合破碎加工的废钢铁进行破碎、分拣、净化处理，从而得到理想的优质废钢，满足钢铁厂"精料入炉"的要求。

PSX-6080 型废钢破碎生产线的工艺流程，如图 5-3 所示。经压扁或打包处理过的废钢辊铁原料，通过鳞板输送机运至进料斜面，进料斜面上装有可转动的一高一低的两个碾压辊筒将其压扁并送入破碎机内。在破碎机内，有 10 个固定在主轴上的圆盘和 10 个安在圆盘之间可以自由摆动的锤头，通过高速旋转产生的动能，对废钢铁进行砸、撕等破碎处理，将废钢处理成块状或团状，并穿过下部或顶部的栅格，落于振动输送机上。第一次未能处理成足够小的废钢铁，会在破碎机内被转动的圆盘和锤头再次处理，直到能穿过栅格为止。意外进入破碎机内的不可破碎物，由操作人员及时打开位于顶部下方的排料门，将它们弹出。在破碎机进行破碎的同时，对破碎机内进行喷水，以便降温和避免扬尘。

从破碎机出来的破碎物，经过振动输送机、皮带输送机、磁力分选系统，把黑色金属物、有色金属物、非金属物分离开，并由各自输送机送出归堆。有色金属和非金属物在输送机上会再次受到磁选设备的筛选，从而提高黑色金属物的回收率，同时通过人工挑选有色金属，提高回收效益。整条流水线由电脑控制，能实现自动及手动运行，效率高。

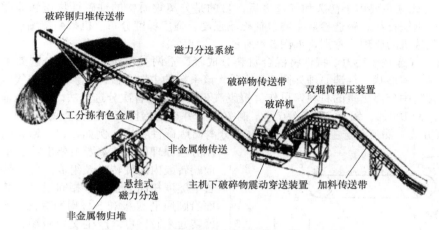

图 5-3　PSX-6080 型废钢破碎生产线工艺流程

5.2.2　破碎材料分离方法

对于以材料回收利用为目的被拆解的车辆，采用破坏性拆解方式，而且压扁或剪切后，不同类型的材料仍混合在一起。为了将其分离出来，主要进行的加工过程有材料破碎和分选。

（1）破碎方法　由拆解厂运送到破碎厂的报废汽车材料有两种基本形态：第一种是压缩或压扁了的报废汽车或车体，主要是轿车；第二种是被剪切成尺寸较小的散料，主要是载货汽车的车架车身。

目前，减小或破碎原料尺寸的方法主要是源于矿产技术。常用的破碎有三种方式。

① 剪碎　剪切的破碎原理与剪刀一样，剪切机中产生剪切作用的刀片可在不同的方向旋转，同时，在两个不同方向上产生作用于同一物体的力。

② 磨碎　基于摩擦原理，通过搅动磨料产生间接作用力使物体磨碎。

③ 击碎或压碎　将作用力直接作用于可压缩的物体上，使其尺寸减小或破碎。

基于以上原理制造的设备有：鳄式破碎机、冲击式破碎机、辊筒式破碎机、锤击式破碎机和锥式破碎机等。

（2）分选方法　破碎材料分选的基本方法主要有筛分、磁选、气选、涡流分选和机械分选等，可以分离钢铁、有色金属、塑料和其他的杂质。这些方法不仅在分选报废汽车破碎材料中都得到了应用，而且在材料的提纯中也得到了应用。

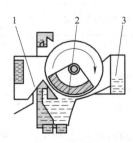

图 5-4　转鼓式磁选机

1—铁屑；2—磁转鼓；3—粉碎料

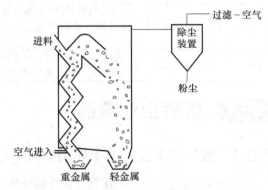

图 5-5　气选原理示意图

① 筛分　筛分是将材料分成大于和小于规定的筛分尺寸的方法。为了提高筛分效率，可以采用湿式或干式方法。对报废汽车破碎材料中的非金属材料，可以首先采用振动、转动或过滤的方法进行初选。

② 磁选　磁选主要用于初选和气选之后，目的是分离物质中的铁磁性物质和非磁性物质。例如，塑料中的钢铁材料。磁选参数主要包括磁场强度、强度梯度分布、机械系统输送速度及磁体类型。转鼓式磁选机的原理示意图，如图 5-4 所示。

③ 气选　气选是按动力学特性将混合材料分成轻、重两类物质的过程，分选效果主要基于材料的密度、尺寸和形状。气选原理如图 5-5 所示。该系统的主要由鼓风机产生分选气流。气选主要用于从轻的材料中分离出重的材料，可作为报废汽车破碎后的首次分选方法。气选对非磁性物质的分选效率是：铅 100%、铝 85%、锌 97%、铜 70%，并且初始投资和运行费用到较低。

④ 涡流分选　涡流分选主要用于从塑料中分离出顺磁性物质，例如，铝、铅和铜等。基于涡流分选原理的分选装置主要由输送带和在输送带前端转鼓内的旋转磁鼓组成。可旋转的磁鼓是由若干宽度相同的永磁铁相间组合安装而成的，表面沿圆周呈 N 极和 S 极周期变化。所以，当磁鼓旋转起来时，可以产生交变磁场。如果导电材料处在这样磁场中，则会导致材料表面产生电涡流。同时，这个涡流也对磁场产生作用，并产生排斥力。

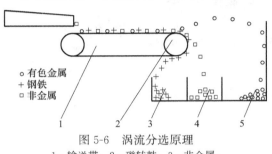

图 5-6　涡流分选原理
1—输送带；2—磁转鼓；3—非金属；
4—钢铁；5—有色金属

有色金属被旋转的输送带抛离的最远，并形成有色金属、钢铁和非金属三个不同的抛物落点，如图 5-6 所示。

⑤ 机械分离法　机械分离法主要是基于材料密度与液体分离介质密度不同，利用被分离材料所受到的浮力不同，或产生的离心力和惯性力不同原理进行分类的。机械分离方法广泛应用于塑料的分选和金属的分离。但是，在分选多种树脂材料时将受到限制，这是因为树脂材料之间的密度差别较小。几种机械分离方法原理与应用，见表 5-1。

表 5-1　机械分离方法原理与应用

序号	名称	原理	应用
1	沉浮分离法	当被分离的粉碎材料密度与液体分离介质密度不同时,被分离材料将在液体中产生沉浮现象	液体分离介质可以选用水和水-甲醇混合物(分选密度比其小的树脂材料),氯化钠溶液和氯化锌溶液(分选密度比其大的树脂材料)
2	离心分离法	当离心分离器绕水平轴旋转时,能将密度大于液体分离介质密度的粉碎材料分离出来	用于塑料碎片分成两类
3	旋流分离法	当离心分离器绕垂直轴旋转时,能将密度大于液体分离介质密度的粉碎材料分离出来	可以将塑料碎片分成两类
4	射流分离法	将被分离的材料投入射流中,密度较大的被冲得较远,相反,密度小的冲得较近	可以同时分离两种或多种密度不同的材料

5.3　拆解企业实例

5.3.1　宝马汽车公司再循环和拆解中心

宝马汽车公司在慕尼黑建有一家再循环和拆解中心，负责研究旧车的拆解技术和工具。该中心的场地上存放有数百辆报废车辆，包括宝马公司生产的各种型号的汽车，也包括 MINI 和劳斯莱斯。宝马公司再循环和拆解中心外景如图 5-7 所示。

宝马汽车公司再循环和拆解中心报废汽车拆解主要工序如下。

（1）引爆气囊 气囊实际上是使用了易爆充气物质，但没有弹片的微型炸弹。为了保证拆解安全，首先要将其引爆。安全气囊引爆如图5-8所示，气囊是通过电流引爆的，图5-8中显示的仪器是可以移动的引爆器。为了减少对环境的影响，引爆气囊应在一个封闭的环境中进行。该中心采用类似帐篷的罩子，引爆后将排出的气体进行过滤。

图 5-7 宝马公司再循环和拆解中心外景

图 5-8 安全气囊引爆

（2）废液回收 将报废汽车置于一个专用台架上，如图5-9所示，用于回收各种油料和废液，如油箱中的剩余燃油、发动机底壳中的机油、变速器油、冷却液和制动液等。这些废液通过不同的管道分别回收，由专门的工厂进行再处理。专用架子装有摇摆装置，可以晃动车身，使废液彻底流出。

（3）电器电子元件回收 报废汽车电器电子件回收，例如汽车各控制单元、仪表等，如图5-10所示。

（4）外部拆解 例如挡风玻璃、保险杠等的拆解。报废汽车玻璃拆解，如图5-11所示。利用专门的玻璃工具切割，将挡风玻璃完整地切割下来。

图 5-9 报废汽车废液回收

（5）内部拆解 例如地板、内饰件、座椅、仪表台等的拆解。

（6）材料分类回收 报废汽车材料分类回收，如图5-12所示。

图 5-10 报废汽车电器电子元件回收

（7）压实 拆解完内部主要零部件车体，在压缩或打包机中压扁，如图5-13所示。压扁以后，用旁边的机械手将铁块取出，放到容器内运走。

（8）粉碎 压扁的车体经粉碎后，再采用重力和磁力分选，如图5-14所示。分离出钢铁、塑料、纺织或纸张等，再分别处理，无法处理的碎屑进行填埋。

5.3.2 上海宝钢钢铁资源有限公司拆解生产线

发达国家对报废汽车的处理已形成了完善的体系，对资源的再生利用和环境保护有明确的规定

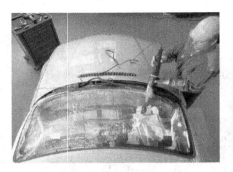

图 5-11　报废汽车玻璃拆解

图 5-12　报废汽车材料分类回收

图 5-13　车体压缩

图 5-14　粉碎处理

和要求。在这些国家，报废汽车的处理和资源循环利用已形成了具有相当规模的产业链。我国报废汽车的拆解企业还处于起步阶段，选择环保及生产率高的拆解工艺可避免或尽可能减少由此带来的污染，创造良好的工作环境，提升资源回收利用率。

　　2002 年，上海宝钢钢铁资源有限公司开展报废汽车的拆解生产经营业务。按照业务许可规定，负责上海市小客车、摩托车的回收拆解以及市内其他拆车企业的"五大总成"回收销毁。公司自行设计了报废汽车拆解线，并与国内相关厂商联合开发了汽车发动机压碎机。

　　目前，上海宝钢已经建立了一条环保、安全、高效的报废汽车拆解生产线，为国内报废汽车的拆解处理探索出了一条新路。拆解线特点与效果如下。

　　(1) 室内拆解，节省占地面积　生产线采用流水作业。在厂房内拆解，拆解区域面积约为 500m²。每天拆解 20 辆（一班制、20 名员工）。

　　公司自行研发了立体停车架，节省占地面积近 2/3。室内拆解采用了多种专业设施与设备，对工作人员的劳动状况有极大改善。

　　(2) 清洁环保作业　整条生产线不用水，也不产生废水；各类废油、废液经集中抽取分别回收，分罐贮存；氟利昂抽取后用专门钢瓶贮存；蓄电池集中回收；橡胶、塑料、玻璃等资源分类回收；废钢、有色金属回收利用。整个拆解生产线对各类回收物资与资源进行了严格分类与存放，然后送交各类有资质的回收企业回收，确保生产环境的清洁。不能利用的垃圾则交环保部门指定的单位填埋处理。

（3）拆解过程无明火　我国现有的汽车拆解企业几乎全用火焰切割处理拆解报废汽车，对空气造成污染。由于油箱为密封件，而汽油、柴油也极易燃烧、爆炸。此外，拆解时产生的废气对工人也有较大伤害。而这条拆解线最大的特点是不动火，采用气动拆解系统与液压剪拆解，整个过程清洁、高效。

（4）拆解过程实行微机管理　从报废汽车进厂到拆解过程以及所有可利用物资的回收入库，都由计算机系统进行数据管理，掌控每台车及发动机的拆解情况。

上海宝钢钢铁资源有限公司自行开发的报废汽车拆解生产线取得了良好的社会与经济效益，它将为国内报废汽车回收拆解行业提供有益的经验。

 思考题

1. 报废汽车拆解作业有几种方式？你认为哪种方式最适合你的企业？为什么？
2. 试分析报废汽车整车破碎工艺流程，开发出适合本企业的作业流水线。

第⑥章
报废汽车发动机拆解技术工艺

6.1 汽车发动机主要零部件

汽车发动机作为汽车重要的组成部分，一般由两大机构与五大系统组成。两大机构为曲柄连杆结构、配气机构。五大系统包括燃油供给系统、润滑系统、冷却系统、点火系统和启动系统组成。本章以上海桑塔纳2000GLi轿车发动机为例，介绍电喷发动机的主要结构。

桑塔纳2000GLi型轿车采用了电子控制燃油喷射式AFE型发动机，AFE型发动机是由上海大众汽车有限公司与德国博世公司（BOSCH）合作开发，其形式为D型集中控制式，称为Motronic（莫特朗尼克）系统，全称是闭路电子控制多点燃油顺序喷射系统，其特点是将点火系统与燃油喷射系统集成在一起。桑塔纳2000GLi型轿车发动机电子控制燃油喷射系统的核心部件是电控单元，它将燃油喷射及点火两者的控制互相联系起来。桑塔纳2000GLi型轿车电子控制汽油喷射系统由电控单元（ECU）、6个传感器、点火线圈、分电器、油压调节器、喷油器等组成，其基本组成和布置，如图6-1所示。

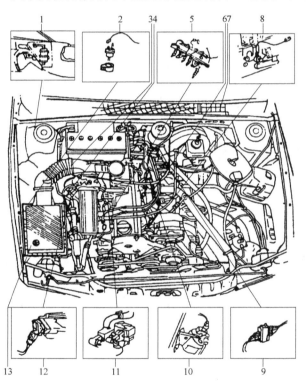

图6-1　电子控制汽油喷射系统的基本组成和布置

1—活性炭罐（位于右前翼子板内侧）；2—活性炭罐电磁阀（位于空气滤清器旁）；3—进气软管；4—节气门位置传感器；5—汽油分配管；6—喷油器；7—电控单元（ECU，位于驾驶员侧仪表板下）；8—爆震传感器；9—4针插头连接器（用于氧传感器）；10—点火分电器；11—怠速调节器；12—进气压力和进气温度传感器；13—空气滤清器

驾驶员通过节气门控制进气量，节气门位置传感器将检测节气门开度的信息传给电控单元（ECU），由电控单元综合诸因素调整喷油量，使混合气最佳。如图6-2所示，发动机工作时，节气门位置传感器检测驾驶员控制的节气门开度，进气压力传感器检测进入汽缸的空气量，这两个信号作为汽油喷射的主要信息输入ECU，由ECU计算出喷油量；再根据水温、进气温度、氧、爆震4个传感器输入的信息，ECU对上喷油量进行必要的修正，确定出实际喷油量，

最后再根据霍尔传感器检测到的曲轴转角信号，ECU 确定出最佳喷油和点火时刻并指令喷油器喷油、火花塞跳火。

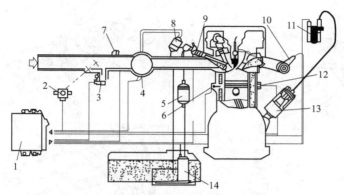

图 6-2　电子控制供油喷射系统示意图

1—ECU；2—节气门位置传感器；3—怠速旁通阀；4—进气压力传感器；5—汽油滤清器；
6—爆震传感器；7—进气温度传感器；8—油压调节器；9—喷油器；10—氧传感器；
11—点火线圈；12—水温传感器；13—分电器；14—电动汽油泵

系统中有一个爆震传感器，当发动机产生爆震时，通知电控单元适当推迟点火正时而减弱爆震。爆震传感器不仅可保证使用低牌号汽油时不损坏发动机，同时也保证发动机在使用高质量汽油时能发出最大功率；系统中的水温传感器可保证发动机在冷起动时，能适当加浓混合气浓度；而系统中的氧传感器则可随时监测发动机的燃烧情况，由电控单元随时调整喷油量，从而将排气污染减小到最低程度；ECU 是 32 位 ECU，它可处理及控制发动机的喷油时间、喷油持续时间和点火提前角等指令，使喷油器和火花塞最佳工作。

电子控制汽油喷射系统分为汽油供给系统、空气供给系统和控制系统三部分。

6.1.1　燃油供给系统主要零部件

汽油机燃油供给系统的作用是根据 ECU 的指令，以恒定的压差将一定数量的汽油喷入进气管中，它主要包括汽油箱、汽油分配管、电动汽油泵，汽油滤清器、油压调节器、喷油器等组成，如图 6-3～图 6-5 所示。

油压调节器与喷油器相连接，控制供油

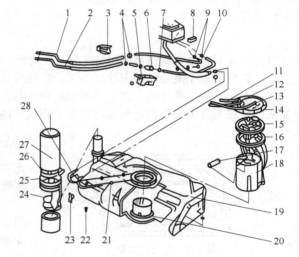

图 6-3　汽油供给系统零件

1—回油软管；2—进油软管；3,8,28—油管夹头；
4,7,9,21,26—夹箍；5—汽油滤清器罩壳；6—汽油滤清器；10—固定螺钉；11—回油管；12—通气细管；13—进油管；14—锁紧螺母；15—凸缘；16—密封圈；17—汽油油位传感器；18—汽油泵；19—汽油箱；20—安装汽油泵固定环；22—固定螺钉；23—卡环；24—支承座；25—防尘罩；27—橡胶连接管

系统的压力，使喷油器中的油压与进气管负压之差始终保持在 0.24MPa，使喷油量只受通电时间长短的控制。喷油器根据 ECU 指令将汽油以雾状喷入进气管。

电动汽油泵将汽油从汽油箱中吸出，经汽油滤清器过滤后，送往汽油分配管。汽油分配管将汽油均匀分配到电子控制的喷油器中，喷油器再适时地将汽油喷入进气管中。汽油分配管上有一个油压调节器，使汽油压力与进气管压力之间的压力差保持不变，并经回油管将多余的汽油送回汽油箱。

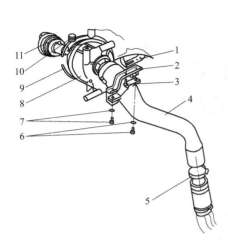

图 6-4　汽油箱进油管总成
1—固定支架；2—中间支架；3,6,7—螺栓；
4—进油管（带止回阀）；5—夹箍；8—集油罩；
9—卡簧；10—密封塞；11—油箱锁盖

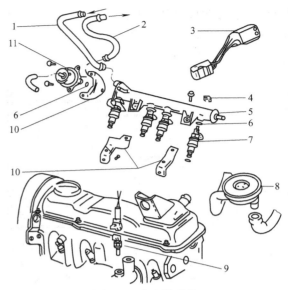

图 6-5　喷油器零件
1—供油软管；2—回油软管；3—喷油器电阻器；
4—夹箍；5—喷油器总供油管；6—密封圈；
7—喷油器；8—曲轴箱强制通风阀（PCV阀）；
9—水温传感器；10—安装支架；11—油压调节器

（1）汽油泵　电动汽油泵的结构如图 6-6 所示，它是由永磁电动机驱动的带滚柱的转子泵，主要由驱动油泵的直流电动机、滚柱式油泵、限压阀和保持剩余压力的单向阀组成。电动汽油泵安装在汽油箱中，汽油不断流动，使电动机能充分冷却。汽油泵的供油量应大于发动机的最大需求量，以便发动机在所有工况下都能保持汽油供给系统中的油压。

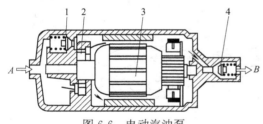

图 6-6　电动汽油泵
1—限压阀；2—滚柱式油泵；3—电动机；4—单向阀；
A—进油口；B—出油口

（2）汽油箱　桑塔纳 2000GLi 型轿车汽油箱内的汽油蒸气不直接排入大气，而是引入进气管，为此在汽油箱与进气系统之间并联一个汽油蒸气回收装置，即活性炭罐，如图 6-7 所示。

活性炭罐内的活性炭粒具有良好的吸附性，有利于吸附汽油蒸气。罐内装有单向止回阀，以防汽油蒸气倒流。罐底有空气滤网，新鲜空气经滤网进入，从炭粒中带走汽油蒸气。

当汽车停止运行时，在高温作用下，汽油箱内的汽油蒸发产生压力，使单向阀打开，汽油蒸气进入活性炭罐，炭粒吸附汽油蒸气并贮存起来。发动机在热态工作时，活性炭罐电磁阀（N80）在ECU 的控制下打开，通过新鲜空气带走汽油蒸气，经管路吸入进气管，从而回收了汽油蒸气，防止汽油浪费和减小大气污染。

（3）汽油滤清器　电动汽油泵后面装有滤清器，它位于汽车底板下面，包括一个网目宽为 $10\mu m$ 的纸质滤芯及接在后面的纤维质滤网。一块支承板将滤清器固定在外壳中。滤清器外壳由金属制成，滤清器寿命取决于汽油的污染程度。

（4）汽油分配管　汽油分配管的任务是将汽油均匀地分配到所有喷油器中。

汽油分配管具有贮油功能，为了克服压力波动，其容积比发动机每工作循环喷入的汽油量大得多，从而使接在分配管上的喷油器处于相同汽油压力之下。

（5）油压调节器　油压调节器作用是保持汽油压力与进气管压力之间的压力差不变，从而使喷油器喷出的汽油量仅取决于阀的开启时间。

　　油压调节器装在汽油分配管上。如图 6-8 所示，这是一种膜片控制的溢流调节器，将汽油压力调节到约 0.24MPa。油压调节器有一个金属外壳，由卷进的膜片将此外壳分为两个腔室，一个是弹簧室，有一定预紧力的螺旋弹簧对膜片施加一个作用力；另一个腔室用于容纳汽油（汽油室），汽油室直接与供油总管相通。

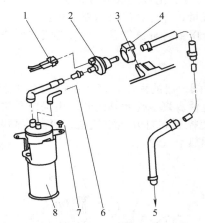

图 6-7　活性炭罐部分零件

1—电源插头；2—活性炭罐电磁阀；3—支架；
4—橡胶支架；5—通向发动机进气系统的管路；
6—通气管（来自汽油箱的通气管）；7—螺栓；
8—活性炭罐（安装在右前车轮罩内）

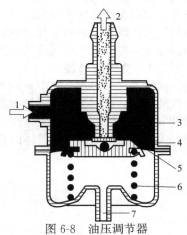

图 6-8　油压调节器

1—进油口；2—回油接头管；3—球阀；4—阀座；
5—膜片；6—压力弹簧；7—进气管接头

　　(6) 喷油器　每个发动机汽缸都配置一个电子控制的喷油器，喷油器装在进气门前的进气道中，其作用是将精确定量的汽油喷到发动机各个进气管末端的进气门前面。

　　喷油器由喷油器体、滤网、磁场绕组、针阀、阀体、螺旋弹簧、调整垫等组成，如图 6-9 所示。

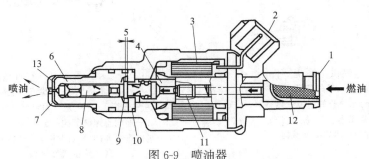

图 6-9　喷油器

1—汽油接头；2—接线插头；3—电磁线圈；4—磁芯；5—行程；6—阀体；7—壳体；
8—针阀；9—凸缘部；10—调整垫；11—弹簧；12—滤网；13—喷口

　　喷油器为电磁式，由 ECU 的电脉冲控制其开启或关闭。各喷油器并联，当磁场绕组无电流时，喷油器针阀被螺旋弹簧压在喷油器出口处的密封锥座上。磁铁线圈通电，针阀从其座面上升约 0.1mm，汽油从精密环形间隙中流出，与空气一起被吸入汽缸，并通过旋流作用在进气和压缩冲程中形成易于点燃的均匀空气汽油混合气。

　　电子控制的喷油器将汽油喷到各进气歧管末端的汽缸进汽门前面。每循环喷入的汽油量基本上决定于喷油器的开启持续时间，此时间由 ECU 根据发动机工况决定。

　　喷油器用专门的支座安装，支座为橡胶成型件。其隔热作用可防止喷油器中的汽油产生气泡，有助于提高发动机的高温启动性能。另外，橡胶成型件可保护喷油器不受过高振动应力的作用。喷油器经带保险夹头的连接插座与汽油分配管连接。

6.1.2 空气供给系统主要零部件

空气供给系统的作用是提供并控制汽油燃烧所需的空气量。主要包括空气滤清器、节气门体、进气压力传感器、稳压箱和附加空气门等，如图 6-10 所示。

进气压力传感器与稳压箱相连，其作用是把进气管内的压力变化转换成信号传至 ECU。ECU 根据进气压力和发动机转速推算出每一循环发动机所需的空气量，并计算出汽油喷射量。

由空气滤清器过滤后的空气，由节气门体流入稳压箱并分配给各缸进气管，空气与喷油器喷出的汽油混合后形成可燃混合气后进入汽缸。

6.1.2.1 空气滤清器

空气滤清器为恒温式（如图 6-11 所示），通过用真空控制阀开启的大小，来控制进入空气滤清器热空气的多少，从而保持进入发动机的进气温度为某一恒定值。真空控制阀的开闭由温控开关控制，当进气温度低时，温控开关打开，通向节气门体的真空使控制阀打开热空气道；当温度高时，温控开关关闭，截断通向节气门体的真空通道，温控开关关闭热空气道。

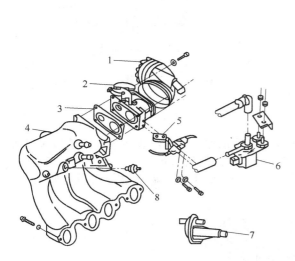

图 6-10　空气供给系统零件图
1—进气连接管；2—节气门体；3—衬垫；
4—进气歧管；5—节气门位置传感器；
6—怠速调节器；7—附加空气
滑阀；8—热启动节流器

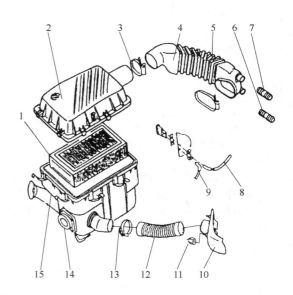

图 6-11　空气滤清器
1—滤芯；2—空气滤清器上部；3,13—夹箍；
4—进气软管；5—夹箍（固定与节气门体连接的进气软管）；
6—通向怠速调节阀的进气软管；7—曲轴箱排气管；
8—真空管（通向节气门体）；9—真空管（通向真空控制阀）；
10—热空气导流板；11—固定螺母；
12—热空气软管（连接热空气导流板和空气滤清器）；
14—真空控制阀；15—空气滤清器下部

6.1.2.2 节气门体

节气门体（如图 6-12 所示）位于空气滤清器和稳压箱之间，与加速踏板联动，用以控制进气通路截面积的变化，从而实现发动机转速和负荷的控制。为检测节气门位置的开度大小，在节气门轴的一端（下端）装有节气门位置传感器，用来向 ECU 传递节气门的开度信号。

节气门体上装有旁通道，当节气门关闭、发动机怠速运转时，汽油燃烧所需要的空气由怠速旁通阀进入发动机。为自动控制怠速转速，在怠速通道中设置了可以改变通道截面积的旋转滑阀式怠速调节器，如图6-13所示。

在冷启动结束后、发动机进入暖机阶段，发动机需要附加的暖机加浓混合气。附加空气滑阀

（如图 6-10 中 7 所示）作为节气门的旁通阀，根据发动机温度向发动机输送附加空气。在计量空气量时，已考虑到这部分附加空气量，喷油器会输送更多的汽油。发动机温度升高时，附加空气滑阀减少通往节气门的旁通支路中的附加空气量。

附加空气滑阀由一个孔板控制，而孔板又由一个双金属片控制。孔板控制分通管道（即旁通阀）的开启截面，双金属片是用电加热的，随着发动机温度的上升，它逐渐减小附加空气滑阀的开启截面。附加空气滑网安装位置选在发动机上易感受其温度的部位。从而当发动机暖机结束后，附加空气滑阀不再工作。

当减速时，驾驶员突然松开加速踏板，节气门迅速关闭，进入汽缸的空气量剧减，发动机输出功率大幅度下降，导致不应有的冲击，甚至熄火。为了防止这种不良现象的产生，在节气门外部设有节气门缓冲装置，如图 6-14 所示。

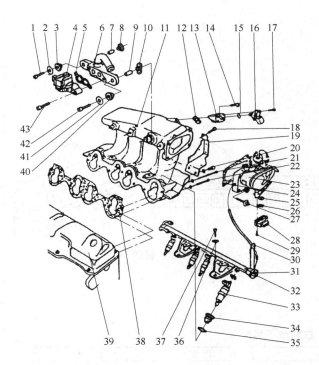

图 6-12　节气门体、怠速调节器及汽油分配器
1,14,17,18,20~22,27,29,37,42,43—螺栓；2—垫圈；
3,10,40—橡胶垫；4—怠速调节器；5,24—密封垫；
6—连接体（用于安装怠速调节器）；7,9—套管；
8—橡胶管；11—进气歧管；12—垫片；13—连接体（用于
安装进气压力和进气温度传感器）；15—密封圈；
16—进气压力和进气温度传感器；19—隔热板；
23—节气体；25,36,41—垫圈；26,34—橡胶垫；
28—节气门位置传感器；30—卡簧（固定油压调节器）；
31—油压调节器；32—汽油分配管；33—喷油器；
35—密封圈；38—进气歧管密封垫；39—气门罩盖

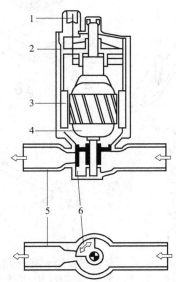

图 6-13　旋转滑阀式怠速调节器
1—接线插头；2—外壳；3—永久磁铁；
4—电枢；5—空气通道；6—转速调节滑阀

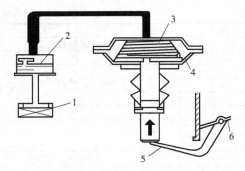

图 6-14　节气门缓冲装置
1—空气滤网；2—阻尼孔；3—阻尼弹簧；
4—膜片；5—杠杆；6—节气门

6.1.2.3　控制系统的主要部件

控制系统的作用是收集发动机的工况信息并确定最佳喷油量、最佳喷油时刻及最佳点火时刻，由电控单元（ECU）、水温传感器、氧传感器、节气门位置传感器、进气温度传感器、进气压力传感器、爆震传感器及霍尔传感器等组成。传感器是检测发动机实际工作状况、感知各种信号的主要部件，并将各种信号传送给 ECU，ECU 通过计算分析后，发出相应指令，使发动机在最佳的工作状态下工作。

（1）电控单元　电控单元俗称电脑或 ECU。ECU 是一种电子综合控制装置，是电子控制汽油喷射装置的控制中枢，其由模拟数字转换器、只读存储器 ROM、随机存储器 RAM、逻辑运算装置和一些数据寄存器等组成。ECU 通过分析各种传感器提供的发动机工况数据，并借助于编好程序的综合特性曲线，发出喷油器和点火提前角的控制脉冲。ECU 安装在驾驶员仪表板下，如图 6-15 所示。ECU 的端子如图 6-16 所示，端子的用途见表 6-1。

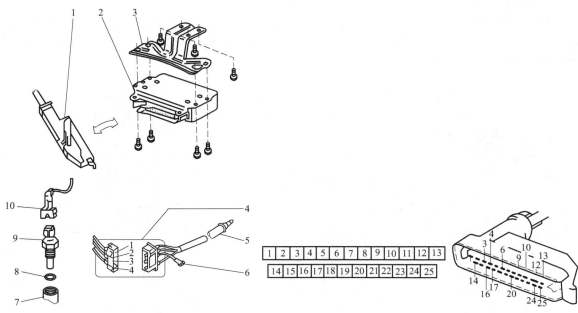

图 6-15　ECU 及氧传感器和水温传感器
1—接线插头；2—ECU；3—固定板；4—插头连接；
5—氧传感器；6—搭铁线；7—接管；
8—O 形圈；9—水温传感器；10—接线插头

图 6-16　ECU 端子

表 6-1　ECU 端子用途

端子	条件	端子用途	标准值
9	用遥控装置驱动	电源	系统电压
2、5、13、5		搭铁端	0Ω
8、9		进气温度传感器	160～300Ω
8、7	启动时，并逐渐踏下加速踏板	空气流量计	电阻值会变化
8、5		空气流量计	340～450Ω
21	点火开关"ON"		系统电压
10、25		水温传感器	冷机：1080～2750Ω 热机：150～500Ω
4	启动机运转时	启动信号	蓄电池电压
3	遥控装置驱动时，节气门全开	节气门位置传感器	
14	遥控装置驱动时，节气门全闭	节气门位置传感器	
9、12 9、24		1、4 缸喷油器电阻器 2、3 缸喷油器电阻器	3.9～4.5Ω
1	点火开关"ON"，1处有"+"电压	与点火线圈端子 1 连接	
15、20	用导线连接 15 和 20，再断开火控制插头，并检查端子 16 和 17 间电阻		应是 0Ω

（2）节气门位置传感器　节气门位置传感器安装在节气门体上，用来检测节气门的开度，通过杠杆机构与节气门联动，进而反映发动机的不同工况（怠速、加速、减速和全负荷等）。此传感器

可把发动机的这些工况检测后输入 ECU,从而控制不同的喷油量。

节气门位置传感器属于开关触点式,如图 6-17 所示,它主要由活动触点、怠速触点、功率触点、节气门轴、控制杆、导向凸轮和槽等组成。活动触点可在导向凸轮槽内移动,导向凸轮由固定在节气门轴上的控制杆驱动。

(3)进气压力传感器 进气压力传感器与稳压器相连,用以将进气管内的压力变化转换成电信号。其与转速信号一起输送到 ECU,作为决定喷油器基本喷油量的依据。

进气压力传感器由硅膜片、集成电路、滤清器、真空室和壳体等组成,如图 6-18 所示。硅膜片是压力转换元件,它是利用半导体的压电效应制成的。硅膜片的一面是真空室,另一面是导入的进气压力。集成电路是信号放大装置,其端头与 ECU 连接。

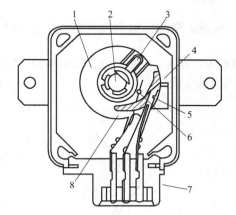

图 6-17 节气门位置传感器
1—导向凸轮;2—节气门轴;3—控制杆;
4—活动触点;5—怠速触点;6—功率触点;
7—连接装置;8—导向凸轮槽

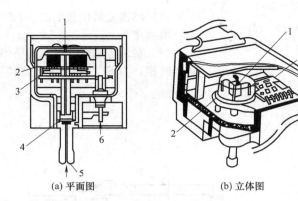

(a) 平面图 (b) 立体图

图 6-18 进气压力传感器
1—硅膜片;2—真空室;3—集成电路;
4—滤清器;5—进气端;6—接线端

发动机工作时,从进气管来的空气经传感器的滤清器滤清后作用在硅膜片上,硅膜片产生变形(由于进气流量对应着相应的进气压力,故进气流量越大,进气管压力就越高,硅膜片变形也就越大)。硅膜片的变形,使扩散在硅膜片上电阻的阻值改变,导致电桥输出的电压变化。传感器上的集成电路将电压信号放大处理后,送到电控单元,此信号作为电控单元计算进入汽缸空气量的主要依据。

(4)进气温度传感器 进气温度传感器与进气压力传感器集成一体,安装于节气门后的进气管上,用以检测进气温度。测量进气温度的目的是为了确定进气的密度,它与进气压力传感器联合使用,可以准确地反映进入汽缸的空气量。进气温度传感器的材料采用负温度系数(NTC)热敏电阻,ECU 根据进气温度传感器检测到的进气温度修正喷油量,使发动机自动适应外部环境的变化。

(5)水温传感器 水温传感器作用是测定发动机冷却液温度,并将它变为电信号送入 ECU,为其修正喷油量提供重要依据。

水温传感器装在发动机的冷却液回路中,如图 6-19 所示。目前是利用负温度系数半导体电阻来测定温度。负温度系数的电阻在温度上升时,其电阻值是下降的。

(6)爆震传感器 爆震传感器安装于汽缸体上,如图 6-20 所示。它能将发动机爆震情况转换成电信号,输入给电控单元,供其修正点火时刻。

爆震传感器是一种固有频率大于 25kHz 的宽带加速度传感器,控制元件由压电陶瓷制成。为了隔热,传感器用塑料套包起来,允许工作温度为 130℃。

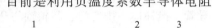
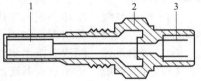

图 6-19 水温传感器
1—负温度系数电阻;
2—外壳;3—电气接头

图 6-20 爆震传感器
的安装位置

（7）氧传感器 氧传感器（λ 传感器）又称空气汽油混合比传感器，用以控制发动机的燃烧状况，随时向 ECU 提供修正喷油量的电信号。氧传感器装在发动机排气管上，伸入到废气流中，废气通过外电极端，内电极端与外界空气相通。

氧传感器基本上由专用陶瓷体构成，其表面装有可透气的铝电极，如图 6-21 所示。传感器起作用的原理是陶瓷材料为多孔结构，允许空气中的氧扩散（团体电解质），陶瓷在高温下是导电的。如果两电极端的含氧量不一样，则电极上产生一个电压，即测定出排气管中的含氧浓度，并随时向 ECU 反馈信号来修正喷油量，以保证空气和汽油混合气过量空气系数 $a=1.00$（理想混合气）。

氧传感器安装位置如图 6-22 所示。传感器陶瓷体固定在支架上，它有护套及电线接头。

（8）霍尔传感器 霍尔传感器安装在分电器内，用以检测发动机曲轴的转角和转速，为 ECU 点火时刻和喷油时刻提供电信号。

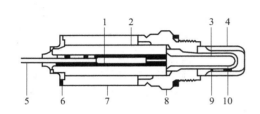

图 6-21 氧传感器

1—接触部分；2—陶瓷衬套；3—传感陶瓷；4—护套（排气端）；
5—电线接头；6—碟形弹簧；7—护套（空气端）；
8—外壳（一）；9-电极（一）；10—电极（＋）

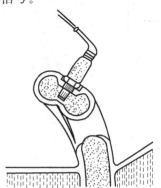

图 6-22 氧传感器安装位置

6.1.3 发动机动力传动系统主要零部件

发动机动力传动系统由发动机曲柄连杆机构、配气机构等零部件构成。

（1）曲柄连杆机构 曲柄连杆机构由三部分组成，分别为机体组、活塞连杆组、曲轴飞轮组。

① 机体组是发动机主要组成部分，它一般包括汽缸盖罩、汽缸体、曲轴箱、汽缸套、汽缸垫和油底壳。如图 6-23 所示。

② 活塞连杆组由活塞、活塞环、活塞销、连杆和连杆盖等组成，如图 6-24 所示。

③ 曲轴飞轮组由曲轴、飞轮、扭转减振器、平衡重等组成，如图 6-24 所示。

（2）配气机构 配气机构是调节进气与排气主要的机构，由进气门、气门座、气门弹簧、气门导管、挺柱体、排气门、凸轮轴与凸轮轴正时齿形带轮等组成，如图 6-25 所示。

（3）冷却系统 冷却系统的作用是使发动机的工作温度保持适当，主要由水泵、散热器、电动风扇、水管、节温器等组成，如图 6-26 所示。

（4）润滑系统 润滑系统由集滤器、机油泵、机油滤清器等组成，如图 6-27 所示。

（5）点火系统 传统点火系统的主要作用是发动机在任何工况下，在汽缸内适时产生电火花。点火系统主要由火花塞、蓄电池、配电器、点火线圈等组成，如图 6-28（a）所示。现代汽油机广泛采用电子点火系统，利用半导体元件（如三极管、晶闸管）作为开关，接通和切断初级电流电路。图 6-28（b）所示为磁脉冲式无触点点火装置，它由点火控制器、点火线圈及火花塞等组成，

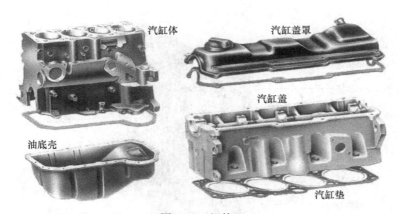

图 6-23 机体组

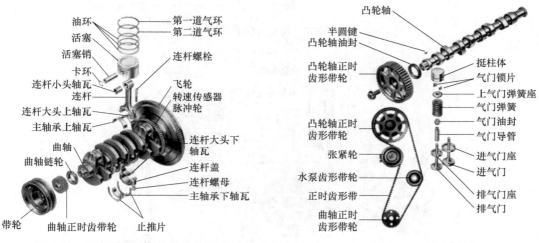

图 6-24 活塞连杆组与曲轴飞轮组　　　　图 6-25 配气机构

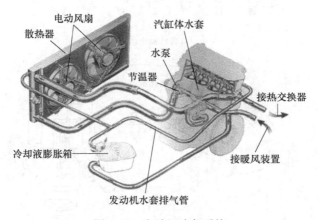

图 6-26 发动机冷却系统

利用传感器代替断电器触点，产生点火信号，控制点火线圈的通断和点火系统的工作。

（6）启动系统　启动系统的基本组成为蓄电池、点火开关、启动继电器、启动电机等。其功用是通过启动电机将蓄电池的电能转换成机械能，启动发动机运转，如图6-29所示。

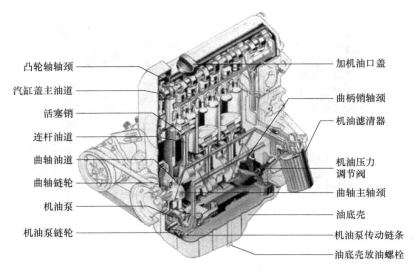

凸轮轴轴颈
汽缸盖主油道
活塞销
连杆油道
曲轴油道
曲轴链轮
机油泵
机油泵链轮

加机油口盖
曲柄销轴颈
机油滤清器
机油压力调节阀
曲轴主轴颈
油底壳
机油泵传动链条
油底壳放油螺栓

图 6-27 发动机润滑系统

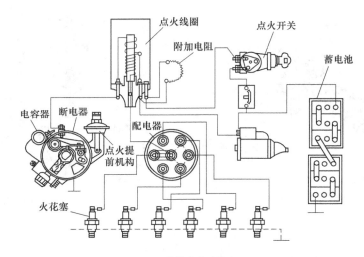

点火线圈
点火开关
附加电阻
蓄电池
电容器
断电器
配电器
点火提前机构
火花塞

(a) 传统点火系统

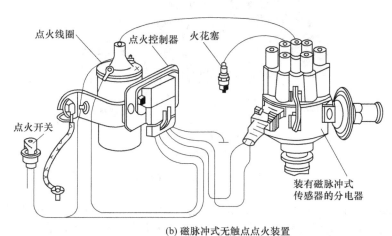

点火线圈
点火控制器
火花塞
点火开关
装有磁脉冲式传感器的分电器

(b) 磁脉冲式无触点点火装置

图 6-28 汽油机点火系统

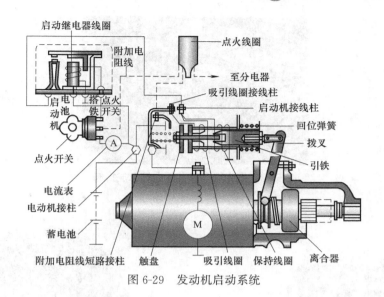

图 6-29 发动机启动系统

6.2 汽车发动机拆解工艺

现以采用汽油电喷发动机的轿车报废拆解为例，详细介绍报废汽车电喷发动机的拆解步骤。

6.2.1 发动机总成拆解

将报废汽车移动到汽车举升机上，举升汽车到一定高度后，对整车进行预处理作业，如图 6-30 所示。

预处理作业项目包括拆卸蓄电池和车轮，拆卸危险部件如安全气囊、安全带等，抽排报废汽车里面残存的废液，如发动机里的冷却液、制动液、挡风玻璃清洗液、制冷剂、发动机机油、变速器齿轮油、差速器双曲线齿轮油、液力传动液、减振器油等。液体必须被抽吸干净，所有的操作都不应当出现泄漏，存贮条件符合要求，如图 6-31 所示。

图 6-30 报废汽车固定

图 6-31 报废汽车抽排冷却液

预处理完成后，用叉车将汽车移动到拆卸翻转台架上并固定，拆卸发动机总成，具体步骤如下。

（1）拆除汽车前塑料保险杠面罩，拆卸汽车左右前大灯总成，如图 6-32 所示。

（2）翻转台架转动 90°后，用专业液压剪切断排气管与三元催化器的连接，将排气管分开，断开氧传感器的线接头，收集三元催化器，分别如图 6-33、图 6-34 所示。

图 6-32　报废汽车左右前大灯总成拆卸

图 6-33　报废汽车在翻转架翻转

图 6-34　拆卸排气管与三元催化器

（3）拆卸车身与变速器安装托架和发动机安装托架连接螺栓，如图 6-35 所示。

（4）翻转固定汽车翻转架，拆卸前悬架与车身连接螺栓，如图 6-36 所示。

图 6-35　拆卸托架连接螺栓

图 6-36　拆卸前悬架固定螺栓

（5）利用大力剪切断发动机本体与电子控制系统相关联的连线接头，收集线束，如图 6-37 所示。

（6）利用液压剪拆下并移开所有与发动机连接的真空管、油管；剪拆卸发动机和散热器连接水管。

（7）剪断开节气门拉索和离合器拉索。

（8）剪断冷凝器与空调压缩机相连接制冷管路。

（9）将整车车身举升至一定高度，从整车中取出发动机和变速器总成，如图 6-38 所示。

图 6-37 剪断发动机线束

图 6-38 发动机变速器总成与车身分离

（10）拆下发动机支撑橡胶缓冲块锁紧螺母，如图 6-39 所示。

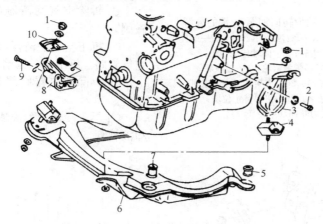

图 6-39 发动机的支承

1—固定螺母；2—支架固定螺栓；3—发动机左支架；4—橡胶缓冲块；5—发动机悬架后橡胶支承；6—发动机悬架；
7—发动机悬架前橡胶支承；8—发动机右支架；9—右支架固定螺栓；10—垫板

（11）拆下发动机与变速器壳体联接螺栓，将变速器和发动机分离。

（12）用托架将发动机固定在专用旋转架上，准备进一步拆解。

6.2.2 发动机外围附件拆解

发动机外层构件的拆卸包括发动机的发电机、动力转向油泵正时齿带与 V 带的拆卸，发电机、动力转向油泵 V 带的分解如图 6-40 所示。

（1）发电机拆卸

① 拆除通向散热器的上冷却液管。

② 拆卸发电机的上、下连接螺栓。轻轻转动发电机，拆除下部连接螺栓。

③ 拆下发电机。

（2）空调压缩机 V 带拆卸

① 松开空调压缩机，拆下空调压缩机 V 带。

② 用开口扳手扳动 V 带张紧轮，使 V 带松弛。

③ 用销针固定住张紧轮。

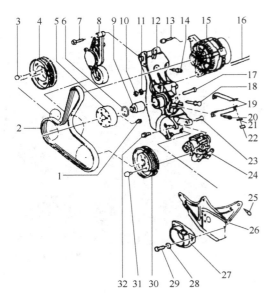

图 6-40 发电机、动力转向油泵 V 带的分解
1,3,7,10,13,14,16~18,20,22,23,25,29,31,32—螺栓;
2—V 带;4—V 带轮;5—曲轴传动带轮;
6—保持夹;8—V 形带张紧轮;9—过渡轮;
11,21,28—垫圈;12,19,26—支架;15—发电机;
24—动力转向油泵;27—扭力臂止位块;
30—动力转向油泵带轮

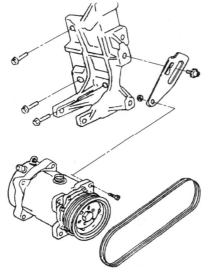

图 6-41 空调压缩机的 V 带

④ 拆下固定住的 V 带张紧轮。

⑤ 拆下 V 带,如图 6-41 所示。

(3) 发动机正时齿带的拆卸

① 将发动机安装在可翻转架上。

② 拆下齿形带上护罩,正时齿带零件分解如图 6-42 所示。

③ 拆下曲轴正时齿带轮。

④ 拆卸正时齿带中间及下防护罩。

⑤ 松开半自动张紧轮并拆下正时齿带。

6.2.3 发动机本体拆解

(1) 汽缸盖的拆解

① 拆下发动机罩盖。

② 断开空气流量计的接头。

③ 断开活性炭罐电磁阀(ACF 阀)的接头。

④ 拆除空气滤清器罩壳上的活性炭罐电磁阀。

⑤ 拆下空气滤清器和节气门控制器之间的空气管路。拆下空气滤清器罩壳。

⑥ 拆除散热器底部和发动机上的冷却液软管。

⑦ 拆下冷却液贮液罐,拆下至散热器的冷却液软管。

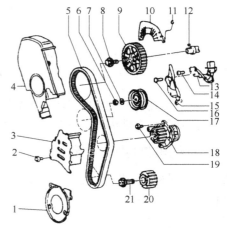

图 6-42 正时齿带及附件的分解图
1—正时齿带下防护罩;2—中间防护罩螺栓;
3—正时齿带中间防护罩;4—正时齿带上防护罩;
5—正时齿带;6—张紧轮固定螺栓;7—波纹垫圈;
8—凸轮轴正时齿带轮固定螺栓;9—凸轮轴正时齿带轮;
10—正时齿带后上防护罩;11—防护固定螺栓;12—半圆键;
13—霍尔传感器;14,16,19—螺栓;
15—正时齿带后下防护罩;17—半自动张紧轮;18—水泵;
20—曲轴正时齿带轮;21—曲轴正时齿带轮螺栓

⑧ 拆除燃油分配管上的供油管和回油管，如图 6-43 所示。
⑨ 拆除节气门拉索，如图 6-44 所示。
⑩ 拆除通向活性炭罐电磁阀的真空管 1，如图 6-44 所示。
⑪ 拆除通向制动助力装置的真空管 2，如图 6-44 所示。

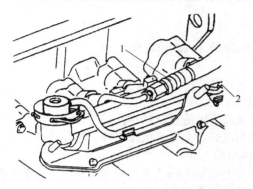
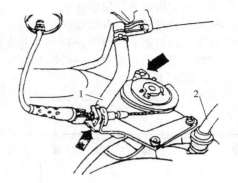

图 6-43　拆除供油管和回油管
1—供油管；2—回油管

图 6-44　拆除节气门拉索
1—通向活性炭罐电磁阀的真空管；
2—通向制动助力装置的真空管

⑫ 拆除喷油器、节气门体、霍尔传感器、进气温度传感器接头，如图 6-45 所示。
⑬ 拆除通向暖风热交换器的冷却液软管，如图 6-46 所示。

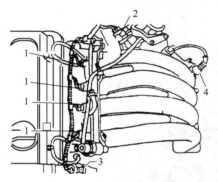
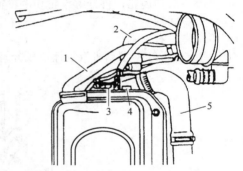

图 6-45　拆除各个接头
1—喷油器；2—节气门体；
3—霍尔传感器；4—进气温度传感器

图 6-46　拆除通向暖风热交换器的冷却液软管
1—通向膨胀水箱软管；2—通向暖风热交换器软管；
3—冷却液温度传感器；4—空调控制开关；
5—通向散热器软管

⑭ 拆除冷却液温度传感器上的接头，拆除机油温度传感器的接头。
⑮ 旋下进气歧管支架的螺栓，如图 6-47 所示。从排气歧管上拆下前排气管的螺栓。

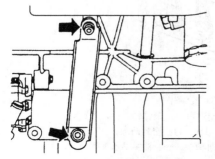
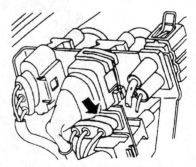

图 6-47　旋下进气歧管支架的下紧固螺栓

图 6-48　拆除氧传感器的插头

⑯ 拆除氧传感器插头，如图 6-48 所示。

⑰ 拆下正时齿带护罩。

⑱ 将曲轴转动到第一缸的上止点位置。

⑲ 松开半自动张紧轮，并从凸轮轴正时齿带轮上拆下正时齿带。

⑳ 旋下正时齿带后护罩的螺栓。

㉑ 拔出火花塞插头，并放置在一边。

㉒ 拆下气门罩盖。按照图 6-49 所示从 1 到 10 的顺序松开汽缸盖螺栓。

㉓ 将汽缸盖与汽缸盖衬垫一起拆下。

（2）油底壳的拆卸

① 翻转使发动机底部油底壳朝上。

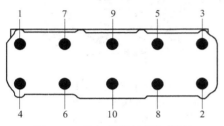

图 6-49 汽缸盖螺栓拆卸顺序

② 旋下油底壳上的所有螺栓。

③ 拆卸油底壳，必要时用橡胶锤子轻轻敲击。

（3）机油泵的拆卸

① 旋松分电器轴向限位卡板的紧固螺栓，拆下卡板。

② 拔出分电器总成。

③ 旋松并拆下两个机油泵壳与发动机机体的连接长紧固螺栓，将机油泵及吸油部件一起拆下。

④ 拆除吸油管组紧固螺栓，拆下吸油管组，检查并清洗滤网。

⑤ 旋松并取下机油泵盖螺栓，取下机油泵盖。

⑥ 分解主从动齿轮，再分解齿轮和齿轮轴。

⑦ 拆下中间轴。

⑧ 拆下左、右支承。

（4）汽缸体拆卸　发动机汽缸体总成分解如图 6-50 所示。

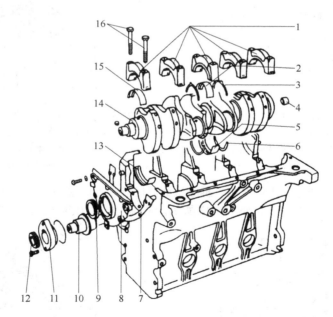

图 6-50　发动机汽缸体总成分解图

1—主轴承盖；2,5—3 号主轴承；3,6—半圆形止推环；4—滚针轴承；7—衬垫；
8—前油封凸缘；9,12—油封；10—中间轴；11—密封凸缘；
13,15—1 号、2 号、4 号和 5 号主轴承；14—曲轴；16—曲轴主轴承盖螺栓

① 将汽缸体反转倒置在工作台上。

② 拆下中间轴密封凸缘，拆下汽缸体前端中间轴密封凸缘中的油封。

③ 在汽油泵及分电器已拆卸的情况下，拆下中间轴。

④ 拆下正时齿形带轮端曲轴油封。

⑤ 拆下前油封凸缘及衬垫。

⑥ 从中间到两边逐步拧松主轴承盖紧固螺栓，如图 6-51
所示。

⑦ 拆下曲轴各主轴承盖，取出曲轴。

（5）曲轴飞轮组的拆卸　发动机曲轴飞轮组的拆卸分解如图
6-52 所示，具体操作步骤如下。

① 卡住飞轮齿圈，拧下飞轮紧固螺栓，从曲轴上拆下飞轮。

② 使用专用工具拆卸飞轮内孔中滚针轴承。

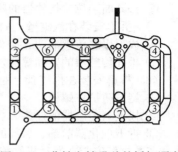

图 6-51　曲轴主轴承盖的拆卸顺序

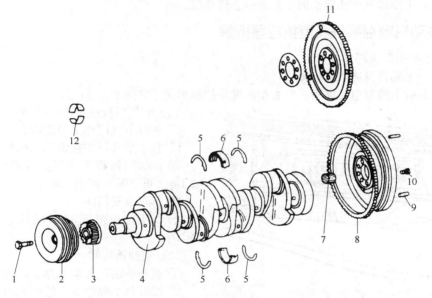

图 6-52　曲轴飞轮组分解图

1—曲轴 V 带轮、正时齿带轮的轴向紧固螺栓；2—V 带轮；3—曲轴正时齿带轮；4—曲轴；5—半圆形止推环；
6—主轴承；7—滚针轴承；8—飞轮齿圈；9—定位销；10—飞轮紧固螺栓；11—飞轮；12—连杆轴承

6.2.4　发动机电控系统典型传感器拆解

发动机电控系统主要传感器包括空气流量计、发动机转速传感器、进气温度传感器、曲轴位置
传感器、爆震传感器、氧传感器和冷却液温度传感器，具体拆解步骤如下。

（1）拆解安装在空气滤清器与进气软管之间的空气流量计。

① 拔下空气流量计五孔插头。

② 松开进气软管与空气流量计连接的卡箍，并拔下进气软管。

③ 脱开空气流量计与空气滤清器的连接，取下空气流量计。

（2）拆解在缸体下部发动机转速传感器。

① 拔下转速传感器的三孔插头。

② 拧下发动机下部的紧固螺栓，取下发动机转速传感器。

（3）拆解安装在进气歧管上节气门控制单元后的进气温度传感器。

① 拔下进气温度传感器的两孔插头。

② 松开进气温度传感器的紧固螺栓，拆下传感器。

（4）拆解安装在缸盖右侧，进气凸轮后端的曲轴位置传感器。

① 拔下曲轴位置传感器插头。

② 松开曲轴位置传感器的紧固螺栓，拆下传感器。

（5）拆解安装在汽缸壁上的爆震传感器。

① 拔下爆震传感器两孔插头。

② 松开传感器的紧固螺栓，拆下传感器。

（6）拆解安装在排气管上的氧传感器。

① 旋下防护罩螺栓。

② 拔下氧传感器的插头。

③ 拆下催化器前部、后部的氧传感器。

（7）拆解安装在发动机缸盖出液口处的冷却液温度传感器

① 拔下四孔插头。

② 拔出固定冷却温度传感器的卡簧，拆下传感器。

6.2.5　发动机电控系统典型执行器拆解

（1）电子控制系统部件拆解

① 拆下刮水器臂及流水槽护板。

② 松开并拔下控制单元插头，向右拉出发动控制单元，如图 6-53 所示。

（2）节气门操纵机构的拆卸

① 拆除节气门体上的连接管。

② 拔下节气门体控制单元插头。

③ 用尖嘴钳拔下控制拉索调整卡夹，从节气门体上拆下节气控制拉索。

④ 拆下节气门体。

⑤ 拆下加速踏板。节气门体分解如图 6-54 所示。

（3）喷油器拆卸

① 拔掉燃油压力调节器上的真空软管。

② 脱开每个喷油器上的电控插头。

③ 松开支架紧固螺栓，从燃油管上拆下喷油器紧固夹。将喷油器从燃油导管中拔出，如图 6-55 所示。

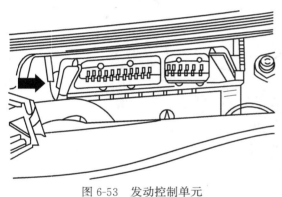

图 6-53　发动控制单元

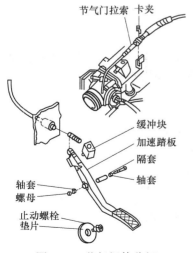

图 6-54　节气门体分解

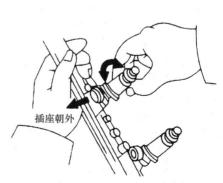

图 6-55　喷油器拆卸

（4）点火系统部件拆卸　点火系统拆卸步骤如图 6-56 所示。

① 拔下带功率放大器的点火线圈上的四孔插头。

② 拔出带功率放大器的点火线圈。

③ 用火花塞专用工具拆下火花塞。

（5）活性炭罐拆卸

① 拔下活性炭罐上的电线插头。

② 松开连接软管上的夹紧卡箍，从活性炭罐拔下连接软管。

③ 松开并拧下固定活性炭罐的紧固螺栓，卸下活性炭罐，如图 6-57 所示。

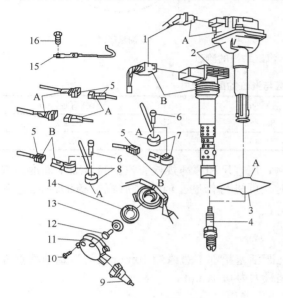

图 6-56　AUM/ARZ 点火系统
1—孔插头；2—带功率放大器的点火线圈；3—密封圈；
4—火花塞；5—插头（ARZ 3 孔，AUM 2 孔）；6,10,12,16—螺栓；
7—爆震传感器 1 G61；8—爆震传感器 2 G66；9—插头 3 孔；
11—霍尔传感器 G163；13—垫片；14—转子；15—接地线；
A—ARZ 发动机；B—AUM 发动机

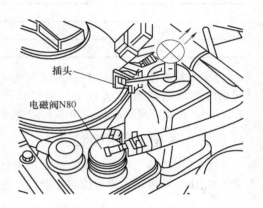

图 6-57　活性炭罐电磁阀的拆卸

6.3　典型发动机零件检验及分类

发动机拆卸下的零部件，通过检验可分为三类：一类是报废件，经检测不能继续使用的零件，需要更换；一类是可修件，通过维修或再制造可以再次使用的零件；最后一类是可用件，经过检测不需要维修，零件可以继续使用。

6.3.1　汽缸体检验

① 检查裂纹　一般用水压法检查，即把汽缸盖装在汽缸体上，用水管与水压机相连，封住水口，在 200～400kPa 的压力下，保持 5min，应无渗水现象。若渗水，表示缸体出现裂纹。此外拆解下的缸体若发现有可疑的裂纹也可以采取着色探伤、磁粉探伤或超声波探伤进行仔细检查，分析裂纹产生的原因、形状、尺寸和性质，以确定处理方案。

② 检查汽缸磨损　将缸径分上、中、下三个位置，即在离缸体上平面 10mm、中间部位、离下平面 10mm 处进行纵向、横向垂直测量，如图 6-58 所示。

要求与标准尺寸的最大偏差为 0.08mm。活塞与汽缸的配合尺寸，见表 6-2。

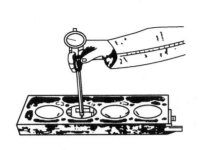
(a) 测量气缸磨损

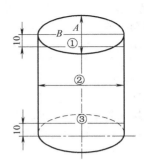
(b) 测量部位

图 6-58　汽缸磨损的测量

表 6-2　活塞与汽缸的配合尺寸

尺寸	活塞/mm	汽缸直径/mm
标准尺寸	80.965	80.01
修复尺寸	81.465	80.51

③ 汽缸盖变形检查　以桑塔纳发动机为例，用直尺和厚薄规检查汽缸盖表面平面度。汽缸盖平面度磨损极限值为 0.1mm。超过极限值时，可进行修磨。但修磨后汽缸盖的高度应不小于 133mm，否则应更换新件，如图 6-59 所示。

6.3.2　活塞连杆组检验

① 活塞检验　检查活塞直径，用千分尺在距活塞裙部下边缘约 10mm 处与活塞销垂直方向测量，如图 6-60 所示，测量值与标准尺寸的偏差最大为 0.04mm。

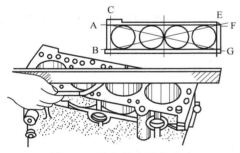

图 6-59　汽缸盖变形的检查

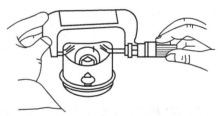

图 6-60　测量活塞直径

② 连杆变形检查和校正　检查连杆变形时，将连杆轴承盖好装好，活塞销装入连杆小头，再将连杆大头固定在检测器的定心轴上，然后把三点式量规的 V 形槽贴紧活塞销，用塞尺测量检测器平面量规指销之间的间隙。三点式量规有三个指销，上面一个，下面两个，三个指销均与检测器平面接触，说明连杆无变形；若量规上面一个指销（或下面两个指销）与检测器平面有间隙，说明连杆有弯曲变形；若量规下面的两个指销与检测器平面的间隙不同，说明连杆有扭曲变形，两指销的间隙差反映了连杆的扭曲程度。若上述两种情况并存，说明既有弯曲变形，又有扭曲变形。连杆弯曲或扭曲超过其允许极限时，应进行校正或更换连杆。

6.3.3　曲轴飞轮组检验

（1）曲轴损伤检查　主要检查项目为曲轴主轴颈、连杆轴颈的磨损、轴颈表面拉伤、烧蚀、曲轴弯曲、扭曲变形、裂纹、断裂。检查步骤如下。

① 用 V 形铁将曲轴两端水平支承在平台上，使百分表的测量触点垂直抵压到第三道主轴颈上。

转动曲轴一周，百分表指针所指示的最大和最小读数差值的一半即为曲轴的直线度，其值应不大于 0.03mm，否则应进行校正或更换曲轴。

② 曲轴轴颈圆度、圆柱度误差不得超过 0.01~0.0125mm。

（2）飞轮检验 飞轮失效形式主要是工作磨损、齿圈磨损或断齿。在手动变速器的汽车上，飞轮与离合器接触的一面会有沟槽磨损，沟槽深度小于 0.5mm 时允许继续使用，沟槽深度超过 0.5mm 或槽纹较多时，应磨削飞轮工作面。飞轮齿圈若有损坏，应予以报废或者再制造。

6.3.4 气门组零件检验

以桑塔纳发动机配气机构为例，介绍气门组检验方法。

（1）进、排气门检验 气门结构与尺寸见表 6-3。

表 6-3 气门结构与尺寸

图 示	符 号	进 气 门	排 气 门
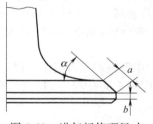	a/mm	ϕ38.00	ϕ33.00
	b/mm	ϕ7.97	ϕ7.97
	c/mm	98.70（标准） 98.20（修理）	98.50（标准） 98.00（修理）
	α/(°)	45°	45°

进气门修理尺寸如图 6-61 所示，其中 α 为 45°，a 最大为 3.5mm，b 最小为 0.5mm。如果超过规定标准，应予以报废或者再制造。

用百分表在平台上检查气门杆的弯曲度，如图 6-62 所示。表针摆差超过 0.05mm 时，应进行校正或更换气门。气门常见损伤：气门工作面烧蚀、开裂、斑点、凹坑；工作面磨损起槽、变宽；气门杆弯曲、磨损、端部偏磨等。气门杆直线度误差小于 0.03mm，气门头部的偏摆量不超过 0.05mm，气门杆磨损量不超过 0.05mm。

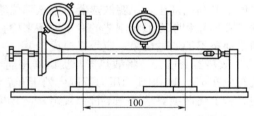

图 6-61 进气门修理尺寸　　　　　图 6-62 用百分表检查气门杆的弯曲度

（2）气门导管检验 将气门杆插入到导管中，使气门杆末端与导管平齐。用百分表检查气门杆有无晃动现象，如图 6-63 所示。进气门杆在导管中晃动量最大为 1.0mm，排气门杆在导管中晃动量最大为 1.3mm。

（3）气门弹簧检验 气门弹簧的检验项目主要是：观察有无裂纹或折断，测量弹簧自由长度和垂直度，测量弹簧弹力。气门弹簧的自由长度可用卡尺进行测量。气门弹簧垂直度一般应不大于 1.5~2.0mm。若气门弹簧的自由长度或者垂直度不符合标准，应更换气门弹簧。气门弹簧里的检查：用检验仪对

图 6-63 检查气门导管

气门弹簧施加压力，在规定压力下的气门弹簧高度（或规定气门弹簧高度下的压力）应符合标准，否则应报废。

6.3.5 气门传动组检验

（1）凸轮轴检验　凸轮轴外形如图 6-64 所示，凸轮轴通过 5 个剖分式轴承直接装在汽缸盖平面上，利用第 5 轴承盖的两个侧面进行轴向定位。

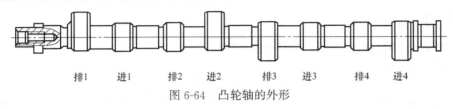

排1　进1　排2　进2　排3　进3　排4　进4

图 6-64　凸轮轴的外形

检查凸轮轴轴向间隙。测试前，拆下液压挺杆并安装好 1 号和 5 号轴承盖。用百分表检查凸轮轴轴向间隙。凸轮轴轴向间隙磨损极限为 0.15mm。

（2）液压挺杆检验

① 拆卸气门罩盖。

② 按照顺时针方向转动曲轴，直到待检查的液压挺杆的凸轮朝上为止。

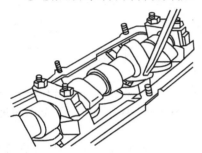

图 6-65　测量凸轮和液压
挺杆之间的间隙

③ 测量凸轮和液压挺杆之间的间隙，如图 6-65 所示。如果间隙大于 0.2mm，则予以报废。

（3）正时齿轮检验　检查正时齿轮有无裂纹及磨损。磨损可用塞尺或百分表测量其齿隙，正时齿轮若有裂纹或齿隙超过 0.30～0.35mm，应予以报废。

6.3.6 冷却系统主要零部件检验

（1）散热器检验

① 散热器密封性检验　将散热器注满水，装上压力测试器，如图 6-66 所示。用手泵加压，使压力上升到 120kPa，应保持 5min 内压力不下降，散热器任何部位不得渗漏。

② 散热器芯管堵塞检验　从加水口向散热器内加入热水，用手触试散热器芯管各处温度，若有温度不升高的部位，说明散热器芯管该部位堵塞。散热器芯管是否堵塞，也可拆下贮水室，再用根据芯管尺寸和断面形状制造的专用通条来检查，所有芯管不允许有堵塞现象。散热器芯管若存在压扁或通条不能通过现象，应予以报废。

③ 散热器盖检验　将散热器与测试器相连，如图 6-67 所示。用手泵加压直至排气阀开启为止。排气阀应在 75～105kPa 的压力范围内处于开启状态，且当压力下降至 60kPa 时，排气阀应能迅速关闭。若上述两项要求之一不符合规定，应予以报废。

散热器盖测试器

软管

图 6-66　检查水箱散热器的水密性

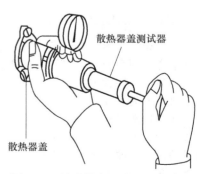

散热器盖测试器

散热器盖

图 6-67　检查排水口盖的工作特性

（2）水泵检验　水泵常见的损伤有壳体的渗漏、破裂，水泵轴的弯曲，磨损，水泵叶轮叶片的破裂，水泵密封垫圈与橡木垫圈的磨损，水泵轴与轴承的磨损，轴承与轴承座孔的磨损。

① 泵壳检验　用检视法检查，泵壳出现裂纹或砂眼应进行焊修或更换新件。在平台上用厚薄规检查，泵壳与泵盖结合面的平面度误差应不大于 0.15mm；否则可对泵壳端面进行磨削加工。但其加工量不得超过 0.50mm，否则应更换新件。泵壳轴承的配合应无松旷现象，否则应予以报废。

② 水泵轴检验　用游标卡尺测量，水泵轴与轴承的配合间隙应不大于 0.50mm，否则应更换新的水泵轴。用 V 形铁将水泵轴支撑于平台上，然后用百分表检查其弯曲程度，径向跳动误差超过 0.10mm 时应进行压力校正。

③ 水泵叶轮检验　用直观检视法检查，叶轮出现破损应予以报废。

④ 水封总成检验　水封胶木垫出现磨损凹槽、水封老化、变形或破裂，水封弹簧严重锈蚀，应予以报废。

⑤ 水泵轴承检验　水泵轴承应转动灵活、无异响，用百分表测量，水泵轴承的轴向间隙应不大于 0.30mm，径向间隙应不大于 0.15mm，否则应予以报废。

（3）节温器检验　将节温器卸下放在装有热水的容器中，如图 6-68 所示。不要让节温器接触容器底部，逐渐提高冷却液温度，用温度计测量阀门开始开启时水的温度；再继续加热，检查节温器完全开启时水的温度。然后将测量结果与标准值比较。若不合要求，则节温器损坏，应予以报废。

（4）风扇检验

① 风扇叶片检验　风扇叶片如果出现变形、弯曲、破损后，应予以报废。

② 电动风扇热敏开关检验　发动机热态时，即使发动机已熄火，风扇仍可能转动。如果冷却液温度很高，但风扇不转，应检查热敏开关。若热敏开关损坏，应予以报废。

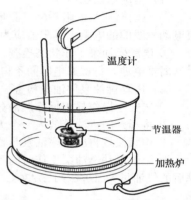

图 6-68　节温器检验方法

6.3.7　润滑系统主要零部件检验

机油泵的损伤主要是磨损。零件磨损将造成泄漏，使泵油压力降低，泵油量减少，需进行检验。机油泵的磨损情况可通过检测机油泵各处配合间隙获得。

（1）对于齿轮式机油泵应检查以下部位的间隙

① 用塞尺测量齿轮顶面与泵壳内壁间隙。测量相隔 180°或 120°的 2～3 个间隙，取平均值，其值一般应在 0.05～0.20mm 内，如图 6-69 所示。

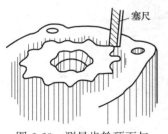

图 6-69　测量齿轮顶面与泵壳内壁之间间隙

② 用塞尺测量主、从动齿轮的啮合间隙。转动齿轮选择相隔 120°的三个位置进行，取其平均值，其标准值为 0.05mm，最大磨损不得超过 0.20mm，如图 6-70 所示。

③ 用直尺、塞尺或游标深度尺测量泵盖与齿轮端面的间隙。其间隙一般为 0.025～0.075mm，其极限值为 0.15mm。端面间隙过大，会发生内漏，使润滑油压力降低，如图 6-71 所示。

（2）检查机油泵主动轴的弯曲度。将机油泵主动轴支承在 V 形架上，用百分表检查弯曲度。如果弯曲度超过 0.03mm，应予以报废。

（3）检查机油泵盖。机油泵盖如有磨损、翘曲和凹陷超过 0.05mm，应予以报废。

（4）检查限压阀。检查限压阀弹簧有无损伤、弹力是否减弱，必要时予以更换。检查限压阀配合是否良好、油道是否堵塞、滑动表面有无损伤，否则应予以报废。

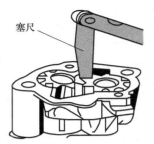

图 6-70　测量主、从动齿轮的啮合间隙

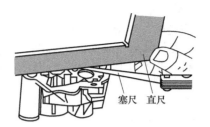

图 6-71　测量齿轮顶面与泵壳内壁之间间隙

6.3.8　燃油供给系统主要零部件检验

（1）电动燃油泵检验

① 电动燃油泵电阻检测　测量电动燃油泵电源端子和搭铁端子间的电阻，即为电动燃油泵直流电动机线圈的电阻，其阻值应为 0.2～3Ω，否则应予以报废。

② 电动燃油泵工作状态检查　将电动燃油泵与蓄电池相连（正负极不得反接），并使燃油泵尽量远离蓄电池，每次通电时间不得超过 10s。如果电动燃油泵不转动，应予以报废。

（2）电动燃油泵供油量检查

① 按安全操作规程拆除燃油分配管上的进油管。

② 将拆开的进油管放入一个大号量杯中。

③ 用跨接线将电动燃油泵与蓄电池相连，此时电动燃油泵工作，泵送出高压汽油。

④ 记录电动燃油泵工作时间和供油体积，供油量应符合车型技术要求。一般经汽油滤清器过滤后的供油量为 （0.6～1L）/30s。

6.4　发动机电控系统典型传感器检验

（1）空气流量计　空气流量计检测是在传感器与线路不连接的情况下，对传感器内部情况进行检测。从而判断传感器是否损坏。检测步骤如下。

① 拆卸空气流量计后，用 12V 蓄电池在空气流量计 D、E 端子之间施加电压，测量 B、D 之间的电压应在 2～4V 之间，如图 6-72 所示。

② 送风通过空气流量计，B、D 之间的电压应在 1～1.5V 之间变化。如所测电压不正常则表示传感器损坏应报废。

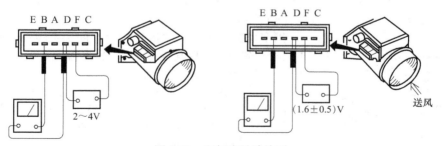

图 6-72　空气流量计检测

（2）进气歧管压力传感器　进气歧管压力传感器检测步骤如下。

① 拔下传感器插头，在测量插头上 V_{cc} 端子与 E_2 端子之间的电压施加 4.5～6.5V 后，再测量 ECU 连接器上 PIM 与 E_2 端子间在大气压下输出的电压，应符合图 6-73 所示的输出特性。

② 对传感器施以 13.3～66.7kPa 的负压（真空度），再测 ECU 连接器上 PIM 与 E_2 间的电压，应符合表 6-4 所示值。

表 6-4　ECU 连接器上 PIM 与 E_2 间的电压

真空度/kPa	13.3	26.7	40.0	53.5	66.7
电压/V	0.3~0.5	0.7~0.9	1.1~1.3	1.5~1.7	1.9~2.1

（3）节气门位置传感器　以线性式节气门位置传感器为例，其检测步骤如下。

① 在传感器的两个接线端上连接好全套的测试仪器，如图 6-74 所示，在 V_C 和 E_2 施加 5V 电压。使用汽车万用表测试节气门位置传感器信号电压。

② 慢慢地开大节气门，观察万用表电压。电压读数应该平稳、逐渐地增大。怠速时，正常的节气门位置传感器上测出的读数应为 0.5~1V，全开节气门应为 4~5V。如果在节气门位置传感器上没有获得规定读数或电压信号不稳定，则表明传感器损坏应报废。

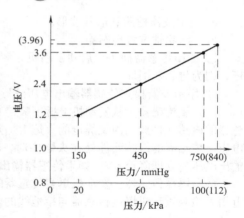

图 6-73　进气压力与输出特性
1mmHg＝133.32Pa

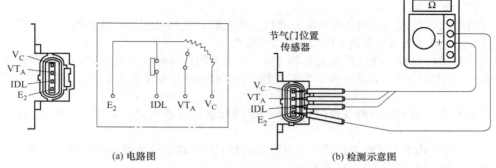

(a) 电路图　　　　　　　　(b) 检测示意图

图 6-74　节气门位置传感器的检测

（4）冷却液温度传感器　将发动机冷却液温度传感器拆下装在一个装满水的容器内，在传感器的接线端上接一个汽车万用表，使用电阻挡，如图 6-75 所示。将温度计放入加热的水中。对应着不同的温度，传感器应有固定的对应电阻值（参考负温度系数热敏电阻温度传感器特性曲线）。对照汽车制造商提供的性能指标，如果传感器的电阻值不合要求，说明传感器损坏，应报废。

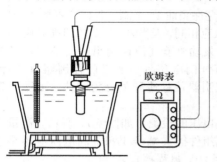

图 6-75　发动机冷却液温度
传感器电阻检测

（5）进气温度传感器　将进气温度传感器从发动机上拆下，按图 6-75 的方法，与温度计一同放入一个装水的容器内，使用汽车万用表的电阻挡测量传感器电阻值，加热容器里的水，对应每个温度值，传感器都应有确定的电阻值（参考负温度系数热敏电阻温度传感器特性曲线）。如果测得传感器电阻值没有变化，说明传感器损坏，应报废。

（6）发动机转速传感器

① 电式传感器　拔下传感器插头，用万用表电阻挡测量传感器感应线圈的电阻值，测量值应符合汽车制造商规定。其阻值一般在 300~1500Ω 之间。阻值不在范围内说明传感器损坏，应报废。

② 光电式传感器

a. 拔下传感器插头，检查插头上电源端子与搭铁端子之间的电压，应为 5V 或 12V（视车型而异），若无电压则应检查传感器至 ECU 的导线和 ECU 上相应端子的电压。若 ECU 端子有电压，则为 ECU 至传感器导线断路，否则为 ECU 故障。

b. 插回传感器插头，启动发动机，转速保持在 2500r/min 左右，测量传感器输出端子的电压，应为 2~3V，否则为传感器损坏，应报废。

c. 用示波器检测其信号波形。

（7）凸轮轴位置传感器

① 插回传感器插头，启动发动机，测量传感器输出端子信号电压，应为 3～6V，若无信号电压，则为传感器损坏。

② 用示波器检查传感器输出电压波形。

（8）氧传感器　从发动机上拆下氧传感器，将数字式电压表的信号导线与传感器相连，并把传感器的敏感元件放到丙烷焊枪的火焰上加热。丙烷火焰可以使敏感元件与氧气隔离，使传感器产生电压。传感器的敏感元件处在火焰中时，输出电压应该接近 1V。当把敏感元件从火焰中拿出时，输出电压应立即降至 0V。如果传感器输出电压没有按上述变化，说明传感器损坏，应报废。

（9）爆震传感器　发动机爆震传感器的检测步骤为：拆下发动机爆震传感器的导线接线器；用万用表检测发动机爆震传感器与接地线的电阻值，其值应在 3300～4500Ω 之间。

6.5　发动机电控系统典型执行器检验

（1）油压调节器

① 工作情况的检查　用油压表测量发动机怠速运转时的燃油压力，然后拆下压力调节器上的真空软管。此时燃油压力应升高 50kPa，否则应报废。

② 保持压力的检查　电动燃油泵运转 10s，然后关闭；再将压力调节器的回油管夹紧，5min 后观察油压（保持压力）。如果该油压与未夹紧回油管时的油压相比有所上升，表明调节器有泄漏，应报废。

③ 拆卸检查　拆下压力调节器的进油管和真空软管，两者间应不相通；否则表明存在泄漏，应报废。

（2）喷油器　用手指接触喷油器，应可察觉到喷油的脉动。检查喷油器电阻值及 30s 喷油量等性能参数，应符合规定的标准，见表 6-5。

表6-5　喷油器的检测标准值

检测项目及条件	2000 GLi	2000 GSi	发动机工作时电阻增量/Ω	4～6	4～6
室温时电阻/Ω	16.9±0.35	13～18	30s 喷油量/mL	78～85	78～85

喷油器拆下后，通 12V 电压，可听到接通和断开的声音（注意：通电时间应不大于 4s，再次试验应间隔 30s）。

检查喷油器的滴漏，油泵运转时，每个喷油器在 1min 内允许滴油 1～2 滴，否则应更换喷油器。测试喷油器喷油速率的同时，可检查喷射形状，所有喷射形状应相同，均为小于 35°的圆锥雾状。

（3）发动机节气门控制组件　节气门控制组件将节气门电位计、节气门控制器电位计、节气门控制器及怠速开关合为一体，如图 6-76 所示。

供电电压的检测：如图 6-77 所示，测量节气门控制组件插头端子 4 和 7 间电压应不小于 4.5V（用 20V 量程挡）。

线束导通性的检测：检查节气门控制组件插头端子至发动机控制单元 ECU 相应端子（ECU 的 66 号端子与传感器 1 号端子、ECU 的 59 号端子与传感器 2 号端子、ECU 69 号端子与传感器 3 号端子、ECU 62 号端子与传感器 4 号端子、ECU 75 号端子与传感器 5 号端子、ECU 67 号端子与传感器 7 号端子、ECU 74 号端子与传感器 8 号端子）之间的电阻值，最大

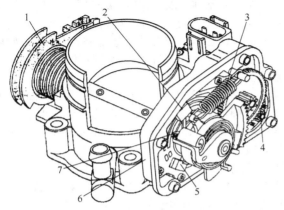

图 6-76　节气门控制组件

1—节气门拉索轮；2—节气门控制器电位计；
3—紧急运行弹簧；4—节气门控制器（怠速电动机）；
5—节气门电位计；6—整体式怠速稳定装置；7—怠速开关

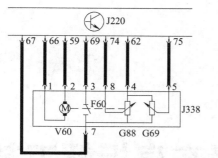
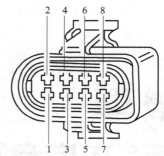

图 6-77　电路图与连接插头

不得超过 1.5Ω。

　　波形分析：如图 6-78 所示，电压应从急速时的低于 1V 到节气门全开时的低于 5V。波形上不应有任何断裂、对地尖峰或大跌落。

　　（4）点火控制器　以桑塔纳 2000GSi AJR 发动机无分电器点火控制系统检测为例，检查点火控制器端子间的电压，其电压值应符合规定，见表 6-6；如不符合，说明点火控制器损坏，应报废。

表 6-6　点火控制器端子间的电压

端子	标准电压值	检测条件
＋B 接地	9～14V	点火开关处于"ON"位置
IGT-接地	有电压脉冲	发动机启动或急速运转
IGF-接地	有电压脉冲	发动机启动或急速运转

　　① 检查点火线圈　拔下点火线圈的插头，并从火花塞上拔下点火线。如图 6-79 所示，用万用表测量点火线圈的次级电阻，A、D 端子电阻表示 1、4 缸线圈次级电阻，B、C 端子电阻表示 2、3 缸线圈次级电阻，1、4 缸和 2、3 缸电阻规定值均为 4～6kΩ。如电阻值不符合规定，说明点火线圈总成损坏，应报废。

　　② 点火线圈与点火控制器供电与搭铁情况的检查　将点火线圈的点火控制器的 4 针插头拔下，如图 6-80 所示，用万用表测量线束端插头端子 2（电源端）和 4（搭铁端）之间的电压，其电压值应为蓄电池电压，大于或等于 11.5V。

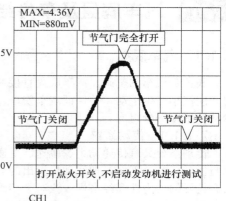

图 6-78　节气门开启闭合波形

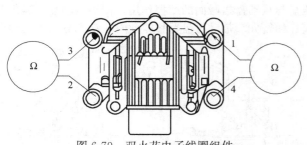

图 6-79　双火花电子线圈组件

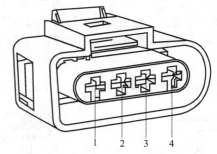

图 6-80　点火控制组件插头

 思考题

1. 以桑塔纳 2000GLi 型轿车发动机为例，简述电子控制汽油喷射系统由哪些部分组成。
2. 以桑塔纳 2000GLi 型轿车电喷发动机为例，叙述电喷发动机的拆解步骤。
3. 简述发动机汽缸体检验的主要内容。

第 7 章
报废汽车底盘及车身拆解工艺

7.1　汽车底盘及车身结构

7.1.1　汽车底盘

底盘是汽车的基础。汽车底盘直接或间接地承受汽车上所有零部件的重量，并接受发动机的动力，使汽车产生运动，并保证汽车安全、快速行驶。汽车底盘由传动系统、行驶系统、转向系统和制动系统四部分组成。

7.1.1.1　传动系统

传动系统具有传递动力、减速、变速、倒车、中断动力、轮间差速和轴间差速等功能。传动系统与发动机配合工作，把发动机发出的动力传递到驱动车轮，保证汽车在各种工况下正常行驶，并具有良好的动力性和经济性。汽车上传动系统的布置主要取决于汽车的用途。

传动系统一般由离合器、变速器、万向传动装置、主减速器、差速器和半轴等组成，如图 7-1 所示。

（1）离合器　离合器安装在发动机与变速器之间，用来分离或接合前后两者之间动力联系。其功用为：使汽车平稳起步，中断给传动系统的动力，配合换挡，防止传动系统过载。

目前汽车广泛采用摩擦式离合器，其主要由主动部分、从动部分、压紧机构和操纵机构四部分组成。离合器的主动部分和从动部分依靠两接触面的摩擦作用来传递转矩，主动、从动两部分可暂时分离，又可逐渐接合，如图 7-2 所示。主动部分为飞轮，从动部分为摩擦片，压紧机构为膜片弹簧和压盘，发动机发出的转矩，通过飞轮及压盘与从动盘接触面的摩擦作用，传给从动盘。当驾驶员踩下离合器踏板时，通过机件的传递，使膜片弹簧大端带动压盘后移，此时从动部分与主动部分

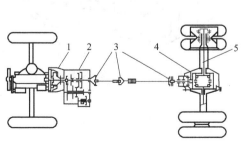

图 7-1　汽车底盘传动系统结构
1—离合器；2—变速器；3—万向传动装置；
4—主减速器和差速器；5—半轴

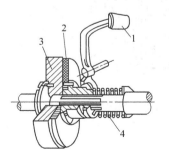

（a）离合器结合状态

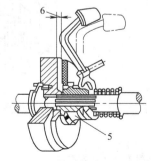

（b）离合器分离状态

图 7-2　离合器结构与原理
1—离合器踏板；2—从动摩擦片；3—主动飞轮；
4—压紧弹簧；5—分离轴承；6—离合间隙

分离,当驾驶员松开离合器踏板时,压盘在弹簧力作用下把摩擦片压在飞轮上,离合器结合。

摩擦式离合器根据压紧弹簧位置不同可分为周布弹簧离合器、中央弹簧离合器和周布斜置弹簧离合器。根据压紧弹簧的形式不同,也可分为圆柱螺旋弹簧离合器、圆锥弹簧离合器和膜片弹簧离合器。膜片弹簧离合器结构如图7-3所示。

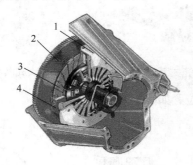

图7-3 膜片弹簧离合器结构
1—膜片弹簧(压紧机构);2—飞轮(主动部件);3—摩擦片(从动部件);4—压盘(压紧机构)

(2)变速器 变速器是汽车传动系统中最主要的部件之一,其作用主要有三个。

① 改变传动比 在较大范围内改变汽车行驶速度和汽车驱动轮上的扭矩。在汽车实际运行中,行驶条件千差万别,要求汽车行驶速度和驱动扭矩能够在很大范围内灵活变化。

② 改变汽车行驶方向 汽车发动机的旋转方向一般都是不变的,而汽车在某些时候必须要能够实现倒退行驶的功能,因此,必须要利用变速器中的倒挡来实现汽车的倒车功能。

③ 中断动力传递 变速器中设置了空挡,当离合器接合时,变速箱空挡可以切断动力输出,可以在发动机不熄火时,驾驶员可以松开离合器踏板,离开驾驶员座位。

变速器由变速传动机构和变速操纵机构两部分组成。传动机构的作用是改变转矩和转速;操纵机构作用是控制传动机构,实现变速器传动比的切换,以达到变速变矩的目的。

目前汽车上使用的变速器一般有两种:机械变速器和自动变速器。机械变速器主要应用齿轮传动的降速原理。在机械变速器内部有多组传动比不同的齿轮副,汽车行驶时的换挡操作,也就是通过操纵机构使变速箱内不同的齿轮副进入啮合工作,如在低速时,让传动比大的齿轮副啮合工作,而在高速时,让传动比小的齿轮副啮合工作。

自动变速器在轿车上使用比较普遍,目前常见的自动变速器主要有电控液力自动变速器(AT)、电控机械自动变速器(AMT)和无级变速器(CVT)三种。

(3)万向传动装置 汽车上万向传动装置的作用是连接不在同一直线上的变速器输出轴和主减速器输入轴,并保证在两轴间的夹角和距离不断变化的情况下,仍能可靠地传递动力。汽车万向传动装置主要由万向节、传动轴和中间支承组成,载货汽车万向传动装置如图7-4、图7-5所示。轿车常用的球笼式万向节装置如图7-6所示。

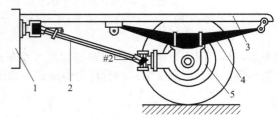

图7-4 载货汽车万向传动装置结构图
1—变速器;2—万向传动装置;
3—车架;4—后悬架;5—驱动桥

(4)主减速器差速器 主减速器是汽车传动系统中减小转速、增大转矩的主要部件。对发动机纵置的汽车来说,主减速器还利用锥齿轮传动以改变动力方向。

在汽车拆解过程中,主减速器差速器通常作为一个整体总成件。图7-7为载货汽车(后轮驱动)的主减速器差速器,货车上主减速器差速器一般装在驱动桥上。图7-8为轿车(前轮驱动)的主减速器差速器,轿车上由于受到空间限制,主减速器差速器一般和变速器集成在一起。

(5)半轴 半轴是差速器与驱动轮之间传递转矩的实心轴,其内端一般通过花键与半轴齿轮连

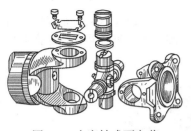

图 7-5　十字轴式万向节

图 7-6　球笼式万向节

图 7-7　载货汽车主减速器差速器

接，外端与轮毂连接，半轴在驱动车桥上的装配位置如图 7-9 所示。

图 7-8　轿车主减速器差速器

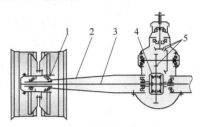

图 7-9　半轴装配位置图
1—轮毂；2—桥壳；3—半轴；4—差速器；5—主减速器

7.1.1.2　行驶系统

　　行驶系统是汽车的重要组成部分，承受着汽车上所有零部件的总重力，缓和不平路面对车身造成的冲击，抑制由此产生的振动和颠簸，保持汽车行驶时具有良好的平顺性。汽车行驶系一般由车架、悬架、车桥和车轮等组成，如图 7-10 所示。

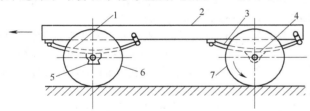

图 7-10　汽车行驶系结构
1—前悬架；2—车桥；3—后悬架；
4—驱动桥；5—从动桥；6—前轮；7—后轮

　　（1）车架　车架是汽车的基体，汽车发动机、变速器、传动机构、操纵机构、车身等总成和部件都直接或间接地安装于车架上。车架按其结构形式不同可分为：边梁式车架、中梁式车架和综合式车架。边梁式车架由左右两侧的两根纵梁和若干横梁构成，横梁和纵梁一般由 16Mn 合金钢板冲压而成，两者之间采用铆接或焊接连接，如图 7-11 所示。中梁式车架只有一根位于汽车中央的纵梁。纵梁断面为圆形或矩形，其上固定有横向的托架或连接梁，使车架成鱼骨状，如图 7-12 所示。综合式车架也称复合式车架，其前部是变梁式，后部为中梁式，如图 7-13 所示。

图 7-11　边梁式车架

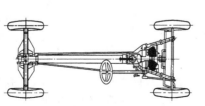

图 7-12　中梁式车架

图 7-13　综合式车架

　　（2）悬架　悬架主要作用是把车架与车桥弹性连接起来，吸收或缓和车轮在不平路面上受到的冲击和振动，并在车轮和车架之间传递各种作用力和力矩。悬架一般由弹性元件、减振器及导向装置三部分组成。弹性元件一般有钢板弹簧、螺旋弹簧、扭杆弹簧、空气弹簧、油气弹簧、橡胶弹簧等，减振器主要作用是衰减振动，目前汽车上使用较多的是液力减振器。

目前在汽车上使用的悬架系统可分为独立悬架和非独立悬架两类。独立悬架的类型很多，常见的有麦弗逊式独立悬架、双横臂式独立悬架和多连杆式独立悬架，如图 7-14～图 7-16 所示。非独立悬架的特点是两侧的车轮安装在同一整体式车桥上，车桥通过弹性元件与车架相连，其结构如图 7-17 所示。

图 7-14　麦弗逊式独立悬架

图 7-15　双横臂式独立悬架

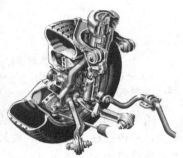

图 7-16　多连杆式独立悬架

（3）车桥　车桥通过悬架与车架连接，承载汽车的大部分重量，并将车轮的牵引力（或者制动力）和侧向力通过悬架传给车架。车桥按使用功能可划分为转向车桥、驱动车桥、转向驱动车桥和一般的支承车桥。

① 转向车桥　安装转向轮的车桥称为转向车桥。转向车桥与转向系统是协同工作的。

a. 与非独立悬架匹配的转向车桥　此类转向桥结构大体相同，主要由前梁、转向节、主销和轮毂等部分组成。车桥两端与转向节铰接。前梁的中部为实心或空心梁，如图 7-18 所示。

图 7-17　非独立悬架结构

b. 与独立悬架匹配的转向桥　与独立悬架匹配的转向桥为断开式转向桥，其结构如图 7-19 所示。

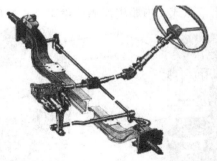

图 7-18　与非独立悬架匹配的转向车桥

图 7-19　与独立悬架匹配的转向车桥

② 驱动车桥　驱动车桥位于汽车动力传递的末端，其基本功能是增大由传动轴或变速器传来的转矩，并将动力合理地分配给左、右驱动轮，另外还承受作用于路面和车架或车身之间的垂直立、纵向力和横向力。驱动桥一般由主减速器、差速器、车轮传动装置和驱动桥壳等组成，如图 7-20 所示。

③ 转向驱动车桥　转向驱动车桥既要转向又要传递动力，对于前轮驱动汽车和全轮驱动汽车，前桥都是转向驱动桥。有的四轮驱动和四轮转向汽车，后桥也是转向驱动桥。典型的轿车用转向驱动桥，如图 7-21 所示。

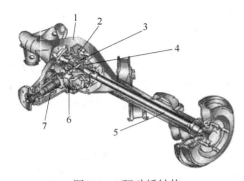

图 7-20 驱动桥结构

1—驱动桥壳；2—差速器壳；3—差速器行星齿轮；
4—差速器半轴齿轮；5—半轴；6—主减速器；7—输入轴

图 7-21 转向驱动车桥

④ 支承车桥 支承车桥一般在三轴或三轴以上的汽车上才会用到。在某些单桥驱动的三轴汽车上，后桥往往支承车桥。此外，在挂车上的车桥一般也都是支承车桥。在发动机前置前驱的轿车上，后桥也属于支承车桥。

（4）车轮 车轮是汽车行驶系统中的重要部件，它是汽车上直接和地面接触的唯一部件，具有缓和路面冲击、产生和传递制动力和驱动力、为汽车提供转向侧向力的作用，同时在汽车行驶过程中，轮胎还具有抵抗侧滑及自动回正的能力。车轮通常由轮辋和轮胎两部分组成。

(a) 钢质轮辋　　　　(b) 铝合金轮辋

图 7-22 车轮轮辋

① 轮辋 目前汽车车轮的轮辋主要有两种：钢质轮辋和铝合金轮辋，其外形结构如图 7-22 所示。

② 轮胎 轮胎安装在轮辋上，直接与路面接触。作为汽车与道路之间力的支承和传递部分，轮胎性能对汽车行驶性能有很大影响，其结构如图 7-23 所示，主要由胎冠、胎肩、胎侧、胎体和胎圈等部分组成。

汽车一般采用充气轮胎。按其结构可分为有内胎和无内胎两种。

a. 有内胎轮胎 有内胎轮胎主要由外胎、内胎、垫带组成。内胎中充满压缩空气，外胎用来保护内胎不受损伤且具有一定弹性；垫带放在内胎下面，防止内胎与轮辋硬性接触受损伤。

b. 无内胎轮胎 无内胎轮胎称为真空轮胎，其外观与普通轮胎相似，不同的是无内胎轮胎的外胎内壁上附加了一层厚约 2～3mm 的专门用来封气的橡胶密封层。它是用硫化的方法黏附上去的，密封层正对着的胎面下面，贴着一层未硫化橡胶的特殊混合物制成的自黏层。当轮胎穿孔时，自黏层能自行将刺穿的孔黏合，压力不会急剧下降，有利于安全行驶。

按照汽车轮胎帘线排列角度的不同，分为普通斜交轮胎和子午线轮胎。

a. 普通斜交轮胎 其特点是帘布层和缓冲层各相邻层帘线交叉排列，各帘布层与胎冠中心线成 35°～40° 的交角。

b. 子午线轮胎 轮胎的胎体帘布层与胎面中心线呈 90° 或接近 90° 交角排列，帘线分布

图 7-23 轮胎结构

1—胎冠；2—胎肩；3—带束层；
4—胎体；5—胎圈；6—胎侧

如地球的子午线,因而称为子午线轮胎。子午线轮胎帘线强度得到充分利用,它的帘布层数小于普通斜交轮胎帘布层数,使轮胎重量可以减轻,胎体较柔软。子午线轮胎采用了与胎面中心线夹角较小(10°~20°)的多层缓冲层,用强力较高、伸张力小的结构帘布或钢丝帘布制造,可以承担行驶时产生的较大切向力。带束层紧紧镶在胎体上,极大地提高了胎面的刚性、驱动性及耐磨性。

由于子午线轮胎本身结构原因,使其高速旋转时,变形小,温升低,产生驻波的临界速度比斜交胎高,提高了行驶安全性。

7.1.1.3 转向系统

汽车转向系统的作用主要是根据行驶需要,改变或恢复汽车行驶方向。汽车转向系统一般组成如下。

① 转向操纵机构 主要由转向盘、转向轴、转向管柱等组成。

② 转向器 将转向盘的转动变为转向摇臂的摆动或齿条轴的直线往复运动,并对转向操纵力进行放大的机构。转向器一般固定在汽车车架或车身上,转向操纵力通过转向器后一般还会改变传动方向。

③ 转向传动机构 将转向器输出的力和运动传给车轮(转向节),并使左右车轮按一定关系进行偏转的机构。

按转向能源的不同,转向系统可分为机械转向系统和助力转向系统两大类。

机械式转向系统结构如图 7-24 所示。驾驶员对转向盘施加的转向力矩通过转向轴输入转向器。经转向器减速增矩后,动力传到转向横拉杆,再传给固定于转向节上的转向节臂,使转向节及其支承的转向轮偏转,从而改变汽车的行驶方向。

助力转向系统是指兼用驾驶员体力和发动机(或电动机)的动力为转向能源的转向系统,它是在机械转向系统的基础上加设一套转向加力装置而形成的。目前助力转向系统主要有液压助力转向系统和电力助力转向系统两种。液压助力转向系统的结构如图 7-25 所示,其中属于转向加力装置的部件包括转向油泵 5、转向油管 4、转向油罐 6 以及位于整体式转向器 10 内部的转向控制阀及转向动力缸等。

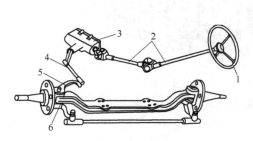

图 7-24 机械式转向系统

1—转向盘;2—转向轴;3—转向器;4—转向直拉杆;5—转向节臂;6—转向节

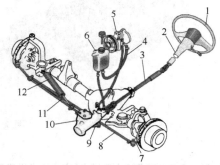

图 7-25 助力转向系统

1—方向盘;2—转向轴;3—转向中间轴;4—转向油管;5—转向油泵;6—转向油罐;7—转向节臂;8—转向横拉杆;9—转向摇臂;10—整体式转向器;11—转向直拉杆;12—转向减振器

7.1.1.4 制动系统

制动系统是保证汽车安全行驶的重要总成部件。目前汽车上常用的制动系统有行车制动系统、驻车制动系统和辅助制动系统。

汽车制动系一般由制动器和制动驱动机构组成。制动器是指产生阻碍车轮旋转或转动趋势的制动力矩的部件。目前汽车上制动器绝大部分都利用机械摩擦来产生制动力矩,其主要有盘式制动器和毂式制动器两种。盘式制动器的结构如图 7-26 所示,主要由制动钳、制动盘和制动摩擦片等组成。毂式制动器的结构如图 7-27 所示,主要由制动毂、制动蹄片、制动间隙调整机构等组成。

图 7-26　盘式制动器结构

图 7-27　毂式制动器结构

7.1.2　汽车车身

汽车车身按结构形式不同一般可分为非承载式车身和承载式车身两种。

非承载式车身的汽车有刚性车架，车身本体悬置于车架上，用弹性元件连接。非承载式车身比较笨重，质量大，汽车质心高，高速行驶稳定性较差。常见的几种非承载式车身，如图 7-28 所示。非承载式车身在货车、客车和越野车上使用比较普遍。

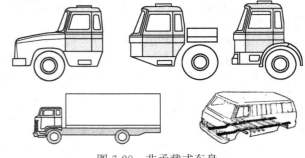

图 7-28　非承载式车身

承载式车身的汽车没有刚性车架，只是加强了车头、侧围、车尾、底板等部位，车身和底架共同组成了车身本体的刚性空间结构。常见的承载式车身如图 7-29 所示。

(a) 轿车

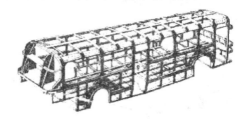

(b) 客车

图 7-29　承载式车身

7.2　汽车底盘系统拆解工艺

虽然报废汽车车型不同，但其基本结构及拆解方法大致相同。在拆装过程中，应遵循以下拆解原则。

① 仔细观察，注意安全。在拆解作业过程中，要时刻观察拆解各工位上的情况，防止因不当操作和意外事件导致安全事故。

② 先易后难，科学安排。在拆解工位的安排上一定要科学合理，采取先易后难、从外到内的拆解原则，提高作业的进度和场地的使用率。

③ 合理使用工具。拆解过程需要用到多种拆解工具，工具的选择要合理有效，使用有效的工具可提高作业效率。

本节以桑塔纳 2000 轿车为例，讲解汽车底盘系统的拆解工艺。桑塔纳 2000 轿车是前轮驱动轿车，其传动系统中的离合器、变速器、主减速器、差速器及传动轴均布置在前桥附近，且变速器、主减速器、差速器安装在一个外壳之内，结构布置紧密，如图 7-30 所示。后桥结构比较简单，如图 7-31 所示。

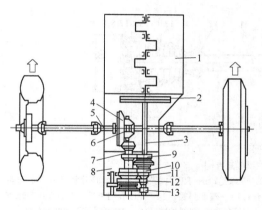

图 7-30　桑塔纳 2000 轿车前桥结构

1—发动机；2—离合器；3—变速器输入轴；4—主减速器；5—传
动轴；6—差速器；7—变速器输出轴；8—变速器；9—4 挡齿轮；
10—3 挡齿轮；11—2 挡齿轮；12—倒挡齿轮；13—1 挡齿轮

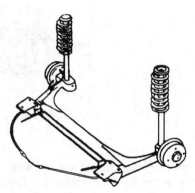

图 7-31　桑塔纳 2000 轿车后桥结构

7.2.1　万向传动装置及传动轴拆解

桑塔纳轿车传动轴为空心传动轴，其两端采用了两种不同型号的球笼式等速万向节，万向节通过花键轴与前轮连接。万向传动装置及传动轴拆解过程如下。

① 车轮着地时，取下车轮装饰罩，旋下轮毂与传动轴的紧固螺母，如图 7-32 所示。

② 卸下垫圈。旋松车轮紧固螺母，用双立柱式举升机举起汽车，拆下车轮。

③ 旋下制动钳紧固螺栓，旋下制动盘。

④ 取下制动软管支架，并用铁丝将制动钳固定在车身上（如图 7-33 上部箭头所示）。拆下球形接头紧固螺栓（如图 7-33 下部箭头所示）。

图 7-32　旋下轮毂与传动轴紧固螺母

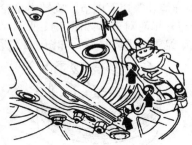

图 7-33　旋下制动钳紧固螺栓

⑤ 用专用工具压下横拉杆接头，如图 7-34 所示。

⑥ 旋下稳定杆的紧固螺栓，如图 7-35 所示。

⑦ 向下掀压下臂，从车轮轴承壳内拉出传动轴。从变速器输出轴花键槽内拉出半轴和万向传动装置，传动轴结构如图 7-36 所示。

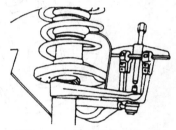

图 7-34　压出横拉杆接头

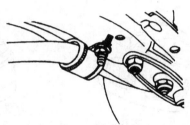

图 7-35　拆卸稳定杆的紧固螺栓

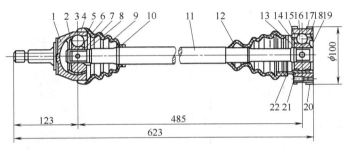

图 7-36 传动轴结构

1—RF 外星轮；2,19—卡簧；3—钢球；4—夹箍；5—RF 节球笼；6—RF 内星轮；7—中间挡圈；8—碟形弹簧；
9—橡胶护套；10,22—夹箍；11—花键轴；12—橡胶护套；13—碟形弹簧；14—VL 节内星轮；15—VL 节球笼；
16—钢球；17—VL 节外星轮；18—密封垫片；19—卡簧；20—塑料护罩；21—VL 节护盖；22—夹箍

⑧ 用钢锯或液压剪将等速万向联轴器金属环拆下，而后卸下防尘罩。

⑨ 用一把轻金属锤子用力从传动轴上敲下万向节外圈，如图 7-37 所示。

⑩ 拆卸弹簧锁环，如图 7-38 所示。压出万向节内圈，如图 7-39 所示。

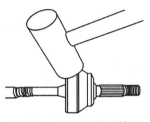

图 7-37 敲下万向节外圈

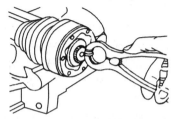

图 7-38 拆卸弹簧锁环

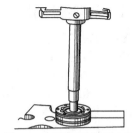

图 7-39 压出万向节内圈

⑪ 分解外等速万向节。旋转内星轮与球笼，依次取出钢球，如图 7-40 所示。转动球笼直至两个方孔与外星轮对齐，如图 7-41 所示，连外星轮一起拆下球笼。把内星轮上扇形齿旋入球笼的方孔，从球笼中取下内星轮，如图 7-42 所示。

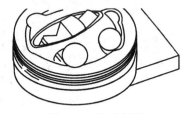

图 7-40 取出钢球

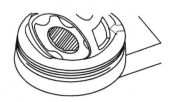

图 7-41 球笼拆卸

⑫ 分解内等速万向节。转动内星轮与球笼，按图 7-43 箭头所示方向压出球笼里的钢球。从球槽上面（如图 7-44 箭头所示）取出球笼里的内星轮。

图 7-42 内星轮拆卸

图 7-43 压出钢球

图 7-44 取出内星轮

7.2.2 变速器拆卸

桑塔纳 2000 系列轿车采用五挡手动变速器，其结构紧凑、噪声低、操作灵活可靠。该变速器的五个前进挡均装有锁环式惯性同步器，换挡轻便，所有挡位都有防跳挡措施。桑塔纳 2000 系列轿车五挡手动变速器的结构如图 7-45 所示。

由传动机构、操纵机构、变速器壳体等组成，

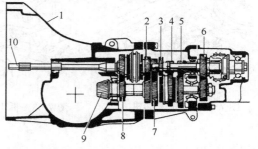

图 7-45　桑塔纳 2000 系列轿车五挡手动变速器结构
1—变速器壳体；2—输入轴三挡齿轮；3—倒挡齿轮；
4—倒挡轴；5—输入轴一挡齿轮；6—输入轴五挡
齿轮；7—输出轴二挡齿轮；8—输出轴四挡齿轮；
9—输出轴；10—输入轴

变速器总成拆卸步骤如下。

① 利用液压剪或者其他剪切工具拆下离合器拉索，如图 7-46 所示。

② 举升起汽车，将传动轴（半轴）从变速器上拆下并支撑好，如图 7-47 所示。

③ 旋松变速操纵机构的内换挡杆螺栓，如图 7-48 所示。

④ 压出支撑杆球头并将内换挡杆与离合块分离，如图 7-49 所示。

⑤ 拆下倒挡灯开关的接头，拆下车速里程表软轴，如图 7-50 所示。

⑥ 卸下离合器盖板，如图 7-51 所示。

⑦ 利用液压剪拆下排气管，拆卸时应防止排气管掉落损坏地面或其他物体。

⑧ 放下汽车并将发动机固定好，如图 7-52 所示。拆下发动机与变速器上部连接螺栓。

⑨ 举升起汽车，拆下启动机的紧固螺栓，拆下发动机中间支架，如图 7-53 所示。

⑩ 拆下螺栓 1 并旋松螺栓 2，如图 7-54 所示。拆下变速器减振垫和减振垫前支架。

⑪ 拆变速器与发动机下部连接螺栓，如图 7-55 所示，拆下变速器。

图 7-46　拆下离合器拉索

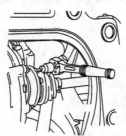
图 7-47　拆卸传动轴

图 7-48　旋松内换挡杆螺栓

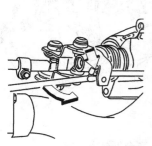
图 7-49　压出支撑杆球头

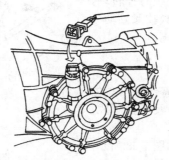
图 7-50　拆下车速里程表软轴

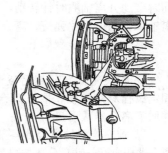
图 7-51　拆下离合器盖板

7.2.3 离合器拆解

桑塔纳 2000 型轿车离合器采用单片、干式、膜片弹簧离合器。如图 7-56 所示，它主要由离合

图 7-52　固定发动机

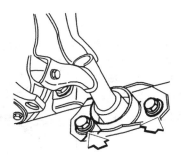
图 7-53　拆下发动机中间支架

图 7-54　拆下螺栓
1，2—螺栓

图 7-55　拆变速器与发动
机下部连接螺栓

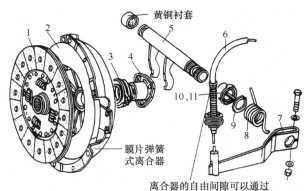
图 7-56　离合器结构
1—离合器从动盘；2—膜片弹簧与压盘；3—分离轴承；4—分离套筒；
5—分离叉轴；6—离合器拉索；7—分离叉轴传动杆；8—回
位弹簧；9—卡簧；10—橡胶防尘套；11—轴承衬套

器盖、压盘、从动盘、膜片弹簧、分离轴承、分
离套筒、分离叉轴、离合器拉索等零件组成。

机械拉索式分离装置主要由分离轴承、分离
轴、分离轴传动杆、拉索踏板等零部件组成，如
图 7-57 所示。踩下离合器踏板时，踏板上端拉
动离合器拉索，使分离轴承传动杆顺时针转动，
同时带动分离轴顺时针转动，使分离拨叉推动分
离轴承，压迫膜片弹簧，离合器分离。

离合器拆卸步骤如下。

① 拆下变速器。

② 将飞轮固定，然后逐渐将离合器压盘的
固定螺栓对角拧松，取下离合器盖及压盘总成，
并取下离合器从动盘。

③ 顺序分解的离合器各部件如图 7-58 所示。
离合器压盘和从动盘分离如图 7-59 所示。

7.2.4　主减速器与差速器拆解

桑塔纳 2000 系列轿车变速器为两轴式，其
输出轴上的锥齿轮即为主减速器的主动锥齿轮，

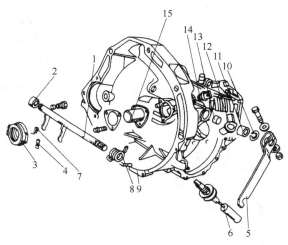
图 7-57　离合器分离装置
1—分离轴；2—轴承衬套；3—分离轴承；4—夹子；
5—分离轴传动杆；6—离合器拉索；7—支承弹簧；
8—回位弹簧；9—变速箱罩壳；10—挡圈；11—橡
皮防尘套；12—轴承衬套；13—轴承；14—上止点
信号发生器测试孔塞子；15—导向套筒

桑塔纳 2000 系列轿车主减速器为单级式，主减速齿轮是一对螺旋伞齿轮，齿面为准双曲面。差速器为行星齿轮式，车速表驱动齿轮安装于差速器壳体上。主减速器和差速器分解如图 7-60 所示。

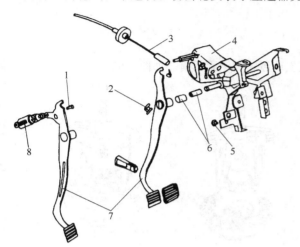

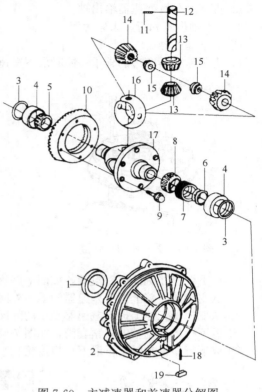

图 7-58 顺序分解的离合器各部件

1—连接销；2—保险装置；3—离合器拉索；
4—踏板支架；5—限位块；6—轴承衬套；
7—离合器踏板；8—助力弹簧

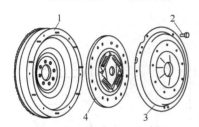

图 7-59 离合器压盘和从动盘分离

1—飞轮；2—六角螺栓或圆柱头螺栓；
3—压盘；4—从动盘

图 7-60 主减速器和差速器分解图

1—密封圈；2—主减速器盖；3—从动锥齿轮的调整垫片（S1 和 S2）；4—轴承外圈；5—差速器轴承；6—锁紧套筒；7—车速表主动齿轮；8—差速器轴承；9—螺栓；10—从动锥齿轮；11—夹紧销；12—行星齿轮轴；13—行星齿轮；14—半轴齿轮；15—螺纹管；16—复合式止推垫片；17—差速器壳；18—磁铁固定销；19—磁铁

（1）主动锥齿轮和从动锥齿轮总成拆解

① 拆卸变速器，将其固定在支架上。拆下轴承支座和后盖。

② 取下车速里程表的传感器，如图 7-61 所示。

③ 锁住传动轴（半轴），拆下紧固螺栓，取下传动轴，如图 7-62 所示。

④ 取下车速里程表的主动齿轮导向器和齿轮。

⑤ 拆下主减速器盖，如图 7-63 所示。从变速器壳体上取下差速器。

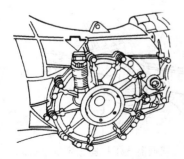

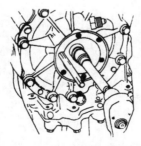

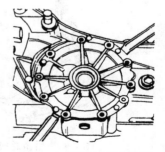

图 7-61 取下车速里程表的传感器　　图 7-62 拆卸紧固螺栓　　图 7-63 拆下主减速器盖

⑥ 用铝质的夹具将差速器壳固定在台虎钳上，拆下从动齿轮的紧固螺栓。

⑦ 取下从动锥齿轮，如图 7-64 所示。

⑧ 拆下并分解变速器输出轴。

（2）半轴齿轮和行星齿轮拆解

① 拆下差速器。

② 拆下差速器两边的轴承，同时取下车速表主动齿轮和锁紧套筒。如图 7-65 所示。

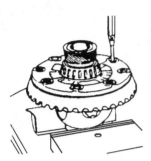

图 7-64　拆卸从动锥齿轮

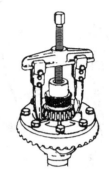

图 7-65　拆下差速器两边的轴承

③ 拆下变速器侧面的密封圈，如图 7-66 所示。

④ 从主减速器盖上拆下差速器轴承的外圈和调整垫片，如图 7-67 所示。

⑤ 从变速器壳体上拆下差速器轴承的外圈和调整垫片。

⑥ 拆下行星齿轮轴的夹紧套筒，如图 7-68 所示。

⑦ 取下行星齿轮轴，再取下行星齿轮和半轴齿轮。

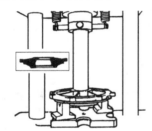

图 7-66　拆下变速器侧
面的密封圈

图 7-67　拆下差速器轴承
的外圈和调整垫片

图 7-68　拆下行星齿轮
轴的夹紧套筒

7.2.5　车桥与悬架拆解

车桥与悬架拆解的步骤如下。

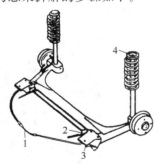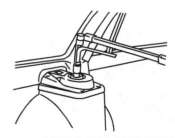

图 7-69　后桥总成拆解

图 7-70　减振器支承杆座固定螺母拆卸

1—驻车制动拉索；2—制动软管；3—支承座；4—支承杆座

① 剪断驻车制动拉索 1，如图 7-69 所示。

② 分开轴体上的制动管和制动软管 2。

③ 松开车身上的支承座 3，仅留一个螺母支承。

④ 拆下排气管吊环。用专用工具撑住后桥横梁。

⑤ 取下车室内减振器盖板。从车身上旋下支承杆座螺母，如图 7-70 所示。

⑥ 拆卸车身上的整个支承座。

⑦ 升起车辆，将后桥从车子底下拆出。

7.3 自动变速器拆解工艺

自 20 世纪 80 年代以来，装备自动变速器的汽车越来越多，本节以凌志 LS400 轿车 A341E 自动变速器结构为例（如图 7-71 和图 7-72 所示），阐述其拆解步骤。

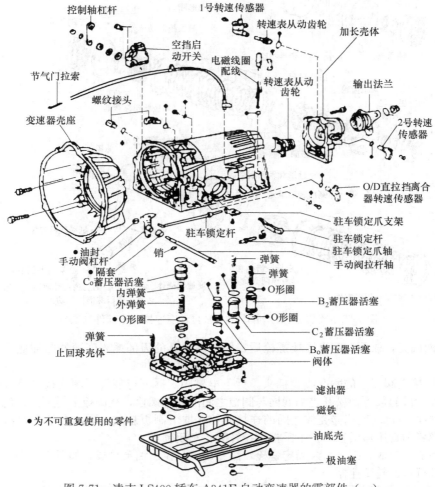

图 7-71 凌志 LS400 轿车 A341E 自动变速器的零部件（一）

（1）拆卸自动变速器、后壳体油底壳及阀板。

① 清洁自动变速器外部，拆除所有安装在自动变速器壳体上的零部件。

② 从自动变速器前方取下液力变矩器，松开紧固螺栓，拆下自动变速器前端的液力变矩器壳，拆除输出轴凸缘和自动变速器后端壳，从输出轴上拆下车速传感器的感应转子。

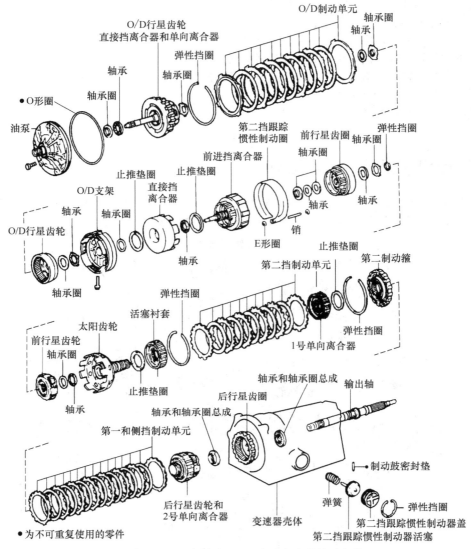

图 7-72 凌志 LS400 轿车 A341E 自动变速器的零部件（二）

③ 拆下油底壳，取下油底壳连接螺栓后，用专用工具的刃部插入变速器与油底壳之间，切开所涂密封胶。

④ 拆下连接在阀板上的所有线束插头。拆下电磁阀。拆下与节气门阀连接的节气门拉索，用旋具把液压油管撬起取下。松开进油滤网与阀板之间的固定螺栓，从阀板上拆下进油滤清器。

⑤ 拆下阀板与自动变速器壳体之间的连接螺栓，取下阀板总成，取出自动变速器壳体油道中的止回阀、弹簧和蓄压器活塞，拆下手控阀拉杆和停车闭锁爪。

（2）拆卸油泵总成。拆下油泵固定螺栓，用专用工具拉出油泵总成，如图 7-73 所示。

（3）拆解行星齿轮变速器。

① 从自动变速器前方取出超速行星架、超速（直接）离合器组件及超速齿圈。

② 拆卸超速制动器，用旋具拆下超速制动器卡环，取出超速制动器钢片和摩擦片。拆下超速制动器鼓的卡环，松开壳体上的固定螺栓，用拉具拉出超速制动器鼓。

③ 拆卸 2 挡强制制动带活塞，从外壳上拆下 2 挡制动带液压缸缸盖卡环，用手指按住液压缸缸盖，从液压缸进油孔吹入压缩空气，吹出液压缸缸盖和活塞。

④ 取出中间轴，拆下高、倒挡离合器和前进挡离合器组件。如图 7-74 所示，拆出 2 挡跟踪惯性制

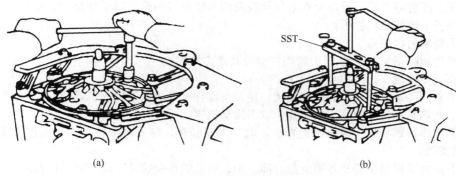

(a)　　　　　　　　　　　(b)

图 7-73　拆卸油泵总成

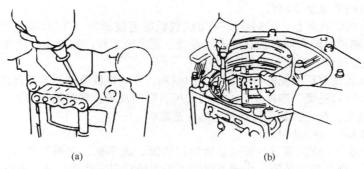

(a)　　　　　　　　　　　(b)

图 7-74　拆出 2 挡跟踪惯性制动圈

动圈销轴，取出制动圈；拆出前行星排，取出前齿圈；将自动变速器立起，用木块垫住输出轴，拆下前行星架上的卡环；拆出前行星架和行星齿轮组件，取出前后太阳轮组件和低挡单向离合器；拆卸 2 挡制动带，拆下卡环，取出 2 挡制动器的所有摩擦片、钢片及活塞衬套。

⑤ 拆卸输出轴、后行星排和低、倒挡制动器组件。拆下卡环，取出输出轴、后行星排、前进挡单向离合器、低、倒挡制动器和 2 挡制动器鼓组件。

7.4　汽车车身拆解工艺

本节以小客车车身、货车车身、大客车车身为例分别阐述汽车车身拆解工艺。

7.4.1　小客车车身

小客车车身一般为承载式车身。其结构为焊接的钢质壳体，在报废汽车拆解时，一般采用直接挤压粉碎的方法，其拆解过程如下。

① 拆卸汽车发动机、底盘系统及车身主要电器系统等系统。

② 拆除车内内饰件及座椅。

③ 拆除车身上的非金属零件，如挡风玻璃、前后塑料保险杠杠皮、密封橡胶条及非金属翼子板等。

④ 拆除车身上一些可利用件，如车门、行李箱盖、雨刮电机、后视镜等。

⑤ 利用油压机，压扁整体车身。

7.4.2　货车车身

货车的车身通常采用的非承载式车身，它是由车厢、驾驶室等组成，车厢、驾驶室都是独立可整体拆卸的。

（1）货车车身拆解步骤

① 利用液压剪等工具，拆掉全车电气导线及信号装置（如前、后车灯及喇叭等）。

② 卸掉各边板的高栏栏板。

③ 卸下货厢的挡泥板。

④ 卸掉货厢纵梁与车架的 U 形紧固螺栓及其他连接螺栓。

⑤ 货厢整体移位（行吊配合）。

⑥ 卸下散热器罩撑杆与罩的连接穿销，使罩与撑杆脱开，取下发动机罩。

⑦ 卸下散热器罩与支架的连接螺栓，取下发动机罩。

⑧ 卸下散热器罩与翼子板的连接螺栓，取下中间胶垫，卸下脚踏板与支架的连接螺栓，卸下脚踏板及其支架。

⑨ 卸下掉翼子板与车架及各道支架（前、中、后）的连接螺栓，取下翼子板及发动机挡泥板。

⑩ 从车架上卸掉各翼子板支架。

⑪ 卸掉驾驶室内的坐垫及靠背。

⑫ 拆驾驶室内的转向盘、转向器支架与仪表板的连接螺栓，并从转向器管柱上拆下支架及胶圈；拆下离合器踏板及转向器盖板、变速箱盖板、蓄电池盖板；卸掉油门踏板和制动板；卸掉百叶窗拉杆、气压表空气管、速度表软轴等。

⑬ 卸掉安装在驾驶前壁外侧的各类装置，如喇叭、发电机调节器、散热器撑杆等。

⑭ 卸掉车门上的后视镜，卸掉左、右车门的折页穿销及限止器穿销，卸下车门。

⑮ 卸下驾驶室左、右、后悬置与驾驶室的连接螺栓。

⑯ 驾驶室整体移位（行吊配合）。

（2）驾驶室拆解　可依次取下收音机，拆掉仪表盘、遮阳板、刮水器挡板、挡风玻璃刮水器、棚顶灯、室内衬纸、前后挡风玻璃、小通风窗等。如驾驶室损伤严重，则可进行局部或整体解体。

（3）车厢拆解

① 分别拆掉货厢的左、右及后高栏栏板。

② 取出边板折页穿销，分别取下左、右后边板。

③ 旋下前边板（带安全架）与货厢前横梁（木质）及纵梁（木质）的固定螺栓，取下前边板及安全架。

④ 从货厢底板上起下底板与横梁的连接螺钉。

⑤ 将货厢底板翻面，使其原底面朝上，以便拆下纵梁和横梁。

⑥ 拆掉纵梁与横梁的连接角支撑板固定螺栓，取下各角支撑板。

⑦ 旋下纵、横梁 U 形连接螺栓的螺母，取下 U 形螺栓，从而使纵梁与横梁脱开，取下纵梁。

⑧ 拆掉横梁与货厢底板的连接螺栓，从而使横梁与底板脱开，取下横梁及横梁垫板。

⑨ 拆掉货厢底板上的各折页固定螺栓，取下各长、短页板。

⑩ 从底板边框边逐次取下各块长条形木板。

⑪ 分别从横梁上卸下绳钩、折页板及各垫板，从纵梁上卸下与车架的连接板等。

⑫ 拆下边板上的挂钩固定螺栓，取下挂钩。

⑬ 在必要的情况下，可用氧割或液压剪等工具切开某些已经锈死的连接部件。

（4）车门拆解

① 卸掉车门限止器与驾驶室门框以连接销钉以及折页穿销，取下车门总成。

② 卸掉工作孔盖板螺栓，取下盖板。

③ 从工作孔中取出车门限止器。

④ 摇动升降器摇把，使门玻璃及升降器下落至玻璃槽并在工作孔中部露出为止。

⑤ 把升降器 T 形杆的滚子轴拨至滑槽两端的凹口处，并从滑槽中取出，使升降器与滑槽脱开。

⑥ 一只手伸入工作孔内向上推动滑槽及玻璃，并从车门上方窗口将玻璃从门框的滑动铁槽中取出。

⑦ 旋下升降器摇把固定螺钉，取下摇把。

⑧ 卸下升降器与车门内壁的连接固定螺钉。

⑨ 从工作孔处取出升降器总成。

⑩ 旋下内门把固定螺钉，取下内门把。

⑪ 旋下门锁联动杆与车门内壁的连接固定螺钉。

⑫ 把手伸入工作孔内，使联动杆前端销孔与传动销钉脱开。拉动联动杆，从而使其与门锁脱开。从工作孔中取出联动杆总成。

⑬ 旋下外门把与车门的连接固定螺钉，取下外门把。

⑭ 旋下门锁与车门内壁的连接固定螺钉，从工作孔取出门锁总成。

⑮ 旋下玻璃绒槽与门框的固定螺钉，取下绒槽和密封条。

7.4.3　大客车车身

大客车车身多为厢式整体型，外表用金属薄板（早期也有用玻璃钢的）铆接在车身骨架上。车厢内用装饰板封闭。在拆解时，首先拆下前后保险杠，大客车车门多为单向折叠或双向折叠，其结构比较简单，摘下门销即可拆下车门。然后再拆下车内座椅、车身内外装饰板及金属板、车窗玻璃等。对于车身骨架则采用切割方法进行拆解。

7.5　汽车动力转向系统拆解工艺

汽车动力转向系统主要组成由转向操作机构（方向盘及转向柱）、转向器、转向油泵、控制阀、动力油缸及贮油罐等部件组成。本节以桑塔纳 2000 型轿车动力转向系统为例，讲解汽车动力转向系统的拆解工艺。

桑塔纳 2000 型轿车的动力转向系统为整体式动力转向器，其结构如图 7-75 和图 7-76 所示。

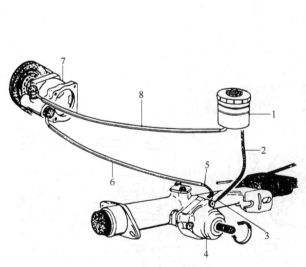

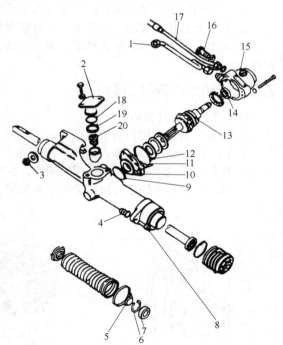

图 7-75　动力转向系统组成及管路布置

1—贮油罐；2—动力转向器出油软管；3—动力转向器出油硬管；4—动力转向器；5—动力转向器进油硬管；6—动力转向器进油软管；7—叶片式油泵；8—进油软管

图 7-76　液压动力转向机构的分解与检修

1—油管；2—压盖；3,4—自锁螺母；5—更换齿形环；6—挡圈；7—齿条密封罩；8—圆柱内六角螺栓；9—圆绳环；10—中间盖；11,12,18—圆绳环；13—转向机构主动齿轮；14—密封圈；15—阀门罩壳；16—管接头螺栓；17—回油管；19—补偿垫片；20—压簧

7.5.1 转向柱拆解

方向盘与转向管柱的分解，如图 7-77 所示，拆装和分解方向盘与转向管柱时可参照此图进行。转向柱上装有一套组合开关，包括点火开关、前风窗刮水及清洗开关，转向灯开关及远近光变光开关，因此在拆卸前必须将蓄电池电源线断开，转向指示灯开关放在中间位置，并将车轮处在直线行驶位置，然后按下列拆卸步骤进行。

① 向下按橡皮边缘，撬出盖板。

② 取下喇叭盖，拆卸喇叭按钮及有关接线。

③ 拆下转向盘紧固螺母，用拉器将转向盘取下。

④ 拆下组合开关上的三个平口螺栓，取下开关。

⑤ 拆下阻风门控制把手手柄上的销子，然后旋下手柄、环形螺母，取下开关。

⑥ 拆下转向柱套管的两个螺钉，拆下套管。

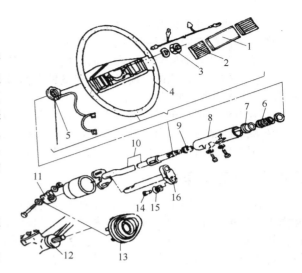

图 7-77 方向盘与转向管柱分解图

1—方向盘盖板；2—喇叭按钮盖板；3—方向盘与转向柱紧固螺母 M16；4—方向盘；5—接触环；6—压缩弹簧；7—连接圈；8—转向柱套管；9—轴承；10—转向柱上段；11—夹箍；12—动力转向器；13—转向柱防尘橡胶圈；14—转向减振尼龙销；15—转向减振橡胶圈；16—转向柱下段

⑦ 将转向柱上段往下压，使上段端部法兰上的两个驱动销脱离转向柱下端，取出转向柱上段。

⑧ 取下转向柱橡胶圈，松开夹紧箍的紧固螺栓，拆下转向柱下端。

⑨ 用水泵钳旋转卸下弹簧垫圈，卸下左边的内六角螺栓，旋出右边的开口螺栓，拆下转向盘锁套。

7.5.2 动力转向器拆卸

转向器的拆卸过程如下。

① 吊起车辆，利用切割工具拆下液压油管。

② 拆下固定横拉杆螺母，如图 7-78 所示。

③ 拆卸左前轮罩处的转向器固定螺栓，如图 7-79 所示。

④ 拆卸后横板上固定转向器的左边自锁螺母，如图 7-80 所示。

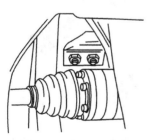

图 7-78 拆下固定横拉杆螺母

图 7-79 拆卸左前轮罩处的转向器固定螺栓

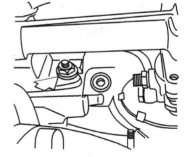

图 7-80 拆卸后横板上固定转向器的左边自锁螺母

⑤ 把车辆放下。拆卸紧固齿条与转向横拉杆的螺栓，如图 7-81 所示。

⑥ 拆卸仪表板侧边下盖、通风管和踏板盖。

⑦ 拆卸紧固转向小齿轮与下轴的螺栓，并使各轴分开，如图 7-82 所示。

图 7-81　拆卸紧固齿条与转向横拉杆的螺栓

图 7-82　拆卸紧固转向小齿轮与下轴的螺栓

⑧ 拆卸防尘套。从汽车发动机舱内部，剪下固定转向控制阀外壳上回油管，如图 7-83 所示。

⑨ 拆卸后横板上转向器的固定自锁螺母，如图 7-84 所示。

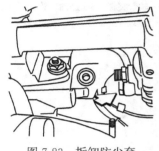

图 7-83　拆卸防尘套

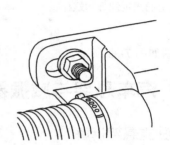

图 7-84　拆卸后横板上转向器的固定自锁螺母

⑩ 拆下转向器。

7.5.3　转向油泵拆卸

转向油泵是转向系统动力油来源，其拆解步骤如下。

① 吊起车辆，拆卸油泵回油软管及高压软管的连接螺栓，如图 7-85 所示。

② 拆卸转向油泵前支架上的张紧螺栓，如图 7-86 所示。

③ 拆卸转向油泵后支架上的固定螺栓，如图 7-87 所示。

④ 松开转向油泵中心支架上的固定螺母和螺栓，如图 7-88 所示。拿下转向油泵。

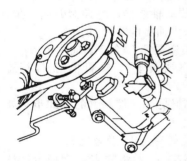

图 7-85　拆卸泄放螺栓

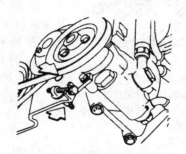

图 7-86　拆卸转向油泵前
支架上的张紧螺栓

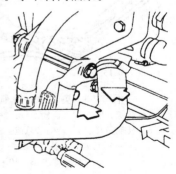

图 7-87　拆卸转向油泵后
支架上的固定螺栓

7.5.4　贮油罐拆卸

松开贮油罐安装支架螺栓，利用切割工具剪断贮油罐进油、回油软管，拆下贮油罐。贮油罐部

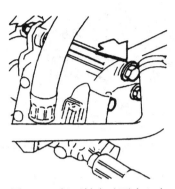

图 7-88　松开转向油泵中心支
架上的固定螺母和螺栓

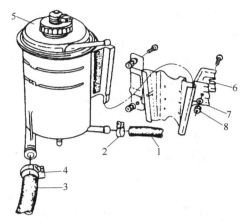

图 7-89　贮油罐部件的分解图
1—回油软管；2,4—软管夹箍；3—进油软管；5—贮油罐；
6—贮油罐支架；7—垫片；8—六角螺母

件的分解图如图 7-89 所示。

7.6　汽车悬架与减振器拆解工艺

7.6.1　独立悬架拆解

在发动机前置前驱的轿车上，广泛应用着滑柱式独立悬架，也叫麦弗逊式独立悬架。这种悬架大致由撑杆总成、控制臂和稳定杆组成。奥迪 100 轿车前悬架分解如图 7-90 所示。

（1）撑杆总成从车上拆卸过程

① 松开半轴螺栓 9，举起车身，拆下车轮及制动钳。

② 拆下稳定杆螺母 11，把稳定杆的头部从控制臂上拆下，取下橡胶套。

③ 拆下转向节上的自锁螺母 10，抽出螺栓 8，把上控制臂外端从转向节上拆下。

④ 拆下传动轴螺栓，将控制臂向下推，从轮毂轴承盖中抽出传动轴 19。

⑤ 拆下自锁螺母 7，卸下转向拉杆 5。

⑥ 拆下自锁螺母 2，垫圈 3，把撑杆总成从车上拆下。

（2）控制臂拆卸　控制臂的拆卸步骤如下（图 7-90）。

① 拆下自锁螺母 10 及螺栓 8。

② 拆下螺母 11 及垫片 12，把稳定杆从控制臂孔中拆下。

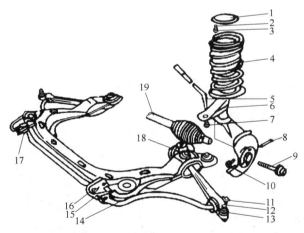

图 7-90　奥迪 100 轿车前悬架分解图
1—盖板；2,7,10—自锁螺母；3—垫圈；4—悬架弹簧；
5—转向拉杆；6—转向节总成；8,9,16,18—螺栓；11,
15—螺母；12—垫片；13—球头销；14—支架；
17—橡胶垫；19—传动轴

③ 向下压控制臂，把球头销 13 从车轮轴承罩上拆下来。

④ 从副车架上拆下螺栓 9，取下控制臂。

（3）稳定杆拆卸（图 7-90）

① 拆下控制臂上的螺母 11 及垫片 12。

② 拆下螺母 15、螺栓 16，拆下 U 形夹及橡胶垫。

③ 拆下另一侧 U 形夹子上的螺栓及螺母，拆下稳定杆。

（4）撑杆总成拆解　撑杆总成分解如图 7-91 所示，其拆解步骤如下。

① 把撑杆总成放在工作台上，给螺旋弹簧装上专用的弹簧压缩器，压缩弹簧至足以拆下活塞杆上的自锁螺母 16 及弹簧支柱座的自锁螺母 1。

② 待拆下自锁螺母 16 及自锁螺母 1 后，拆下弹簧支柱座 15。

③ 拆下撑杆总成上面的零件：轴承垫板 14、轴向轴承 13、弹簧座圈 12。

④ 放松弹簧压紧器，拆下螺旋弹簧 8。

⑤ 拆下保护套 10、密封圈 9、限位挡块 2 及密封盖 3。

⑥ 用专用工具拆下螺母 4，从车轮轴承罩上抽出减振器总成。

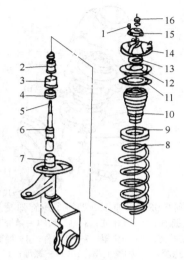

图 7-91　撑杆总成分解
1,16—自锁螺母；2—限位挡块；3—密封盖；4—螺母；5—活塞杆；6—减振器；7—车轮轴承罩；8—螺旋弹簧；9—密封圈；10—保护套；11—保护环；12—弹簧座圈；13—轴向轴承；14—轴承垫板；15—弹簧支柱座

7.6.2　后桥与后悬架拆解

后桥与后悬架位于汽车后部，起着支撑汽车后部质量的作用。其结构与前桥和前悬架大致相似。螺旋弹簧非独立悬架多用于发动机前置前驱轿车的后悬架上，主要由车桥、螺旋弹簧、各种推力杆、减振器等组成。图 7-92 为奥迪 100 轿车后桥分解图。

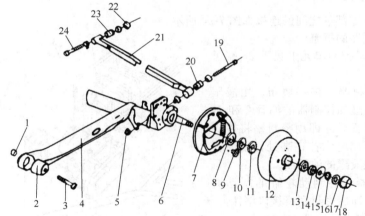

图 7-92　奥迪 100 轿车后桥分解图
1,5,22—自锁螺母；2,20,23—橡胶衬套；3,9,19,24—螺栓；4—纵臂；6—短轴；7—制动底板总成；8—油封；10,11—内轴承总成；12—制动鼓；13,14—后轮外轴承总成；15—垫圈；16—锁紧螺母；17—开口销；18—润滑脂盖；21—横向推力杆

（1）后轮毂拆解

① 将车辆支起，拆下装饰罩，拆下轮胎螺栓，卸下轮胎。

② 拆下润滑脂盖 18，拔下开口销 17。

③ 用轴头扳手拆下锁紧螺母 16 及垫圈 15，拆下后轮外轴承总成 14，拆下制动鼓 12。

④ 用拉器拉下后轮内轴承，拆下油封。

⑤ 拆下固定螺栓 9，剪断制动管路，卸下制动底板及短轴。

（2）横向推力杆及支撑杆拆解

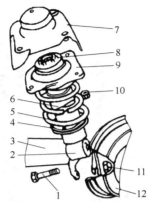

图 7-93　奥迪 100 型轿车螺旋弹簧与减振器
1—螺栓；2—减振器；3—后梁；4—弹簧下座；5—螺
旋弹簧；6—防尘罩；7—连接件；8—弹簧上座支撑
橡胶；9—弹簧上座；10,11—螺母；12—制动鼓

② 放松螺旋弹簧压缩器，拆下弹簧上座 9、弹簧上座支撑橡胶 8、螺旋弹簧 5 及螺旋弹簧下座 4。

③ 拆下防尘罩 6，卸下减振器。

7.7　汽车制动系统拆解工艺

7.7.1　ABS 系统的拆解

ABS 控制器各零部件之间的连接如图 7-94 所示。

（1）ABS 控制器的拆解

① 从 ABS 电子控制单元上拔下 25 端子线束插头。

② 在 ABS 控制器下垫一块布。用液压剪切断连接制动主缸和控制器的油管 2 和 3，并做标记，拆下油管后立即用密封塞将接口堵住。把制动油管用绳索挂在高处，使油管接头处高于制动贮液罐的油平面。

③ 拆下控制器与各制动轮缸的制动油管，拆下油管后立即用密封塞将接口堵住。

④ 把 ABS 控制器从支架上拆下来。

（2）ABS 控制器的分解

① 压下接头侧的锁止扣，拔下电子控制单元上液压泵电线插头。

② 用专用套筒扳手拆下 ABS 电子控制单元与压力调节器的连接螺栓，如图 7-95 所示。

③ 将压力调节器与 ABS 电子控制单元分离。

（3）前轮转速传感器的拆卸　前轮转速传感器和前轮轴承的分解如图 7-96 所示，其拆卸步骤如下。

① 拆下自锁螺母 5，拔出螺栓 19，拆下横向推力杆车桥的一头。

② 拆下自锁螺母 22，拔出螺栓 24，就可以从车上拆下横向推力杆 21 及支撑杆一端。

③ 拆下支撑杆另一端的固定螺母及螺栓，拆下支撑杆。

④ 用压床压出横向推力杆两端孔内的橡胶衬套 20、23。

（3）螺旋弹簧及减振器拆解　奥迪 100 型轿车螺旋弹簧及减振器如图 7-93 所示。这种形式的悬架弹簧与减振器是套在一起的，因此，拆卸时要注意支好车辆。首先拆下螺母 11 及螺栓 1，然后卸下减振器与弹簧总成。

① 用螺旋弹簧压缩器把螺旋弹簧压缩到能拆下减振器杆上的固定螺母 10。

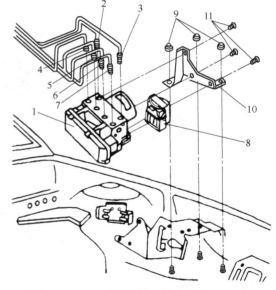

图 7-94　ABS 控制器各零部件之间的连接
1—ABS 控制器；2—与制动主缸后腔连接的制动油管与接头；
3—与制动主缸前腔连接的制动油管与接头；4—与右前制动
轮缸连接的制动油管与接头；5—与左前制动轮缸连接的制动
油管与接头；6—与右后制动轮缸连接的制动油管与接头；
7—与左前制动轮缸连接的制动油管与接头；8—ABS 控制器
线束插头（25 个端子）；9—ABS 控制器支架紧固螺母；
10—ABS 控制器支架；11—ABS 控制器安装螺栓

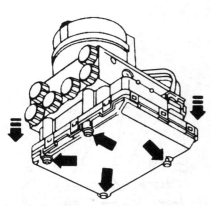

图 7-95　拆下 ABS 电子控制单元
与压力调节器的连接螺栓

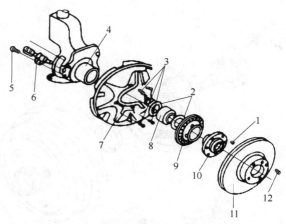

图 7-96　前轮转速传感器和前轮轴承分解图
1—固定齿圈螺钉套；2—前轮轴承弹性挡圈；3—防尘板紧固
螺栓；4—前轮轴承壳；5—转速传感器紧固螺栓；6—转速
传感器；7—防尘板；8—前轮轴承；9—齿圈；
10—轮毂；11—制动盘；12—十字槽螺栓

① 拆卸前轮毂及齿圈。如图 7-97 所示，在前轮毂的中心放一块专用压块，再用拉具的两个活动臂先钩住前轮轴承壳的两边，转动顶尖，使拉具顶住专用压块，将前轮毂连同齿圈一起顶出，并拆下齿圈的十字槽固定螺栓。

② 拆卸前轮转速传感器，如图 7-98 所示，先拔下传感器导线插头，再拧下内六角紧固螺栓，取下前轮转速传感器。

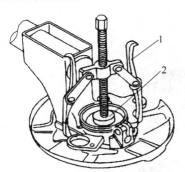

图 7-97　拆卸前轮毂及齿圈
1—拉具；2—专用压块

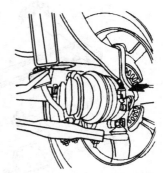

图 7-98　拆卸前轮转速传感器

（4）后轮转速传感器的拆卸　后轮转速传感器和后轮轴承的分解如图 7-99 所示，其拆卸步骤如下。

① 举升车辆，拔下后轮转速传感器的线束插头。

② 旋下传感器的内六角紧固螺栓，拆下后轮转速传感器。

③ 按图 7-100 中箭头所示方向取下后梁上的转速传感器导线保护罩，拉出导线和导线插头。

7.7.2　毂式制动器拆解

毂式制动器的结构如图 7-101 和图 7-102 所示，其拆解步骤如下。

① 将后轮制动蹄回位。每只后轮上拆下一只螺栓，用一字旋具通过螺栓孔将楔形块向上压。

② 拆下轮毂盖，松开后车轮轴承上的六角螺母。

③ 用锂鱼钳拆下制动蹄保持弹簧及弹簧座圈。

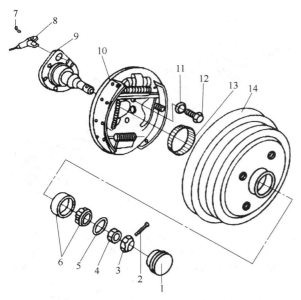

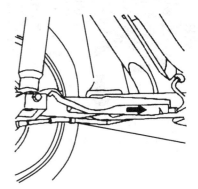

图 7-99　后轮转速传感器和后轮轴承的分解

1—轮毂盖；2—开口销；3—螺母防松罩；4—六角螺母；
5—止推垫圈；6—锥轴承；7—内六角螺栓；8—转速
传感器；9—车轮支承短轴；10—后轮制动器总成；
11—弹性垫圈；12—六角螺栓；13—齿圈；
14—制动鼓的连接插头

图 7-100　取下转速传感器导线保护罩

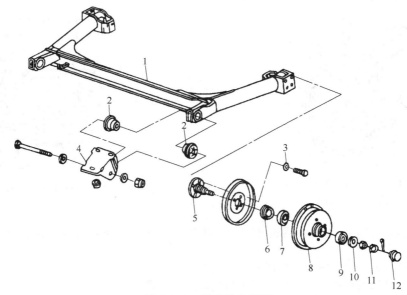

图 7-101　制动鼓分解图

1—后桥架；2—金属橡胶支承关节；3—盘形弹簧垫；4—轴承支架；5—后桥短轴；6—后轮油封；7—T-50 滚珠
轴承；8—后轮制动鼓；9—轴承；10—垫圈；11—冠状螺母保险环；12—后轮轴承防尘帽

④ 借助旋具、撬杆或用手从下面的支架上提起制动蹄，取出下回位弹簧。

⑤ 用钳子拆下制动杆上的驻车制动钢丝。

⑥ 用钳子取下楔形块弹簧和上回位弹簧。

⑦ 拆下制动蹄。

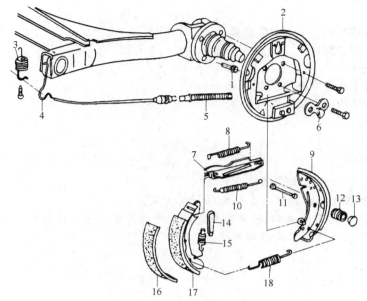

图 7-102　制动蹄分解图

1—后制动检测孔橡胶塞；2—后制动底板；3—驻车制动拉索拉紧簧；4—驻车制动拉索固定夹；
5—驻车制动拉杆；6—制动拉索引导件；7—制动推杆；8—后轮前制动蹄回位弹簧；
9—后轮后制动蹄；10—后轮前制动蹄中回位弹簧；11—制动蹄定位销；12—制
动蹄定位销压簧；13—制动蹄定位销压簧垫圈；14—制动蹄调整楔形件；
15—制动蹄楔形件下回位弹簧；16—后制动备用摩擦片；
17—后轮前制动蹄；18—制动蹄下回位弹簧

⑧ 将带推杆的制动蹄夹紧在台虎钳上，取下回位弹簧，取下制动蹄。

7.7.3　盘式制动器拆解

盘式制动器结构如图 7-103 所示，其拆卸操作步骤如下。

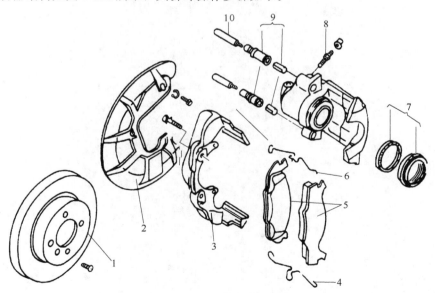

图 7-103　盘式制动器结构

1—前制动盘；2—制动器底板；3—前制动器摩擦片架；4,6—固定摩擦片卡簧；5—制动摩擦片；7—前制动
轮缸密封圈；8—前制动轮缸放油阀；9—前制动轮缸固定螺栓护套；10—导向销

① 拆下前轮。
② 拆下制动摩擦片的上、下定位弹簧。
③ 旋出上、下固定螺栓。
④ 取出制动壳体。
⑤ 在支架上拆下制动摩擦片。
⑥ 从制动钳壳体内取出制动钳活塞。

 思考题

1. 简述汽车底盘拆解过程要遵循的原则。
2. 以桑塔纳轿车为例，叙述动力转向器拆解步骤。
3. 以凌志 LS400 轿车的 A341E 自动变速器为例，简要叙述其拆解过程。
4. 简述毂式及盘式制动器的拆解步骤。

第8章
报废汽车电气系统拆解技术工艺

8.1 汽车电气系统

电气系统是汽车的重要组成部分，其性能直接影响到汽车的安全性、动力性、舒适性和可靠性。随着汽车结构的改进与性能的不断提高，汽车电气系统种类和数量越来越多。对于现代汽车而言，汽车电气系统大致可以分为以下五大类。

（1）电源 汽车电源包括蓄电池和发电机，两者并联连接。其中发电机为主电源，蓄电池是备用电源。汽车发动机正常工作时，由发电机向全车电气系统供电，同时给蓄电池充电，以补充蓄电池电能。蓄电池是一种可逆直流电源，主要作用是贮存发电机发出的电能，在需要时对外输出电能。

（2）用电设备 汽车上的用电设备多种多样，有些是现代汽车上必不可少的，还有一些是为了提高汽车乘坐舒适性、安全性和娱乐性。下面介绍几种常见的用电设备。

① 启动系统 启动系统是用来启动发动机的，主要由启动机、继电器和启动开关等部分组成。

② 点火系统 点火系统的作用是产生高压电火花，点燃汽油机发动机汽缸内的混合气。点火系统目前有三种类型：传统触点式点火系统、电子点火系统和电脑控制点火系统。随着发动机技术的发展，传统点火系统将逐渐被电子点火系统和电脑控制点火系统所取代。

③ 照明系统 汽车照明系统主要用来提供夜间行车所必备的灯光照明，包括汽车内、外各种照明灯具及其控制装置。现代汽车上常用的照明灯具主要有前照灯、雾灯、尾灯、制动灯、车内阅读灯等。

④ 信号系统 信号系统用来保证车辆运行时的人车安全。包括喇叭、蜂鸣器、闪光器及各种行车信号标识灯。

⑤ 辅助电器设备 随着汽车辅助工业的发展和现代电子技术在汽车上的应用，汽车上的辅助电器设备越来越多，如电动刮水器、电动洗窗器、电动玻璃升降器、电动座位移动机构、汽车空调系统等，还有汽车音响设备、蓝牙通信系统、汽车电视、卫星导航定位系统等服务性装置。辅助电器设备极大提高了汽车的舒适性能与安全性能。

（3）仪表系统 仪表系统的主要作用是帮助驾驶员随时掌握汽车各系统的工作情况，及时发现出现的故障和不安全因素，保证汽车良好的行驶状态。仪表系统主要包括各种电气仪表（如充电指示灯、温度表、燃油表、车速及里程表、发动机转速表等）和汽车仪表盘上的故障警报灯。

（4）电子控制系统 电子控制系统主要指汽车上由微电脑或单片机控制的电子装置，如电控燃油喷射系统、制动防抱死装置、自动变速器电控系统、主动悬架系统等。电子控制系统极大地提高了现代汽车行驶的动力性、经济性、安全性、舒适性和环保性。

（5）配电系统 配电系统主要包括中央接线盒、保险丝盒、继电器和接插件等零部件。

8.2 蓄电池、发电机和启动机拆解与检测

8.2.1 蓄电池检测与拆解

8.2.1.1 蓄电池结构与原理

目前汽车上广泛使用的蓄电池为铅酸蓄电池，其外形结构如图 8-1 所示，主要部件有极板、隔板、外壳、正负极柱和电解液等部分（如图 8-2 所示）。极板是蓄电池的基本部件，分正极板和负极板两种，正、负极板由绝缘隔板隔开。正极板上活性物质为棕红色二氧化铅；负极板上活性物质是青灰色海绵状纯铅。隔板由多孔性材料制成，以便电解液能自由渗透，隔板材料化学性能稳定，具有良好的耐酸性和抗氧化性。蓄电池外壳为一整体式容器，极板、隔板和电解液均装在这个容器内。蓄电池外壳具有良好的耐酸性、耐热性和耐寒性，且具有足够的机械强度，能抵御使用过程中的振动和冲击。铅酸蓄电池的电解液，是由纯硫酸和蒸馏水配制而成，密度一般在 $1.24 \sim 1.31 g/cm^3$。电解液纯度是影响蓄电池电气性能和使用寿命的重要因素，一般工业硫酸和普通水，因其铁、铜等有害杂质含量高，绝对不能在铅酸蓄电池中使用。

(a) 免维护铅酸蓄电池

(b) 少维护铅酸蓄电池

图 8-1 铅酸蓄电池外形

8.2.1.2 蓄电池检测

下面以中小型汽车常用的 12V 铅酸蓄电池为例，阐述蓄电池检测的内容及步骤。

(1) 蓄电池开路电压检测 蓄电池开路电压指在蓄电池外部不连接用电设备，两极柱处于开路时的端电压。在实际操作中一般使用万用表检测蓄电池开路电压。其步骤为：检测前蓄电池充足电，万用表使用直流电压挡位，开路电压正常值应在 12~13V 之间，若电压小于 10V，则表明蓄电池有问题。

注意刚充完电的蓄电池不宜进行电压检测，需要放置一段时间，一般在蓄电池温度降到室温以后，还需等待 1h，方可进行开路电压检测。

(2) 电解液液位检查 铅酸蓄电池电解液液位有严格要求，电解液液面应高出极板10~15mm。在检查电解液液位时，不同的铅酸蓄电池检测方法也不同。

对于少维护铅酸蓄电池，电解液液位检查如图 8-3 所示，用一根两端开口的洁净玻璃管，从加液口垂直伸入蓄电池，管底碰到极板后，用手堵住玻璃管的上端口，把玻璃管拉出蓄电池，观察玻璃管下端液柱的长度，要求在 10~15mm 之间。检查完毕，把抽出的电解液倒入蓄电池内。

有些蓄电池外壳上有液位线，电解液液面应位于上、下两液位线之间。如果电解液液位低于下液位线，则应当补充蒸馏水，否则会缩短蓄电池的寿命；电解液液位高于上液位线，则表明蓄电池电解液过多，电解液可能会溢出。

带有加液口的少维护蓄电池才能进行电解液液位检查。对于免维护蓄电池而言，在正常使用条件下，不必检查电解液液位。

(3) 蓄电池容量检测 蓄电池容量是指蓄电池在规定条件下（包括放电温度、放电电流、放电终止电压）放出的电量。蓄电池容量是标志蓄电池对外放电能力、衡量蓄电池质量的重要标准。目

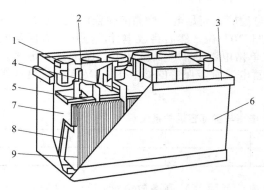

图 8-2 铅酸蓄电池的基本构造

1—排气栓；2—负极柱；3—电池盖；4—穿壁连接；5—汇
流条；6—整体槽；7—负极板；8—隔板；9—正极板

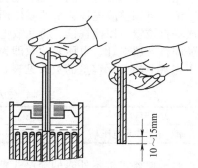

图 8-3 电解液液位检查

前蓄电池容量一般都采用安时（A·h）计量单位。国标 GB 5008.1—1991《启动用铅酸蓄电池技术要求和试验方法》规定以 20h 放电率额定容量作为启动型蓄电池的额定容量。20h 放电率额定容量指完全充电的蓄电池，在电解液平均温度为 25℃ 条件下，以 20h 放电率的放电电流连续放至 12V 蓄电池端电压降到 10.5V 时所输出的电量。检测蓄电池充足电后的实际容量，并与额定容量比较，即可判断蓄电池是否应报废。一般而言，电池容量小于额定容量的 60% 时，即可认为该蓄电池报废。

目前铅酸蓄电池容量测试的方法较多。比较常用的是负载电压法、恒电流放电法和电解液密度检查法。负载电压法在电池界已使用了几十年，其模拟启动机负载，检测蓄电池在大电流放电时的端电压，用于判断蓄电池实际容量。负载电压法常使用的仪器是高率放电计，负载电压法检测蓄电池实际容量方便快捷，但检测精度一般。恒电流放电法一般采用电子式蓄电池测试仪，其可检测放电电压与放电电流，根据放电电压和放电电流可推算出蓄电池的实际容量。恒电流放电法操作时间比较长，检测完成后还要给蓄电池再充电，不利于快速作业。电解液密度检查法主要通过检测蓄电池电解液的密度来判断蓄电池的实际容量，需要使用液体密度计。

① 负载电压法 负载电压法中使用的高率放电计一般有两种：一种是 3V 高率放电计；另外一种是 12V 高率放电计，如图 8-4 所示。

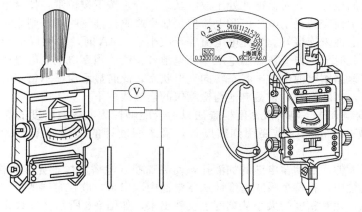

(a) 3V高率放电计　　　　(b) 12V高率放电计

图 8-4 高率放电计

对于连接条外露式蓄电池，可以使用 3V 高率放电计进行检验。3V 高率放电计主要由一块量程为 3V 的电压表和一个定值电阻构成，可以较准确地测量蓄电池的单格电压，判断启动性能，确定放电程度。

在使用高率放电计测定蓄电池实际容量时，蓄电池应先充足电。检测前检查仪表，若指针不在"0"位，可调整放电计盖上的零位调整器，使指针归"0"位。然后将放电计的电压表表面与放电叉成垂直位置，以便视读。将两放电叉叉尖紧压在单格电池的正、负极柱上，保持5s，迅速读数后随即移开放电计。电压表读数即为大负荷放电时蓄电池所能保持的端电压。3V高率放电计指示电压与蓄电池实际容量的关系见表8-1。

表8-1　3V高率放电计指示电压与实际容量关系表

实际容量/%	100	75	50	25	0
高率放电计指示电压/V	1.7～1.8	1.6～1.7	1.5～1.6	1.4～1.5	<1.3～1.4

对于单格极桩不外露的穿壁式塑料槽外壳蓄电池，可用12V高率放电计进行放电检测，其测量方法与3V高率放电计相同。12V高率放电计测试结果判断见表8-2。

表8-2　12V高率放电计测试结果判断

容量/A·h	≤60	>60
测试时间/s	20	20
测量电压/V	<9(故障)	<9.5(故障)
	9～11(较好)	9.5～11.5(较好)
	>11(良好)	>11.5(良好)

② 恒电流放电法　采用恒电流放电法测试蓄电池容量，时间比较长，测试结果比较准确，在蓄电池生产和测试单位常用。下面以WST-1型蓄电池容量检测仪为例，说明蓄电池容量检测仪的使用方法。

WST-1型蓄电池容量检测仪采用单片机控制技术，自动控制蓄电池的充放电全过程，并通过显示窗显示该组电池的电压（V）、电流（A）和容量（A·h）。WST-1型蓄电池容量检测仪可同时对三个12V蓄电池进行容量检测，检测精度高，使用方便。

WST-1型蓄电池容量检测仪的使用步骤为：试验前将蓄电池容量检测仪放置在平稳的工作台上，检测仪周围20cm的范围内不得有任何物件阻挡，保证检测仪散热良好；将连线按面板所示的"＋"、"－"极性固定牢固，正、负极导线颜色不同，红色为正极导线，蓝色或黑色为负极导线；将检测仪的电源接通，将开关按到"ON"位，此时各显示窗有数字显示；将各路蓄电池连到检测仪上，注意蓄电池的极性，此时蓄电池处于放电状态；分别按下复位键，使蓄电池由放电状态转向充电状态，此时显示窗交替显示电压值和电流值。如果蜂鸣器连续鸣叫，则表示蓄电池的极性接反或者是连接线与蓄电池未连接好。当充电电流等于或小于0.4A时，检测仪自动将蓄电池由充电状态转向放电状态，此时显示窗交替显示电压值和电池容量值。当蓄电池放电电压等于或小于10.5V时，检测仪自动将该路蓄电池由放电状态转向充电状态，此时显示窗显示值不变，显示该蓄电池的容量值。检测结束，切断电源，将蓄电池与检测仪的连接线取下。

③ 电解液密度检查法　电解液密度检查法只适合能够检测电解液密度的蓄电池，即蓄电池外壳上必须要有加液孔，检测时需要用到密度计，吸式密度计的结构如图8-5所示。其使用方法如下。

将密度计的吸嘴伸入启动蓄电池的加液孔，使吸嘴浸入电解液中，先捏紧橡皮球，然后放松，电解液就吸入玻璃管中，将整个吸式密度计从蓄电池中取出来，放在容器的上空，观察密度计在电解液中的沉浮情况，相对密度的大小从刻度上反映出来，如图8-6所示。读数完之后，需要把玻璃管中的电解液倒回到蓄电池壳体中。参考表8-3，根据电解液密度，可推算出铅酸蓄电池的真实容量。

表8-3　电解液相对密度与蓄电池实际容量关系表

实际容量/%	100	75	50	25	0
电解液相对密度/(g/cm³)	1.27	1.23	1.19	1.15	1.11

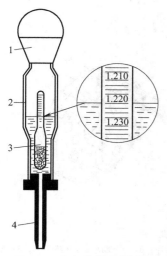

图 8-5 吸式密度计的结构
1—橡皮球；2—吸液玻璃管；3—密度计；4—吸嘴

图 8-6 吸式密度计使用方法

对于带有孔形比重计的免维护蓄电池，则可通过孔形比重计的颜色来大致判断其实际储电量。孔形比重计能跟随电解液密度的变化改变颜色。如果蓄电池的孔形比重计呈绿色，表明蓄电池储电量超过额定容量的 65%。如果孔形比重计呈现黑色，则说明蓄电池存电不足，需要进行充电。当免维护蓄电池的孔形比重计显示为亮白色，表明该蓄电池已损坏，应该报废。如果蓄电池长时间充电后，孔形比重计仍不能呈现绿色，则说明该蓄电池已损坏。

8.2.1.3 蓄电池拆解

废旧蓄电池进入回收流程后，需要拆解蓄电池。目前使用最广泛的铅酸蓄电池拆解及处理流程如图 8-7 所示。拆解后废旧蓄电池可以分解为废酸电解液、铅膏、金属颗粒和塑料颗粒。

8.2.2 交流发电机及电压调节器拆解与检测

交流发电机装在发动机总成上，由汽车发动机通过皮带驱动，是汽车上的主要电源。本节以 JFZ1813Z 型硅整流交流发电机为例讲解交流发电机及电压调节器的结构、拆解步骤与检测方法。

8.2.2.1 交流发电机结构

汽车用交流发电机一般由转子、定子、整流器、电压调节器和端盖等部分组成，其总体结构如图 8-8 所示。

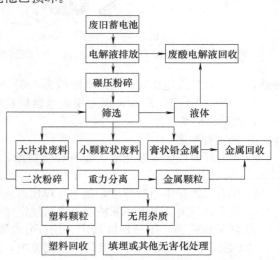

图 8-7 废旧蓄电池拆解处理流程

8.2.2.2 硅整流交流发电机拆解

① 拧下电刷组件的两个固定螺钉，取下电刷组件。

② 拧下后轴承盖的 3 个固定螺钉，取下后轴承防尘盖，再拧下后轴承处的紧固螺母。

③ 拧下前后端盖的连接螺栓，轻敲前后端盖，使前后端盖分离；注意分离前后端盖时，不要硬敲乱撬，要使用专用拉拔工具。

④ 从后端盖上拆下定子绕组端头，使定子总成与后端盖分离。

⑤ 拆下整流器总成。

⑥ 拆下皮带轮固定螺母，从转子上取下皮带轮、半圆键、风扇和前端盖。

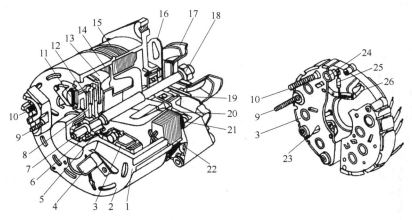

图 8-8　汽车用交流发电机

1—连接螺栓；2—后端盖；3—整流板；4—防干扰电容器；5—集电环；6,19—轴承；7—转子轴；8—电刷；
9—"D+"端子；10—"B+"端子；11—IC调节器；12—电刷架；13—磁极；14—定子绕组；15—定子
铁芯；16—风扇叶轮；17—V带；18—紧固螺栓；20—磁场绕组；21—前端盖；22—定子槽楔子；
23—电容器连接插片；24—输出整流二极管；25—磁场二极管；26—电刷架压紧弹簧

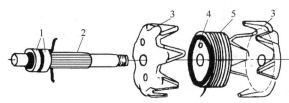

图 8-9　转子结构

1—集电环；2—转子轴；3—极爪；4—磁轭；5—磁场绕组

8.2.2.3　硅整流交流发电机检测

（1）转子检测　转子的功用是产生磁场，转子由转子铁芯、磁场绕组、极爪和集电环等组成，如图 8-9 所示。

① 转子绕组检测

a. 如图 8-10（a）所示，用万用表电阻挡检测两集电环间电阻，应与标准相符。若阻值为"∞"，说明断路；若阻值过小，说明短路，一般 12V 发电机转子绕组电阻约为 3.5～6Ω。

b. 如图 8-10（b）所示，用万用表电阻挡检测集电环与铁芯（或转子轴）之间的电阻，应为"∞"，否则为搭铁。

② 集电环检测

a. 集电环表面应平整光滑，若有轻微烧蚀，用"00"号砂布打磨；烧蚀严重，应在车床上精车加工。

b. 用直尺测量集电环厚度，集电环厚度厚度不小于 1.5mm。

c. 用千分尺测量集电环圆柱度，应与规定相符，集电环圆柱度不超过 0.025mm。

③ 转子轴检测　如图 8-11 所示，用百分表测量转子轴摆差，转子轴径向摆差不超过 0.10mm。

（2）定子检测　定子的功用是产生交流电，其结构如图 8-12 所示，由定子铁芯和定子绕组两

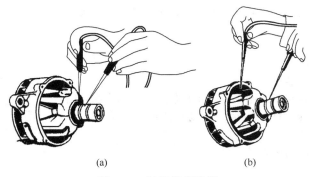

(a)　　　　(b)

图 8-10　转子绕组检测

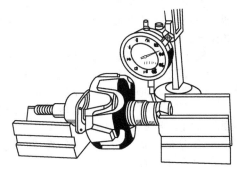

图 8-11　转子轴检测

部分组成。

① 定子绕组断路检测　如图 8-13 所示，用万用表电阻挡检测定子绕组三个接线端，两两相测，阻值应小于 1Ω，若阻值为"∞"，说明断路。

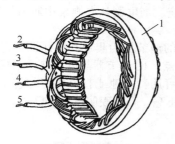

图 8-12　定子结构
1—定子铁芯；2～5—定子绕组引线端

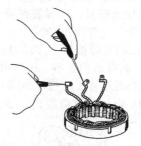

图 8-13　定子绕组断路检测

② 定子绕组搭铁检测　用万用表电阻挡检测定子绕组接线端与定子铁芯间的电阻，应为"∞"，否则说明有搭铁故障。

（3）整流器检测　整流器的功用是将三相绕组产生的交流电变为直流电，其整流二极管的特点是工作电流大、反向电压高。JFZ1813Z 硅整流交流发电机上的整流器设有 11 只二极管，其中包括 3 只正二极管、3 只负二极管、3 只磁场二极管和 2 只中性点二极管。整流器上的各元器件的安装位置如图 8-14 所示。

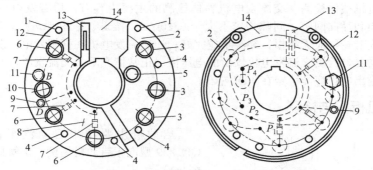

图 8-14　JFZ1813 型发电机整流器元件安装位置
1—IC 调节器安装孔（2 个）；2—负整流板；3—负二极管；4—整流器总成安装孔（4 个）；
5—中性点二极管（负二极管）；6—正二极管；7—磁场二极管；8—防干扰电容器连接；
9—"D+"端子；10—中性点二极管（负二极管）；11—"B+"端子；
12—正整流板；13—电刷架压紧弹簧；14—硬树脂绝缘板

① 二极管检测　将万用表的两测试棒接于二极管的两极测其电阻，再反接测一次，若电阻值一大（10kΩ）一小（8～10Ω），差异很大，说明二极管良好。若两次测量阻值均为"∞"，则为断路；若两次测得阻值均为 0，则为短路。

② 整体式整流器检测　整体式整流器检测可以分为两个部分。

a. 检测负极管，将万用表置于电阻挡（R×1 挡），正极表笔接搭铁端（图 8-14 中负整流板即为搭铁部位），与电源负极相连的表笔分别接 P_1、P_2、P_3、P_4 点，万用表均应导通，若不通，说明该负极管断路。调换两表笔的检测位置，应不导通，若导通，说明该负极管短路。

b. 检测正极管，将万用表置于电阻挡（R×1 挡），负极表笔接整流器端子"B"；另一只表笔分别接 P_1、P_2、P_3、P_4 点进行检测，万用表均应导通，若不通，说明该正极管断路；再调换两表笔检测部位进行检测，万用表应显示不导通，若导通，说明该正极管短路。

（4）电刷组件检测

① 外观检查　三相交流发电机的电刷如图 8-15 所示。检查电刷表面应无油污，无破损、变形，

且应在电刷架中活动自如。

② 电刷长度检查　用游标卡尺或钢尺测量电刷露出电刷架的长度，应与规定相符。电刷磨损不得超过原高度的 1/2；新的电刷的长度为 12mm；磨损极限为 5mm；公差范围±1mm。

③ 弹簧压力测量　用弹簧秤检测电刷弹簧压力应符合规定。当电刷从电刷架中露出长度 2mm 时，电刷弹簧力一般为 2～3N。

(5) 电压调节器检测　JFZ1813Z 硅整流交流发电机配用的调节器为集成式电压调节器（称为 IC 调节器），具有结构紧凑、工作可靠、体积小、质量轻等优点。IC 调节器与电刷组件制成一个整体结构，并采用外装式结构，如图 8-16 所示。调节器的好坏可用蓄电池或直流电源与直流试灯来检查。接 12V 电压时试灯应亮；接 16～18V 电压时，试灯应不亮。否则表明调节器已坏。

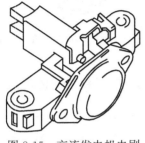

图 8-15　交流发电机电刷

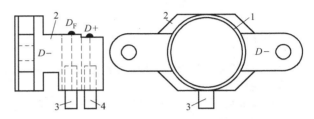

图 8-16　IC 调节器与电刷组件
1—IC 调节器；2—电刷架；3—负电刷；4—正电刷

(6) 交流发电机整体检测　交流发电机整体检测的主要内容有：检查发电机各接线柱绝缘情况；检查轴承轴向和径向间隙，间隙均应不大于 0.20mm；滚珠、滚道无斑点，轴承无转动异响；检查前后端盖、皮带轮等应无裂损，绝缘垫应完好；让交流发电机在模拟发电工况下运转，观察交流发电机的运行情况，检测交流发电机输出的电压值。正常情况下，交流发电机在不同转速下运转应平稳无异响，输出电压应能稳定在 14V 左右。

8.2.3　启动机拆解与检测

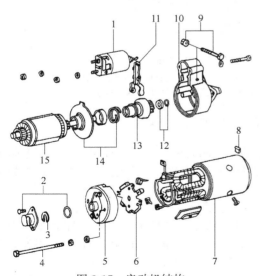

图 8-17　启动机结构
1—电磁开关；2—轴承盖和 O 形密封圈；3—锁片；4—螺栓；5—电刷端盖；6—电刷架；7—电动机壳体；8—橡胶密封圈；9—移动叉支点螺栓和螺母；10—驱动端盖；11—移动叉；12—止推垫圈与卡环；13—单向离合器；14—中间轴承；15—电枢

启动机主要用来启动汽车发动机，以下以 QD1229 型汽车启动机为例，讲解启动机的结构、拆解与检测。

8.2.3.1　启动机结构

QD1229 型启动机为串励直流式，主要由直流电动机、传动机构和控制装置三部分组成，其结构与分解如图 8-17 和图 8-18 所示。

(1) 直流电动机　直流电动机主要由定子总成、电枢（转子总成）、整流子和前后端盖等组成。

① 定子总成　定子总成由励磁绕组、磁极（定子铁芯）和启动机壳体组成。定子铁芯和励磁绕组通过螺钉固定在圆筒形的启动机壳体上，四个励磁绕组两两串联后再并联连接，如图 8-19 所示。

② 转子总成　转子总成结构主要由电枢轴、电枢绕组、铁芯和整流子等组成，如图 8-20 所示。整流子结构如图 8-21 所示。

③ 电刷组件　电刷组件由电刷、电刷架和电刷弹簧等组成。电刷架固定在电刷端盖上，电刷安装在电刷架内。直接固定在负电刷架中的电刷称为负电刷；用绝缘板将电刷架绝缘固定在电刷架盖上的

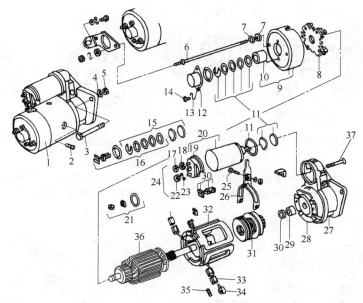

图 8-18　启动机分解图

1—启动机总成；2—励磁绕组固定螺栓；3—启动机固定螺栓；4,13,23—弹性垫圈；5,17,22—螺母；6—端盖
连接螺栓；7—垫圈；8—电刷架；9—电刷端盖；10—衬套；11—垫片组件；12—衬套座；14—螺钉；
15—垫片组件；16—活动接柱的垫片组件；18—弹簧垫圈；19—电磁开关端盖；20—电磁开关总成；
21—垫块及密封圈；24—电磁开关活动接柱组件；25—拨叉销；26—拨叉；27—驱动端端盖；
28—中间支承盘；29—电枢轴驱动齿轮衬套；30—止推垫圈；31—驱动齿轮与单向离合器；
32—励磁绕组；33—电刷；34—电刷弹簧；35—弹簧；36—电枢；37—螺栓

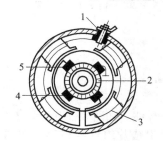

图 8-19　定子总成

1—接线柱；2—整流子；3—磁极与
励磁绕组；4—负电刷；5—正电刷

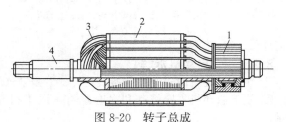

图 8-20　转子总成

1—整流子；2—铁芯；3—电枢绕组；4—电枢轴

电刷架称为正电刷架，安装在正电刷架内的电刷称为正电刷。电刷弹簧压在电刷上，其作用是保证电刷与整流子接触良好。

　　（2）传动机构　传动机构主要由单向离合器和驱动齿轮组成。启动机上普遍使用的单向离合器为滚柱式单向离合器，其结构如图 8-22（a）所示。发动机启动时，动力首先由启动机传递给曲轴飞轮，带动发动机运转，单向离合器结合，此时单向离合器状态如图 8-22（b）所示。当发动机启动后，转速迅速超过启动机，此时单向离合器的状态如图 8-22（c）所示，单向离合器分离。

　　（3）控制装置　启动机的控制装置的作用是控制电动机电路的通断及驱动齿轮与飞轮齿圈的啮合与分离。桑塔纳轿车采用的是电磁式控制开关，控制机构的结构原理如图 8-23 所示。QD1225 型和 QD1229 型启动机电磁开关盖板上各接线端子的位置如图 8-24 所示，端子"50"和端子"15a"均为插片式端子，端子"15a"为备用端子，未插

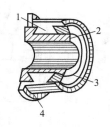

图 8-21　整流子结构

1—整流片；2—轴套；
3—压环；4—焊接凸缘

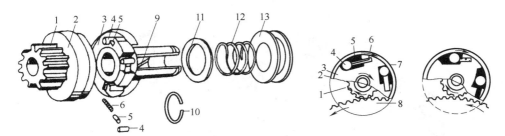

(a) 单向离合器构造　　　　(b)启动齿轮与飞轮齿圈接合 (c)启动齿轮与飞轮齿圈脱离

图 8-22　启动机传动机构

1—启动齿轮；2—外座圈；3—十字头（内座圈）4—滚柱；5—柱塞；6,12—弹簧；7—楔形槽；8—飞轮齿圈；
9—内有螺旋槽的花健套筒；10—卡簧；11—挡圈；13—滑套（拨叉用）

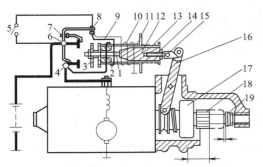

图 8-23　启动机控制装置

1—推杆；2—固定铁芯；3—开关触点；4—启动机 "C" 端子；
5—点火启动端子；6—"30" 端子；7—"15a" 端子；8—"50"
端子；9—吸拉线圈；10—保持线圈；11—铜套；12—活动
铁芯；13—回位弹簧；14—调节螺钉；15—挂钩；16—移
动叉；17—单向离合器；18—驱动齿轮；19—止推垫圈

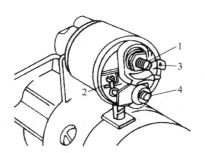

图 8-24　电磁开关端子位置

1—"30" 端子；2—"15a" 端子；
3—"50" 端子；4—"C" 端子

任何导线。

8.2.3.2　启动机拆解

① 用扳手旋下电磁开关的接线柱 "30" 及 "50" 的螺母，取下导线，如图 8-25 所示。

② 旋下启动机贯穿螺钉和衬套螺钉，取下衬套座和端盖，取出垫片组件和衬套，如图 8-26 所示。

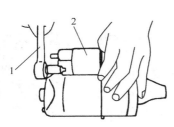

图 8-25　启动机导线的拆卸

1—扳手；2—电磁开关

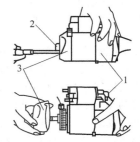

图 8-26　启动机衬套座及端盖的拆卸

1—启动机；2—衬套座；3—端盖

③ 用尖嘴钳将电刷弹簧抬起，拆下电刷架及电刷，如图 8-27 所示。

④ 取下励磁绕组后，用扳手旋下螺栓，从驱动端端盖上取下电磁开关总成，如图 8-28 所示。

⑤ 在取出转子后，从端盖上取下传动叉，然后取出驱动齿轮与单向离合器，再取出驱动齿轮端衬套，如图 8-29 所示。

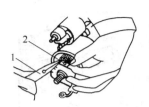

图 8-27 启动机电刷的拆卸
1—尖嘴钳；2—电刷弹簧

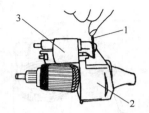

图 8-28 启动机电磁开关的拆卸
1—扳手；2—驱动端盖；3—电磁开关

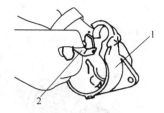

图 8-29 启动机传动叉的拆卸
1—端盖；2—传动叉

8.2.3.3 启动机零件检测

（1）电枢轴检测　用千分表检查启动机电枢轴是否弯曲，如图 8-30 所示。若偏差超过 0.1mm，应进行校正。电枢轴上的花键齿槽严重磨损或损坏，应予以报废。电枢轴轴颈与衬套的配合间隙，不得超过 0.15mm。

（2）整流子检测

① 检查整流子有无脏污和表面烧蚀。

② 检查整流子的径向圆跳动量，如图 8-31 所示。将整流子放在 V 形铁上，用百分表测量圆周上径向跳动量，最大允许径向圆跳动量为 0.05mm。若径向圆跳动量大于规定值，可在车床上校正。

③ 用游标卡尺测量整流子的直径，如图 8-32 所示。其标准值为 30.0mm，最小直径为 29.0mm。

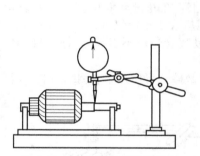

图 8-30 电枢轴弯曲度的检查

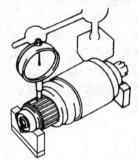

图 8-31 检查整流子径向圆跳动量

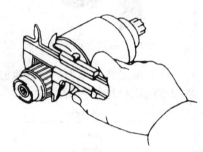

图 8-32 检查整流子直径

检查底部凹槽深度。应清洁无异物，边缘光滑。测量如图 8-33 所示。标准凹槽深度为 0.6mm，最小凹槽深度为 0.2mm。若凹槽深度小于最小值，可用手锯条修正。

（3）电枢绕组检测　检查整流子是否断路，如图8-34所示。用万用表欧姆挡检查整流子片之间的导通性，应导通。否则该电枢应予以报废。

图 8-33 检查整流子底部凹槽深度

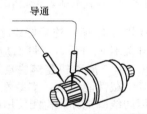

图 8-34 检查整流子是否断路

检查整流子是否搭铁，如图 8-35 所示。用万用表欧姆挡检查整流子与电枢绕组铁芯之间的导通性，应不导通。若导通，则该电枢应予以报废。

（4）励磁绕组检测　检查励磁绕组是否断路，如图 8-36 所示。用万用表欧姆挡检查引线和磁场绕组电刷引线之间的导通性，正常情况下应导通。

检查磁场绕组是否搭铁，如图 8-37 所示。用万用表欧姆挡检查磁场绕组末端与磁极框架之间的导通性，正常情况下应不导通。

图 8-35　检查整流子是否搭铁

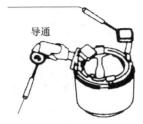

图 8-36　检查励磁绕组是否断路

图 8-37　检查磁场绕组是否搭铁

（5）电刷弹簧检测　检测电刷弹簧，如图 8-38 所示，读取电刷弹簧从电刷分离瞬间的拉力计读数。标准弹簧安装载荷为 17～23N，最小安装载荷为 12N。若安装载荷小于规定值，则电刷弹簧应报废。

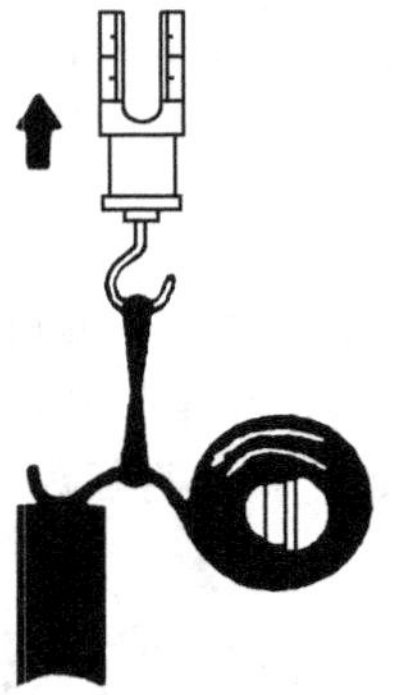

（6）电刷架检测　如图 8-39 所示，用万用表欧姆挡检查电刷架正极与负极之间的导通性，应不导通。

（7）单向离合器和驱动齿轮检测　检查单向离合器和驱动齿轮是否严重损伤或磨损。如有损坏，则应报废单向离合器与驱动齿轮。

图 8-38　检查电刷弹簧载荷

检查启动机单向离合器是否打滑或卡滞，如图 8-40 所示。将离合器驱动齿轮夹在台虎钳上，在花键套筒中套入花键轴，将扳手接在花键轴上，测得力矩应大于规定值（24～26N·m），否则说明离合器打滑。反向转动离合器应不卡滞，否则单向离合器总成应予以报废。

（8）电磁开关检测　检查电磁开关内部线圈断路、短路或搭铁故障，可用万用表测线圈电阻后与标准值比较进行判断。

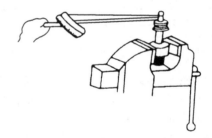

图 8-39　检查电刷架绝缘情况

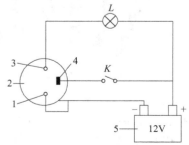

图 8-40　检查启动机离合器工作是否正常

按照图 8-41 所示连接好线路，接通开关 K 后应能听到活动铁芯动作的声音，同时试灯 L 应被点亮；开关 K 断开后，试灯 L 应立即熄灭。

8.2.3.4　启动机整体性能检测

（1）空载性能试验　空载性能试验每项试验应在 3～5s 内完成，以防线圈烧坏。检测使用的蓄电池必须充满电。

如图 8-42 所示，用导线将启动机与蓄电池和电流表（量程为 0～100A 的直流电流表）连接。蓄电池正极与电流表正极连接，电流表负极与启动机"30"端子连接，蓄电池负极与启动机外壳连接。

如图 8-43 所示，用带夹电缆将"30"端子与"50"端子连接起来，此时驱动齿轮应向外伸出，启动机应平稳运转。当蓄电池电压大于或等于 11.5V 时，消耗电流应不超过 50A，用转速表测量电枢轴的转速应不低于 5000r/min。

图 8-41　电磁开关的检查电路
1—磁场线圈接线柱；2—启动机开关；
3—蓄电池接线柱；4—点火开关
接线柱；5—蓄电池

如电流大于50A或转速低于5000r/min，说明启动机装配过紧或电枢绕组和磁场绕组有短路或搭铁故障。如电流和转速都低于标准值，说明电路接触不良，如电刷与换向器接触不良或电刷弹簧弹力不足等。

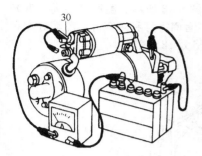

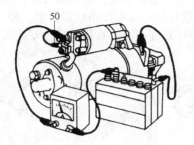

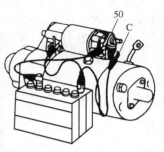

图 8-42 启动机的空载试验   图 8-43 接通"50"端子进行试验   图 8-44 吸拉动作试验线路

（2）电磁开关试验

① 吸拉动作试验 将启动机固定到台虎钳上，拆下启动机端子"C"上的磁场绕组电缆引线端子，用带夹电缆将启动机"C"端子和电磁开关壳体与蓄电池负极连接，如图8-44所示。用带夹电缆将启动机"50"端子与蓄电池正极连接，此时驱动齿轮应向外移动。如驱动齿轮不动，说明电磁开关有故障。

② 保持动作试验 在吸拉动作基础上，当驱动齿轮保持在伸出位置时，拆下电磁开关"C"端子上的电缆夹，如图8-45所示，此时驱动齿轮应保持在伸出位置不动。如驱动齿轮回位，说明保持线圈断路。

③ 回位动作试验 在保持动作的基础上，再拆下启动机壳体上的电缆夹，如图8-46所示，此时驱动齿轮应迅速回位。如驱动齿轮不能回位，说明回位弹簧失效。

（3）全制动试验 如图8-47所示，将启动机放在测矩台上，用弹簧秤5测出其发出的力矩，当制动电流小于480A时，输出最大力矩不小于13N·m。

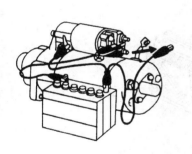

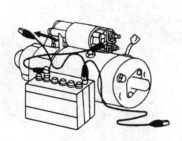

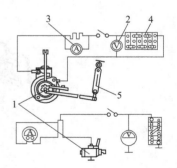

图 8-45 保持动作试验方法   图 8-46 回位动作试验方法   图 8-47 启动机的全制动试验
1—启动机；2—电压表；3—电流表；
4—蓄电池；5—弹簧秤

8.3 汽车照明、信号系统拆解与检测

汽车照明、信号系统及报警装置是汽车上不可缺少的部分，它们有效地提高了汽车的行驶安全性。本节以桑塔纳轿车为例，讲解汽车照明及信号系统的拆解与检测。

汽车照明系统分为外部照明和内部照明系统。外部照明系统主要有前照灯、雾灯、倒车灯、牌照灯等。内部照明系统主要有阅读灯、顶灯等。汽车信号系统主要有喇叭、制动灯和转向灯等。

8.3.1 汽车照明与信号系统结构

汽车照明系统的结构基本相同，都是由电源、保险丝、开关和灯等部分组成。

(1) 前照灯和雾灯 桑塔纳 2000 型轿车前照灯和雾灯结构如图 8-48 所示。前照灯为远、近光双丝灯泡，双丝灯泡既可使用卤素灯泡，也可使用白炽灯泡。雾灯有前雾灯和后雾灯，前雾灯左右各一个，规格为 12V/55W，后雾灯只有一个，安装在左后方，规格为 12V/21W。

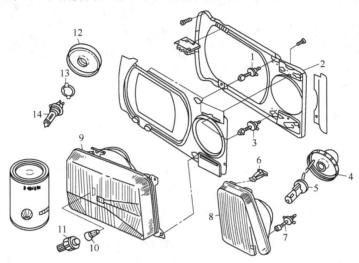

图 8-48 前照灯与雾灯结构

1—光束水平方向调整螺钉；2—灯架；3—光束垂直方向调整螺钉；4—雾灯座；5—雾灯灯泡；
6—连接器；7—雾灯调整螺钉；8—雾灯罩；9—前照灯灯座；10—示宽灯灯泡；11—示宽
灯灯座；12—护盖；13—夹紧弹簧；14—前照灯灯泡

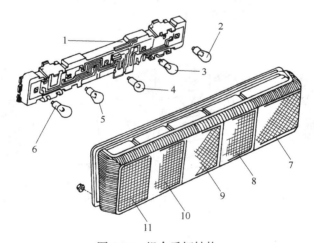

图 8-49 组合后灯结构

1—灯泡座架；2—倒车灯；3—后雾灯；4—尾灯；5—制动灯；
6—转向灯；7—倒车灯灯罩；8—后雾灯灯罩；9—尾灯灯罩；
10—制动灯灯罩；11—转向灯灯罩

(2) 组合后灯 桑塔纳轿车尾灯与转向灯、制动灯等组装在一起，统称为组合后灯，其结构如图 8-49 所示。尾灯规格为 12V/5W，倒车灯和制动灯分左右两只，其规格为 12V/21W。

(3) 转向信号灯与报警灯 桑塔纳轿车转向信号灯与报警灯系统由转向信号灯、闪光继电器、转向组合手柄开关、报警灯开关等组成。系统的电路图，如图 8-50 所示。

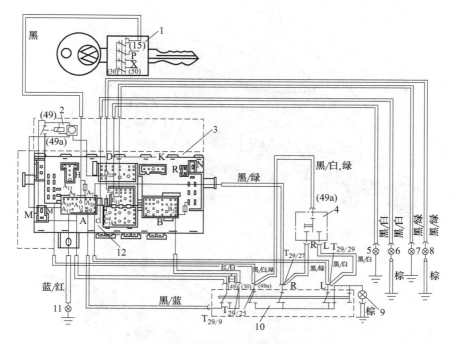

图 8-50 转向信号与报警信号系统电路

1—点火开关；2—转向、报警灯继电器；3—中央线路板；4—转向灯开关；5—前左转向灯；
6—后左转向灯；7—前右转向灯；8—后右转向灯；9—报警闪光装置指示灯；10—报警
灯开关；11—仪表板处转向指示灯；12—中央线路板

8.3.2 汽车照明与信号系统零部件拆解

（1）组合开关拆解 组合开关安装在转向管柱上，包括点火开关 D、前风窗刮水及清洗开关、转向灯开关及变光开关等。组合开关拆解如图 8-51 所示；转向管柱拆解如图 8-52 所示。

（2）前照灯、转向灯拆解 前照灯、转向灯的拆解如图 8-53 所示，前照灯安装后应进行调节，在拆卸前照灯时应防止灰尘进入。拆卸转向灯时不需要拆卸前照灯，只要卸下转向灯即可。前照灯分解如图 8-54 所示。

（3）雾灯拆解 雾灯的拆解如图 8-55 所示。

（4）尾灯和牌照灯拆解 尾灯和牌照灯的拆解如图 8-56 所示。

（5）行李箱灯拆解 行李箱灯的拆解如图 8-57 所示。

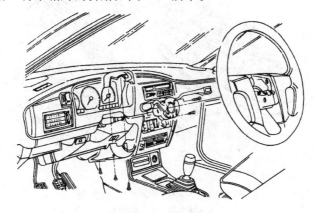

图 8-51 组合开关拆解

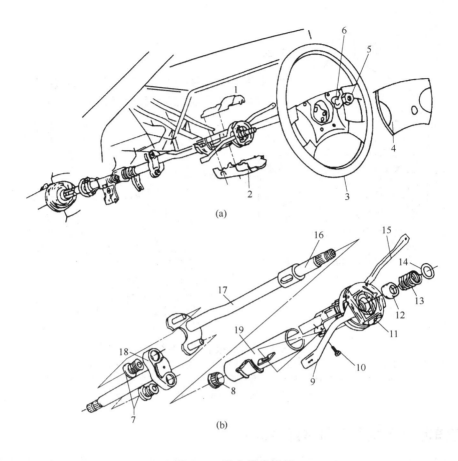

图 8-52　转向管柱拆解

1—上装饰罩；2—下装饰罩；3—转向盘；4—盖板；5—六角螺母 M16；6—弹簧垫片；
7—衬套；8—支承环 9—转向灯开关；10—圆头螺栓；11—喇叭簧片；12—接触环；
13—压紧弹簧；14—垫片；15—刮水下清洗开关；16—转向管柱上端；
17—转向管柱中部；18—转向管柱下端；19—套管

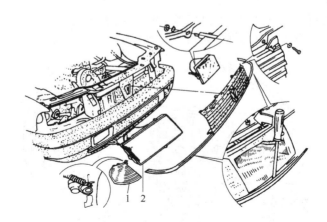

图 8-53　前照灯、转向灯的拆解

1—转向灯；2—前照灯

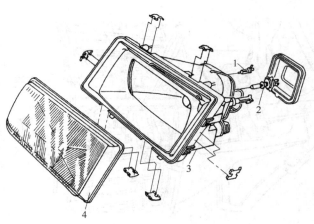

图 8-54 前照灯分解

1—小灯灯泡；2—前照灯灯泡；
3—前照灯壳体；4—前照灯罩

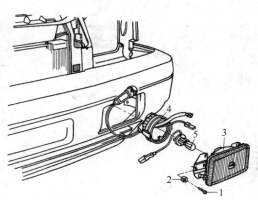

图 8-55 雾灯的拆解

1—固定螺钉；2—固定螺母；3—雾灯灯罩；
4—灯座；5—雾灯灯泡

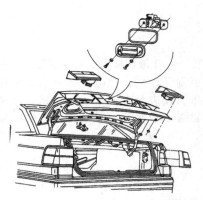

图 8-56 尾灯和牌照灯的拆解

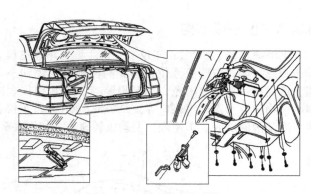

图 8-57 行李箱灯的拆解

（6）车内照明灯拆解 车内照明灯的拆解如图 8-58 所示；照明灯开关的拆解如图 8-59 所示。拆卸时，要用力压住。

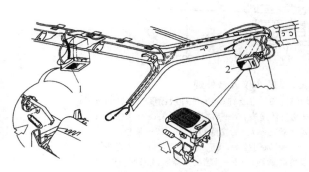

图 8-58 车内照明灯的拆解

1—内照明灯；2—右左侧顶灯

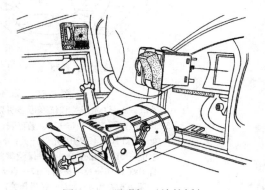

图 8-59 照明灯开关的拆解

（7）制动灯开关拆解 制动灯开关的拆解，如图 8-60 所示。

（8）雾灯开关拆解 雾灯开关的拆解，如图 8-61 所示。

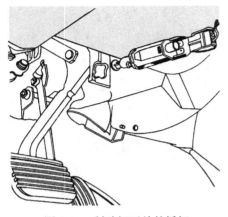

图 8-60 制动灯开关的拆解

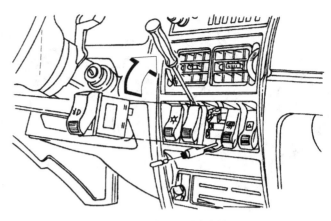

图 8-61 雾灯开关的拆解

8.4 汽车仪表及辅助电器拆解

8.4.1 仪表板结构

上海桑塔纳 2000 型轿车仪表板上主要有车速里程表、转速表、冷却液温度表、燃油表、时钟、动态油压报警、防冻液液位报警、高温报警、燃油不足报警、手制动作用、充电、后风挡加热除霜、远光指示、紧急闪光、ABS 报警等二十几种仪表或显示装置。仪表台上还布置收放机、点烟器、杂物箱以及空调出风口等。桑塔纳 2000 型轿车仪表台外观如图 8-62 所示。仪表板内有燃油量表、冷却液温度表、车速表、发动机转速表,如图 8-63 所示。

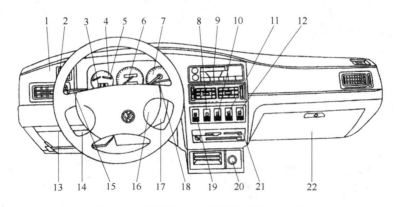

图 8-62 桑塔纳 2000 型轿车仪表台外观

1—出风口;2—灯光开关和仪表板照明亮度调节器;3—电子钟;4—冷却液温度表和燃油量表;
5—信号灯/警告灯;6—车速里程表;7—发动机转速表;8—后窗除霜开关;9—收放机;
10—雾灯开关/紧急闪光灯开关;11—防盗系统指示灯/后窗除霜开关;12—紧急闪光
灯开关/ABS 指示灯;13—保险丝盖板;14—阻风门拉手;15—转向信号灯及变光拨
杆开关;16—喇叭按钮;17—点火开关及方向盘锁;18—风挡刮水器及洗涤剂喷射
装置拨杆开关;19—空调开关;20—点烟器;21—空调控制面板;22—杂物箱

(1) 燃油量表 上海桑塔纳 2000 型轿车的燃油表为电热式,它用来指示燃油箱内燃油平面高低,即存油量。其工作原理如图 8-64 所示。

燃油表由带稳压器(与冷却液共用)的油面指示表和油面高度传感器(变阻器)组成。电流自蓄电池经稳压器的双金属片 6、燃油表电阻丝 8、油面高度传感器的可变电阻 2 和液面传感器滑动

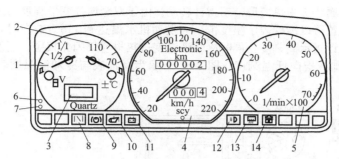

图 8-63 桑塔纳 2000 型轿车仪表盘

1—燃油表；2—冷却液温度表；3—电子液晶钟；4—电子车速里程表；5—电子发动机转速表；
6—电子钟分钟调节钮；7—电子钟时钟调节钮；8—阻风门拉起指示灯；9—手制动拉起和
制动液面警告灯；10—机油压力警告灯；11—充电指示灯；12—远光指示灯；
13—后窗除霜加热指示灯；14—冷却液液面警告灯

接触片 1，最后回到蓄电池。

当低油量时浮子 3 处于较低位置，液面传感器滑动接触片触头 1 位于可变电阻 2 的右端，此时电阻最大而电流量最小，表头里的电阻丝 8 散热量少，使表头里的双金属片 4 产生变形较小，指针则处于接近"零"位。当加油后，油面高度增加时，浮子上升，触头 1 逐步向左移动，回路电阻减小，电流增大，双金属片 4 热变形增大，指针 5 随之右移。当油箱加满时，指针移到最大刻度"1"上。

当燃油表显示满载时，变阻器阻值为 50Ω，当燃油表显示空载时，变阻器阻值为 560Ω。当燃油量低于 10L 时红色警告灯点亮。

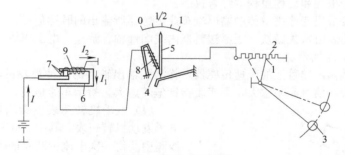

图 8-64 电热式燃油表

1—液面传感器滑动触片；2—可变电阻；3—浮子；4—表头双金属片；
5—燃油表指针；6—双金属片；7—触点；8—燃油表电阻丝；9—加热线圈

燃油箱内的油面高度传感器上有一根棕色导线接地。变阻器信号由一根紫/黑色导线，经由中央线路板连接到仪表板内的印刷线路板上，然后再连接到燃油表上。燃油表电源由稳压器供给。

（2）冷却液温度表及冷却液位、温度指示灯　冷却液温度表可显示发动机冷却液的工作温度。桑塔纳 2000 型轿车采用电热式冷却液表，其结构如图 8-65 所示。发动机冷却液温度的监控报警由冷却液温度传感器、冷却液温度表、液位指示灯以及冷却液不足指示器控制器等组成。

冷却液温度传感器采用负温度系数的热敏电阻，安装在发动机水套上，当其受热后，电阻值下降，电路的总电阻值也因此而下降。这时通过冷却液温度表内电阻丝 5 的电流平

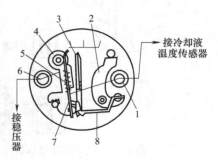

图 8-65 冷却液温度表

1—接线栓；2—右调节板；3—指针；
4—左调节板；5—电阻丝；6—接线栓；
7—双金属片；8—弹簧片

均值相应增加，双金属片 7 受热变形带动指针转动。由于双金属片变形程度与温度呈单值线性函数关系，因此指针的位置可以准确表示温度值。当发动机水温达到 115℃ 左右时，其阻值为 62Ω，此时冷却液温度表头指针指示满刻度，同时冷却液温度过热报警灯闪光报警。当发动机冷机时，电阻值在 500Ω 左右，冷却液指向低温刻度。图 8-66 所示为燃油表与冷却液温度表接线图，供检测时参考。

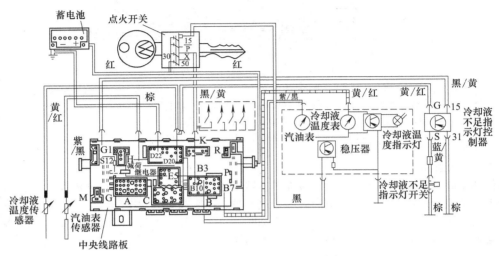

图 8-66　燃油表与冷却液温度表接线图

（3）车速里程表　桑塔纳 2000 型轿车采用电子车速里程表，是用来指示车辆瞬时行驶速度，并记录车辆行驶累计里程和短程里程的综合仪表。

电子车速里程表采集变速箱主传动输出端车速传感器所输出的脉冲信号，通过导线输入车速里程表。电子车速里程表由永久磁铁、矩形塑料框内线圈针轴、游丝、电子模块、步进电动机和机械计算器组成，如图 8-67 所示。

安装在主传动器输出端盖上的车速传感器，检测到输出轴上的脉冲齿轮的转速信号脉冲变化，并输送到车速表表头，信号频率愈大，车速表指针偏转愈大，指示车速愈高。

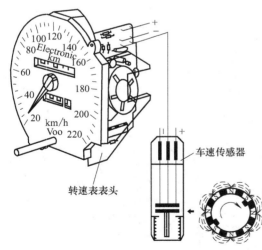

图 8-67　电子车速里程表

（4）发动机转速表　桑塔纳 2000 型轿车采用电子发动机转速表。其中 2000GLi 型轿车是从点火线圈中获得一次电流中断时产生的脉冲信号，在点火线圈中转换成电压脉冲，经集成电路计算后，在表头上偏转指针以显示出发动机转速的。桑塔纳 2000GSi 型轿车则是由安装在飞轮侧的发动机转速传感器，直接把转速脉冲信号输入表头转换成发动机转速信号的。

当发动机转速超过 6000r/min 时，指针进入表头的红色警戒区，这时应放松油门，以免损伤发动机机件。对于采用电控燃油喷射系统的发动机，ECU 能立即切断喷油器供油而阻止发动机转速的上升，直到恢复正常转速又会继续供油。

（5）发动机机油压力指示系统　桑塔纳 2000 型轿车的机油压力指示系统，由低压油压开关、高压油压开关、油压检查控制器、机油压力指示灯等组成。当发动机工作时，用来检测发动机主油道中机油压力的大小。

低压开关安装在发动机缸盖上，其外壳直接接地。低压油压开关为常闭型开关，当油压低于

0.03MPa 时常闭（发动机未发动）。当油压高于 0.03MPa 时，开关打开。

低油压开关上的黄色导线进入中央线路板后导入组合仪表盘，接通到油压控制器，送入低油压信号。

高压开关安装在机油滤清器支架上，其外壳直接接地。高压油压开关为常开型开关，当油压低于 0.18MPa 时，开关常开，当油压高于 0.18MPa 时开关闭合。

高压开关上的蓝/黑色导线进入中央线路板后导入组合仪表盘，接通到油压控制器，送入高油压信号。

油压检查控制器安装在车速里程表的框架上。红色机油压力指示灯位于仪表板上。如图 8-68 所示为机油压力系统的接线图，供检测时参考。

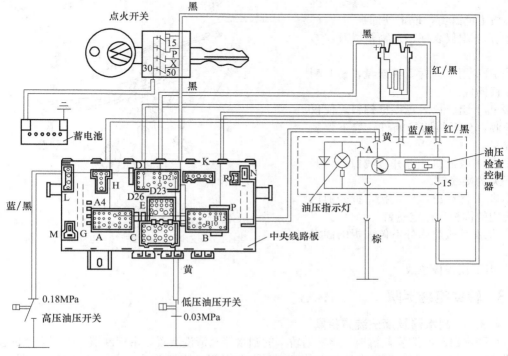

图 8-68 机油压力指示系统电路

（6）其他指示灯 组合仪表盘上的其他指示灯介绍如下。

① 手制动拉起和制动液面警告灯 该指示灯在点火开关置于"ON"，手制动拉起时点亮，起步时应完全释放手制动，此灯应熄灭后行驶，以免使后制动器处于常摩擦状态，既影响动力又损伤零件。若该灯在手制动释放情况下，仍常亮，则表明制动系统存在故障。

② 机油压力警告灯 当点火开关接通后，该指示灯即点亮，发动机启动后，该灯应熄灭。如车辆在行驶时该灯仍然发亮或闪烁，应检查发动机润滑系统是否有故障，及时停车检查排除后再使用。

③ 充电指示灯 当点火开关接通时，充电指示灯点亮，发动机启动后，该灯应熄灭，表示充电系统工作。如车辆在启动后，此灯常亮，则表示充电系统有故障。

④ 远光指示灯 蓝色远光指示灯，在小灯、前照灯开关开启时点亮，表示远光灯已开启，拨动方向盘左侧的变光拨杆，可以关闭和开启远光灯。日常使用中把变光拨杆向方向盘侧抬起，此指示灯点亮，以示远光灯瞬间点亮，用于提示前方车辆避让或需超越。

⑤ 后窗除霜加热指示灯 后窗除霜加热指示灯在后窗加热开关开启时点亮，表示后窗加热器通电工作，从车内后视镜中观察到后窗除霜已达到效果时，应及时关闭后窗加热器，以免耗电和使后窗加热器过热，同时该灯应熄灭。此灯在关闭后窗加热器时常亮，或开启后窗加热器时不亮，均

表明除霜加热系统有故障。

⑥ 冷却液液面警告灯 冷却液液面警告灯在冷却液溢水箱中的冷却液面低于最低标线时点亮，指示冷却液液面不足，应及时添加冷却液。

8.4.2 仪表板拆解

仪表板的拆解步骤如下。

① 用"一"字螺丝刀撬下仪表板的装饰条，用"十"或"一"字螺丝刀拆下外饰板上的螺钉，取下外饰板。

② 拆下副仪表板、杂物箱以及左右衬里。

③ 用专用工具拆下转向盘，断开喇叭线路接插件。

④ 拆下组合仪表盘座框螺钉，使仪表盘外倾，分开线路接插件，取下仪表盘总成。

⑤ 拆下收放机，分开接线口，拆开各种开关的接线口。

⑥ 拆开侧面出风口连接，拆开通风调节机构的饰板和固定螺钉。

⑦ 从发动机舱内拧下仪表板的固定螺母。

⑧ 拆下仪表板总成。

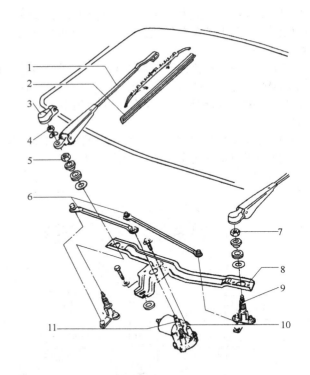

图 8-69 刮水器结构
1—雨刷臂；2—雨刷橡胶片；3—防护罩；4,5,7—螺母；
6—摆杆；8—支座；9—轴颈；10—电动机；11—曲柄

8.4.3 辅助电器拆解

8.4.3.1 刮水器及清洗装置拆解

（1）刮水器及清洗装置结构 桑塔纳轿车的刮水器及清洗装置，由熔断器、带间歇挡的前风窗刮水器开关、前风窗刮水器继电器、电动机、刮水器支座、连杆总成、定位杆以及刮水器橡皮条、喷水泵、贮液罐、喷嘴等组成，如图 8-69 和图 8-70 所示。

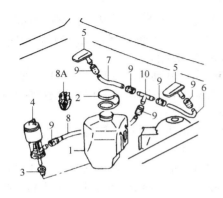

图 8-70 清洗装置结构
1—贮液罐；2—加液口盖；3—密封垫；
4—喷水泵；5—喷嘴；6~8—塑料管；
8A—软管夹子；9—橡胶管；10—三通接头

刮水器和清洗装置的电路，如图 8-71 所示，当接通点火开关，拨动刮水器开关的各个挡位时，受点火开关控制的电源经熔断器，可直接接通刮水器电动机（快挡），也可经过继电器再操纵电动机（慢挡、间隙挡和喷水挡）。

当刮水器开关拨至最高挡时，刮水器处于快速刮水状态。当刮水器开关拨至"2"挡时，刮水器处于慢速刮水状态。当刮水器拨至"3"挡时，刮水器处于停止工作状态。当刮水器开关拨至"4"挡时，刮水器处于间隙刮水状态。刮水器约每 6s 工作一次。当刮水器开关朝方向盘拨时，前洗装置开始工作，喷水泵喷水，刮水器来回刮 3~4 次即停止。

（2）刮水器与清洗装置拆解

① 刮水器橡胶条拆解 用鲤鱼钳把刮水橡胶条被封住的一侧的两块钢片钳在一起，从上面的夹子里取

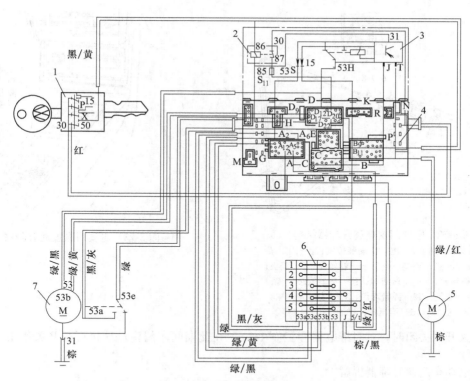

图 8-71　刮水器清洗装置电路

出，并把橡胶条连同钢片从刮水片其余的几个夹子里拉出。

　　② 刮水器电机及其相应杆件拆解

　　a. 打开防护罩，拆下雨刷臂。

　　b. 旋下电机固定螺母。

　　c. 旋下连杆连接螺母，即可卸下刮水器电机及其相应杆件。

　　③ 清洗装置拆解

　　a. 打开发动机舱盖，拆下隔音棉，可以看到喷嘴及连接软管，从发动机舱盖正面用手轻压喷嘴，即可拆下喷嘴。拆下软管固定卡，即可拿下连接软管。

　　b. 拆下贮液罐固定螺栓，拆下连接软管，可以从汽车底部拿出贮液罐。喷水泵一般都附装在贮液罐上，拔下接插件，拆下连接螺栓，即可拿下喷水泵。

8.4.3.2　电动车门窗玻璃升降器拆解

　　(1) 电动车门窗玻璃升降器结构　桑塔纳 2000 型轿车的电动门窗玻璃升降器由过热保险丝、开关、自动继电器、延时继电器、直流电机等组成，机械部分由蜗轮、蜗杆、绕线轮、钢丝绳、导轨、滑动支架等零件组成，如图 8-72 所示。

　　当电动门窗玻璃升降器中直流永磁电动机接通额定电流后，转轴输出转矩，经蜗轮蜗杆减速后，再由缓冲联轴器传递到卷丝筒，带动卷丝筒旋转，使钢丝绳拉动安装在玻璃托架上的滑动支架在导轨中上下运动，实现门窗玻璃升降的目的。

　　电动门窗玻璃升降器组合开关，位于手动排挡杆前面的平台上，如图 8-73 所示。

　　点火开关置于 "ON" 时，可使用按键式组合开关方便地控制四扇车门窗玻璃的升降，也可以使用安装在车门上的按键开关进行单独操作。

　　组合开关上的 4 个按键分别控制各自相应的车门窗玻璃升降，中间黄色开关为后窗玻璃升降总开关，可以切断后窗车门上的窗玻璃升降器开关。

　　驾驶员侧门窗玻璃升降的操作与其他车门有所不同，只需要点一下下降键，车门窗玻璃即可一降到底，如需中途停下，点一下上升键就可以。

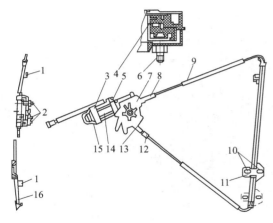

图 8-72　电动门窗玻璃升降器结构

1—支架安装位置；2—电动机安装位置；3—固定架；
4—联轴缓冲器；5—电动机；6—卷丝筒；7—盖板；
8—调整弹簧；9—绳索结构；10—玻璃安装位置；
11—滑动支架；12—弹簧套筒；13—安装缓冲器；
14—铭牌；15—均压孔；16—支架结构

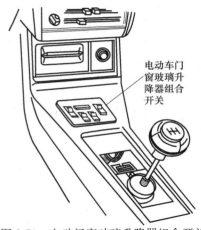

图 8-73　电动门窗玻璃升降器组合开关

当点火开关关闭时，延时继电器会工作 1min，在此期间车门窗玻璃仍可起开关作用，然后自动切断地线。

（2）电动车门窗升降器拆解

① 拆下门内饰板，拆下扬声器，并拔下导线接插头。

② 拆下门窗升降导轨的连接螺栓，拔下升降电机上相应的连接导线插头。

③ 用手或其他软工具把玻璃提升到高位，拆下玻璃托架，通过下口拿出门窗升降导轨和电机。

④ 放下玻璃，小心通过下口把玻璃取出。

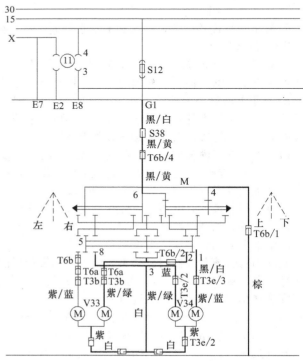

图 8-75　电动后视镜电气线路图

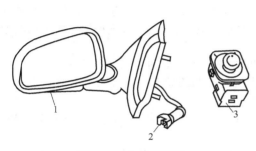

图 8-74　电动后视镜

1—左后视镜总成；2—电线接头；3—控制开关

8.4.3.3　电动后视镜的结构与检测

（1）电动后视镜和控制开关结构　桑塔纳 2000 型轿车后视镜采用电动控制。电动后视镜壳体内有两个永磁电动机，通过控制两个电动机的开关，可以获得二顺二反四种电流，即可使镜面产生上、下、左、右四种运动，以获得不同方位的位置调整。

控制开关安装在左前门内侧把手上方。当点火开关置于"ON"时，将控制开关球型钮旋转，以选择所需要调整的后视镜。在控制开关面板上印有 L、R，L 表示左侧后视镜，R 表示右侧后视镜，中间则是停止操作。选择好需要调整的后视镜后，只要上、下、左、右摇动开关的球型钮，就可以调整后视镜反射面的空间角度。调整工作完毕，可将开关转回中间位置以防误碰。

电动后视镜由镜面玻璃（反射面）、双电动机、连接件、传动机构与壳体等组成。控制开关由旋转开关、摇动开关及线束等组成，其外形如图 8-74 所示。

电动后视镜电气线路图，如图 8-75 所示。

（2）电动后视镜检测　后视镜是车身两侧最外突的部件，最容易被外力损坏。电动后视镜检测主要有两项内容：一是外观检测，若电动后视镜外壳破损或镜面开裂，应立即报废；二是控制电机测试，操纵控制开关，检查镜面调整电机是否能正常工作，若不能工作，则报废处理。

8.5　汽车空调系统拆解

8.5.1　汽车空调基本结构与布置

桑塔纳 2000 系列轿车空调系统布置如图 8-76 所示，其制冷剂为 R134a。汽车空调系统的基本结构如图 8-77 所示。由蒸发器 1 出来的低温、低压制冷剂 HCF134a 气体，经低压软管 2、低压阀 9 进入压缩机 3。压缩机内将气态制冷剂吸入并压缩，变成高温、高压的制冷剂气体，由高压阀出来经过高压软管 4 进入冷凝器 5，并把热量排出车外，被冷却为中温、高压的液态 R134a，从冷凝器底部流向贮液干燥器 6，经过滤干燥后由高压软管 4 送至膨胀阀 8。经膨胀阀的高压液态制冷剂减压后，成为低温、低压的雾状物进入蒸发器，通过蒸发器芯管吸收周围空气中的热量而变为气体，冷却后的冷空气，经风扇强制送回车内，完成了降温目的。低温、低压的气态制冷剂，经低压软管回到压缩机，开始新一轮工作循环。

空调系统操纵杆及空调系统出风口的布置如图 8-78 和图 8-79 所示。

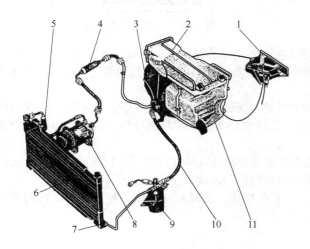

图 8-76　空调系统布置
1—控制装置；2—进气罩；3—蒸发箱；4—S 管；
5—D 管；6—冷凝器；7—C 管；8—空调压缩机；
9—贮液干燥管；10—L 管；11—加热器

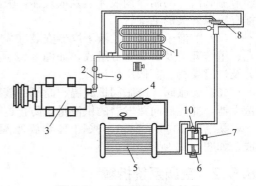

图 8-77　空调系统基本结构
1—蒸发器；2—低压软管；3—压缩机；4—高压软管；
5—冷凝器；6—贮液干燥器；7—高压阀；8—膨胀阀；
9—低压阀；10—压力开关

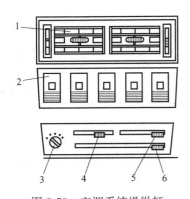

图 8-78 空调系统操纵杆

1—中央出风口；2—空调控制开关；3—自然风鼓
风机开关；4,5—气流分布拨杆；6—温度选择拨杆

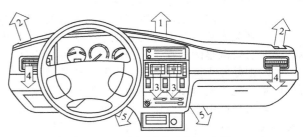

图 8-79 空调系统出风口布置

（1）压缩机 桑塔纳 2000 系列轿车空调系统采用摇摆斜盘式 SE-5H14 型压缩机，如图 8-80 所示。当主轴旋转时，摇板轴向往复摇摆，从而带动压缩机的活塞进行轴向往复运动。压缩机采用电磁离合器，当接通电源时，电磁离合器线圈中的电流在离合器片与固定框之间产生一磁场，离合器的磁铁吸向转子，电磁离合器带轮从发动机上得到的动力传给压缩机轴，带动压缩机工作。当切断电源时，磁场消失，离合器分离，带轮空转。

（2）冷凝器 冷凝器把来自压缩机的高温制冷剂气体冷凝成高压液体，并把吸收的热量释放到车外环境去。桑塔纳 2000 系列轿车空调冷凝器为管带式冷凝器，其结构如图 8-81 所示。

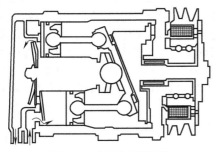

图 8-80 摇摆式压缩机

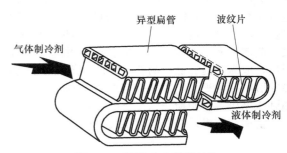

图 8-81 管带式冷凝器结构

（3）蒸发器 蒸发器安装在副驾驶员一侧杂物箱下方，采用风冷全铝板带式结构。其功能是：经节流阀流入的制冷剂液体蒸发成气体，吸收车内热空气的热量，从而达到降温的目的。蒸发器上插有感温开关的毛细管。

（4）贮液干燥器 贮液干燥器安装在发动机左前方纵梁上，它由过滤器、干燥剂、窥视玻璃孔、组合开关及引出管等组成，如图 8-82 所示。它的主要功能有贮存制冷剂、吸收制冷剂中的水分及过滤异物、高低压保护等。

（5）膨胀阀 膨胀阀把高温、高压的液态制冷剂节流降压，转化为低压、低温的雾状物，送入蒸发器，并控制向蒸发器的供液量，防止过多的液体引起阻滞现象。

桑塔纳 2000 系列轿车采用 H 形膨胀阀，主要由阀体、感温元件、调节杆、弹簧、球阀等组成，如图 8-83 所示。

8.5.2 空调系统拆解

汽车空调系统拆解时，需要根据先前接收车辆时静态、动态检查结果，判断部件回收利用的方式，从而确定在拆解中使用何种方法。下面以桑塔纳 2000 系列轿车空调为例讲解汽车空调系统拆解流程，该流程基于无损拆卸原则进行操作。

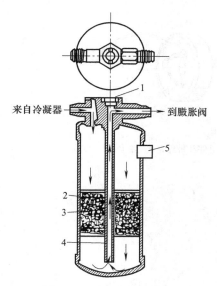

图 8-82 贮液干燥器结构
1—窥视玻璃；2—过滤器；3—干燥剂；
4—引出管；5—组合开关

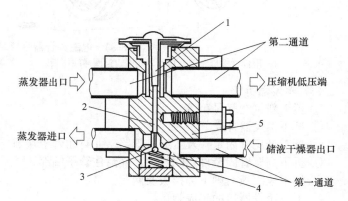

图 8-83 H 形膨胀阀结构示意图
1—感温元件；2—调节杆；3—球阀；4—弹簧；5—阀体

（1）拆解注意事项

① 之前的预处理虽对制冷剂进行了回收处理，但空调系统中仍存有一定量的冷冻机油，在拆解时需要注意对冷冻机油的回收。

② 空调系统多数部件为铝制品，在外力下容易变形受损，故在拆解与存放时需特别注意，应避免拆解、存放过程中零部件的损失。

（2）压缩机拆解

① 拆下压缩机上高、低压管的连接螺栓，并对出现的裸露管口进行封闭处理，防止异物侵入。

② 拆卸电磁离合器导线插头，松脱压塑机皮带。

③ 拆卸压缩机固定螺栓，取下压缩机。

压缩机和电磁离合器的结构和主要部件装配关系如图 8-84 和图 8-85 所示，相应拆解可参照进行。

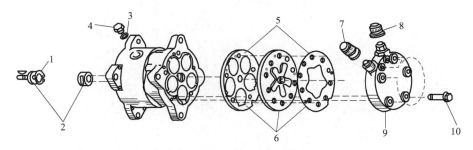

图 8-84 压缩机主要结构
1—孔用弹性挡圈；2—毡圈密封组件；3—加油塞 O 形密封圈；4—加油塞；5—阀板
组件和汽缸垫；6—阀板；7—气口护帽；8—排气口护帽；9—缸盖；10—缸盖螺栓

（3）冷凝器拆解

① 拆下散热器。

② 拆下冷凝器进口管和出口管。

③ 拧下固定螺栓，拆下冷凝器。

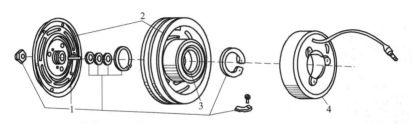

图 8-85　电磁离合器主要结构

1—附件（螺母、键、垫片、挡圈、挡圈导线压板）；2—吸盘组件和带轮；3—轴承；4—线圈

（4）蒸发器拆解

① 拆下新鲜空气风箱盖。

② 拆下蒸发器外壳。

③ 拆下低压管固定件及压缩机管路，并封住管子端部。

④ 拆下高压管固定件及贮液罐，并封住管子端部。

⑤ 拆下仪表板右侧下部挡板及网罩。

⑥ 拆下蒸发器口的感应管。

⑦ 拆下蒸发盘，取出蒸发器。

 思考题

1. 汽车用蓄电池容量检测有几种方法？

2. 汽车发电机和启动机检测要注意哪几方面？

3. 汽车仪表板拆解的步骤有哪些？

4. 汽车空调拆解的步骤有哪些？

第⑨章
报废汽车拆解场地设计与管理

各类报废汽车拆解生产企业应设有与所报废汽车拆解要求相适应的生产场所（包括生产场地、材料存放处所、仓库、生产车间、办公场所），生产场所应具有良好的交通环境及供电供水能力，满足生产管理需要。同时要在实用性的基础上加以适当的蕴涵文化的内涵、技术的进步，使人能感受到企业对服务的重视并促进他人感染企业文化气息，提升素质达到共荣。

汽车拆解场地的设计与管理不仅是汽车拆解企业经营中的一项业务活动，而且还是促进与客户沟通的桥梁，使整个企业设计从经济意义上的业务活动提升到具有社会意义的科学教育示范作用，进而达到对提高客户对企业的信赖与了解。

9.1 报废汽车拆解场地基本要求

9.1.1 汽车拆解场地选择原则

汽车拆解场地的选择要根据国民经济发展、工业布局的要求以及企业生产性质而考虑。拆解场地选择得适当与否，将直接影响到建厂（场）速度、建厂（场）投资、生产发展、生产成本、社会关系和以后的经营管理费用等方面。同时，直接关系到工艺、土建、动力、卫生及总体设计工作，所以拆解场地的选择是整体设计的主要问题。

9.1.1.1 场址选择原则

（1）节约用地，考虑发展 报废汽车拆解场地用地在符合生产工艺流程和场地内外运输条件的要求下，用地紧凑，少占农田，少拆民房，场地面积和形状应满足各建筑物及构筑物的布置要求，使生产工艺过程得到合理组织。在可能条件下结合施工造田，并要考虑远景规划，留有发展余地。在用地规划上，应做到分期建设，分期征用。选场地时，应同时注意生活居住区的选择和合理布置，距离厂区要符合卫生防火要求，又不应过远。同时要服从城市和本地区发展规划。

（2）利用城镇设施或大型工业企业设施，节约投资 场地选择应尽可能靠近中小城镇和大型工业企业，以便利用电能、煤气、水和蒸汽等，以减少投资。生活福利设施应尽量与城镇建设相结合，并注意充分利用已有企业设施进行改建或扩建，以加速建厂（场）进程，节约投资。在利用旧厂厂址建厂（场）时，应结合旧厂的实际情况，充分利用。

（3）满足环境卫生与交通运输要求 工业企业之间，不应造成相互有妨碍卫生的不良影响。汽车拆解场地应位于居民区的下风方向，以免场地所排出的废气、烟尘及嘈杂声妨碍居民的环境卫生。同时，拆解场地又不应设在现有的或拟建的厂房的下风方向，以免受其吹来的烟尘的影响。

窝风盆地会造成毒气弥漫不散，不适宜选作汽车拆解场地。拆解场地不应靠近弃置各种废料及传染病的中心地点，要妥善处理三废，注意排污排渣场地的选择。

（4）拆解场地地质可靠，地形平坦，小挖小填 场地地形应平坦，以满足建筑物及各种管网的设置，并使土方量最小。场地应稍有坡度，以利自然排水顺畅。拆解场地的土壤应使得进行土建施工时，不需要复杂的基础工程，不应该是水涝地，设计标高应高出洪水计算水位 0.5m 以上。同时也不应该位于有矿床或已开采的矿坑的上面，不宜建在有不利地质（如喀斯特、流砂淤泥、土崩、断裂层等）地区，也不应建在三级湿陷性黄土上。

（5）利于协作　拆解场地应考虑靠近公用道路、电力网、给水、排水、产品、原料、废料综合利用、居民区建设、生活福利设施等方面和邻近企业协作的可能性，便于集中使用人力、物力。

（6）其他　拆解场地应避开古墓、文物、航空站、高压输电线路和城市工程管道等。

拆解场地的选择要求极端复杂，首先应考虑对本企业最有决定意义的那些主要要求，使之得到满足。同时应照顾整个工业布局的要求统一安排，统筹规划，全面部署方能正确地加以解决。

9.1.1.2　汽车拆解场地选择报告内容

根据现场调查所取得的资料在具体技术条件落实的基础上，对所选各拆解场地地点，进行综合分析比较，提出推荐的拆解场地方案，编写选址报告，报送上级机关审批。

（1）概述。扼要叙述选址依据及原材料供应情况，说明选址工作中的主要原则，简要叙述可供选择的几个拆解场地方案，并推荐出某一拆解场地方案，供行政主管部门审批。

（2）说明选址的指标。说明企业的性质、生产特点及要求条件等，并列出选址的主要指标。

① 拆解场地占地面积（包括生产区和生活区面积）；

② 拆解场地建筑面积（包括生产和生活用建筑面积）；

③ 企业职工人数；

④ 电力需用量（包括拆解场地设备安装总容量及主要设备容量，kW）；

⑤ 用水量（t/昼夜）；

⑥ 三废处理措施及技术经济指标等。

（3）拆解场地所在地的地理位置及场地概况。说明所选拆解场地的地理位置、海拔高度、行政区的归属等；叙述拆解场地及周围大、中、小城镇的距离、方位与附近的工矿企业等的距离与方位，并应附比例为 1/50000～1/100000 的地理位置图。

（4）占地面积及拆迁居民的情况。说明所选拆解场地的占地面积及场地范围内需要拆迁民房的户数，并估计所需补偿费用。

（5）说明工程地质及水文地质情况。

（6）说明地震及洪水水位情况。

（7）气象资料。一般从当地气象站索取有关资料，如气温、湿度、降雨量，全年晴、雨、雾等天数，风速及主导风向，大气压，最大积雪深度，冻结深度，雷击情况等。

（8）叙述交通运输条件。根据汽车拆解企业规模初步提出公路、铁路、水运码头等修建和利用方案及其工程量。

（9）根据水文条件和资料。拟出拆解场地给水取水方案和工程量，并简述场地内排水和污水处理及排放的意见。

（10）说明场地区域内的电力资源情况。

（11）有关附件：

① 场地区域位置图（比例，1/50000～1/100000）；

② 总平面规划示意图（比例，一般中小场地为 1/1000～1/2000）；

③ 当地主管部门对同意在该地建厂（场）的文件或会议（谈话）纪要；

④ 有关单位同意文件、证明材料或协议文件（例如动力供应、通信、供水、污水排放等）。

9.1.2　报废汽车拆解场地布局原则与要求

9.1.2.1　布置原则

（1）实用原则　在客户休息区、接待区、待拆区、拆解区的设计中，首先是要实用，在实用的原则中有下列各层含义。

① 在客户休息区与接待区要能满足顾客休息接待时的舒适、安全和方便。所以在这个前提下，在设计时应考虑各种家具、器具摆放位置大小、品质与实用性。

② 在待拆区和拆解区，则应考虑技术人员作业的整体性、安全性、方便性和清洁等多方面。

因为待拆区和拆解区这些加工区可以展示一个企业对汽车拆解品质的重视和工作效率发挥的基本要素，所以在这个前提下在设计时应考虑各种机器设备的摆设位置、安全、品质整洁和取用的方便等。

（2）美观原则 企业设计与布置要运用方便顾客的条件，并且能结合传统文化、美学，将各种设备加以陈列与布置、同时达到客户精神愉快的目的。这样的原则就是对企业设计布置的美观要求。

企业设计与布置中的美观原则，可以表现在：
① 适当的照明；
② 明显的服务指示牌；
③ 色彩应力求协调与平衡；
④ 适当的客户休息座椅，并且摆设整齐，不凌乱；
⑤ 工作人员穿着能表现出经营特色；
⑥ 方便周到的服务；
⑦ 客户行动距离与服务行动距离应力求尽量减少交叉而且合理；
⑧ 墙面布置应与企业文化风格一致；
⑨ 书报杂志摆放整齐，不可凌乱，陈列恰到好处。

9.1.2.2 布置要求

（1）使整个汽车拆解过程顺畅
① 对于机器设备及拆解加工区域进行适当安排，以最短距离为原则；
② 尽量减少搬运的动作；
③ 保持良好的工作环境，以防止可再使用件、再制造件在运送过程及贮备时造成的损失；
④ 适当的工作流程安排，使每一项工作易于识别。

（2）待拆区域、拆解区域布置的弹性 使企业布置能够适应未来企业规模改变的需要，也就是预留空间以供扩充之用。

（3）提高再使用件、再制造件、再利用件周转率，使零部件在企业的存量为最少，促使零件周转时间缩短，节省成本。

（4）有效利用各种机器设备，适当地选择安排各种机器设备与工作，充分有效地运用机器设备，使固定成本的投资减少。

（5）有效利用厂房空间，在各工作区域内各项操作灵活方便的原则下，使空间使用最小，也就是使企业在汽车拆解过程中每一作业空间所花费的成本最低。

（6）有效利用人力资源。要充分有效地利用人力资源，消除人力和时间浪费，其方式如下：
① 尽量以自动化或机械化的设备代替人工操作，避免重复性搬运；
② 人力与机器设备应保持质量平衡；
③ 在汽车拆解作业中，尽量减少人员走动；
④ 实行有效奖励政策。

（7）为保证安全作业，减少各项搬运动作，使各项搬运距离、搬运次数减小到最低程度。

（8）提供舒适、安全、方便的工作环境。

应该注意场地中光线、温度、通风、安全、粉尘、噪声、振动等事项，以提供作业人员舒适、安全、方便的工作环境。

9.1.3 汽车拆解场地布置应考虑的因素

要完成一个成功且有效的汽车拆解场地的布置，布置时应对下列各项加以考虑。

（1）车辆 由于拆解汽车的类型复杂，拆解过程中的工艺要求不一样，所以拆解场地布置时，车辆类型对场地具有重大的影响。

（2）工作程序 选择不同工作程序主要目的是希望在汽车拆解、加工过程中产生最少及最短的搬运过程和最佳的品质效率。

（3）机器设备　对于机器设备的质量和操作、振动、噪声及废气、尘埃等因素加以考虑，以减少其所造成的影响。

（4）空间要求　对于一些机器设备在操作和放置时所需要的空间，人机配合以及安全作业空间等要求应予以合理考虑。

（5）设备维护和修理　要考虑到机器设备维护和修理的方便性，亦即机器与机器之间、机器与墙壁之间、机器与其他物品之间应预留足够的空间以便于机器的维修或更换零件。同时也应保留宽敞的通道。

（6）人机平衡　适当的机械设备能使各部分作业量相当而均衡，减少不必要的机器设备，增加必要的机器设备。

（7）减少搬运次数　搬运次数在企业布置时应首先考虑，搬运的减少包含劳务次数和时间，以减少许多不必要的成本支出。

（8）拆解作业流程　场地布置时，不仅要考虑机器设备静态的安排，更重要的是应该考虑作业流程合理、顺畅。

（9）布置的弹性　有些时候企业在作业程序和机器及方法上总免不了会有所改变，因而使企业布置需要变动，所以在布置时应该考虑这些问题。

（10）作业环境　一个良好的作业环境可以提高工作人员的工作情绪和效率，保障作业人员的安全，降低作业成本。

9.2 报废汽车拆解场地设计

报废汽车拆解场地设计与其他工业企业设计一样，分为工艺、土建、动力、卫生设计和经济概算等部分。

工艺设计是整个企业设计的基础，在工艺设计中也提出对设计中其余各部分的要求，同样也必须考虑其与其他部分的关系。工艺设计不合理，会反映在设计的其他部分中，也会反映在建筑设计的总技术经济指标中，最终反映在报废汽车拆解企业投产后的经济管理工作中。所以，必须认真编制整个设计工艺部分。

在设计工作中，起主导作用的是完成工艺设计部分的单位，由设计单位完成整个设计工作，或者将设计各部分交由专业设计单位完成。但后一种情况下，整个设计工作仍由工艺设计单位负责领导，并由其对整个设计负责。

9.2.1　设计任务书的编制

设计任务书是进行报废汽车拆解场地设计时的依据。其作用在于把国家对报废汽车拆解企业的要求和必要的资料以及发展方向告诉设计部门，以便于设计部门据此进行设计。在某些情况下，下达的设计任务书可能缺少某些项目，要由设计单位经调查研究予以充实，并报上级主管部门审批后，方可进行设计工作。

（1）设计任务书的内容　设计任务书必须包括如下内容。

① 建设性质。说明新建，扩建或者改建等。

② 设计目的。说明该报废汽车拆解企业的任务及建设的必要性、企业的服务范围（地区或单位部门）以及在服务范围内的车辆情况及今后的发展、汽车拥有量的分布、规模和技术设备和报废车辆年送缴的状况等。

③ 生产纲领。说明主要报废汽车类型、型号、结构参数和年送缴量。

④ 工作制度和管理组织制度。

⑤ 指定建筑地区。说明材料、原料、电力、水、燃料、煤气、蒸汽和劳动力的来源。

⑥ 占地面积、地形、气象、水文地理资料。

⑦ 生产协作关系。应该说明可能与哪些工厂进行生产协作。

⑧ 建筑期限。说明建筑竣工的期限，分期建筑的顺序，将来发展的远景以及国家投资的控制

数字。

(2) 设计任务书还必须附有以下所需的资料。

① 比例不小于 1：2000 的建筑地区地图，图中必须注有交通线路、电力网、煤气管路、给排水网、暖气管路，并注有附近已有和正在建设中的全部企业、机关及住宅区等。

② 比例 1：500 或 1：1000 的建筑场地地形图，图上应标明等高线。

③ 建筑地区的建筑材料情况。

④ 有关机关同意拨给土地，同意进行建筑、供电、供水、供煤气以及利用下水道等的批准文件。

⑤ 与有关企业进行生产协作的协议书。

如果在个别情况下，上级下达的任务书中，缺少某些项目，要由设计单位和主管单位经过调查研究予以充实，并报上级主管单位审批后，方可进行设计工作。

9.2.2 报废汽车拆解场地设计一般程序

报废汽车拆解场地设计的程序，一般分为初步设计、技术设计和施工设计三个阶段进行。在采用典型设计或重复利用已有的、已在实际工作中获得良好效果的设计时，可以免去技术设计。此时按初步设计和施工设计两个阶段进行。一般在提交设计任务书时，由批准该项设计任务书的机关规定设计工作的阶段数。

(1) 初步设计　初步设计系根据批准的设计任务书和其他设计前资料进行全盘研究和计算。其目的在于证明该建筑项目在技术上的可行性和经济上的合理性，保证正确选择建筑场地、水源和动力来源。

在初步设计的工艺部分中，要根据扩大的定额和指标，确定企业中的工人数，场地、厂房面积，水和动力（电力、蒸汽、煤气、压缩空气、乙炔等）耗电，设备及低值生产用具的概算价值，并且要设计汽车待拆区、拆解区、加工区等各车间和办公室的平面布置草图和总平面布置草图。

按两个阶段设计时，要计算主要设备的数量并绘出其平面布置图；确定设备、低值生产用具的财务概算，以及建筑工程费（包括土建、暖通、给排水、照明等）的财务概算和主要技术经济指标。

报废汽车拆解场地的设计工艺部分包括总的论述、工艺计算和平面布置。设计可按下列程序进行：

① 论述报废汽车拆解目的和任务；

② 确定汽车拆解企业的生产纲领；

③ 简述汽车拆解工艺过程、工艺要点、汽车零部件再制造加工的工艺过程；

④ 确定企业生产区域（车间）和仓库的组成；

⑤ 确定企业的工作制度以及计算工人和工作地点的年度工作时数；

⑥ 编制各工种作业工时定额；

⑦ 计算企业和各生产区域（车间）的年度工作量和生产工人数；

⑧ 拟定企业的组织机构和编制企业定员表；

⑨ 计算生产厂房、辅助用房及行政生活用房的面积；

⑩ 计算主要生产设备的数量并选型；

⑪ 计算水和动力消耗量并选型；

⑫ 绘制企业的总平面布置图、生产加工区域平面布置图、各车间的平面布置图、辅助用房和行政生活用房的布置图。

⑬ 拟定企业的技术经济指标，并作出关于企业的技术经济效益的结论。

(2) 技术设计　技术设计是根据已批准的初步设计进行的。在技术设计中，要解决设计工作中各部分（工艺、动力、建筑、卫生工程和经济等部分）的主要技术问题，并最后确定企业的技术经济指标及其生产投资。根据技术设计（按三阶段设计时）进行主要建筑工程的财务预算和企业投入生产前的验收工作。

在技术设计的工艺部分中，根据总的生产纲领和各生产区域（车间）的分配情况，并根据拟定的工艺过程，按精确的定额计算各生产区域（车间）；按材料消耗定额和贮存定额计算仓库，计算厂房面积和工人数目及所需运输工具、起重工具、称重设备数目；确定设备的平面布置图及工艺投资；根据拟定好的工艺过程，对电源、供水、运输工具和其他工程设施，进行必要的核对以便进行设备的订货。在采用两阶段设计时，技术设计的工艺部分内容，包括在施工设计阶段内。

汽车拆解场地技术设计的工艺部分设计，应先进行各个车间的设计（包括工艺计算及平面布置），然后根据所有车间的设计进行企业主厂房和总平面设计。生产区域（车间）技术设计程序如下：

① 阐明各生产区域（车间）任务；

② 确定生产区域（车间）工作制度、工人及设备年度工作时数；

③ 确定生产区域（车间）年度生产纲领；

④ 根据生产纲领拟定生产区域（车间）生产工艺过程及工艺卡；

⑤ 计算生产区域（车间）年度工作量、工人数、工位数和设备数；

⑥ 编制各生产区域（车间）定员表；

⑦ 设备选型，确定数量和车间面积；

⑧ 生产区域（车间）用水量和动力计算；

⑨ 进行生产区域（车间）平面布置图；

⑩ 拟定车间技术经济指标。

（3）施工设计　施工设计是根据批准的技术设计或初步设计（按两阶段设计时）和所订货的设备绘制施工用详细图解，也称施工详图。

施工设计图包括设备安装基础结构图（地基、电源和水源通往需用点的图纸）、施工场地的平面安装图和房屋的断面图，固定运输设备用的辅助零件图和管道及技术安全设备配置图。工艺部分的施工设计，包括以下工作。

① 设备安装图。标准设备安装图通常由制造厂拟定，可由产品目录或说明书中查出。非标准设备的安装图，由该设备的设计单位来设计，但在个别情况下，这项工作也可由负责汽车拆解场地设计的单位来完成。

② 根据批准的技术设计和订货设备数据来拟定设备布置平面图和设备与土建结构的连接图。

③ 起重运输设备的悬挂设计。包括单轨吊车和梁式吊车及悬挂式起重机的悬挂转置。绘制吊车运输轨道的平面图，图上应有悬挂总成的结构图。梁式吊车的轨道应与土建结构同时设计。

④ 蒸汽、压缩空气、煤气、乙炔和氧气等管道设计，指标有包括用气部位图、管线平面图和各总成的结构图。

在采用三阶段设计时，初步设计对问题的解决具有原则意义，以后各阶段只是进行问题的具体解决。初步设计只讨论最主要的问题。在以后的设计阶段中，也可能对初步设计的资料进行部分修改。所以在初步设计阶段中，没有必要花费很多时间详细解决个别问题。

技术设计对问题进行全面、详尽的讨论，提出设备订货和确定工程的全部投资总额。在设计报废汽车拆解场地时，指导性文件和资料如下：国家关于设计工作和建筑工程方面的规定，设计定额和技术条件；主管部门的有关规定；汽车技术性能数据；汽车的拆解、加工破碎的技术条件；设备的产品目录和安装图；典型设计和参考性设计资料；专业设计单位和科学研究机构的著述；汽车拆解和建筑工程方面的技术与经济书刊；有关标准资料等。

9.3　报废汽车拆解场地现场管理基本要求

9.3.1　现场管理综述

（1）现场的含义　生产系统中的现场，从广义上讲是指从事产品生产、制造或提供生产服务的场所，包括前方各基本生产单位和后方各辅助部门的作业场所，如仓库、辅房等。对汽车拆解企业而言，为客户提供服务的场所都属生产现场，包括回收车辆接洽登记到现场清洗、拆解、加工、检验、测试等。

（2）拆解场地现场管理的概念 拆解场地现场管理就是拆解企业对汽车拆解加工的基本要素（如人员、机构、物料、法规、环境、资产、能源、信息）进行优化组合，并通过对诸要素的有效组合来提高生产系统的效率。所谓现场管理就是运用科学的管理原则、方法和手段，对生产现场各种生产要素进行合理的配置与优化组合，从而保证生产系统目标的顺利实现，并达到效率最高、质量最优和服务最佳的汽车拆解加工的生产目的。

汽车拆解企业由于长期需要对汽车各部位、各总成进行拆卸，在装卸过程中不可避免地会出现泥垢、油污和灰尘。倘若管理无序，拆解场地就会出现"脏、乱、差"，汽车拆卸零部件、总成、拆卸材料与机器设备随意摆放，到处存在"跑、冒、滴、漏"现象，汽车拆解质量和人身安全得不到保障，最终导致拆解企业的经济效益滑坡。汽车拆解产地现场管理就是运用科学的管理方法和管理手段来消除汽车拆解生产中的不合理现象，提高拆解质量和劳动生产率。

在许多汽车拆解企业里，以下不良现象或多或少都有存在。

① 工作人员和拆解工仪容不整：

a. 有损形象，影响塑造良好的工作氛围；

b. 缺乏一致性，不宜塑造团队精神；

c. 看起来懒散，影响整体士气。

② 机器设备摆放不合理。

③ 机器设备维护不当：

a. 不干净的汽车拆解设备，影响工作情绪；

b. 机器设备保养不当，易产生故障，使汽车拆解质量无法保障；

c. 故障多，增加拆解成本。

④ 拆解材料、半成品、成品等随意摆放：

a. 容易混淆；

b. 分拣材料时间长；

c. 难于管理，易造成堆积。

⑤ 通道不明确或被占用：

a. 作业受影响；

b. 增加搬运的时间；

c. 对人、物均易发生危险。

⑥ 工作场所脏污、凌乱：

a. 影响企业形象；

b. 影响士气；

c. 影响拆解质量；

d. 易发生危险。

以上种种不良现象均会造成较多的浪费，主要包括资金浪费、形象浪费、人员浪费、士气浪费、场所浪费、效率浪费、品质浪费、成本浪费。

9.3.2 报废汽车拆解场地现场管理方法

9.3.2.1 生产现场 5S 管理

5S 管理是日本企业率先并广泛采用的一种生产现场管理方法，通过 5S 管理的开展，日本大多数企业创造了国民经济高速发展的奇迹。5S 就是整理、整顿、清洁、清扫、素养五个项目，因日语的罗马拼音均以 S 开头，简称为 5S。

5S 管理提出的目标简单而明确，就是要为员工创造一个干净、整洁、舒适、合理的工作场所和中间环境，5S 的倡导者相信，保持工厂干净整洁，物品摆放有条不紊，一目了然，能最大限度地提高工作效率和员工士气，并且让员工工作得更安全、更舒适，从而将资源浪费降到最低点。

（1）整理 所谓整理，就是把工作中的任何物品区分为必要的与不必要的，然后将必要的留下来，不必要的东西彻底消除，达到现场无不用之物，这是树立良好工作作风的开始。

（2）整顿 把需要的人、事、物加以定量、定位地布置和摆放，以便在最快的速度下取得所需之物品。其要点是物品摆放要"三定"（定点、定容、定量）和三要素原则（场所、方法、标示）。

（3）清扫 把工作现场打扫干净，如果设备发生异常应及时修理，使之恢复正常。其要点是，自己用的物品自己扫，对设备的清扫着眼于维护保养。

（4）清洁 是在前三者之后的维护，以保持最佳状态。其要点是，车间环境整齐而且卫生，消除粉尘、噪声和污染源。

（5）素养 养成良好的工作习惯，遵守纪律，素养即教养，提高人员素质，养成良好的严格遵守规章制度的习惯和作风，这是 5S 的核心。

开展 5S 管理容易，但长时间的维持必须靠良好的素养，否则，靠不定期的场地大扫除无济于事。要使现场有较为彻底的改善，务必认真扎实，按 5S 管理计划循序渐进推行，5S 之间的关系如图 9-1 所示。

9.3.2.2　5S 管理推行步骤

掌握了 5S 的基础知识，尚不具备推行 5S 管理的能力，因推行步骤、方法不当导致 5S 管理事倍功半，因此掌握正确的步骤、方法非常重要。5S 管理推行的步骤如下。

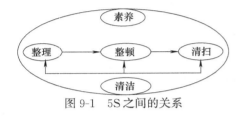
图 9-1　5S 之间的关系

（1）成立推行组织
① 成立推行委员会及办公室；
② 职责确定；
③ 编组及责任区划分。

建议由汽车拆解厂主要领导出任 5S 管理推行委员会主任职务，以示对此活动的支持，具体活动可由生产厂长负责活动的全面推行。

（2）拟定推行方针及目标
① 方针制定 推行 5S 管理时，制定方针作为导入活动的指导原则。
② 目标制定 目标的制定也要同企业的具体情况相结合。比如拆解场所狭小，空间未能有效利用，应该将增加可使用面积作为目标之一。

（3）拟订工作计划及实施方法
① 拟订日程计划作为推行及控制的依据；
② 收集资料及借鉴其他厂家做法；
③ 制定 5S 管理实施办法；
④ 制定 5S 管理评比奖惩方法；
⑤ 其他相关规定。

（4）教育
① 每个部门对员工进行教育；
② 新进员工 5S 的培训。

（5）活动前的宣传造势 5S 管理要全员重视和全员、全过程参与才能取得较好的效果。

（6）实施
① 前期作业准备，方法道具说明；
② 工厂全体大扫除；
③ 建立地面划线及物品标识、标准；
④ 物料、机、工具实施"三定"，即定位、定点、定人。

（7）活动评比办法确定
① 制定评比表；
② 制定考核评分表。

（8）查核

① 现场查核；

② 5S 问题点质疑、解答；

（9）评比及奖惩 依 5S 管理竞赛办法进行评比。

（10）检讨与修正 各责任部门依缺点项目进行改善，不断提高。

（11）纳入定期管理活动中

① 标准化、制度化的完善；

② 不定期开展实施各种 5S 强化月活动。

9.3.2.3 定置管理

定置管理实际上是 5S 管理的一项基本内容，主要研究作为生产过程主要因素的人、物、场所三者之间的相互关系。通过调整物品放置，处理好人与物、人与场所、物与场所的关系；通过整理，把与生产现场无关的物品清除掉；通过整顿，把物品放在科学合理的位置，通俗地讲定置管理就是将物料、机具、工具划定区域位置，进行定位，在使用完毕后要物归其位。要做到有物必有区，有区必有牌，按区存放，按图定置，图物相符，如图 9-2 和图 9-3 所示。

9.3.3 汽车拆解企业现场管理具体工作内容与管理范围

（1）管理内容

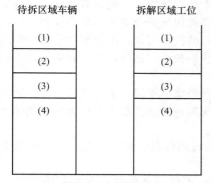

图 9-2 区域定置

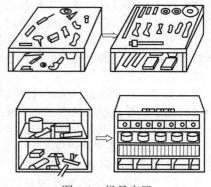

图 9-3 机具定置

① 车流、物流、人流、资金流、信息流现场管理；

② 业务接洽、车间、班组的管理；

③ 安全、文明生产的管理；

④ 设备、工量具、仪器管理；

⑤ 技术、拆解工艺规范管理；

⑥ 拆解质量管理；

⑦ 工期管理；

⑧ 成本管理；

⑨ 拆解材料管理；

⑩ 仓库管理；

⑪ 报废汽车车主管理；

⑫ 员工管理；

⑬ 信息管理。

（2）管理范围

① 管理业务流程；

② 工艺标准的贯彻；

③ 效率管理（降低非作业时间，提高作业熟练程度，改善工作方法）；

④ 质量管理（过程检查、巡视，异常情况的分析与对策，作业指导）；

⑤ 工作指导（新设备、新工具的使用方法，汽车拆解工艺的操作，特殊技能、其他应知应会的技能的掌握）；

⑥ 设备、工量具的使用管理与指导；

⑦ 生产现场5S管理（卫生责任区划定、定置区域划定、日检制度建立）；

⑧ 工人考核管理；

⑨ 规章制度贯彻执行（制度公示和宣传、执行检查、监督考核）。

9.4 设备和工量具维护与管理

9.4.1 概述

报废汽车拆解企业的设备与工量具是指汽车拆解与再制造加工作业生产中使用的机械、工量具以及仪器等，这些机械、工量具、仪器并非在生产中一次消耗掉。配备一定品种和数量的拆解设备、工具和仪器是汽车拆解企业开业的必备条件，这些拆解设备、工具和仪器的科学使用、维护、修理又是拆解企业开展正常经营活动的必要保证。所以汽车拆解企业应该对设备、工量具、仪器实行从选型、购置、安装、调试、使用、维护、修理乃至报废、更新的全过程实施科学管理。

从经济角度来说，设备、工量具和仪器属于汽车拆解企业的固定资产，也应该有专门机构或人员来管理，从购置投资、支出维修费用、提取折旧费等方面进行保证资金支持和费用控制。

从技术角度来说，设备、工量具和仪器的使用说明书、维修技术资料、维修配件也需要专人收集和管理，使用人员需要专门培训和指导，遇到无法自行解决的技术问题时，可与制造厂家沟通协调，以获得技术支持。

汽车拆解、加工设备、工量具和仪器管理的意义在于以最经济的手段，来保证设备、工量具和仪器随时处于良好的技术状态，充分发挥其效能，为保证汽车拆解质量和加工生产效率提供技术装备。汽车拆解设备在汽车拆解生产中具有以下几方面的作用。

① 汽车拆解设备管理以充分利用拆解机具、专用工具、检测仪器，提高汽车拆解质量和生产效率从而获得最大经济效益为前提。

② 汽车拆解设备维护与管理是随时保证设备处于良好技术状况来维持汽车拆解生产的正常进行。

③ 汽车拆解设备维护与管理可以不断改善设备技术状况和提高设备的技术性能，为优质、低耗、安全运行创造条件，以促进汽车维修技术的不断发展，并提高汽车拆解企业的经济效益。

9.4.2 汽车拆解设备

汽车拆解设备、工量具、仪器按照适用性可分为通用型和专用型。通用型适用于多种品牌和型号的汽车，专用型仅适用于单一品牌或型号的汽车。YSJ-3双柱汽车举升机属于通用型举升设备，适用于质量小于3t的各种轿车、小客车。

（1）汽车清洗设备　汽车清洗设备可分为车身外部清洗设备、内饰清洗设备及零件清洗设备。

① 车身外部清洗设备　主要用于车体和底盘的外部清洗。按照工作方式分高压水喷射清洗设备和滚筒式刷洗设备。高压水喷射清洗设备是利用高压水来冲击去除附着在车身和底盘上的尘土、污垢。如意大利生产的 LAVOR VICTORIA 2015 型喷射式高压水清洗机，喷射水压可达 3～20MPa，流量可达450～900L/h，清洗效率很高，适于轿车的快速清洗。滚筒式刷洗设备一般由辊刷、电机驱动装置、门架、控制系统组成，其最大特点是自动化程度高，清洗效率高，如全自动洗车机，适用于轿车和客车的外部清洗。

② 内饰清洗设备　主要有吸尘器、蒸汽清洗机等。吸尘器和家用吸尘器原理相似，利用真空原理将车内部的尘土、碎小的杂物和积水吸走，以达到车内清洁的目的。如意大利生产的 LA-VOR 吸水吸尘机可以迅速有效地清洁地毯、座椅内饰板等，LAVOR 蒸汽清洗机可以产生高温蒸汽，能够清洗在一般情况下难以清洗的灰尘、油污，并且具有消毒清洁作用。

③ 零件清洗设备　主要用于对零件表面进行清洗，以达到去除油污的目的。如 HZQ-1200 型零件自动清洗机，零件在 1.2m 的清洗室内旋转，由喷嘴喷射清洗剂，清除脏物和油污。

（2）汽车举升设备　主要用于汽车拆解生产中将整车或总成举起或位移。常见的举升设备有汽车举升机、发动机小吊车、变速器拆装小车、液压高位输送器、发动机翻转架、移动式液压千斤顶等。

举升机的作用是将车辆举起，以便拆装底盘上或发动机下部的零部件。在拆解生产中应用最为广泛，按类别可分为单柱举升机、双柱举升机、无底梁双柱举升机、四柱双柱举升机、剪式举升机等多种类别，其中双柱举升机、无底梁双柱举升机、四柱双柱举升机在汽车拆解企业中应用最广泛，无底梁双柱举升机使用最方便。举升机按驱动方式分为机械丝杠驱动式和液压驱动式。如合肥皖安机械厂生产的 YSJ-3.6 型举升机，举升最大质量为 3.6t，液压驱动式，两柱、无底梁。其最大的优点是没有底梁，可避免汽车驶进时颠覆冲击。

发动机小吊车一般为液压式，可以方便地将发动机总成从车上吊起，并可移动，减少维修工人的劳动强度，更安全，更方便。常见的发动机小吊车最大起吊重量为 2t，起吊力可在 0.5～2t 之间调节。

（3）汽车和总成拆卸翻转设备　在汽车拆解过程中，主要用于汽车整车和汽车总成拆卸的翻转。其目的是便于汽车整车的拆卸和总成的拆卸，降低工人的劳动强度，提高拆卸效率。

（4）辅助设备　在汽车拆解生产中起必要的辅助性作用，是多种充注补给性设备，如制冷剂回收充注机、空气压缩机、齿轮油加注器、自动变速器换油机、制动液充放机、电瓶充电机等。

（5）拆解和剪切工具　分为专用型和通用型两类。通用型主要有各种液压剪、扳手、套头、螺丝刀、卡钳、气动扳手等；专用型适用于某一种或某几种特定的车型，种类繁多。各种量具主要有游标卡尺、千分尺、深度尺、塞规等。

9.4.3　拆解设备、工量具、仪器的配置

拆解设备、工量具、仪器的配置是建立汽车拆解企业时的一项重要工作，配置的好坏，直接影响汽车拆解质量和加工作业效率，同时也影响到汽车拆解企业的经济效益。设备、工具、仪器的配置应遵循以下基本原则：符合有关法规、生产上领先、技术上领先、经济上合理。一般情况下，这四个原则是基本统一的。但由于企业的规模、使用条件、主要拆解车型、工艺布局等因素，也会出现一些矛盾。例如：有的设备技术上虽然先进，适用广泛，但不太适应本企业的主拆解车型，不能发挥其效能，采用时经济上不合理；某汽车拆解企业，专拆某些特定的车型，需大量专用设备、工量具，技术很先进，但又比较昂贵，需要投资较多。

配置汽车拆解设备时应注意以下几点。

① 应符合国家规定的汽车拆解企业开业条件中规定的有关设施设备、工量具的配置要求。企业配备设备型号、规格和数量应与其生产纲领、生产工艺相适应。

② 根据主要拆解车型的技术特点和技术发展趋势，合理选配拆解设备、工量具，以保证在技术上、质量上满足汽车拆解要求，并具备一定的超前性。

③ 生产效率。生产效率是指单位时间内完成的汽车拆解作业量，选购设备时，根据生产流程和作业量，尽量选购工艺流程自动化程度高、工作速度快、效率高的拆解设备。应结合汽车拆解能力规划和平面布局，做好购置计划，而且确定设备购置计划时应该有一定的前瞻性。

④ 可靠性与耐用性。设备可靠性是指在规定时间内，在正常使用条件下，无故障地发挥其效能。设备耐用性是指设备的使用寿命。这是选购设备的一个重要因素。

⑤ 安全性。汽车拆解设备的安全性是指在使用过程中对操作人员、拆解车辆以及设备本身的安全保证程度。汽车拆解设备在生产使用过程中由于技术、经济、质量、环境等原因，有可能会存在一些不安全因素，因此选购设备时应考虑是否配置自动控制安全保护装置。如自动断电、自动停车、自动锁止机构、自动报警等，以提高设备预防事故的能力。

⑥ 配套性。汽车拆解设备的配套性是指设备本身之间相互配套的水平或密切程度。在选购汽车拆解设备时，应根据车型特点、拆解工艺要求，使有关设备在技术性能、拆解能力方面相互协

调，以达到每台拆解设备的能力都能充分发挥。

⑦ 维修性。汽车拆解设备的维修性应主要考虑汽车拆解设备的结构先进、简单、装配合理、能迅速拆卸、易于检查。设备供应方能持续提供有关资料、技术支持和维修备件，有较强的服务能力等。

⑧ 经济性。汽车拆解设备的经济性是指在选购汽车拆解设备时，不仅考虑设备初期投资费用大小，而且还要考虑设备投资回报期限和投入后的维修费用。设备购置计划应与投资能力相适应，确定的计划应量力而行，有可操作性。选购设备之前要进行经济评价，要对几种设备在经济上比较优劣。在进行设备购置时所选择的供应商、生产厂不应过多，应选择那些实力强、信誉好、售后服务好的供应商、生产厂，否则将来售后服务不方便。

9.4.4　拆解设备使用与维护

汽车拆解设备的合理使用是保持设备处于正常运行状态、保证汽车拆解质量和生产效率、降低拆解生产成本的重要一环。合理使用设备是汽车拆解企业设备管理的基础工作。

汽车拆解设备在使用过程中随着作业时间延长，零部件在运转过程中将发生摩擦和磨损。如果配合间隙正常、润滑条件良好，可以降低零部件磨损。设备维护可使设备保持在正常状态下运转，减少设备的磨损，延长使用寿命。

汽车拆解设备的维护，一般采用三级维护制，即日常维护、一级维护、二级维护。维护周期一般根据设备的分类和利用率而定。一般一级维护3个月进行一次，二级维护12个月进行一次。实践证明，严格执行三级维护制度的汽车拆解企业，设备完好率都很高。

汽车拆解设备的维护作业内容如下。

(1) 日常维护　设备的日常维护是维护作业的基础性工作，应当做到制度化、经常化，每天由设备操作人员进行。操作者在使用前对设备进行检查、润滑，使用中严格执行操作规程，使用后对设备进行认真清扫擦拭，并做好使用运行记录。

(2) 一级维护　以设备操作使用人员为主，设备维修工指导，按维修计划对汽车拆解设备进行局部或重要部位的拆卸和检查，彻底清洗设备外表面和内部，以调整、紧固为主，并做好维护纪录。

(3) 二级维护　以设备维修工为主、设备操作使用人员参与维护。对汽车拆解设备进行部分解体检查和修理，更换或修复磨损件，清洗、换油、检修电器控制部分，使设备恢复完好，以满足汽车拆解工艺要求。二级维护后要做好维护记录。做好汽车拆解设备的合理使用与维护，管理上应注意以下几方面内容。

(1) 合理配备操作人员。随着现代汽车制造技术的发展，汽车拆解技术手段也不断深入发展，汽车拆解设备、工具、仪器自动化、电子化、精密化程度越来越高，这就要求设备使用者不仅是一名体力劳动者，更重要的是一名具备一定理论知识和技术水平的脑力劳动者。因此，必须配备与设备相适应的操作人员才能充分发挥设备的性能，使设备经常处于最佳技术状态。

(2) 操作人员应进行岗前培训。新加入的拆解人员在独立使用拆解设备前，必须经过专业培训，熟练掌握设备的构造、原理和操作要领，并具备"四会"（会使用、会维护、会检查、会排除故障），方可独立操作拆解设备。对汽车拆解人员还应经常进行素质教育，使所有人员能够爱护设备，能够养成自觉维护设备的良好习惯。

(3) 为汽车拆解设备创造良好的工作环境和条件。为保证汽车拆解设备的正常可靠运行、延长使用寿命、保证安全生产，汽车拆解设备应有一个适宜的工作环境。安装汽车拆解设备的厂房应整洁、宽敞、明亮，并且还应根据设备的具体要求，配备必要的防尘、防潮、防腐、恒温、通风设施。对于精密量具还应设立单独的工作间，室内的温度、湿度、防尘、防震、通风、亮度应满足设备使用说明书中的有关规定。

(4) 建立健全拆解设备使用、维护的规章制度。为保证汽车拆解设备的合理使用，汽车拆解企业应根据汽车拆解设备的构成特点，建立一套科学严密的管理制度，如岗位责任制。汽车拆解设备的使用维护岗位责任制的基本原则是谁使用、谁维护，谁管理、谁负责，明确规定各有关岗位人员的责任是加强拆解设备使用维护和保管行之有效的办法。岗位责任制在具体制定上一般采用定人定机管理，其目的是把设备的使用、维护、保管的各项规定落实到人，要求每一位操作人员固定使用一台或多台汽车拆解设备，并根据实际情况确定相应的定人定机保管制度。

9.4.5　汽车拆解设备更新与报废

设备在使用过程中总有磨损，设备的磨损形式分为有形磨损和无形磨损两种。有磨损就需要有补偿，磨损的形式不同，补偿形式也不同，补偿分为局部补偿和整体补偿。设备有形磨损的局部补偿是设备的维护和修理，设备无形磨损的局部补偿是设备改造和技术升级。有形磨损和无形磨损的完全补偿是设备更新。

汽车拆解设备随着使用时间的延长，使用性能不断下降，虽经修理，仍满足不了汽车拆解工艺的要求。另外，随着汽车制造业的不断发展，高性能、高度电子集成化的新车型不断出现，原有拆解设备虽然没有达到磨损极限，但已不能满足拆解技术的需要，这就必须要对设备进行更新或升级。

（1）设备更新与报废应坚持的原则　汽车拆解设备凡有下列情况之一者，均应更新或报废：

① 经过大修仍不能满足汽车拆解生产工艺要求的汽车拆解设备；

② 技术性能落后，经济效益很差，已无修复价值的汽车拆解设备；

③ 耗能多或污染环境，威胁人身安全与健康，无技术改造升级的可能，又不经济的汽车拆解设备；

④ 因灾害或意外事故，设备受到严重损坏，已无法修复的汽车拆解设备。

（2）汽车拆解设备寿命　汽车拆解设备的寿命一般分为物质寿命、经济寿命、技术寿命。物质寿命是指设备从投入使用到报废为止所经历的时间；技术寿命是设备从投入使用直到因无形磨损而被淘汰所经历的时间；经济寿命是设备从投入使用到因使用不经济而提前更新所经历的时间。在设备的使用后期设备老化，使用费用大幅度增加。确定设备经济寿命，即设备最佳更新期的方法很多，在此不再赘述。

9.5　拆解及回收拆解设备的开发

报废汽车拆解其目的是对汽车材料的综合利用，根据材料的特点进行再使用、再制造和再利用。目前对于汽车拆解的废钢处理设备主要有三类：一是打包压块设备，主要用来处理薄板、盘条及机械加工过程产生的切屑等轻薄料，方便运输和提高堆比密度；二是剪断设备，主要用来处理重型废钢和大型构件，便于入炉；三是破碎设备，用来处理未分类混杂的低质废钢，得到纯净、成分稳定的破碎钢。比较这三类废钢加工设备，相对来说破碎机的加工范围较大，生产率较高。最重要的是其能剔除杂物，配以适当的分选设备，则更能将对炼钢有害的混在废钢里的有色金属分选出来，得到非常纯净优质的黑色金属原料。

世界上能加工出理想废钢铁的设备是废钢铁生产线，其主体是破碎机，辅助设备是输送、分选、清洗装置。先由破碎机用锤击方法将废钢铁破碎成小块，再经磁选、分选、清洗，把有色金属和非金属、塑料、涂料等杂物分离出去，得到的洁净废钢铁是优质炼钢原料。目前这样的处理废旧汽车生产线在世界上已有 600 多条，大多集中在汽车工业发达的国家。

汽车拆解技术和设备落后引起的直接后果是资源浪费，目前我国报废汽车材料回收以零部件为主，存在回收利用率低、效率低、回收种类少等问题。例如，车架的分割采用氧气切割，此方法能耗高，金属烧损量大。由于加工设备的限制，不能加工出高质量的废钢，而钢铁公司对废钢铁的要求很高，因此，开发适合我国国情的报废汽车回收拆解设备及废钢铁生产线势在必行。

打包机、液压机和剪切设备在我国相对来说，起步较早，有数家生产企业，其中处于主导地位的是湖北力帝机床股份有限公司。该公司从 20 世纪 70 年代初开始金属回收机械的研究，拥有全国唯一的金属回收机械研究所，在引进技术的基础上实施创新，开发研制了废钢破碎线、金属回收机械、非金属回收机械、液压机械、生活垃圾处理机械等系列产品，共有剪断、打包、压块、剥离、破碎、分选六种类型，上百种规格，品种占有率达 72%。1982 年后，该公司成功开发了可将整个汽车驾驶室一次压成合格炉料的 Y81-250 型金属打包液压机和可将半个解放、东风等车型的驾驶室压成包块的 Y81-160 型金属打包液压机。90 年代引进德国技术生产的 Q91Y 大型系列剪断机已达国内外先进水平。近年又引进美国技术开发出当前世界上先进的废钢铁加工设备、废钢破碎生产线，由该公司制造的国内首条 PSX-6080 废钢破碎生产线已于 2001 年通过国家鉴定，达到国际先进水平。

思考题

1. 汽车拆解场地选择的原则是什么？布置时应考虑哪些因素？
2. 汽车拆解场地现场管理的具体内容有哪些？
3. 如何做好汽车拆解设备的使用与维护？

第⑩章
污染物、危险物及废弃物的管理与处理

10.1 报废汽车污染物的种类与处理

汽车从生产到使用直至报废的全过程中，每一个环节都有不同程度的环境污染问题。汽车回收拆解行业产生的污染物主要有三类：废液、有毒气体和固体废弃物。报废汽车拆解过程中和拆解后产生的污染物，如果不进行有效的防治和处理，不仅作业区环境和工人受到危害，而且会影响周围环境。

10.1.1 废液危害与处理

(1) 汽车废油

汽车废油包含废机油、废助力油、废齿轮油等各种废油。所谓废油指油液在使用中混入了水分、灰尘、其他杂油和机件磨损产生的金属粉末等杂质，而后油液逐渐变质，生成了有机酸、胶质和沥青状物质。抽取出来的废油可以回收利用，加工成再生机油，避免环境污染，其主要工序如下。

① 沉淀　把各种废油汇集到一个池里沉淀，让金属和大杂质沉到池的下方，加工时将上面杂质少的废油抽出。

② 蒸馏　蒸馏是将低沸点的汽油、柴油等分离出来，将废油里的水分彻底除掉，保持再生机油有一定的黏度，有一定的闪点。

③ 酸洗　酸洗是通过浓硫酸的作用，使废油中的大部分杂质分离沉淀下来。在经过蒸馏后冷却至常温的废油里加进 6%左右的浓硫酸，均匀搅拌 15min 左右，产生大量的废渣，然后停止搅拌让废渣沉淀。

④ 碱中和　用氢氧化钠溶液将酸洗后除去酸渣的油中和，中和用 pH 试纸测出 pH 值为 7。

⑤ 水洗　把油里的酸、碱等水溶性杂质洗掉。

⑥ 白土吸附　在高温条件下，用活性白土将油中的杂质吸附。

⑦ 过滤　将白土吸附后高温的油趁热用真空抽滤，抽滤出来的油就是成品油。

(2) 汽车防冻液　汽车防冻液是一种含有特殊添加剂的冷却液，主要用于水冷式发动机冷却系统，防冻液具有冬天防冻，夏天防沸，全年防水垢，防腐蚀等优良性能。国内 95%以上轿车使用乙二醇的水基型防冻液，与自来水相比，乙二醇最显著的特点是防冻。另外，乙二醇沸点高，挥发性小、黏度适中并且随温度变化小，热稳定性好。因此，乙二醇型防冻液是一种理想的冷却液。

乙二醇又名"甘醇"，是一种无色无臭、有甜味的液体，但它的毒性非常大，人类致死剂量仅为 1.6g/kg。也就是说，只需不足 100g 的剂量，就能置一个成年人于死地。人体对乙二醇的摄入途径分别为吸入、食入、皮肤吸收。因此，厂家在生产防冻液时在产品中添加色素，以示其与饮用水的区别，防止消费者误将防冻液作为饮用水饮用。

目前绝大部分报废汽车拆解企业在工作过程中不会对废弃防冻液进行回收处理，而是直接将废弃防冻液排入下水道，再由下水道汇入江河湖海，造成废弃的乙二醇等有毒物质渗透到水体中，严重威胁着人们的生存环境。因此，正确的处理方法是将汽车防冻液加以收集，然后交由专业单位回收处理。

（3）废水的危害与处理　报废汽车拆解废水主要分为含油废水（润滑油、剩余燃料油、乳化油以及清洗零部件的除漆剂和清洗剂等造成的含油废水）和含铅废水（蓄电池的废电解液造成的铅污染和酸污染等造成的含铅废水）。废水的主要处理方法如下。

① 含油废水　对于浮油和分散油，采用自然分离法处理。该方法借助油品和废水密度的不同进行自然分离来达到除油目的。常用的处理设备有小型隔油池、引流式隔油池和斜板（管）隔油池。对于废水中乳化油，其处理流程一般是：除渣、破乳（盐析法或凝聚法）、油水分离、沙滤。

② 含铅废水　目前，厂家采用过滤法去除杂质后，用扩散渗透法回收硫酸，但大部分是将铅和酸共同处理。

a. 石灰石过滤中和法　一般采用石灰石中和，进水中硫酸浓度应控制在 $20g/L$ 以下。投放石灰或氢氧化钠后使处理后水的 pH 值达到 8 左右，才能使铅离子浓度达到 $1.0mg/L$ 以下。

b. 药剂中和法　一般采用石灰或氢氧化钠作为中和剂，同时投放氯化铝作为凝聚剂。处理后出水 pH 值为 8～9。为使反应均匀，应设置搅拌装置。

10.1.2　有毒气体危害与处理

目前，我国的回收技术尚不发达，报废汽车中废旧塑料、橡胶还没有很好的回收方法，主要是采用焚烧获得热能。如果采用不当的焚烧处理，会产生大量的有毒气体，如一氧化碳、氰化物、二氧化硫、卤化氢等，会造成严重的大气污染。

对于有害、有毒气体的防治，应在焚烧炉及其系统设计时采取净化措施。主要方法如下。

（1）冷凝法　降低有害气体的温度，能使一些有害气体凝结成液体，从废空气中分离出来而被除去。冷凝方式有直接冷凝和间接冷凝两种。直接冷凝使用的设备有喷淋式冷凝器和管壳式洗涤器之类；间接冷凝使用的设备有管壳式冷凝器之类。冷媒一般为低温水。冷凝法操作方便，可回收溶剂，不会引起二次污染。

（2）吸入法　用溶液或溶剂可以吸收焚烧炉内所产生的有毒气体，使之与空气分离而去除。例如，用碱溶液可吸收酸性废气，用柴油可以吸收有机废气。该法可回收气体，但净化效果不高。常用吸收设备有填料塔、筛板塔、斜孔板塔、喷淋塔等。

（3）吸附法　用多孔性固体吸附有害气体而使空气净化的方法。常用的吸附剂为活性炭。吸附装置有固定床和活动床两种。

10.1.3　固体废弃物危害与处理

（1）废汽车蓄电池　蓄电池是汽车的电源之一，目前在汽车上采用的主要是铅酸蓄电池。铅酸蓄电池对环境的危害主要是酸、碱等电解质溶液和重金属的污染。蓄电池中的硫酸铅和重金属离子一旦外泄，就会在土壤或水体中溶解并被植物的根系吸收，当人与牲畜以植物为食料时，体内就积累了重金属，由于重金属离子在人体里难以排泄，最终会损害人的神经系统及肝脏功能。

废旧铅酸蓄电池已被国家环保总局、国家经贸委等部委列入国家危险废物名录。为了国民经济的稳定、快速、健康发展，防止铅对环境的污染，提高铅资源的合理有效利用程度，实施可持续发展战略，管理体制应从以下几个方面加以完善。

① 建立完善的废旧铅酸蓄电池回收渠道。

② 加强转运管理。废旧铅酸蓄电池转运时，必须正置，并拧紧排气栓（液孔栓），且有防雨措施，以防稀硫酸外溢和洒落。

③ 对再生铅加工企业实施许可证制。应要求企业规模在年产再生铅 1 万吨以上；加工过程应

有完善的环保设施和有效的措施；铅尘、烟气、污水排放应达到国家相应标准；生产人员应享受劳保用品和保健费，并定期体检，由企业负责治疗铅中毒人员等。

④ 鼓励再生铅加工企业展开跨地区联合、兼并、资产重组，提高行业集中度。

⑤ 鼓励投资建设年加工处理 5 万吨以上废旧铅酸蓄电池，采用或引进无污染再生铅加工技术和设备，选址合理的再生铅加工企业。

（2）废旧轮胎 随着全球经济的蓬勃发展，车辆的数量也随之迅猛增加。汽车更换下的、数量惊人的废旧轮胎也慢慢对地球形成了一种新的污染——"黑色污染"。据统计，目前全世界废旧轮胎已积存 30 亿条，并以每年 10 亿条的数字增长，这些不熔或难熔的高分子弹性材料长期露天堆放，不仅占用大量土地，而且极易滋生蚊虫，传播疾病，引发火灾。如被简单用于燃料，则会造成严重的空气污染。因此，废旧轮胎等再生资源产业化问题被明确列为六大资源综合利用重点之一。

除了报废汽车拆解后的废旧蓄电池、废旧轮胎可较好地被回收利用外，其余的玻璃、塑料、纤维、木质材料、陶瓷、海绵、各种仪表等多种物资，由于处置费用过高或再生材料的品质不及原材料，上述材料国内主要处置方法除焚烧外就是掩埋。据统计，目前的报废汽车被轧碎，平均每辆车有 200~300kg 的残渣垃圾被同时掩埋。当这么多材料埋入地下时，经过长时间的生物分解或水体渗透，会造成地下水或土壤的质量下降，从而危害到食物链中的其他生物（包括人类）健康。

对汽车回收过程中的固体废弃物的处置应该尽量不要采取掩埋的方法，应尽可能地依靠科学方法加以回收。据统计，汽车用塑料重量已经占到汽车车重的 11%~13%，而且车用塑料的种类又十分繁多。因此，最好的措施是在汽车设计、制造中减少车用塑料的品种，并优先选用容易回收的塑料材料，或选用与主体聚合物相容的聚合物材料。

对于报废汽车上拆解下来的、实在无法回收的塑料零部件，用焚烧回收其能量是一种比较理想的办法。

10.2 安全气囊拆解与处置

在汽车上，为了提高驾乘人员的安全性，普遍装备了安全气囊系统（SRS），有的汽车还装备双安全气囊或多安全气囊。安全气囊与安全带配合使用，当汽车受到冲撞力时，传感器即向 SRS（安全气囊系统）的 ECU（控制单元）发出信号。SRS 的 ECU 接收到信号后，与其原存储信号进行比较，若达到气囊的展开条件，则向安全气囊组件中的气体发生器送去启动信号。气体发生器接到启动信号后，引爆电雷管引燃气体发生剂，产生大量气体，经过滤并冷却后进入安全气囊，使气囊在极短的时间内突破衬垫迅速展开，在驾驶员或乘客的前部形成弹性气垫，并及时泄漏、收缩，将人体与车内构件之间的碰撞变为弹性碰撞，通过气囊产生的变形吸收人体碰撞产生的动能，从而有效地保护驾乘人员，使之免于伤害或减轻伤害程度。安全气囊工作过程如图 10-1 所示。

10.2.1 安全气囊拆卸工艺

（1）拆卸安全气囊安全规则

① 拆卸工作必须由受培训的专业人员来进行。

② 拆卸安全气囊时，必须断开蓄电池搭铁线。断开蓄电池后需等待 3min（等控制单元内部的电容完全放电），才可拆卸。

③ 为保证安全，在对气囊进行拆卸前，应用手或身体部位与车身充分接触，以消除静电。

④ 在拆卸过程中，切勿将身体正面朝向气囊总成；车内不得有其他人作业。

⑤ 严禁在气囊上进行诸如电阻测量一类的电气检查，防止气囊意外爆炸。

⑥ 在拆卸过程中，应注意不要震动 SRS 装置（如用冲击扳手或锤子等），否则气囊可能意外爆炸，导致车辆损坏或人身伤害。

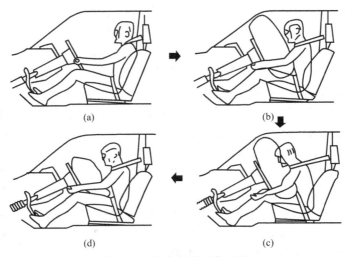

图 10-1　安全气囊工作过程

⑦ 将拆卸的安全气囊放置于指定区域。存放安全气囊时，起缓冲作用的面应朝上。

⑧ 安全气囊上不能沾油脂、清洁剂等，不能置于温度超过 100℃ 以上的环境中。

(2) 安全气囊拆卸步骤　安全气囊系统的组成部件分布在汽车的不同位置，各型汽车所采用部件的结构和数量有所不同，但其基本结构组成大致相同。下面以奥迪 A6 车型为例，说明其拆卸过程。

① 安全气囊安装位置　安全气囊主要部件的安装位置，如图 10-2 所示。

② 驾驶员安全气囊拆卸　驾驶员侧安全气囊的拆卸，如图 10-3 所示。

松开转向柱调节装置。向上尽量拉出方向盘。将方向盘置于垂直位置，如图 10-3 所示箭头方向转动 T30 扳手 90°（从前看为顺时针），以松开定位爪 7。将方向盘回转半圈，松开另一个定位爪；拔下安全气囊插头 3 和除静电插头 4。缓冲面朝上放置安全气囊。

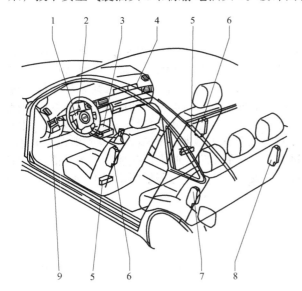

图 10-2　安全气囊主要部件的安装位置
1—汽车方向盘；2—驾驶员侧安全气囊；
3—安全气囊控制单元；4—副驾驶员侧安全气囊；
5—横向加速度传感器；6—侧面安全气囊；
7—后座左侧面安全气囊；8—后座右侧面安全气囊；
9—自诊断插头

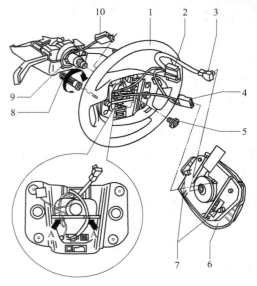

图 10-3　驾驶员侧安全气囊的拆卸
1—方向盘（将松开的线固定到箭头，A 所示的位置）；
2—螺旋弹簧插头；3—安装气囊插头；4—除静电插头；
5—内多角螺栓；6—安全气囊；7—定位爪；8— T30 扳手；
9—带滑环的回位弹簧；10—方向盘加热插头

③ 副驾驶员安全气囊拆卸　副驾驶员安全气囊的分解如图 10-4 所示。拆卸副驾驶员安全气囊，拆下杂物箱，拔下插头 6。拆下安全气囊，缓冲面朝上放置安全气囊。

④ 安全气囊控制单元拆卸　拆下中央副仪表板前部。拆下左后和右后脚坑出风口导流板的插入件。如图 10-5 所示，松开插头 2 的定位卡夹，从控制单元 1 上拔下插头 2，拧下螺栓 3（3 个），折下控制单元。

⑤ 侧面安全气囊拆卸　侧面安全气囊的分解如图 10-6 所示。拆下驾驶员/副驾驶员靠背装饰件，松开侧面安全气囊 1 周围的面罩，松开插头 3 的定位，从侧面安全气囊 1 上拔下插头 3，拧下两个螺栓 2。小心地松开侧面安全气囊的定位爪 5，拆下侧面安全气囊 1，缓冲面向上放置安全气囊。

⑥ 后座侧面安全气囊拆卸　拆下后座椅，如图 10-7 所示。拧下螺栓 2（2 个），取下侧面安全气囊 1。

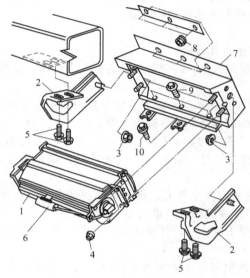

图 10-4　副驾驶员安全气囊的分解
1—副驾驶员安全气囊；2—支架；3—螺母（2 个）；
4—螺母（4 个）；5—螺栓（4 个）；6—插头；
7—安全气囊支架；8—螺母（3 个）；9—螺栓（3 个）；
10—螺栓（1 个）

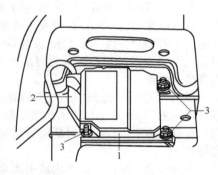

图 10-5　拆卸安全气囊控制单元
1—控制单元；2—插头；3—螺栓

图 10-6　侧面安全气囊的分解
1—驾驶员/副驾驶员侧面安全气囊；2—螺栓
3—插头；4—靠背框架；5—定位爪

图 10-7　后座侧面安全气囊的拆装
1—侧面安全气囊；2—螺栓

10.2.2 安全气囊处置

回收装有安全气囊系统的报废车辆时，要按照正确的方法首先使气囊展开，不能随意丢弃带有未展开安全气囊；对于碰撞事故中已经展开的气囊，也要按照安全气囊的回收与环保要求进行。

（1）安全气囊处置安全预防措施

① 安全气囊展开时会发出相当大的爆炸声，所以操作必须在户外并且不会给附近的居民区造成公害的地方进行。

② 在展开安全气囊时，要用规定的专用工具，操作要在远离电场干扰的地方进行。

③ 展开安全气囊时，操作地点要在离开转向盘衬垫至少 10m 的地方进行。

④ 在安全气囊展开时转向盘衬垫会变得很热，所以在展开后 30min 内不要触摸它。

⑤ 在处理带有已展开安全气囊的转向盘衬垫时，要戴上手套和防护眼镜。

⑥ 操作结束后，一定要用清水洗手。

⑦ 不要向已展开安全气囊的转向盘衬垫淋水或与其他液体接触。

（2）安全气囊处置工艺 处理装有安全气囊系统的报废汽车，需要对气囊进行人为引爆，安全气囊可以在车内引爆或车外引爆。

① 车内引爆 将车移到一个空旷的场所，打开所有车窗和车门，拆下蓄电池负极和正极电缆，然后将蓄电池搬出车外，拆开安全气囊中心传感器总成的连接器，拆开螺旋电缆的配线连接器，在气囊点火器端子各接一条 10m 长的导线，按图 10-8（a）所示接好引爆专用工具。按下起爆按钮，触及 12V 蓄电池的正负极，此时应能听到气囊爆炸的声音。等 10min 后，气囊冷却，烟尘散尽，人再过去检查。

② 车外引爆 按照安全气囊拆卸步骤拆下汽车内的所有安全气囊，将气囊饰面朝上放入引爆容器内，按图 10-8（b）所示连接线路和引爆专用工具，让在场的人员退出 10m 之外，将电线触及 12V 蓄电池的正负极，此时应能听到气囊爆炸的声音。等 10min 后，气囊冷却，烟尘散尽，人再过去检查。

安全气囊引爆后，在车内或引爆容器内会留下少量的氢氧化钠粉末等黏附物，对人的眼、鼻、喉和皮肤有刺激作用。因此，在处理已爆炸的安全气囊时，一定要戴上橡胶手套、保护眼镜，穿上长袖衣服。

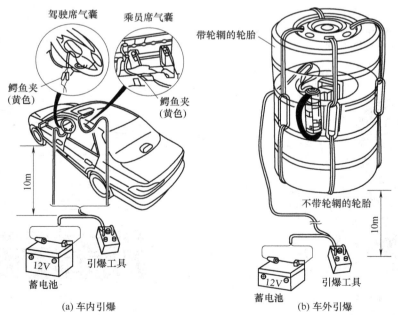

图 10-8 安全气囊报废处理的引爆方法

10.2.3 安全气囊回收与环保

（1）金属回收 气体发生器的壳体由钢板或铝合金冲压而成，过滤装置也是用金属或复合材料制成。对气体发生器的金属的回收有两种方法：一种是加热熔化，但需要事先清除化学残余物；另一种是综合回收，仅将这些燃烧残余物作为熔渣清除，效率较高。

（2）氢氧化钠回收 美国的 TRW 公司发明了独特的回收技术，将氢氧化钠通过再结晶的方法回收。

（3）塑料件及气囊回收 安全气囊系统中的所有零件几乎都为塑料件，可经粉碎、机械及化学的方法再加工而变成热塑材料的原料。而尼龙织布气囊取出后，经粉碎、加热、挤压成型等工序制成颗粒，经与纯净的树脂及添加剂混合，用于注射成型。

10.3 制冷剂回收与利用

10.3.1 汽车空调组成与原理

汽车安装空调系统的目的是为了调节车内空气的温度、湿度，改善车内空气的流动，并提高空气的清洁度，如图 10-9 所示。

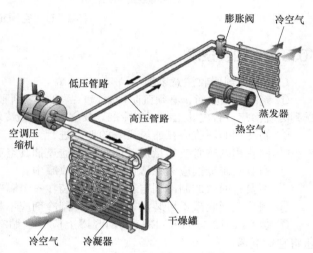

图 10-9 汽车空调系统

10.3.2 汽车空调制冷剂

汽车空调是由制冷剂循环流动实现制冷。

20 世纪 90 年代前，车用空调制冷剂均采用氟利昂型制冷剂 CFC-12（R12）。R12 由于其分子中含有氯原子，在太阳光的强烈照射下会分离出氯离子，释放出的氯离子同臭氧会发生连锁反应，不断破坏臭氧分子。臭氧层被大量损耗后，吸收紫外线辐射的能力大大减弱，导致到达地球表面的紫外线明显增加，给生态环境和人类健康带来多方面的危害。因此，R12 是《关于消耗臭氧层物质的蒙特利尔议定书》中第一批禁用制冷剂。我国国家环保总局发文规定：各汽车厂从 1996 年起在汽车空调中逐步用新制冷剂 HFC-134a 替代 CFC-12，在 2002 年 1 月 1 日年生产的新车上不准再用 CFC-12 制冷剂。卤烃型制冷剂 HFC-134a（R134a）物理性能与 R12 比较接近，但不含氯原子，对大气臭氧层不起破坏作用且具有良好的安全性能。

10.3.3 制冷剂的判断

由于目前汽车空调中使用的制冷剂是 R12 或 R134a，相互间不能混用。因此，报废汽车拆解回收前，首先应确认系统中的制冷剂是哪一种工质，分别加以回收贮存，避免两种系统的交叉污染。

① 装备有空调系统的汽车，会在汽车的显著部位注明汽车空调采用哪一种制冷剂，例如在汽车前风窗玻璃角上、发动机罩内表面前部等处。

② 根据压缩机铭牌、贮液干燥罐铭牌辨认区分制冷剂，如图 10-10 所示。

图 10-10 压缩机铭牌

③ 根据充注阀接头形状、尺寸辨认。采用 R134a 制冷剂的空调系统加液口采用特殊的快速接头且接口为公制内螺纹，采用 R12 制冷剂的空调系统加液口采用英制外螺纹接口，如图 10-11 所示。

(a) R12外螺纹式充注阀 　　　　　(b) R134a内螺纹式充注阀

图 10-11　空调充注阀

10.3.4　回收技术

（1）制冷剂回收注意事项

① 制冷剂回收时，必须戴防护眼镜。一旦制冷剂溅入眼睛，应立即用干净的冷水冲洗，并马上送到医院治疗。若皮肤上溅到制冷剂，要立即用大量冷水冲洗，并涂上清洁的凡士林。

② 制冷剂的回收应在通风良好的地方进行。

③ 回收用的软管要尽量短，回收前要通过抽真空或用尽量少的制冷剂将软管中的空气排尽。

④ 回收的制冷剂应装在清洁的专用回收罐中。

⑤ 不要将回收的制冷剂与新制冷剂混装在一个罐中。

⑥ 制冷剂回收罐不可装满，瓶内液体制冷剂应不超过其容积的 80％。

⑦ 装 CFC-12 与 HFC-134a 的回收罐上应分别贴有"CFC-12"与"HFC-134a"的标识，以防止将它们混淆。

⑧ 不要的回收罐阀口应用堵帽封好，以避免灰尘的污染。

⑨ 不要自行维修回收罐阀口或回收罐。

（2）制冷剂回收方法　利用回收装置回收汽车空调制冷系统制冷剂一般采用液体回收和蒸气回收两种方法，见表 10-1。

汽车空调属于小型制冷系统，制冷剂的充注量一般较小，适合采用蒸气回收方法。汽车空调系统在压缩机的高压和低压侧上均装有维修阀，将制冷系统低压侧与回收装置吸气入口连接，回收罐与回收装置的液体出口连接，回收装置中的压缩机将制冷系统中的制冷剂蒸气吸入回收装置中，经过压缩冷凝变成液态制冷剂，贮存在回收装置自带的贮存罐中或者输送到回收装置外的回收罐，如图 10-12 所示。

表 10-1　制冷剂的回收方法及工作原理

类型	方法	工作原理
液体回收	加压回收法	制冷剂被制冷压缩机排出的高压蒸气加压,利用被回收设备与回收容器间的压差,把制冷剂回收到回收容器内;也可以把氮气输到被回收设备中,利用加压氮气将制冷剂压入回收容器
	降温回收法	利用制冷机或其他冷源降低回收容器的温度,使其压力降低,被回收的制冷剂液体在压差的推动下,流入回收容器
蒸气回收	压缩冷凝法	制冷压缩机抽吸被回收装置中的制冷剂蒸气,蒸气进入压缩机被压缩成高温高压气体,经油分离器分离油后进入冷凝器,制冷剂蒸气经冷凝后凝结成液体,流入回收容器
	蒸气回热法	制冷剂蒸气被抽吸到回热器中,用来冷却压缩机排出的经油分离器分油后的高温高压蒸气,并使其冷凝为液体,再流入回收容器

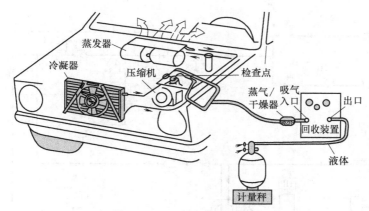

图 10-12 汽车空调蒸气回收

为了缩短制冷剂的回收时间，需要提前让制冷剂汽化，为此，提高空调系统压缩机、冷凝器、贮气罐等积存液体制冷剂的部件的气体介质温度是有效的措施。如发动机能启动，可采用暖机操作，关闭空调，用发动机的热量提高空调系统的温度。

10.3.5 回收设备

用于制冷剂回收的回收装置通常有两种类型：一种是单一回收功能；另一种是兼具回收、净化和充注功能。

单一回收功能的回收装置只能把制冷剂从汽车空调系统中抽出，并把润滑油分离出来，而不能进行制冷剂净化或再利用。

例如 CR700S 单回收机如图 10-13 所示，技术参数见表 10-2 。

回收、净化和充注型回收装置可以从制冷系统中抽取出制冷剂，与润滑油分离后，滤除杂质、水分和空气，将其净化到满足 SAE 相关标准（对应于 CFC-12 的是 J1991；对应于 HFC-134a 的是 J2210），然后可以充注到原有系统或其他同种制冷剂的其他制冷系统中。

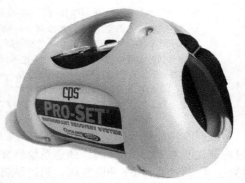

图 10-13 CR700S 单回收机

表 10-2 CR700S 单回收机技术参数

品牌	CPS	低压保护	自动
产地	美国	高压保护	自动(38bar/550psig[①])
压缩机	1HP 无油活塞压缩机	过载保护/A	8
回收速度/(kg/min)	气态最大速度：0.63	环境温度/℃	0～49
	液态最大速度：2.53	外箱尺寸/cm	20×37×30.5
	液态(推拉法回收)：6.06	电压/V	220(50/60Hz)
回收制冷剂种类	R12、R22、R134a 等	功率/W	850
质量/kg	15.3	适用范围	家用、商用空调制冷，汽车、公交车、集装箱运输车、火车空调等

① 1Psig＝6894.76Pa。

下面以美国 ROBINAIR AC500 PRO-R12 型制冷剂回收/净化/充注机为例，介绍回收过程，其设备流程如图 10-14 所示。

将两根充注管 T1（低压）和 T2（高压）接到汽车空调系统的维修口上，系统压力将立即到达 M2 高压歧管表、M1 低压歧管表和高、低压阀门。打开高、低压阀门，低温、低压的气液混合制冷剂继续到达电磁阀 EV2、EV3 和压力传感器 P1。P1 传感器对空调系统的压力进行检测。

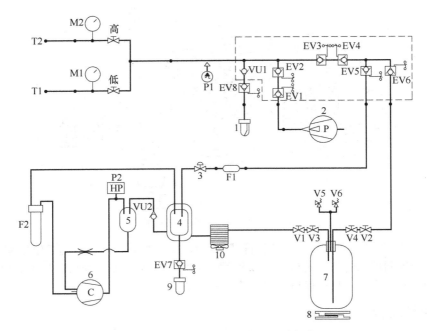

图 10-14　制冷剂回收/净化/充注机设备流程图

1—注油瓶；2—真空泵；3—膨胀阀；4—系统油分离器；5—压缩机油分离器；6—压缩机；7—工作罐；
8—电子秤；9—集油瓶；10—热交换器；EV1，EV2—抽真空电磁阀；EV3，EV4—隔离电磁阀；
EV5—回收/循环电磁阀；EV6—充注电磁阀；EV7—排油电磁阀；EV8—注油电磁阀；F1—内部过滤器；
F2—干燥过滤器；M1—低压歧管表；M2—高压歧管表；P1—压力传感器；P2—高压保护开关；
T1—低压管；T2—高压管；V1—气管阀；V2—液管阀；V3—气阀；V4—液阀；V5—安全阀；
V6—非凝气体排出阀；VU1—注油止向阀；VU2—分离器止向阀

按回收功能键开始回收，此时电磁阀 EV3、EV4 和 EV5 打开，压缩机 6 开始运转。制冷剂通过内部过滤器 F1 和膨胀阀 3 到达系统热交换器 4（系统油分离器）。此时制冷剂将继续气化并吸收热量。内部过滤器 F1 和膨胀阀 3 到达系统热交换器（系统油分离器）4。此时制冷剂将继续气化并吸收热量。内部过滤器 F1 用于除去制冷剂中的灰尘等颗粒物，而膨胀阀则将制冷剂减压到最适合于压缩机入口的工作压力（表压约 1.8×10^5 Pa），然后进入换热器（油分离器）将制冷剂中的冷冻油分离出来。此时吸收了压缩机出口高温、高压制冷剂放出的热量。制冷剂通过系统油分离器 4，再通过干燥过滤器 F2 去除水分和酸质后进入压缩机 6。经压缩机压缩后，变成高温、高压的气态制冷剂又进入压缩机油分离器 5 将制冷剂带走的压缩机油分离出来。这部分压缩机油可再流回压缩机。制冷剂流经压缩机油分离器同时达到高压保护开关 P2，经过分离器止向阀 VU2 再次进入系统热交换器（系统油分离器）4。在此高温、高压的气态制冷剂将热量交换给刚通过膨胀阀 3 进入热交换器（油分离器）的低温气液混合物，从而加快了这部分制冷剂气化；同时也使自身放热，通过热交换器 10 冷却变为液态，最终进入工作罐 7。

10.3.6　国外车用制冷剂回收利用情况

在日本、美国等发达国家，报废汽车拆解之前，制冷剂会被具有专门设备的专业化回收站按照当地环保法规的要求抽出回收、分类贮存，然后送到大型专业化的处理企业进行统一处理。在这些国家，从事 CFC-12 回收和处理企业需获得政府的批准才能营业，以避免回收过程中产生环境污染。

日本《汽车回收再利用法》规定：用户在购买新车或车检时，向国家指定的资金管理法人汽车回收再利用促进中心预付回收再利用费用。"汽车制造商、进口商"负责接收报废汽车中的 CFC-12 并进行回收再利用与正确处理。同时，"汽车制造商、进口商"请求资金管理法人支付回收再利用费用，并向 CFC-12 回收商和销毁商支付回收和销毁费用。为保证制冷剂回收，日本规定必须拥有制冷剂回收装置才可以获得报废汽车拆解执照。如果将其直接排放大气，拆解企业要负法律责任。2005 年，日本 CFC-12 回收单位有 24 万余家，处理、分解工厂 9 家，全年处理带 CFC-12 的报废汽车共 172.4 万辆，取得了良好的社会效应。

美国联邦法律禁止将任何制冷剂放到大气中。根据美国环保局的规定，任何制冷剂的回收点都需要配备专门的回收装置以及获得环保局技术资质认定的技工来操作回收装置。美国的报废汽车拆解企业一般得到地方环保部门或者协会的支持，他们为报废汽车拆解企业提供拆解操作手册，手册中有各种废弃物处理的方法和注意事项，CFC-12 的处理也包含在内。

10.3.7　我国车用制冷剂回收利用情况

我国政府自 1989 年正式加入《保护臭氧层维也纳公约》，并于 1991 年加入了《关于消耗臭氧层物质的蒙特利尔议定书》，还积极参与该议定书的修正工作。

1992 年我国编制了《中国消耗臭氧层物质逐步淘汰国家方案》。1993 年该方案得到中国国务院与联合国保护臭氧层多边基金执行委员会的批准，1999 年完成对该国家方案的修订。

2000 年我国开始对汽车空调、家用制冷、工商制冷和中央空调四个制冷维修子行业的全面调查，2003 年做出了实施制冷维修行业氯氟碳（CFC）淘汰战略。该项目以汽车空调子行业为主要内容。2004 年制定了"中国 CFC 加速淘汰计划"，在 2007 年 1 月 1 日全部停止 CFC 生产和消费。

在蒙特利尔多边基金执委会的无偿资助下，国家环保总局整体运作报废汽车 CFC-12 回收项目，经国际公开招标采购了制冷剂回收设备。根据项目计划，列入项目支持的全国 356 家报废汽车回收拆解企业每家免费获赠一套 CFC-12 回收设备，包括制冷剂鉴别仪、制冷剂回收机、回收专用钢瓶等；在部分省会和直辖市共设置 30 家报废汽车 CFC-12 回收中心，每个中心配备两套回收设备，并提供大型的 CFC-12 的贮存罐。截至 2014 年底，全国已有数百家企业获赠了回收设备，这些企业的相关技术人员经过培训，已经开始使用设备回收报废汽车残留的 CFC-12。一般回收点收集 CFC-12 之后，交送给当地的回收中心统一贮存，以备今后的循环利用。

10.4　污染物、危险物及废弃物的管理和处理规定

《汽车产品回收利用技术政策》中指出："对含有有毒物质或对环境及人身有害的物质，如蓄电池、安全气囊、催化剂、制冷剂等，必须由有资质的企业处理"。

① 对涉及安全和有毒有害物质要恰当地拆解和回收，如未爆的安全气囊、空调中的氟利昂等。这些需要拆解企业尽快配备有专用的安全气囊拆卸或失效装置和专门的氟利昂回收贮存装置，并交给有资质的回收处理企业，而不能擅自自行处理或一放了事，造成大气污染或形成二次污染。

② 报废汽车拆解作业人员必须具备一定的专业知识，熟悉汽车中有毒有害物质和危险品的所在部位。对这些物质的处理必须经过技术培训。

③ 涉及具体车型时可能还需要汽车生产单位提供相应的拆解指导手册，手册的内容应包括部件、材料易于拆解和处理的方法。

④ 拆解企业应至少具有一个拆解平台，便于拆解作业人员用专用工具从汽车底部排出废油液；并备有专用的废油液抽出工具，将这些废油液分类存放在专用密闭容器内。

⑤ 拆解企业根据国家相关法律法规及管理条例的要求，确定相应的安全环保制度或拆解技术手册等，供企业员工学习和按规章作业。

报废汽车中某些有毒有害物质和危险品与垃圾（废弃物）之间没有明显的界定。根据国外资料，整理出报废汽车典型废弃物处理方法及注意事项，见表 10-3。

《汽车产品回收利用技术政策》中对污染废物、危险废物的处理要求十分严格，规定如下。

① 第二十二条规定：危险废物的收集、贮存、运输、处理应符合《危险废物贮存污染控制标准》、《危险废物填埋污染控制标准》、《危险废物焚烧污染控制标准》等安全和环保要求。

表 10-3　报废汽车典型废弃物处理方法及注意事项

废弃物	处理方法及注意事项
安全气囊	未引爆的安全气囊必须尽快拆除或者引爆,拆除和引爆的方法应当严格参考生产企业推荐的方法 已经引爆的安全气囊可让其留在车内,因为引爆后的气囊不会对人身和环保造成危害 拆解下来的未引爆的安全气囊应于室内保存,避免露天存放
燃油和油箱	尽快拆下油箱并充分排空里面的燃油 区分可再用的燃油和不可再用的燃油(被水、灰尘等其他杂质污染),分别存放于密闭容器
废油(包括发动机润滑油、变速箱油、推力转向油、差速器油、制动液等石油基油或者合成润滑剂)	将废油收集于密封容器贮存,并置于远离水源的混凝土地面 各种废油可以混合在一起贮存于同一容器 不要将废油与防冻液、溶剂、汽油、去污剂、涂料或者其他物质混合 不要使用氯化溶剂清洁装旧油的容器,很少量的氯化溶剂也会使旧油变成有害物
铅酸电池	首先鉴别铅酸电池是否可用,如不可用,则区分是因为能量耗尽,还是因为破碎或者泄漏;把因为能源耗尽的电池盒破碎泄漏的电池分别装入不同的容器存放 如果铅酸电池仍可用,则拆下之后,应与不能使用的电池分开存放并注意防雨、防冻 可用的铅酸电池避免长期存放(6个月以上) 铅酸电池不能填埋
含铅部件	在压块粉碎废车之前,一定要把含铅部件拆解完 用足够强度的容器贮存含铅部件,容器要密闭,防雨、防雪 含铅部件作为金属或者电池回收
含汞开关	尽快拆解含汞开关,拆解时小心不要弄破装汞的囊 拆解后的含汞开关贮存在防漏密封的容器内,并防止装汞的囊破裂 只有获得特定许可的金属回收企业才能回收含汞开关
氟利昂	氟利昂需要符合环保规定的专门容器贮存,并交给专门的氟利昂回收机构回收利用
玻璃	挡风玻璃如不能分离其中的塑料层,则作为固体废物填埋
轮胎	旧轮胎交给有资质的废旧轮胎处理企业处理 旧轮胎的存放要符合有关安全和环保法规的要求
塑料	由于塑料的多样性,必须区分各种材料,分别回收处理;目前还没有统一的方法

② 第二十三条规定:对处理污染废物及有毒物质的企业实行严格的准入管理,加强监督检查,减少并避免对环境和人身健康造成损害。取得环境保护部门颁发的经营许可证的单位,方可从事汽车废物和其他废物进口。

③ 第二十七条规定:在发展资源再生产业的国际贸易中,严格控制汽车废物和其他废物进口。

在严格控制汽车废物和其他有毒有害废物进口的前提下,充分利用两个市场、两种资源,积极发展资源再生产业的国际贸易。

 思考题

1. 报废拆解作业人员如何对有毒有害物质和危险品进行有效的管理?

2. 根据《报废汽车典型废弃物处理方法及注意事项》,列举三项废弃物的处理方法与注意事项。

第11章
报废汽车零部件及总成性能检测

　　报废汽车零部件及总成性能检测是报废汽车回收和再利用的基础与关键。报废汽车零部件及总成性能检测主要有静态检查和动态检测两种方法。静态检查是指检查人员根据自己的技能和经验对被报废车辆进行直观、定性地判断，即初步判断车辆各部分是否齐全完整，有无故障，车辆的运行工况是否正常，以及车辆各总成部件的新旧程度等。而动态检测常借助各种汽车检测仪器和工具，并集合检查人员的经验，对评估车辆各项技术性能及各总成部件技术状况进行定量、客观的评价，它是进行报废汽车等级划分的依据，在报废汽车零部件及总成性能检测的实际工作中具有重要的作用。

11.1　静态检查

11.1.1　常用检测工具与设备

　　为了在静态检查时方便快捷，检查前，需要准备的常用工具。
　　① 手电筒或工作灯　用来观察发动机舱内部和汽车底盘等一些黑暗的地方，如图 11-1 所示。
　　② 卷尺　用来测量有距离要求的各个零部件之间的距离，如图 11-2 所示。
　　③ 棉丝头或抹布　用于擦干净需要检查的零件。
　　④ 万用表　用于进行电气线路的测试，如图 11-3 所示。

图 11-1　手电筒

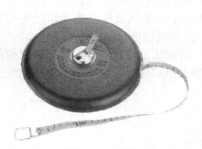

图 11-2　卷尺

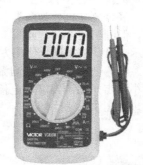

图 11-3　万用表

　　⑤ 12V 备用电源　用于无电源场合的供电，可用汽车上的铅酸蓄电池充当。
　　⑥ 小型工具箱　箱内装有：成套套筒棘轮扳手、火花塞套筒扳手、各种螺丝刀、尖嘴钳子和轮胎撬棒。
　　⑦ 盒式录音带和 CD 光盘　用来测试磁带收放机和 CD 唱机。
　　⑧ 记录纸和笔　用来记录看到、听到和闻到的情况，以及需要进一步检测和考虑的事情。
　　汽车动态检测经常需要用到以下一些设备。
　　(1) 汽缸压力表　用来测量汽缸压力，缸压与发动机功率有密切的对应关系，在排除其他因素外，汽缸压力正常，发动机功率正常，汽缸压力达不到，功率必然下降。汽缸压力正常是发动机功率正常的必要条件，缸压过小表明汽缸密封不严，漏气严重，说明发动机缸体活塞磨损严重，如图 11-4 所示。

（2）尾气分析仪和烟度计　汽车尾气气分析仪是用来检测汽车尾气中各种气体元素含量，它是利用不分光红外线气体分析仪和电化学传感器对汽车排气中主要成分 CO、HC、CO_2、NO_x 和 O_2 的测量分析，如图 11-5 所示。烟度计是测定汽车排出废气中烟度的仪器，主要用于柴油机排出废气的测定。用活塞抽气泵从柴油机排气管中，按规定时间抽取一定容积的排气气体，并使之通过一定面积的滤纸，排气中的烟尘粒截留在滤纸上并使滤纸染黑。用光电测量装置测量滤纸的吸光率，该吸光率表示排气中烟度的大小。烟度计主要由活塞抽气泵、取样装置和光电测量

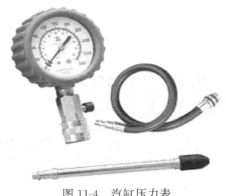

图 11-4　汽缸压力表

装置组成。测量一般重复 3 次，求得算术平均值作为测得的烟度值。烟度值的数值范围为 0~10，空白滤纸的烟度为零，全黑滤纸的烟度为 10，如图 11-6 所示。

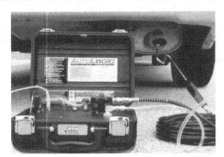

图 11-5　废气分析仪图

图 11-6　烟度计

（3）底盘测功机　是一种不解体检验汽车性能的设备，它是通过在室内台架上汽车模拟道路行驶工况的方法，来检测汽车的动力性，而且还可以测量多工况排放指标及油耗。由于汽车底盘测功机在试验时能通过控制试验条件，通过功率吸收加载装置来模拟道路行驶阻力，控制行驶状况，故能进行模拟实际工况的复杂循环试验，因而得到广泛应用。

底盘测功机分为两类：单辊筒式底盘测功机，其辊筒直径大（1500~2500mm），制造和安装费用大，但测试精度高，如图 11-7 所示；双辊筒式底盘测功机的辊筒直径小（180~500mm），如图 11-8 所示，设备成本低，使用方便，但测试精度较差，一般用于汽车使用、维修行业及汽车检测线。

（4）便携式红外线测温仪　将物体发出的红外线所带的辐射能转换为电信号，再根据电信号的大小测定样品的温度。电信号的大小与红外线辐射能有关，而红外线辐射能的大小与样品的温度有关，如图 11-9 所示。

图 11-7　单辊筒式底盘测功机

图 11-8　双辊筒式底盘测功机

图 11-9　便携式红外线测温仪

11.1.2　静态检查主要内容

静态检查是指在报废车辆静态情况下，根据检查人员的经验和技能，辅之以简单的工量具，对报废车辆的技术状况进行直观检查。

静态检查的目的是快速、全面地了解报废车辆的大概技术状况。通过检查，掌握报废汽车的总体技术性能，发现报废汽车零件和总成部件再利用、再制造的价值，为以后的拆解或再利用提供技术支持。

（1）外观检查　对于报废汽车而言，外观检查首先应观察汽车车身和驾驶室的涂料是否完整，锈蚀情况是否严重，有无变形，其他外在覆盖件有无破损和锈蚀。检查前后照明和信号灯具、后视镜、保险杠、门把手等外在零部件是否齐全完好，有无裂纹和老化现象。检查车门开关是否正常，门锁是否完好，挡风玻璃和车窗玻璃有无破损。

车内检查主要查看汽车内饰是否齐全、整洁，各种仪表是否都保存完好，内部控制开关是否齐全，保险带、座椅等是否完好，座椅前后、上下位置以及倾角能否自由调节。

查看车轮，车轮主要查看轮胎和轮毂。观察轮胎是否有破损，通过磨损标记，查看轮胎的磨损情况，如图 11-10 所示；轮毂是否有变形，动平衡块是否丢失；挡泥板是否完好等。

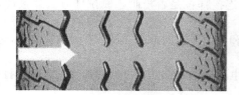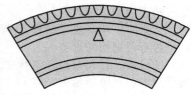

图 11-10　轮胎磨损标记

（2）发动机舱检查　打开发动机舱盖，检查有无蓄电池，检查蓄电池标牌，通常标牌固定在蓄电池外壳上，标牌上有品牌名称、生产厂家和首次售出日期，据此可以大致推算出蓄电池是否真的达到极限寿命。如果没有标牌，则要用专用仪器检查蓄电池容量。如果蓄电池容量偏低，说明极板硫化严重，必须报废回收。

检查蓄电池表面，蓄电池壳体上是否清洁，有无电解液漏出，蓄电池接线柱处有无有严重铜锈，检查蓄电池托架或蓄电池安装箱是否有严重腐蚀的迹象。如果蓄电池不是免维护型，将电池加液孔盖拔出，检查电解液面是否符合标准。

检查发动机舱时，应重点检查发动机总成。查看发动机上启动系统、点火系统、燃料供给系统、润滑系统和冷却等系统的零部件是否完好。查看有无启动机、外接电源时启动机是否能正常工作；检查分电器、点火线圈和点火线是否有裂纹或破损，老化情况是否严重，用火花塞套筒扳手拆下火花塞检查电极是否严重烧蚀、绝缘体是否破裂，侧电极是否松动；在燃料供给系统主要查看进气软管是否老化变形，是否有损坏或烧坏处，进气道是否有破损，化油器是否严重积炭，汽油泵手动泵油机构是否能工作，进油管路和回油管路是否老化。如果是电喷发动机，则需要检查油轨和压力调节器是否完好；通过机油尺或者卸下机油滤清器检查机油变质的程度，观察发动机上有无明显的漏油现象；观察冷却系统有无冷却液渗漏现象，检查冷却风扇是否有破损，能否正常工作。

检查发动机上各传感器是否齐全，有无破损，电线和接插件是否规范有序。

对于散热器和空调冷凝器要仔细检查，查看散热片是否完好，散热器片缝隙中有没有堵塞物和污染物。打开散热器盖子，将手指尽可能伸进散热器颈部，检查是否有锈斑或沉积物；查看内部锈蚀情况和水垢，检查散热器盖子锈蚀情况，散热器盖子上的密封圈是否完好，弹簧是否有力。

（3）驾驶室、车厢内部检查　检查驾驶员座位的座椅、后排座椅及安全带是否齐全有效。查看座椅的新旧程度、是否平整、清洁，有无破损。车顶内篷是否开裂、破损、脱陷。检查地毯是否残旧，揭开地毯看底板有无潮湿生锈。打开行李箱，看防水胶条是否完好，厢盖及底板有无烧焊的痕迹。检查仪表盘底部线束是否齐全。检查离合器踏板、制动踏板、加速踏板的自由间隙，有无弯曲变形及干涉现象。

（4）底盘检查　用举升机将汽车举起，在底盘检查过程中需要用到照明工具和抹布。底盘检查的主要内容是传动系统、制动系统、转向系统和行驶系统。

传动系统主要检查各零部件是否齐全，是否松旷，有无漏油漏液、破损、变形和锈蚀的情况。例如，离合器踏板是否有力，能否分离彻底，分离和结合过程中有无异响；变速器有无破损，能否正常挂挡、升挡和降挡，是否有异响产生，有无漏油现象；传动轴的动平衡是否良好，中间轴承和万向节上是否有裂纹和松旷现象；驱动桥内齿轮是否松旷，有无润滑油渗油现象。

行驶系中主要检查车架和前后悬架。查看车架是否有严重锈蚀，用卷尺检查车架有无明显变形；悬架上的减振器是否有漏油，上下连接处是否松动，减振器顶杆是否弯曲；螺旋弹簧或者钢板弹簧是否松软，有无明显变形或断裂。此外，还要用撬棒检查行驶系各连接部位是否有明显松动。

检查制动系统时，可以踩下制动踏板检查是否有制动感觉，制动器及其伺服机构是否完好，制动液有无泄漏，制动器是否有异响，拆下轮胎查看制动器，制动摩擦片是否已到磨损极限，制动轮缸是否密封良好。

对于转向系统，在静态检查时需要查看转向盘自由行程，检查各连接杆件是否有明显变形，转向机在转向时有无异响，助力转向机构有无漏油现象。此外，还要检查各连接部位的间隙，如转向盘与转向轴的连接部位是否松旷，纵横转向拉杆连接部位是否松旷，横拉杆球头连接部位是否松旷，转向节与主销连接是否松旷等。

在底盘静态检查时，还需要仔细查看排气管和消声器锈蚀是否严重，有无破损变形，连接螺栓是否已锈死，是否有再利用的价值。

（5）电气设备检查　首先检查继电器盒。继电器盒一般在发动机舱或者驾驶室内，打开继电器盖，查看内部保险丝和继电器是否完好。

其次查看报废汽车仪表盘，一般汽车仪表盘上有车速里程表、燃油表、机油压力表（或机油压力指示器）、水温表、电流表、气压表等仪表。应分别检查这些仪表是否能正常工作，有无缺失与损坏。同时，在仪表盘上有很多指示灯或报警灯，如制动报警灯、机油压力报警灯、充电指示灯、远光指示灯、转向指示灯、燃油量报警灯、驻车制动指示灯等，应分别检查这些指示灯或报警灯是否能正常工作。有些报废汽车上还采用了一些电子控制系统，如发动机电控燃油喷射系统、自动变速箱控制系统、ABS、SRS、电控悬架系统等。这些电子控制系统在仪表盘上均设有故障灯，当这些灯长亮时，表明此电子控制系统有故障，应借助于专用诊断仪动态检查故障原因。

然后检查灯光控制开关，灯光开关是否松脱，能否开关自如，检查汽车上各个照明、信号灯是否工作正常。

检查汽车音响系统，接通电源，开关开启后，查看系统能否正常工作。同时，也要检查空调系统、点烟器，门锁开关、门窗玻璃开关等是否能正常工作。

此外，还要检查汽车保险带、音响设备、空调设备、喇叭、喷水系统、雨刮器、后视镜调节系统等是否齐全、有效，接通电源时能否正常工作。若有安全气囊，查看安全气囊有无破损。

11.2　动态检查

静态检查后，确认报废汽车发动机可以启动，具备行驶条件后，开始动态检查。动态检查的目的是进一步检查报废汽车发动机、底盘和电气系统的工作性能。

11.2.1　动态检查准备

鉴于报废汽车的特殊性，在报废汽车动态检查之前，需要做一系列准备工作。

① 通过油位尺，检查发动机机油油位。

② 检查冷却液液位。

③ 检查制动液液位，并仔细检查制动系统，确保有足够的制动能力。

④ 检查燃油箱油量。

⑤ 检查转向液压油油面，并仔细检查转向系统，确保转向系统能可靠转向。
⑥ 检查正时皮带和动力驱动皮带张紧度，防止皮带脱落。
⑦ 检查轮胎及轮胎气压，确保轮胎可以承载整个汽车，不会发生意外。
⑧ 检查蓄电池，确保其电量可以启动发动机。

11.2.2　发动机动态检查

发动机动态检查主要是检查发动机在启动、怠速、加速、全负荷各个工况下的运行情况，及时发现发动机存在的一些故障，并对发动机尾气进行检查，以判断发动机及其零部件是否具备再利用、再制造的价值。

11.2.2.1　检查发动机启动性能

正常情况下，用启动机启动发动机时，应在三次内正常启动。启动时，每次时间不超过 5s，再次启动时间要间隔 15s 以上。若发动机不能正常启动，说明发动机的启动性能欠佳。

影响发动机启动性能的因素有很多，主要包括电路、燃油系统、进气系统和机械系统四个方面。例如，供油不畅、喷油器积炭堵塞、点火系统漏电、汽缸磨损导致汽缸压力过低、气门关闭不严等。发动机启动困难应综合分析各种可能原因。

在启动检查中，应特别注意启动机是否有异响。若有明显异响，一般原因是启动机转轴磨损过度。

11.2.2.2　检查发动机怠速运转情况

发动机启动后使其怠速运转，通过声音、振动以及转速里程表，观察怠速运转情况，怠速能否保持平稳，是否有异常振动及异响。不同发动机的怠速转速有一定差别，一般轿车发动机的怠速应在（800±50）r/min 左右。若开空调，发动机怠速转速应上升，其转速应在 1000r/min 左右。若发动机怠速时出现转速过高、过低、发动机抖动严重等现象，均表明发动机怠速不良。引起发动机怠速不良的原因很多，如点火正时、气门间隙、进气系统、怠速阀、曲轴箱通风系统、废气再循环系统、活性炭罐系统、点火系统、供油系统、线束等均可能引起怠速不良等。

11.2.2.3　发动机加速和全负荷性能检查

待发动机运转正常后，发动机温度达到 80℃ 以上，转动节气门，从怠速开始加速，观察发动机的加速性能，然后迅速松开节气门，注意发动机怠速是否熄火或工作不稳，然后把节气门开至最大，观察全负荷时发动机能否稳定工作。观察在加速过程中是否有异响，异响是否随发动机转速的增大而加大，在大负荷工况时是否有新的异响。在正常情况下，发动机在各部件配合间隙适当、润滑良好、工作温度正常、燃油供给充分、点火正时准确等条件下运转，无论转速和负荷怎样变化，都是一种平稳而有节奏、协调而又平滑的轰鸣声。在急加速时，发动机发出强劲且有节奏的轰鸣声。

11.2.2.4　发动机尾气检查

（1）尾气气流检查　主要查看发动机排气气流是否稳定，将一张纸放在距排气管出气口 10cm 左右处，查看发动机怠速时排气气流的冲击。正常排气气流的脉动比较小。若排气气流有周期性的"打嗝"或不平稳的喷溅，表明汽缸的排气出现异常，可能是气门、点火或燃油系统有故障引起间歇性失火。

（2）尾气颜色检查　对于正常的汽油发动机，尾气颜色应该是无色的，在冬季气温比较低时可以看见白色的水汽。柴油发动机尾气颜色正常时也应该是无色的，不过柴油发动机在负荷加重时，排气颜色常会变成灰色。汽车尾气不正常时，经常出现冒黑烟、蓝烟和白烟三种情况。

① 冒黑烟　冒黑烟一般是由于燃油系统供给的燃油太多引起的。当进入汽缸燃烧的可燃混合气太浓，燃料不能完全燃烧，在高温高压下分解成微小炭颗粒，大量微小炭颗粒从排气管排出，就形成冒黑烟现象。

引发冒黑烟的原因比较多，对于汽油发动机而言，原因有化油器混合比调节不当（化油器发动机）、燃油泵压力过高（电喷发动机）、发动机 ECU 数据不匹配等。对于柴油发动机，原因有喷油器雾化不良、喷油压力太低、供油时间过晚（即供油提前角过小）、空滤器堵塞、尾气再处理系统工作不良等。

② 冒蓝烟　冒蓝烟表明发动机烧机油。最常见的原因是汽缸与活塞密封出现问题，即活塞环和缸壁磨损过度，活塞、活塞环与汽缸的间隙过大。此外，曲轴箱油封、汽缸垫破损或曲轴箱强制通风系统工作不良也会导致发动机烧机油。

③ 冒白烟　冒白烟有两种情况，如果是由于气温低出现冒白烟现象，并不能说明发动机一定有故障。而当发动机工作温度正常后仍冒白烟，表明发动机存在故障。原因是发动机缸体有裂纹，冷却液渗入汽缸内；汽缸垫烧损或发动机缸盖平面度超出标准，导致冷却液渗漏到燃烧室中。

（3）尾气污染物检测

① 检测仪器　现在汽车常用的尾气污染物检测仪器是废气分析仪和烟度计。废气分析仪主要用在汽油发动机上，烟度计一般用在柴油发动机上。废气分析仪有两气体、四气体、五气体之分。两气体废气分析仪能检测尾气中的 CO 和 HC，四气体分析仪能检测汽车尾气中 CO、HC、CO_2、O_2 四种气体，五气体分析仪可检测 CO、HC、CO_2、O_2 和 NO_x 五种气体。

目前，检测汽油发动机尾气排放污染物有怠速检测和双怠速检测两种方法。对于柴油发动机而言，我国现行的在用车排放检测方法主要是自由加速试验排气可见污染物测量（用不透光式烟度计）或自由加速试验烟度测量（用滤纸式烟度计），其中滤纸式烟度计使用较广。

② 油发动机尾气排放污染物双怠速检测

a. 检测前查看仪器及车辆准备情况。废气分析仪取样软管足够长，取样探头长度不小于 600mm 并带有插深定位装置。废气分析仪整个取样系统不得有泄漏。受检车辆发动机进气系统应装有空气滤清器，排气系统应装有排气消声器，并不得有泄漏。

b. 发动机在检测前，先热机，冷却液和润滑油温度应达到汽车使用说明书所规定的热状态。

c. 发动机由怠速工况加速至 0.7 倍额定转速，维持 60s 后降至高怠速（即 0.5 倍额定转速）。

d. 发动机降至高怠速状态维持 15s 后开始读数，读取 30s 内的最高值和最低值，其平均值即为高怠速排放测量结果。

e. 发动机从高怠速状态降至怠速状态，在怠速状态维持 15s 后开始读数，读取 30s 内的最高值和最低值，其平均值即为怠速排放测量结果。若为多排气管时，分别取各排气管排放测量结果的平均值。

③ 柴油发动机自由加速烟度检测

a. 柴油发动机自由加速烟度检测采用滤纸式烟度计。检测前查看仪器及车辆准备情况。烟度计要提前预热 5min 以上，抽气开关与抽气泵应同步动作，滤纸洁白匀称，无受潮变质，取样进气管路畅通。受检车辆发动机在测试前要预热到规定的热状态，排气系统不得有泄漏现象。

b. 由怠速工况将加速踏板迅速踩到底，4s 后放开，反复 3 次，以清除排气系统中的沉积物。

c. 将取样探头固定于排气管内，插入深度为 300mm，并使其中心线与排气管轴线平行。在加速踏板上方固定好踏板开关。

d. 测量取样。由怠速工况将踏板开关和加速踏板一并迅速踏到底，保持 4s 后松开，完成第一次检验。读取测量数值。

e. 相隔 10s 后，进行第二次检验。重复检验 3 次，取 3 次检验的算术平均值为排气烟度的检验结果。

如果采用不透光式烟度计进行烟度检测，测试前的准备工作与滤纸式烟度计基本相同。在测量取样时，迅速踩下加速踏板，当发动机达到允许的最大转速时，立即松开加速踏板，使发动机恢复至怠速，不透光式烟度计恢复到相应状态。重复加速操作过程 6 次以上，记录仪器的最大读数值。在加速过程中，必须有连续 4 次吸收系数小于 0.25^{-1}，并且没有连续下降的趋势，取样数值有效。取连续 4 次测量结果的算术平均值，并将测量结果记录下来。

④ 结果分析　汽车尾气分析的标准在不断变化。根据汽车生产年代的不同，尾气标准的要求也不同。尤其对于汽油机车辆，由于发动机排污控制技术的快速发展，排放标准越来越高。我国也参考欧洲的做法，制定了国Ⅰ、国Ⅱ、国Ⅲ和国Ⅳ标准，其中国Ⅲ标准已于 2007 年 7 月 1 号正式实施。对于报废汽车而言，尾气检测结果也需要满足对应的尾气检测标准。如果超过标准，则表明汽车发动机系统有问题。装备点燃式发动机车辆双怠速试验排气污染物限值见表 11-1。

表 11-1 装备点燃式发动机车辆双怠速试验排气污染物限值

车辆类别	怠速		高怠速	
	CO/%	HC/10^{-6}	CO/%	HC/10^{-6}
2001 年 1 月 1 号后上牌的 M1 类车辆	0.8	150	0.3	100
2002 年 1 月 1 号后上牌的 N1 类车辆	1.0	200	0.5	150

注：M1 类车指车辆设计乘员数（含驾驶员）不超过 6 人，且车辆的最大总质量不超过 2500kg；N1 类车指最大设计总质量不超过 3500kg 的载货汽车。

11.2.3 汽车底盘动态检查

汽车底盘动态检查通过一定里程的路试检查汽车的工况。它可以综合反映汽车底盘的整体性能及汽车底盘某一局部总成的工作性能。

（1）离合器动态检查 按汽车正常起步方法驾驶汽车，使汽车平稳起步并挂挡，检查离合工作情况。正常情况离合器应接合平稳，分离彻底，工作时无异响、抖动和不正常打滑等现象。离合器踏板自由行程一般为 30～45mm，离合器踏板力一般不应大于 300N。

若离合器发抖或有异响，说明离合器内部有零件损坏现象或者离合器片磨损过度，应立即结束路试。若离合器自由行程偏小，则离合器摩擦片可能磨损严重。若离合器踏板力偏小，可能是离合器压紧弹簧或膜片弹簧松软。

（2）变速器动态检查

① 手动变速器动态检查 从起步加速到高速挡，再由高速挡减至低速挡。检查变速器换挡是否灵活轻便，是否有异响，互锁自锁装置是否有效、是否有乱挡现象。

对于手动变速器，若在换挡时变速器齿轮发响，说明变速器换挡困难，一般是由于换挡机构失调、换挡叉轨变形、同步器损坏所致。若变速器出现掉挡，说明变速器内部磨损严重，需要更换磨损的零件，才能恢复正常的性能。若在路试中，在换挡后出现变速杆发抖现象，表明汽车变速器使用时间很长，变速器的操纵机构的各个铰链处磨损松旷，使变速杆处的间隙过大。

② 自动变速器动态检查

a. 自动变速器换挡检查 将操纵手柄拨至 D 挡位置，踩下加速踏板，使节气门保持在 2/3 开度左右，让汽车起步加速，检查自动变速器的升挡情况。自动变速器在升挡时发动机会有瞬时的转速下降；车身有轻微的闯动。正常情况下，随着车速的升高，自动变速器应能顺利地由低挡升入高挡，最后升入超速挡。放开节气门，随着车速的降低，自动变速器应能顺利地由高挡降至低挡。

汽车行驶中加速良好，无明显的换挡冲击，换挡及时，可认为自动变速器换挡基本正常。若自动变速器有不能升入高速挡或超速挡、不能顺利地降挡、有明显的换挡冲击现象，则表明自动变速器有故障。

换挡时应密切注意仪表盘，记下每一次换挡车速，查看换挡车速是否正常。换挡车速太低一般是控制系统故障所致；换挡车速太高可能是控制系统或换挡执行元件故障所致。

在换挡时也要查看发动机转速，换挡时发动机的转速是判断自动变速器是否正常工作的重要依据。记下每一次升挡时刻发动机的转速，和标准值进行比对，如果不正常，则需要查找故障原因。

b. 自动变速器锁止离合器检查 自动变速器的锁止离合器是在高速时锁死液力变矩器泵轮和涡轮。检查时，让汽车加速至超速挡，保持高于 80km/h 的速度行驶，并使节气门开度保持在低于 1/2 的位置，锁止离合器进入锁止状态。此时，快速将油门踏板踩下至 2/3 开度，同时检查发动机转速的变化情况。若发动机转速变化不大，说明锁止离合器处于接合状态。若发动机转速升高很多，则说明锁止离合器没有接合，其原因通常是锁止控制系统有故障。

c. 前进低挡检查 把变速杆拨入前进低挡（s、L 或 2、1）位置，缓慢踩下节气门，查看汽车能否顺利启动，自动变速器有无异响，然后缓慢加速，看自动变速器是否能够换挡，是否能够限制最高挡位。此外还有检查自动变速器在前进低挡时有无发动机制动作用，将操纵手柄拨至前进低挡（s、L 或 2、1）位置，在汽车以 2 挡或 1 挡行驶时，突然松开油门踏板，检查是否有发动机制动作用。若松开油门踏板后车速没有立即随之下降，说明发动机制动作用不佳，应检查控制系统或前进强制离合器是否有故障。

　　d. 强制降挡功能检查　检查自动变速器强制降挡功能时，应将操纵手柄拨至 D 挡位置，踩下并保持节气门开度为 1/3 左右，在以 2 挡或 3 挡行驶时突然将油门踏板完全踩到底，检查自动变速器是否被强制降低一个挡位。在强制降挡时，发动机转速会突然上升至 4000r/min 左右，并随着加速升挡，转速逐渐下降。若踩下油门踏板后没有出现强制降挡，说明强制降挡功能失效。若在强制降挡时发动机转速上升过高，达 5000～6000r/min，并在升挡时出现换挡冲击，则说明换挡执行元件打滑，自动变速器需要拆修。

　　(3) 制动系统动态检查　车辆制动系统动态检查大致可以分以下几个步骤。

　　① 车辆起步后，先踩一下制动踏板，检查是否有制动；若没有制动，立即停车检查制动系统，可能原因是制动系统有泄漏或者没有制动油液。若制动踏板或制动鼓发出冲击或尖叫声，则表明制动摩擦片可能磨损过度，应检查制动摩擦片的厚度。

　　② 将车加速到 30km/h 紧急制动，检查制动是否可靠有力，车辆有无跑偏、甩尾现象。若车辆出现跑偏、甩尾等现象，应检查车辆两侧车轮制动力是否平衡；若踩下制动踏板有踩弹簧的感觉，则说明制动管路进入空气。

　　③ 将车加速到 50km/h，先用点刹的方法检查汽车是否立即减速、是否严重跑偏，再用紧急制动的方法检查制动距离和跑偏量是否符合标准，一般汽车在紧急制动时，制动力总和应大于整车重量的 60%。

　　④ 选择一段坡路，在坡中，实施车辆驻车制动，观察汽车是否停稳，有无滑溜现象。一般驻车制动力不应小于整车重量的 20%。

　　⑤ 如果车辆装有 ABS 系统，则还需检查 ABS 是否工作正常。将车加速到 50km/h 紧急制动，在制动过程中体会制动踏板是否有轻微的振颤，在制动时，驾驶员能否对车辆的行驶方向进行有效控制，同时还要查看地面上有没有留下很深制动拖痕。如果在制动时，制动踏板没有振颤，地面上又有留下很深的制动拖痕，则说明 ABS 系统有故障。

　　(4) 车辆动力性能检查　衡量车辆动力性能最常用的指标有三个：最高车速、加速时间和最大爬坡度。最高车速指汽车在路况良好的水平路面上所能达到的最高行驶车速，最高车速并不是车辆动力性能的绝对指标，一般汽车的动力性能好，则它的最高车速也高。加速时间一般指汽车的原地起步加速时间，即指汽车从静止加速到一定车速（一般是 100km/h）所需要的最短时间，加速时间是最有意义的动力性能指标，国际和国内的客车和轿车都以它为汽车的主要动力性能指标。汽车最大爬坡度指汽车满载时在良好路面上用第一挡克服的最大坡度，它表征汽车的爬坡能力，爬坡度用坡度的角度值（以度数表示）或以坡度起止点的高度差与其水平距离的比值（正切值）的百分数来表示。

　　车辆动力性能检查主要检查汽车的最高车速、加速时间和最大爬坡度。汽车起步后，迅速加速行驶，检查汽车的加速性能。通常，急加速时，发动机发出强劲的轰鸣声，车速提升迅速。各种汽车设计时的加速性能不尽相同。就轿车而言，一般发动机排量越大，加速性能就越好。通过路试检查被检汽车的加速性能与正常的该型号汽车加速性能的差距。将汽车驶入平直良好路面，逐渐提速并保持汽车的稳定车况，直至最高车速，比较实际最高车速与原车设计值的差距。让汽车在相应的坡道上行驶，检查汽车的爬坡性能是否与符合规定值。

　　(5) 汽车行驶方向稳定性检查　汽车行驶方向稳定性检查主要检查汽车行驶过程中，方向是否稳定，转向是否符合驾驶员的意志，在行驶和转向过程中是否有异响。车辆以 50km/h 左右中速直线行驶，双手松开转向盘，观察汽车行驶状况。此时，汽车应该仍然直线行驶并且不明显地转向另一边。无论汽车转向哪边，均说明汽车的转向轮定位不准，或车身、悬架变形。

　　车辆以 90km/h 以上高速行驶，观察转向盘有无摆振现象，即所谓的"汽车摆头"。若汽车有高速摆头现象通常意味着存在严重的车轮不平衡或不对中问题。汽车摆头时，前轮左右摇摆沿波形前进，严重影响汽车的平顺性及操纵稳定性，增大了轮胎的磨损。

　　选择宽敞的路面，左右转动转向盘，检查转向是否灵活、轻便。若方向沉重，说明汽车转向机构各球头缺润滑油或轮胎气压过低。对于带助力转向的汽车，方向沉重可能是助力转向泵和齿轮齿条磨损严重。

对于一般最高设计车速大于100km/h的汽车，转向盘最大自由转动量不允许大于20°。若方向盘的自由转动量过大，表明转向机构磨损严重，使方向盘的游动间隙过大。

（6）汽车行驶平顺性检查　汽车行驶平顺性是指汽车在一般行驶速度范围内行驶时，能保证乘员不会因车身振动而引起不舒服和疲劳的感觉，以及保持所运货物完整无损的性能。由于行驶平顺性主要是根据乘员的舒适程度来评价，又称为乘坐舒适性。汽车行驶平顺性的评价方法，通常是根据人体对振动的生理反应及对保持货物完整性的影响来确定的。

一般汽车行驶平顺性检查是将汽车开到粗糙、有凸起路面行驶，或通过铁轨，或通过公路有伸缩接缝，感觉汽车的平顺性和乘坐舒适性。在汽车行驶过程中，当汽车转弯或通过不平的路面时，倾听是否有不正常响声。若存在异响，原因是滑柱或减振器紧固装置松脱、轴承磨损严重等。当汽车转弯时，若车身侧倾过大，原因是横向稳定杆衬套或减振器磨损严重。

（7）汽车传动效率检查　检查汽车传动系统的机械效率。在平坦的路面上，将汽车加速至30km/h左右。踏下离合器踏板，将变速器挂入空挡滑行，其滑行距离应不小于220m。否则表明汽车传动系统传动阻力大，传动效率低，油耗大。汽车质量越大，其滑行距离应越远；初始车速越高，其滑行距离也应越远。将汽车急加速或者急减速，若有明显的金属撞击声，说明传动系统间隙过大。

（8）汽车整车路试后检查

① 温度检查

a. 汽车长时间路试后，检查冷却液、机油、齿轮油温度。正常情况下，冷却液温度不应超过95℃，机油温度不应超过90℃，齿轮油温不应超过85℃。

b. 检查运动部件是否过热。用红外线温度检测仪检测制动毂、轮毂、变速器壳、传动轴、中间轴轴承、驱动桥壳（特别是减速器壳）等部位的温度，不应有过热现象。

② "四漏"检查　在发动机长时间运转后，停车检查水箱、水泵、汽缸、缸盖、暖风装置及其所有连接部位，是否有渗水现象；检查发动机润滑系统、变速器、主减速器、转向液压系统、制动管路和液压悬架等相关部件的连接处、密封处，是否有明显渗油、滴油现象；检查汽车的进、排气系统和其他气压管路，是否有漏气现象；检查发动机点火系统，是否有漏电现象。

 思考题

1. 汽车静态检查和动态检测应考虑哪几个方面？
2. 汽车发动机性能鉴定应从哪些方面入手？
3. 汽车制动系统性能的鉴定应注意哪些问题？

第⑫章
报废汽车材料分类检验与利用

汽车材料主要是指汽车零部件材料和汽车运行材料，一辆汽车是由上万个零部件组成的，而这些零部件又是由上千种不同品质、规格的材料加工制造出来的，因此在汽车制造中，需要应用大量的机械工程材料作为汽车零部件材料。

汽车零部件材料数量大、品种多，几乎涵盖了所有传统和新型工程材料。据统计，全世界钢材产量的 1/4、橡胶产量的 1/2 以上都用于汽车生产。汽车零部件常用材料有金属材料、非金属材料及复合材料。

汽车零部件制造材料以金属材料为主，金属材料中又以钢铁材料的用量最多。有色金属和非金属材料因具有钢铁材料所没有的特性，所以在汽车制造中得到广泛应用。近年来，为适应汽车安全性、舒适性和经济性的要求，以及汽车低能耗、低污染的发展趋势，要求汽车减轻自重以实现轻量化，所以在汽车制造中钢铁的用量有所下降，而有色金属、非金属材料和复合材料等新型材料的用量正在上升，各种新材料的应用促进了汽车性能的提高和汽车工业的发展。

据统计，目前我国国产中型载货汽车的材料构成比为：钢材 64%、铸铁 21%、有色金属 1%、非金属材料 4%。一汽奥迪轿车的材料构成比为：钢材 62%、铸铁 9.67%、粉末冶金 1.23%、有色金属 11.5%、非金属材料 11.6%，从中可以看出汽车零部件材料的应用情况和发展趋势。国产典型汽车制造材料构成质量比见表 12-1。

表 12-1　国产典型汽车制造材料构成质量比

项目	轿车		卡车		公共汽车	
	/(kg/台)	/%	/(kg/台)	/%	/(kg/台)	/%
生铁	35.7	3.2	50.8	3.3	191.1	3.9
钢材	871.2	77.7	1176.7	76.1	3791.1	76.6
有色金属	52.4	4.7	72.3	4.7	146.7	3.0
其他	161.8	144	246.1	15.9	817.8	16.5
合计	1121.1	100	1545.9	100	4946.7	100

12.1　报废汽车黑色金属材料的分类检验与利用

黑色金属材料主要分为钢和铸铁两大类，俗称钢铁材料，其主要组成元素为铁和碳，因此又称为铁碳合金。钢铁材料性能较好且加工方便，因此是汽车制造工业中应用最广泛的金属材料，其用量超过汽车制造用材料的 2/3。

钢铁材料包括碳素钢、合金钢和铸铁。含碳量小于 2.11% 的铁碳合金称为钢，含碳量大于 2.11% 的铁碳合金称为铸铁。一般要求的汽车结构零件大多采用碳素钢或铸铁制造，性能要求高的汽车结构零件则采用合金钢制造。

12.1.1　黑色金属材料的分类

（1）碳素钢　碳素钢简称碳钢，其含碳量小于 2.11%，除含有铁和碳两种主要元素外，还含有少量的硅、锰、硫、磷等杂质元素（它们称为常存元素）。碳素钢价格低廉，冶炼容易，具有较好的机械性能和优良的机械加工性能，因此在汽车制造中得到广泛应用。典型碳素钢制造的零件有：低碳钢制造的油底壳、汽缸盖罩；中碳钢制造的连杆、曲轴等。

（2）合金钢　合金钢是在碳素钢的基础上，为改善钢的性能，在冶炼时有针对性地加入一些合金元素而制成的钢。常用的合金元素有：硅（Si）、锰（Mn）、铬（Cr）、镍（Ni）、钨（W）、钼（Mo）、钒（V）、硼（B）、铝（Al）、钛（Ti）和稀土元素（RE）等。

汽车上的一些受力复杂的重要零件，如变速器齿轮、半轴和活塞销等，如果采用碳素钢制造，并不能满足其性能要求，因此汽车制造中还广泛应用了合金钢。典型合金钢制造的汽车零件有变速器齿轮、减速器齿轮、活塞销、十字轴、半轴、气门弹簧等。

（3）铸铁　铸铁的含碳量大于2.11%（一般在2.5%～4.0%之间），除含有铁和碳两种主要元素外，还含有一定量的硅、锰、硫和磷等元素。

铸铁中的碳以自由状态的石墨或化合物渗碳体的形式存在，根据碳的存在形式不同，铸铁可分为以下五种。

① 白口铸铁　其中的碳全部或大部分以化合物渗碳体的形式存在，由于其断口呈白色，故称为白口铸铁。由于白口铸铁存在着大量的渗碳体，因此其性能硬而脆，难以切削加工，极少用来直接制造零件，主要用作炼钢原料或可锻铸铁毛坯。

② 灰口铸铁　其中的碳绝大部分以片状石墨形态存在，由于其断口呈暗灰色，故称为灰口铸铁。灰口铸铁有一定的机械性能和良好的切削加工性，是工业中应用最广泛的铸铁。

③ 可锻铸铁　其中的碳绝大部分以团絮状石墨形态存在，由于其塑性和韧性比灰口铸铁好，故称为可锻铸铁。但是可锻铸铁实际上不能锻造，主要用于铸造韧性较好的薄壁零件。

④ 球墨铸铁　其中的碳绝大部分以球状石墨形态存在，故称为球墨铸铁。球墨铸铁的强度和韧性比灰口铸铁、可锻铸铁都好，因此可以代替部分钢材制造某些重要零件。

⑤ 蠕墨铸铁　其中的碳绝大部分以蠕虫状石墨形态存在，故称为蠕墨铸铁。蠕墨铸铁是一种新型的高强度铸铁，已在生产中得到大量应用。

此外，在灰口铸铁或球墨铸铁的基础上加入某些合金元素后，形成具有特殊性能的铸铁称为合金铸铁。合金铸铁主要有耐磨铸铁、耐热铸铁和耐蚀铸铁等，从而进一步扩大了铸铁的应用范围。

12.1.2　黑色金属材料在汽车上的应用

汽车上黑色金属材料主要为钢铁，钢铁主要可以分为钢板、特殊钢和铸铁。

（1）钢板

① 热轧钢板　主要用于车架等承受应力较大的零件，如汽车的纵梁和横梁等，采用双相钢通过控制轧制而成。

② 冷冲压钢板　小于等于4mm的薄钢板，一般用来制造驾驶室、发动机罩、翼子板、车厢、散热管热护罩等不受载荷的各种覆盖零件；大于4mm的厚钢板用来制造承受一定载荷的零件，如大梁、横梁、车架、保险杠等。

③ 涂镀层钢板　涂镀层钢板有镀锌板和镀铝板。镀锌板冲压性能、焊接性能都较好，可用作驾驶室底板、车身覆盖件和油箱等汽车零件；镀铝板耐腐蚀性能和镀层耐热性好，主要用在消声器、排气管等零件。

④ 复合减振钢板　复合减振钢板由低成本的钢板和低质量树脂结合而成，其特点是减轻汽车质量，降低车内噪声，主要用作挡泥板、隔板、底版和顶板、油底壳、隔声板等。

（2）特殊钢

① 弹簧钢　汽车上某些零件如钢板弹簧、发动机气阀弹簧、悬挂弹簧、离合器膜片弹簧和波形片弹簧等，要求具有高且稳定的弹性极限以及高强度和疲劳极限，并能承受较大的冲击载荷，同时具有足够的塑性和韧性。为保护上述零件在高载荷下能正常工作，必须采用弹簧钢制造。

② 齿轮钢　汽车中的变速箱齿轮、差速齿轮、后桥齿轮等在工作时承受交变弯曲力的作用，换挡时又承受冲击，轮齿的表面在带有滑动的滚动摩擦中受到接触压力和摩擦力的作用。齿轮在使用过程中

由于受力情况较为繁重，所用材料必须具有高的疲劳极限、合适的芯部强度和韧性，轮齿的表面要耐磨等。为满足这些要求，汽车齿轮一般须进行表面渗碳、碳氮共渗或高频表面淬火等热处理。

③ 调质钢　曲轴是发动机的主要零件之一，承受发动机周期性变化着的气体压力，活塞连杆组的往复惯性力、回转惯性力和曲柄间的扭转力等作用。在高速运转的发动机中，还伴有扭转振动的影响，因此制造曲轴的材料要求具有高强度和适当的冲击特性。凸轮轴经常承受滚轮、推杆、挺杆、气阀弹簧等零件传来的惯性力、气阀的推力及由凸轮传送的扭力等，因此要求材料具有高硬度、高强度和适当的韧性。连杆连接活塞和曲轴，将汽缸内气体形成的爆发力传递给曲轴，驱动曲轴回转，承受往复惯性力和旋转惯性力，因此连杆在工作中处于一种很复杂的应力状态。连杆螺栓是发动机中承受载荷较大的零件之一，承受很大的具有冲击性的迅速变化着的拉力。曲轴、凸轮轴、连杆、连杆螺栓，还有缸盖螺栓、后半轴、转向节等零件所用钢材一般均为调质钢，即中碳结构钢或中碳低合金结构钢，采用调质处理以获得所需要的性能。

④ 非调质钢。调质钢是在碳素结构钢中加入微量钒、钛、铌，通过轧制和锻造直接冷却，微合金元素的碳化物或碳氮化物弥散析出，起到析出强化和细化晶粒作用。钢在锻轧状态就可以直接加工成制品，无需经过调质处理就能达到良好的综合力学性能。由于非调质钢的显著经济效益，得到各国生产和使用部门的高度重视，世界上几乎所有的主要产钢厂都在研制和推广应用这类钢种。非调质钢在工业上的应用范围正在不断扩大，已成功地用来制造汽车中的曲轴、连杆、半轴、齿轮轴和轴类等零件。

⑤ 渗碳钢　用于制造表面要求具有较高强度、硬度、耐磨性和疲劳极限而芯部仍保持足够塑性和韧性的零件，如齿轮、活塞销、凸轮轴、气阀挺杆、拉杆、球头销、球碗、前桥半轴、万向节十字轴等。

⑥ 不锈钢　汽车发动机排气门常见的故障是头部工作面烧坏、腐蚀，部分过热或熔化、挠曲变形，头部疲劳碎裂及阀杆断裂等。因此在设计配气机构时，不仅要有合理的结构与工艺，并且在选材上应有严格的要求。气门用钢应具有较高的室温和高温强度、持久强度、硬度和耐磨性，具有良好的抗燃气腐蚀和抗氧化性，在工作期间保护尺寸稳定和不变形，具有高的热导率而线膨胀系数应与导管材料的大致相近，具有冷热变形和切削加工性能及焊接性能。为达到上述性能要求，发动机排气门及排气系统中的排气歧管、溢流管、催化转化器、消声器和尾管等应采用耐热不锈钢制造。

⑦ 易切削钢　在机械制造工业中，切削加工是一种主要工艺，随着机械工业和切削技术的发展，切削加工正走向精密化，要求越来越高，这就促使了易切削钢的出现。在汽车生产中需要大量的、各种品种规格的易切削结构钢，以便在不增加设备和人员的条件下提高需要切削加工的机器零件，如各种标准件、齿轮、转向齿条、阀簧座、连杆、曲轴等的切削速度。

（3）铸铁　除变速箱、发动机缸体采用铸铁制造外，由于铸造和热处理技术的进步，汽车中许多重要零件也采用铸铁制造，既可显著地降低制造成本，又不影响使用效果，如发动机上采用稀土镁球墨铁曲轴的日益增多。近年来，合金铸铁和球墨铸铁的凸轮轴发展空间迅速扩大，经过适当热处理的铸铁凸轮轴在耐磨性方面并不亚于钢制的凸轮轴，甚至在某些场合优于钢制的凸轮轴。

12.1.3　黑色金属的简易鉴别检验

黑色金属材料的鉴别是汽车拆解工应掌握的一项重要技术，同时也是一项容易受到忽视的技术。在汽车拆解现场，常见的、简便实用的是火花鉴别法。通过钢的火花可以鉴别钢号混杂或可疑的钢材，鉴别碳素钢的含碳量、合金元素的种类以及检查钢的表面脱碳情况等。

（1）火花鉴别原理　在旋转砂轮上打磨钢试件时，试件脱下的钢屑就向外飞溅，同时被加热至熔点。在离心力作用下飞溅而下的钢屑形成一道道或长或短、或连续或间断的火花射线（主流线）。随着试件与砂轮的接触压力不同，钢的成分不同，火花射线也各不一样，许多射线组成火花束。飞溅钢屑达到高温时，钢和钢中伴生元素（特别是碳、硅和锰）在空气中被烧掉。由于碳的氧化物 CO 和 CO_2 是气体，这些小的赤热微粒在离开砂轮一定距离时产生类似于爆炸的现象，便爆裂成火花。根据流线和火花的特征，可以鉴别钢材的成分。

（2）火花的组成

① 火束　钢铁在砂轮机上磨削时所产生的全部火花称为火束，分为根部、中部、尾部三部分，如图 12-1 所示。

② 流线　火束中明亮的线条称为流线。钢的化学成分不同，其流线也不一样，例如碳钢的流线是直线或抛物线状，铬钢和铬镍钢火束中常夹有波浪状流线，钨钢和高速钢火束常出现断续流线，如图 12-2 所示。

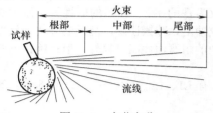

图 12-1　火花名称

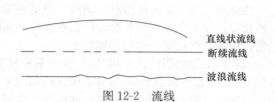

直线状流线
断续流线
波浪流线

图 12-2　流线

（3）火花鉴别方法　火花鉴别的主要设备是砂轮机。砂轮是 36♯～60♯ 普通氧化铝砂轮，砂轮转速一般为 2800～2850r/min。

进行火花鉴别时，操作者要戴上无色眼镜，场地光线不宜太亮，以免影响火花色泽及清晰程度，在钢试件接触砂轮时，压力要适中，使火花向略高于水平的方向发射，以便于仔细观察。根据火花的颜色、形状、长短、节花的数量和尾花的特征等多方面来判断，必要时应备有标准钢样，用以帮助判断及比较。

一般来说，钢中含碳量越多，火花越多，火束也由长趋向短。锰、铬、钒促进火花爆裂，钨、硅、镍和铝能抑制火花的爆裂。对碳素钢进行火花鉴别时，精确度很高；对合金钢作火花鉴别时较困难。

（4）常用钢的火花特征

① 低碳钢（以 20♯ 钢为例）　整个火束较长，颜色呈橙黄带红，芒线稍粗，发光适中，流线稍多，多根分叉爆裂，呈一次节花，如图 12-3 所示。

② 中碳钢（以 45♯ 钢为例）　整个火束稍短，颜色呈橙黄色，发光明亮，流线多而稍细，多根分叉，二次节花为主，也有三次节花，花量约占整个火束的 3/5 以上，火花盛开，如图 12-4 所示。

图 12-3　低碳钢火花

图 12-4　中碳钢火花

③ 高碳钢（以 T10 钢为例）　火束较中碳钢短而粗，颜色呈橙红色，根部色泽暗淡，发光稍弱，流线多而细密，节花为多根分叉，三次节花，小碎花和花粉量多而密集，花量占整个火束的 5/6 以上，磨削时手感较硬，如图 12-5 所示。

④ 轴承钢（以 GCr15 钢为例）　整个火束粗而短，颜色呈橙黄色，发光适中，芒线多而细，节花为多根分叉，三次节花，花量占 5/6 左右，有很多花粉和小碎花，尾部细而长，如图 12-6 所示。

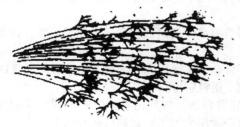

图 12-5　高碳钢（以 T10 钢为例）的火花

图 12-6　轴承钢（以 GCr15 钢为例）火花

12.2 报废汽车有色金属材料的分类检验与利用

12.2.1 铝及铝合金

(1) 纯铝 纯铝呈银灰色，其密度为 $2.7 \times 10^3 kg/m^3$，仅为铁的 1/3。纯铝的塑性好，压力加工性能好，易于加工成板材、箔材、线材等型材。纯铝易吸收冲击，减振性好。纯铝的导热、导电性较好，仅次于银、铜和金。纯铝在大气、弱酸、弱碱介质中的耐腐蚀性能也较好。但是纯铝的强度、硬度和熔点低，焊接性能较差。

我国工业纯铝的代号用"L"加"顺序号"的格式表示，有 L1、L2、L3、…、L6 等 6 种，其中 L1 中所含的杂质最少，L6 中所含的杂质最多。

纯铝一般不能用于结构件，在汽车上主要用于电线、电缆等电气元件，散热器等导热元件，以及汽车内外的装饰件和铭牌等。

(2) 铝合金 铝合金是在纯铝中加硅、铜、镁、锰等合金元素而形成的合金。由于合金元素的作用，铝合金的强度、硬度得到了提高，同时又具有纯铝密度小、导热性好、耐蚀性好等优点，铝合金在汽车上常用于制造质量要求轻、强度要求较高的零件。根据化学成分和加工方法的不同，铝合金可分为形变铝合金和铸造铝合金两大类。

(3) 铝合金在汽车上的应用 铝合金在汽车上的应用见表 12-2。

表 12-2 铝合金在汽车上的应用

类别	代号	应用举例
形变铝合金	LF5 LF11 LF12	车身、汽油箱、油管、防锈蒙皮、铆钉和装饰件等
铸造铝合金	ZL103	发动机风扇、离合器壳体、前盖及主动板等
	ZL104	汽缸盖罩、挺杆室盖板、机油滤清器底座、转子及外罩等
	ZL105	发动机活塞等

12.2.2 铜及铜合金

(1) 纯铜 纯铜呈紫红色，故又称紫铜，其密度为 $8.96 \times 10^3 kg/m^3$。纯铜具有优良的导电性和导热性，较好的耐蚀性和塑性，但纯铜的硬度和强度较低。

我国工业纯铜的代号用"T"加"顺序号"的格式表示，有 T1、T2、T3、T4 等 4 种。其中T1 中所含的杂质最少，T4 中所含的杂质最多。

纯铜在汽车上的应用主要有两方面：一是利用其导电性，制造电线、电缆和电路接头等电气元件；二是利用其导热性，制造散热器等导热元件。此外，纯铜还可用于制作汽缸垫，进、排汽管垫，轴承衬垫和各种管接头等。

(2) 铜合金 由于纯铜价格较高、强度低，一般不宜用于结构件。在工程上应用较多的往往是在纯铜中加入合金元素后形成的铜合金。常用铜合金有黄铜和青铜两大类。

① 黄铜 黄铜是以锌为主要添加元素的铜合金。按其化学成分的不同，黄铜可分为普通黄铜和特殊黄铜两类。

普通黄铜是由铜和锌两种元素组成的合金。普通黄铜具有良好的耐蚀性和压力加工性能，其含锌量一般在 35%～40% 之间，具有一定的塑性和强度。

特殊黄铜是在普通黄铜中加入铝、硅、锰、锡、铅等合金元素而形成的合金，按其所加元素的不同，特殊黄铜可分为铝黄铜、硅黄铜、锰黄铜、锡黄铜、铅黄铜等。

② 青铜 青铜是指黄铜和白铜（即铜镍合金）以外的铜合金。按其化学成分的不同，青铜可分为锡青铜和特殊青铜两类；按其加工方法的不同，又可分为压力加工青铜和铸造青铜两类。

锡青铜是以锡为主要添加元素的铜合金，工业用锡青铜的含锡量一般超过 14%，锡青铜具有较高的强度和硬度、良好的耐蚀性和铸造性能，特别适合铸造形状复杂、壁较厚的铸件，如青铜器工艺品等。锡青铜在汽车上主要用于制造发动机摇臂衬套、连杆衬套等。

特殊青铜又称为无锡青铜，是以铝、铅、硅、铍、锰等元素替代锡作为添加元素而组成的铜合金，按所加元素的不同，特殊青铜可分为铝青铜、铅青铜、硅青铜、铍青铜、锰青铜等。

(3) 常用铜合金在汽车上的应用　常用铜合金在汽车上的应用见表 12-3。

表 12-3　常用铜合金在汽车上的应用

类别	牌号(代号)	应用举例
黄铜	H62	水箱进、出水管,水箱盖,水箱加水口,座及支承,散热器进出水管等
	H68	水箱贮水室,水箱夹片,水箱本体,散热器主片等
	H90	排气管热密封圈外壳,水箱本体,散热器散热管及冷却管等
	HPb59-1	化油器零件,制动阀阀座,贮气筒放水阀本体及安全阀座等
	HSn90-1	转向节衬套、行星齿轮及半轴齿轮支承垫圈等
青铜	QSn4-4-2 5	活塞销衬套、发动机摇臂衬套等
	QSn3-1	水箱出水阀弹簧、空气压缩机松压阀阀套、车门铰链衬套等
	ZCuSn5Pn5Zn5	机油滤清器上、下轴承等
	ZCuPb30	曲轴轴瓦、曲轴止推垫圈等

12.2.3　滑动轴承合金

滑动轴承是一种重要的机械元件，由于具有承压面积大、工作平稳、噪声小等特点，因此在高速重载的场合被广泛地使用。如汽车发动机中的曲轴轴承、连杆轴承、凸轮轴轴承等都采用了滑动轴承。滑动轴承中直接与轴颈接触的是轴瓦，轴瓦通常由双层金属或两层金属组成。双金属轴瓦的结构，如图 12-7 所示。用于制造滑动轴承轴瓦内衬的合金称为滑动轴承合金。

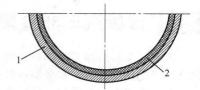

图 12-7　双金属轴瓦的结构示意图
1—钢背（低碳钢）；2—内衬（滑动轴承合金）

按其化学成分的不同，常用滑动轴承合金可分为锡基、铅基、铝基和铜基滑动轴承合金等。锡基、铅基轴承合金又称为巴氏轴承合金。其中锡基、铅基滑动轴承合金属于软基体硬质点的轴承合金，而铝基、铜基滑动轴承合金属于硬基体软质点的轴承合金。

12.2.4　新型合金材料

随着材料科学和汽车制造技术的发展，除了铝及铝合金、铜及铜合金等有色金属在汽车上得到大量应用外，镁及镁合金、锌及锌合金、钛及钛合金以及粉末合金等新型合金材料在汽车上也得到了应用。

(1) 镁及镁合金　镁的密度为 $1.74 \times 10^3 kg/m^3$，不到铝密度的 2/3，是金属结构材料中密度最小的。纯镁的强度低，镁合金经热处理后强度有所提高。镁的熔点低，铸造性能好，回收利用性也较好。但是镁的塑性较差，压力加工性、耐热性和耐蚀性差，并且其价格比铝贵。

镁合金和铝合金一样可分为形变镁合金和铸造镁合金。在汽车上除少量镁板或镁型材等形变镁合金外，一般都使用铸造镁合金。

目前，镁合金作为汽车轻量化材料，在汽车上的应用明显不如铝合金普遍。但是随着镁合金性能的改进，在汽车工业中的应用正在逐渐扩大，如汽车发动机中的汽缸体、曲轴箱、汽油滤清器壳体、空气滤清器壳体、进气歧管和风扇叶片等都有用镁合金制造的，又如汽车底盘中的离合器壳、变速器壳、转向盘柱和转向器壳等也有用镁合金制造的。此外，镁合金还应用于制造车身装饰框、车门铰链、仪表板和挡泥板支架等。

(2) 锌及锌合金　锌的密度为 $7.1 \times 10^3 kg/m^3$。锌合金的强度比较高，铸造性能好，价格也不贵，但其塑性较低，耐热性、耐蚀性和焊接性能较差。锌合金主要用于铸造受力不大而形状复杂的小型结构件和装饰件，在汽车上可用于制造汽油泵壳、机油泵壳、变速器壳、车门手柄、雨刮器、安全带扣和内饰件等。

（3）钛及钛合金　钛呈银白色，密度为 $4.5 \times 10^3 kg/m^3$，熔点高达 $1700℃$，是一种高熔点的轻金属。纯钛的强度与碳素结构钢相当，耐蚀性与铬镍不锈钢相当，韧性与钢铁相当，钛合金的比强度极高，耐蚀性好，并且高温和低温性能都很好，但其加工困难，成本高，钛合金在航空和航天工业中应用普遍，目前在汽车上也得到了应用，通常可用于制造发动机连杆、曲轴、气门、气门弹簧和悬架弹簧等。

（4）粉末合金　粉末合金是由几种金属粉末或金属与非金属粉末压制成型，再经高温烧结而成的材料，粉末合金的冶炼、制取工艺称为粉末冶金。粉末冶金是一种新型的技术，能在完成金属材料冶炼的同时，获得形状大小合乎要求的机械零件，因此，粉末冶金既是一种制取金属材料的冶金方法，也是制造机械零件的加工方法。粉末冶金获得的粉末合金零件只需少量切削或无需切削，不仅能节约材料、简化加工，而且能获得传统材料所不具备的某些特殊性能。

粉末合金零件在汽车上已得到广泛应用，国外粉末合金产品 60% 以上都用于汽车制造。粉末合金零件微孔多，能吸收贮存润滑油，其硬度高，耐磨性好且强度较高，可用于制造气门导管、离合器衬套、轮毂油封外圈、机油泵齿轮、曲轴带轮、水泵叶轮、正时齿轮等减摩和耐磨零件；粉末合金也可用来替代传统的石棉制品。用于制作汽车制动片、离合器摩擦片材料，以满足环保的要求；粉末合金还能达到传统材料难以达到的耐高温和耐高压性能，可用于制作现代汽车的过滤元件和消音元件等，总之粉末合金在汽车零部件上的应用正在进一步扩大。

12.3 报废汽车非金属材料的分类检验与利用

在传统汽车制造加工中，一直都以应用金属材料为主。但是近年来，随着非金属材料的迅猛发展和汽车轻量化的要求，非金属材料已越来越多地应用在汽车上。

工程上常用的非金属材料包括高分子材料、陶瓷材料和复合材料。高分子材料（即分子量特别大的有机化合物）包括塑料、橡胶等。陶瓷材料包括陶瓷、玻璃等。复合材料包括金属和金属之间、非金属和金属之间、非金属和非金属之间的复合材料，但工程用复合材料大多以非金属复合材料为主。高分子材料、陶瓷材料和金属材料并称为三大工程材料，复合材料则又是一种新兴的、具有广阔发展前景的工程材料。

12.3.1 塑料

随着塑料性能的不断改进，塑料在汽车上除了广泛地应用于制作各种内装饰件外、现在已可用来替代部分金属材料，制造某些结构零件、功能零件和外装饰件。这样不仅可以满足某些汽车零部件的特殊性能要求，又符合汽车轻量化的要求，

（1）塑料的组成　塑料是以合成树脂为主要原料，并加入某些添加剂而制成的高分子材料。塑料在一定的温度和压力下，能塑造出各种形状的制品。

① 合成树脂　合成树脂是从煤、石油和天然气中提炼出来的高分子化合物，合成树脂是塑料的基本成分，其种类、性质和含量决定了塑料的性能。塑料的名称大多是以合成树脂的名称来命名的。合成树脂的种类很多，常用的有酚醛树脂、环氧树脂、聚酯树脂、有机硅树脂、聚氯乙烯和聚苯乙烯等。

② 添加剂　大多数塑料都在合成树脂中加入添加剂，以改善塑料的性能，添加剂的种类有很多，按其改善性能的目的不同，主要有填充剂、增塑剂、稳定剂、固化剂、润滑剂、抗静电剂、阻燃剂和着色剂等。

（2）塑料的分类　塑料的种类有很多，一般可以按以下两种方法分类。

① 按塑料的热性能和成型特点分，可分为热塑性塑料和热固性塑料。

凡能受热软化、冷却后硬化，且此过程可多次反复进行的塑料称为热塑性塑料。这类塑料成型加工方便，废旧塑料可回收使用。但其耐热性相对较差，容易变形。常用的热塑性塑料有聚乙烯、聚丙烯、聚氯乙烯、ABS 塑料、聚甲醛、聚酰胺和有机玻璃等，凡一次加热成型后，不能再通过

加热使其软化、熔解的塑料称为热固性塑料。这类塑料耐热性好，不易变形，但生产周期长，废旧塑料不能回收使用。热固性塑料主要有酚醛塑料、氨基塑料和环氧塑料等。

② 按塑料的用途分，可分为通用塑料和工程塑料　通用塑料是指用于制造日常用品、农用品等的塑料。这类塑料产量大，成本低，应用广泛。通用塑料主要有聚乙烯、聚氯乙烯、聚苯乙烯、聚丙烯、氨基塑料和酚醛塑料等。

工程塑料是指用于制造工程构件和机械零件的塑料，这类塑料强度、刚度较高，韧性、耐热性、耐腐蚀性较好，可用来替代金属材料制造机械结构件。工程塑料主要有聚酰胺、聚甲醛、聚碳酸酯和ABS塑料等。但在实际应用中，工程塑料和通用塑料区分并无严格的界限。

（3）塑料的主要特性　塑料和其他材料相比较，具有许多独特的物理、化学和机械性能，其主要特性如下。

① 密度小　塑料的密度在$0.82\times10^3\sim2.29\times10^3\,kg/m^3$之间，仅为钢密度的$1/8\sim1/4$，铝密度的$1/2$。因此塑料用于汽车零部件材料，可减轻汽车自重。

② 比强度高　比强度即单位质量的强度。虽然塑料的强度比金属材料低得多，但塑料的密度小，单位面积的质量轻，因此相同质量的构件，塑料的强度高。

③ 耐腐蚀性好　塑料对酸、碱、盐等溶液具有良好的抗腐蚀能力，可长期在潮湿或腐蚀环境下工作。

④ 绝缘性好　塑料是良好的绝缘体，其绝缘性能与陶瓷相当。

⑤ 吸振和消声性能好，塑料大多具有良好的吸振和消声性能，用于制作机械零件可大大减少振动和噪声。

⑥ 耐磨和减摩性能优良　一些塑料的摩擦因数小，耐磨性好，自润滑性能好，可用于轴承材料或其他耐磨材料。

此外，塑料还具有易于加工成型、绝热性好的特性。但是塑料的热膨胀系数大，力学性能、耐热性较差，一般只能在$100℃$以下工作，同时塑料还有易老化、易燃烧等缺点。

（4）塑料在汽车上的应用　塑料在汽车上的应用越来越多，常用于内、外装饰件和结构零件等，目前塑料在轿车上的用量占全车重量的9%左右。常用塑料的主要特性及其在汽车上的应用见表12-4。

表 12-4　常用塑料的主要特性及其在汽车上的应用

种类		主要特性	应用举例
热塑性塑料	低压聚乙烯	强度高、耐磨性、耐高温性、耐腐蚀性和绝缘性较好	汽油箱、挡泥板、门窗嵌条、保险杠等
	聚酰胺(尼龙)	韧性好、强度高、耐磨性、耐疲劳性、耐油性等综合性能好，但吸水性和收缩率大	车窗摇柄、风扇叶片、里程表齿轮、衬套等
	聚甲苯	综合力学性能优良，尺寸稳定性好，耐磨性、耐油性、耐老化性好，吸水性小	半轴齿轮和行星齿轮垫片、汽油泵壳、转向节衬套等
	ABS塑料	综合力学性能优良，耐热性、耐腐蚀性、尺寸稳定性好，易于加工成型	方向盘、仪表板、挡泥板、行李厢等
	聚四氟乙烯	化学稳定性能优良，耐腐蚀性极高，摩擦因数小，耐高温性、耐寒性和绝缘性好	各种密封圈、垫片等
	有机玻璃	透明度高、耐腐蚀性、绝缘性好、有一定的力学性能，但耐磨性差	油杯油标尺、灯罩等
	聚苯醚	耐冲击性能优良，耐磨性、绝缘性、耐热性好，吸水率低，尺寸稳定性好但耐老化性差	小齿轮、轴承、水泵零件等
	聚酰亚胺	耐高温性能好，强度高，综合性能优良，耐磨性和自润性好	正时齿轮、冷却系统和液压系统密封垫圈等

续表

种类		主要特性	应用举例
热固性塑料	酚醛塑料	耐热性、绝缘性、化学稳定性、尺寸稳定性等性能优于热塑性塑料,但质地较脆,耐冲击性差	分电盘盖、分火头、制动摩擦片和离合器摩擦片等
	环氧塑料	强度较高、韧性较好、收缩率低,绝缘性、化学稳定性、耐腐蚀性好	塑料量具、模具、电气和电子元件的密封等

（5）报废汽车塑料的回收再利用　从现代汽车使用的材料看,无论是外装饰件、内装饰件,还是功能与结构件,到处都可以看到塑料制件的影子。外装饰件主要部件有保险杆、挡泥板、车轮罩、导流板等；内装饰件的主要部件有仪表板、车门内板、副仪表板、杂物箱盖、座椅、后护板等；功能与结构件主要有油箱、散热器水室、空气过滤器罩、风扇叶片等。采用塑料制造汽车部件的最大好处是减轻了汽车重量,提高了汽车某些部件的性能。但塑料是一种难以降解的物质,有些改性后的塑料材料使用寿命更长。若是通过焚烧的方式来处理会造成严重的大气污染。

汽车是有报废年限的,随着全世界汽车保有量的增加,每年从汽车上拆解下来的废塑料数量也在增加。目前,国内主要是采用燃烧利用热能的方式来处理汽车废旧塑料件,并通过一定的清洁装置,将不能利用的废气和废渣进行清洁处理。

目前,日本及欧洲各国在几年前已分别提出了对汽车废旧塑料的利用要求,并规定了具体的年限。由于汽车工业发达国家政府的高度重视,促进了包括塑料和橡胶在内的废旧材料的回收利用,汽车废塑料制品的实际利用率在 2000 年已达 85% 左右,预计到 2015 年可达 95%。

实际上,提高材料的综合应用技术,科学地进行汽车部件的选材尤其是新产品的选材是汽车废旧塑料回收和再生利用的基础。选择的汽车塑料品种趋于统一,便于将来报废后的分类回收和整体利用。在国外已开始倡导材料综合应用的观念,充分提高材料的再利用率,并将其应用于汽车塑料材料及制品的设计与生产实践。例如,德国宝马汽车公司为尽量避免使废塑料进入粉碎屑中,采取了在车体压碎前将塑料部件从车体上拆下来,并单独回收利用。宝马系列车型可回收利用塑料件分解如图 12-8 所示。

图 12-8　宝马汽车可回收利用塑料件分解

12.3.2　橡胶

橡胶是一种有机高分子材料,橡胶在汽车工业中的应用十分广泛,许多汽车零部件如轮胎、风扇皮带、胶管、制动皮碗和缓冲垫等,都采用橡胶制造。

（1）橡胶的组成和分类　橡胶是以生橡胶为主要原料,加入各种适量的配合剂制成。

① 生橡胶　生橡胶简称生胶,是橡胶的主要原料。按其来源不同,可分为天然橡胶和合成橡胶两大类。

a. 天然橡胶　天然橡胶是从橡胶树上采集的胶乳经凝固、干燥、混炼加工而成的高分子材料,天然橡胶是一种综合性能优良的高弹性物质。

b. 合成橡胶　合成橡胶是以石油、天然气和煤等为原料，通过化学合成的方法制成的与天然橡胶性质相似的高分子材料。合成橡胶的原料来源丰富，成本低廉，其品种和数量较多，产量已超出了天然橡胶。按其性能和用途不同，可分为通用橡胶和特种橡胶两大类。

通用橡胶的性能与天然橡胶相似，物理、力学和加工性能较好，例如丁苯橡胶、顺丁橡胶、异戊橡胶等。特种橡胶是指具有耐热、耐寒、耐油和耐化学腐蚀等特殊性能的橡胶，例如，硅橡胶、氟橡胶、聚氨酯橡胶等。

② 配合剂　配合剂是为了提高和改善橡胶制品性能而加入的化学原料，主要有硫化剂、硫化促进剂、补强剂、软化剂和防老化剂等。

（2）橡胶的主要特性

① 极高的弹性　橡胶具有独特的高弹性，其延伸率可高达1000％。橡胶在开始受力时会产生很大的变形，但随着外力的增加，橡胶又具有很强的抵抗变形能力，外力去除后又能恢复原形。因此，橡胶可作为弹性减振材料。如橡胶制成的汽车轮胎在汽车行驶时，能承受强烈的弯曲变形，并能缓冲减振。

② 良好的热可塑性　橡胶在一定温度下会失去弹性而具有塑性，即具有热可塑性。因此，橡胶在加热至可塑状态时。容易被加工成不同形状和尺寸的制品，而它在常温时又重新恢复弹性。

③ 良好的黏着性　黏着性是指橡胶与其他材料黏结成一体而不易分离的能力。橡胶特别能与毛、棉、尼龙等纤维材料牢固地黏结在一起，例如，汽车轮胎就是利用橡胶和轮胎帘线牢固地黏结在一起，从而增强了轮胎的耐冲击、耐振动能力。

④ 良好的绝缘性　橡胶大多具有良好的绝缘性，是电线、电缆和电气设备良好的绝缘材料。

此外，橡胶还具有良好的耐腐蚀性、密封性和耐寒性等。但是橡胶的导热性能差，拉伸强度低，尤其容易老化。橡胶的老化是指随着时间的增加，橡胶出现变色、发黏、变硬、变脆及龟裂等现象。为防止橡胶老化，延长橡胶制品的寿命. 在橡胶制品的使用中应避免与酸、碱、油及有机溶剂接触，尽量减少受热、日晒和雨淋等。

（3）橡胶在汽车上的应用　橡胶是在汽车上得到大量应用的一种重要材料，是其他材料所无法替代的。现代轿车中橡胶的用量约占轿车总重量的3％～6％，其中用量最大的是轮胎，约占轿车中橡胶件总重量的70％左右，橡胶在汽车上除了用于制造轮胎外，还可用于制造各种胶管、胶带、减振件和密封件等。常用橡胶的主要特性及其在汽车上的应用见表12-5。

表 12-5　常用橡胶的主要特性及其在汽车上的应用

种类	主要特性	应用举例
天然橡胶	强度较高，耐磨性、抗撕裂性、耐寒性、气密性和加工性能良好，但耐高温性、耐油性较差，易老化	轮胎、胶带、胶管和通用橡胶制品等
丁苯橡胶	耐磨性优良，耐老化性、耐热性优于天然橡胶，机械性能和天然橡胶相近，但加工性能和黏着性较天然橡胶差	轮胎、胶带、胶管、摩擦片和通用橡胶制品等
氯丁橡胶	力学性能良好，耐老化性、耐腐蚀性、耐热性、耐油性较好，但密度大，绝缘性、耐寒性较差，加工时易粘接	胶带、胶管、电线护套、模压制品和汽车门窗嵌条等
丁基橡胶	气密性好，吸振能力强，化学稳定性、耐老化性、耐气候性、耐酸性、耐碱性良好，但耐油性、加工性能较差	轮胎内胎、胶管、电线护套和减振元件
丁腈橡胶	优良的耐油性、耐热性、耐磨性、耐老化性、气密性较好，但耐寒性、绝缘性较差	油封、油管、制动皮碗和密封圈等耐油元件

（4）报废汽车橡胶再生利用

① 废旧轮胎翻新　翻新是利用废旧轮胎的主要和最佳方式。传统的轮胎翻新方式是将混合胶黏在经磨锉后的轮胎胎体上，然后放入固定尺寸的钢质模型内，经过温度高达150℃以上的硫化加工方法，俗称"热翻新"或"热硫化法"。该法目前仍是中国翻胎业的主导工艺。翻新是利用废旧轮胎的主要和最佳方式，就是将已经磨损的、废旧轮胎的外层削去，黏贴上胶料，进行硫化，重新使用。

② 废旧车胎制胶粉　通过机械方式将废旧轮胎粉碎后得到粉末状物质就是胶粉，其生产工艺

有常温粉碎法、低温冷冻粉碎法、水冲击法等。与再生胶相比，胶粉无需脱硫，所以生产过程耗费能源较少，工艺较再生胶简单得多，降低环境污染，而且胶粉性能优异，用途极其广泛。通过生产胶粉来回收废旧轮胎是集环保与资源再利用于一体的很有前途的方式，这也是发达国家将废旧轮胎利用重点由再生胶转向胶粉和开辟其他利用领域的原因。

胶粉有许多重要用途，例如掺入胶料中可代替部分生胶，降低产品成本；活化胶粉或改性胶粉可用来制造各种橡胶制品（汽车轮胎、汽车配件、运输带、挡泥板，防尘罩、鞋底和鞋芯、弹性砖、圈和垫等）；与沥青或水泥混合，用于公路建设和房屋建筑；与塑料并用可制作防水卷材、农用节水渗灌管、消声板和地板、水管和油管、包装材料、框架、周转箱、浴缸、水箱以及制作涂料、涂料、黏合剂和生产活性炭。

③ 废旧轮胎用于建筑材料　近年来，废旧轮胎在土木（岩土）工程中的应用逐步增加，在土木（岩土）工程中使用碎轮胎的益处是，碎轮胎的单位体积重量只是常用回填土的1/3，因而用其作填料所产生的上覆压力要比泥土回填材料所产生的小得多。这对软弱地基而言，将会明显地减少沉降，增强整体稳定性，且大幅降低挡土结构的造价。

④ 原形改制　原形改制是通过捆绑、裁剪、冲切等方式，将废旧轮胎改造成有利用价值的物品。最常见的是用于码头和船舶的护舷、沉入海底充当人工渔礁、用于航标灯的漂浮灯塔等。原形改制是一种非常有价值的回收利用方法，但该方法消耗的废旧轮胎量并不大，所以只能作为一种辅助途径。

⑤ 热能利用　废旧轮胎是一种高热值材料，每千克的发热量比木材高69%，比烟煤高10%，比焦炭高4%。以废旧轮胎作为燃料使用，一是直接燃烧回收热能，此法虽然简单，但会造成大气污染，不宜提倡；二是将废旧轮胎破碎，然后按一定比例与各种可燃废旧物混合，配制成固体垃圾燃料（RDF），代替煤、油和焦炭用于烧制水泥与火力发电。同时，副产品炭黑经活化后可作为补强剂再次用于橡胶制品生产。在综合利用中，热能利用是目前能够最大量消耗废旧轮胎的重要途径，不仅方便、简洁，而且设备投资最少。

⑥ 再生胶　通过化学方法，使废旧轮胎橡胶脱硫，得到再生橡胶是综合利用废旧轮胎最古老的方法。

目前采用的再生胶生产技术有动态脱硫法、常温再生法、低温再生法、低温相转移催化脱硫法、微波再生法、辐射再生法和压出再生法。由于再生胶的生产严重污染环境，国外已经淘汰，而中国再生胶仍是利用废轮胎的主要方法。

⑦ 热分解　热分解就是用高温加热废旧轮胎，促使其分解成油、可燃气体、炭粉。热分解所得的油与商业燃油特性相近，可用于直接燃烧或与石油提取的燃油混合后使用，也可以用于橡胶加工软化剂；所得的可燃气体主要由氢和甲烷等组成，可作为燃料使用，也可以就地燃烧供热分解过程的需要；所得的炭粉可代替炭黑使用，或经处理后制成特种吸附剂。这种吸附剂对水中污物，尤其是水银等有毒金属有极强的滤清作用。

12.3.3 其他非金属材料

应用于汽车上的非金属材料除塑料、橡胶等有机高分子材料外，还有陶瓷材料和复合材料。陶瓷材料不单是指陶瓷、玻璃等由天然硅酸盐矿物生产的硅酸盐材料，还指新型的特种陶瓷材料，工程用复合材料一般是以非金属之间的复合材料为主。玻璃是汽车上不可缺少的一种常用材料，而作为汽车新材料的陶瓷材料和复合材料在汽车上得到了越来越多的应用。

12.3.3.1 玻璃

玻璃是由二氧化硅和各种金属氧化物组成的无机化合物，是由石英等硅酸盐矿物材料经过配料、熔制而成的。

玻璃具有透明、隔声、隔热等特性及良好的化学稳定性，并且原料丰富，生产简单。玻璃不仅是日常生活中常用的材料，在汽车上也是一种重要材料。玻璃在汽车上主要用于车窗、挡风玻璃等。轿车上玻璃的使用量约占轿车总质量的3%。常用的玻璃主要有普通平板玻璃、钢化玻璃和夹层玻璃等。普通平板玻璃强度低，破碎后容易伤人，不宜作为汽车用玻璃。汽车用玻璃皆采用钢化玻璃、夹层玻璃等安全玻璃。

（1）钢化玻璃　钢化玻璃是由普通玻璃经一定的热处理后制成的。钢化玻璃的抗弯强度高，冲击韧性较高，而且在受到冲撞时，冲撞点处的玻璃一旦破碎，整个玻璃就像雪崩般破碎，形成不锋利的颗粒碎片，这样对人体的伤害大为减小，同时也可避免人体冲撞到玻璃。

普通钢化玻璃也有缺点，就是在汽车行驶时若遇事故，挡风玻璃呈蜘蛛网状全面破碎，严重阻挡驾驶员的视线，从而容易引起二次事故，新型的区域钢化玻璃，弥补了上述缺点，在驾驶员视线范围内的玻璃经过特殊处理，能够控制碎片的形状和大小，从而保证不影响驾驶员的视线。在国外，汽车前挡风玻璃广泛采用区域钢化玻璃。

（2）夹层玻璃　夹层玻璃是由两张或两张以上的玻璃中间夹上一层有弹性的透明安全膜，经热压制成的，这种玻璃具有较高的强度，同时由于具有夹层安全膜，玻璃受冲撞破碎后呈辐射状碎裂，但仍能粘接在安全膜上。这样既避免了玻璃碎片脱落伤人，又能抑制对乘客头部的冲撞，具有很高的安全性。夹层玻璃属于高级的安全玻璃，目前大多应用于高级轿车上。

此外，现代汽车用玻璃正向轻量化、绝热、安全和多功能的方向发展。目前，国外已开发出天线夹层玻璃、调光夹层玻璃、热反射玻璃、除霜玻璃等多功能车用玻璃，这些大都应用在高级轿车上。

（3）报废汽车玻璃回收再利用　汽车玻璃主要来自灯、反射镜和驾驶室前、后挡风玻璃等。汽车废玻璃回收一般都是采用手工拆卸，汽车废玻璃的回收再利用方式主要有以下两种。

① 原形利用，也称原型利用，即回收后直接用于原设计目的。

② 异形利用，也称转型利用，是将回收的玻璃直接加工，转为原料的利用方法。这种利用方式分为两类：一种是加热方式利用；另一种是非加热方式利用。

加热方式利用是将废玻璃粉碎后，用高温熔化炉将其熔化，再用快速拉丝的方法制得玻璃纤维。这种玻璃纤维可广泛用于制造石棉瓦、玻璃钢及各种建材与日常用品。

非加热方式利用是根据使用情况直接粉碎或先将回收的破旧玻璃经过清洗、分类、干燥等预处理，然后采用机械的方法将其粉碎成小颗粒，或研磨加工成小玻璃球待用。其利用途径有以下几种：

① 将玻璃碎片用作路面的组合体、建筑用砖、玻璃棉绝缘材料和蜂窝状结构材料；

② 将粉碎的玻璃直接与建筑材料成分共同搅拌混合，制成整体建筑预制件；

③ 粉碎的玻璃还可以用来制造反光板材料和服装用装饰品；

④ 用于装饰建筑物表面使其具有美丽的光学效果；

⑤ 可以直接研磨成各种造型，然后粘接合成工艺美术品或小的装饰品等；

⑥ 玻璃和塑料废料的混合料可以模铸成合成石板产品；

⑦ 可以用于生产污水管道。

12.3.3.2　陶瓷

陶瓷是以天然或合成的化合物为原料，经原料处理、成型、干燥、烧结而成的一种无机非金属材料。陶瓷不仅仅是指制作日用器皿的传统陶瓷材料，近年来随着陶瓷性能的不断改进，已发展成为金属材料和高分子材料以外的第三大类工程材料。陶瓷材料具有耐高温、耐腐蚀性、耐磨性好、抗拉强度高等特点。目前在汽车上得到了越来越多的应用，在汽车上应用的陶瓷材料主要有普通陶瓷、工程陶瓷和功能陶瓷。

（1）普通陶瓷　普通陶瓷是用黏土、石英或长石等天然硅酸盐材料（含 SiO_2 化合物）为原料，经过配制、烧结而制成的，这类陶瓷质地坚硬，耐腐蚀性好，不导电，易于加工成型，是应用广泛的传统材料。日用陶瓷、建筑陶瓷和化工陶瓷等一般都属于这类普通陶瓷，汽车上的发动机火花塞就是由普通陶瓷制成的。

（2）工程陶瓷　工程陶瓷是指具有优良的物理、化学和力学性能的陶瓷，是以氧化铝、氧化硅、碳化硅或氧化硼等化合物为原料经过配制、烧结而制成的。工程陶瓷作为一种新型的高强度、高硬度、高耐热性、高耐磨性和高耐腐蚀性材料，是近年来大力开发研究的课题，在汽车上也具有十分广阔的应用前景。目前工程陶瓷已应用于燃气涡轮机零件、柴油机喷嘴、气门零件和活塞等。

（3）功能陶瓷　功能陶瓷是指具有特殊的介电性、压电性、导电性、透气性和磁性等性能的陶瓷材料，在汽车上主要用于各种电子设备的传感器、导电材料和显示元件等。

12.3.3.3 复合材料

复合材料是新发展起来的一种工程材料，是由两种或两种以上性质不同的金属材料或非金属材料通过人工复合而制成的。广义复合材料应用的历史悠久，如建筑用的稻草黏土泥墙和钢筋混凝土等。复合材料作为一种新型工程材料是从 20 世纪 40 年代开始使用玻璃纤维增强塑料（玻璃钢）后发展起来的，复合材料首先主要应用在航空、航天工业中，近年来随着汽车轻量化和高性能的发展趋势，在汽车上的应用开始日益增多。

（1）玻璃纤维增强塑料　玻璃纤维增强塑料又称为玻璃钢，是 20 世纪 40 年代开始发展起来的一种工程材料，是以玻璃纤维作为增强材料，以工程塑料作为基体材料制成的复合材料。玻璃纤维柔软如丝，但抗拉强度却比高强度钢约高两倍，并且制取方便，价格低廉。玻璃纤维增强塑料的强度、抗疲劳性、韧性都比塑料大大提高，比强度高于铝合金，耐蚀性、隔热性好，且成型工艺简单，成本低，玻璃纤维增强塑料用于汽车零部件材料，可减轻汽车的自重，提高汽车的性能，目前在汽车上常用于仪表板、发动机罩、行李箱盖、挡泥板的制造。

（2）碳纤维增强塑料　碳纤维增强塑料是 20 世纪 60 年代开始发展起来的一种新型工程材料，是以碳纤维为增强材料，以工程塑料为基体材料制成的复合材料。由于碳纤维比玻璃纤维具有更高的强度和刚性，且具有良好的耐疲劳性能，是比较理想的增强材料。碳纤维增强塑料强度与钢相近，化学稳定性好，摩擦系数小，自润性、耐热性好，其综合性能优于玻璃钢碳纤维增强塑料，主要用于航天工业材料，在汽车上应用于传动轴、钢板弹簧、保险杠、配气机构挺杆等结构件。此外，还有纤维增强金属、纤维增强陶瓷等复合材料在汽车上也得到了开发和应用。随着对复合材料不断深入的研究，碳纤维在汽车上的应用将越来越多。

12.4 汽车可回收利用性

12.4.1 绿色设计简介

12.4.1.1 绿色设计概念及内容

（1）绿色设计概念　绿色设计是将保护环境的措施和预防污染的方法应用于产品的设计，其目的是使产品在全寿命周期内对自然环境的影响最小。即从产品的概念形成、设计制造、使用维修、报废回收、再生利用以及无害化处理等各个阶段，要达到保护自然生态、防止污染环境、节约原料资源和减少能源消耗的效益。具体地讲，绿色设计就是在产品整个生命周期内，将产品的环境影响、资源利用及可再生等属性同时作为产品设计目标，在保证产品应有的基本功能、使用寿命和周期费用最优的前提下，满足环境设计要求。

（2）绿色设计内容　绿色设计是在设计、制造、使用、回收和再生利用等产品生命周期各阶段综合考虑环境特性和资源利用效率的先进设计理念和方法。绿色设计要求在产品的功能、质量和成本基本不变的前提下，系统地考虑产品在生命周期的各项活动对环境的影响，使得产品在整个生命周期中对环境的负面影响最小，资源利用率最高。绿色设计的主要内容如下。

① 产品描述与建模　主要是准确、全面地描述绿色产品，建立系统的绿色产品评价模型是绿色设计的关键。

② 材料选择与管理　绿色设计的选材不仅要考虑产品的使用条件和性能，而且应考虑环境约束准则，同时必须了解材料对环境的影响，选用无毒、无污染材料及易回收、可重用、易降解材料。

除合理选材外，同时还应加强材料管理。绿色产品设计的材料管理包括两方面内容：一方面不能把含有有害成分与无害成分的材料混放在一起；另一方面，达到寿命周期的产品，有用部分要充分回收利用，不可用部分要采用一定的工艺方法进行处理，使其对环境的影响降到最低限度。

③ 可回收性设计　在产品设计初期，应充分考虑其零件材料的可回收性、回收价值、回收方法、可回收结构及拆解工艺性等一系列与回收相关的问题，最终达到零件材料资源、能源的最大利用，并对环境污染为最小的一种设计思想和方法。可回收性设计包括以下几方面的主要内容：

a. 可回收材料及其标志；

b. 可回收工艺与方法；

c. 可回收性经济评价；

d. 可回收性结构设计。

④ 可拆解性设计　在产品设计初级阶段，应将可拆解性作为设计的评价准则，使所设计的结构易于拆卸和便于维护，并在产品报废后再使用可用部分，以便充分有效地回收和利用，从而达到节约资源、能源和保护环境的目的。可拆解性要求在产品结构设计时，改变传统的连接方式，代之以易于拆解的连接方式。可拆解结构设计有两种方式，即基于典型构造模式的可拆解性设计和计算机辅助的可拆解性设计。

⑤ 产品包装设计　绿色包装已成为产品整体绿色特性的一个重要内容。绿色包装设计的内容包括：优化包装方案和包装结构，选用易处理、可降解、可回收重用或再利用的包装材料。

⑥ 技术经济分析　在产品设计时就必须考虑产品的回收、拆解及再利用等技术性能；同时，也必须考虑相应的生产费用、环境成本及其经济效益等技术经济分析问题。

⑦ 数据库建立　数据库是绿色产品设计的基础，应包括产品寿命周期中与环境、经济等有关的一切数据。如材料成分、各种材料对环境的影响值、材料自然降解周期、人工降解时间与费用，制造、装配、销售和使用过程中，所产生的附加物数量及对环境的影响值，环境评估准则所需的各种判断标准等。

12.4.1.2　绿色设计的特点与原则

（1）绿色设计特点　绿色设计源于人们对发达国家工业化过程中，对资源浪费和环境污染的反思以及对生态规律认识的深化，是传统设计理论与方法的发展与创新。

在产品绿色设计时，必须按环境保护的要求选用合理的材料和合适的结构，以利于产品的回收、拆解及材料再利用；在制造和使用过程中，应能实现清洁生产、绿色使用并对环境无危害；在回收和资源化时，保证产品的回收率，使废弃物最少并可进行无害化处理等。

绿色设计在产品整个寿命周期中把其环境影响作为设计要求，即在概念设计及初步设计阶段，就充分考虑到产品在制造、销售、使用及报废后对环境的各种影响。通过相关设计人员的密切合作，信息共享，运用环境评价准则约束制造、装配、拆解和回收等过程，并使之具有良好的经济性。

绿色设计涉及机械设计理论与制造工艺、材料学、管理学、环境学和社会学等学科门类的理论知识和技术方法，具有多学科交叉的特性。因此，单凭传统设计方法是难以适应绿色设计的要求。绿色设计是一种集成设计，是设计方法集成和设计过程集成。因此，绿色设计是综合了面向对象技术、并行工程、寿命周期设计的一种发展中的系统设计方法，是集产品的质量、功能、寿命和环境为一体的系统设计，绿色产品设计系统简图如图 12-9 所示。

在传统设计过程中，通常是根据产品技术性能和使用消费属性进行设计，如功能、质量、寿命和成本。设计原则是产品易于制造，并应保证技术性能和满足使用要求，而较少或基本不考虑产品报废后的资源化、再利用以及对生态环境的影响。这样设计制造出来的产品，不仅资源和能源浪费严重，而且报废后回收利用率低，特别是有毒有害等危险物质，对生态环境将产生严重污染。

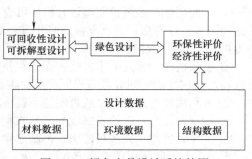

图 12-9　绿色产品设计系统简图

绿色设计与传统设计的根本区别在于，绿色设计要求设计人员在设计构思阶段就把降低能耗、易于拆解、再利用和保护生态环境与保证产品的性能、品质、寿命和成本的要求列为同等的设计要求，并保证在产品生产过程中能够顺利实施。

（2）绿色设计原则　绿色设计把减量化、再利用和再循环作为基本原则，其构成按照从高到低的优先级排列。

减少资源使用是绿色设计最经济和最有效的选择，即从产品生产的源头采取措施，尽量减少资源的使用。但是，资源的节约并不是不消耗资源，而是物尽其用。资源高效利用和再生利用的实质是在生产活动中尽量应用智力资源来强化对物质资源的替代，实现产品生产的知识转向。

尽量利用可用零部件或者经过再制造的零部件进行设计，其中模块化设计是最常用的设计方法。模块化设计在一定范围内对不同功能或相同功能不同性能、不同规格的产品进行功能分析，划分并设计出一系列功能模块。通过模块的选择和组合构成不同产品，满足不同需求，既可以解决产品品种规格和生产成本之间的矛盾，方便维修，又有利于产品的更新换代和废弃后的回收与拆解。

绿色设计选择资源再利用模式，在保证自然资源利用和环境容量生态化的前提下，尽可能延长产品使用周期，把废弃产品变为可以利用的再生资源，使资源的价值在循环利用过程中得到充分的发挥，并且把生产活动对自然环境的影响降低到尽可能小的程度。

12.4.1.3 绿色设计的意义

（1）绿色设计是推动资源循环利用的关键 在传统的设计模式中，产品的最终状态是"废弃物"。产品设计只关心技术、功能、工艺和市场目标，至于产品使用后废弃物如何处理，则不在设计范畴。特别是在产品设计过程中，满足市场需求的观念导致了大量生产、大量消费和大量废弃局面的出现，而且产品产量越大，资源消耗越快，垃圾产生越多，生态环境系统负荷日益增加，造成了资源和环境的双重压力。资源存量和环境承载力的有限性难以维系社会的可持续发展，也增加了"末端治理"的成本和难度。

（2）绿色设计是节约资源和避免环境污染的起点 绿色设计运用生态系统理论，把资源节约和环境保护从消费终端前移至产品的开发设计阶段，从源头开始重视产品全寿命周期可能给资源和环境带来的影响。即在产品设计时就充分考虑产品制造、销售、使用、报废回收、再利用和废弃处理等各个环节可能对环境造成的影响，对产品及其零部件的耐用性、再利用性、再制造性、加工过程的能耗以及最终处理难度等进行系统、综合地评价，将产品生命周期延伸到产品报废后的回收、再利用和最终处理等阶段。目前，绿色设计在许多方面有待于进一步完善，主要表现如下。

① 在产品绿色设计中，设计者必须对产品进行生命周期评价，依据评价结果，判断产品是否与环境协调。目前，在评价方法及与之相应的评价软件工具的发展中尚有不少困难有待克服。

② 在绿色产品设计中，设计者要减少设计对环境的影响，需把环境方面的设计要求转换成特定的、易于应用的设计准则来具体指导设计。

12.4.2 汽车可回收利用性分析

12.4.2.1 产品回收利用方式

（1）回收利用方式分类 根据回收处理方式，废旧汽车零部件可分为以下类型。

① 再使用件 经过检测确认合格后可直接使用的零部件。由于同一辆汽车的所有零部件不可能达到同等设计寿命。当汽车报废时总有一部分零部件性能完好，因此既可以作为维修配件，也可作为再生产品制造时的零部件。

② 再制造件 通过采用包括表面工程技术在内的各种新技术、新工艺，实施再制造加工或升级改造，制成性能等同或者高于原产品的零部件。

③ 再利用件 无法修复或再制造不经济时，通过循环再生加工成为原材料的零部件。

④ 能量回收件 以能量回收方式回收利用的零部件。

⑤ 废弃处置件 无法再使用、再制造和再循环利用时，通过填埋等措施进行处理的零部件。

废旧汽车回收利用的基本方式可分为：再使用、再制造、再利用及能量回收等方式。

（2）回收利用方式选择 产品回收方式的选择即产品回收策略的确定，是指产品报废时对产品整体或零部件采取的回收利用途径。根据产品的设计目标、结构特点和使用情况，为获得最大的回收利用效益应采用不同的回收策略。无论是新产品设计还是废旧产品回收，都应进行回收利用方式分析。对于新设计产品而言，主要是为了提高其回收性能；而对于废旧产品回收，则主要是为了提高其回收利用效益。产品回收利用方式选择的主要影响因素见表12-6。

表 12-6 产品回收利用方式选择的主要影响因素

编号	影响因素	说明	编号	影响因素	说明
1	使用寿命	设计寿命和使用条件,汽车 10～15 年	8	材料毒性	有毒材料或需单独处理的材料
2	设计周期	产品升级的周期,如汽车 2～4 年	9	清洁程度	产品使用后的清洁程度
3	技术更新	产品技术更新的周期、成本	10	材料数量	材料种类的数量
4	替代产品	产品可以被替代的时间	11	部件数量	物理上可分离的并能实现独立功能的部件
5	废弃原因	完全报废、主要总成损坏和技术过时等	12	零件数量	零件的大致数量
6	功能层次	主要总成与整体功能的关系	13	集成程度	产品集成的程度
7	部件尺寸	产品零部件的尺寸			

表 12-6 中所列因素对回收策略确定的影响具有一定的关联性和模糊性,同时各种因素影响的确定也需对产品进行大量和长期的跟踪调查。另外,也可以从产品结构、环境影响和成本估算三个方面进行综合定性分析。

① 产品结构 产品的结构是决定产品或零部件回收利用方式的基本因素。产品的设计确定了产品零部件潜在的回收可能性与利用方式,其结构直接决定产品的可拆解性,间接影响产品或零部件回收利用的经济性。

② 环境影响 产品回收过程应尽量减小环境负荷,因此,产品回收决策应考虑环境影响程度。在不同的回收策略中,会产生环境负荷的过程有:运输、拆解、再制造、包装、粉碎、材料分离、再生加工和最终废弃物处理。

回收过程可能产生的环境影响形态有:能耗、粉尘、气体或液体排放、固体废弃物和噪声等。产品的回收既有使产品或材料再生的可能,又会带来附加的环境影响。为了简化分析,仅考虑回收过程的环境负荷,并用以下公式表示。

$$EI = EI_{manuf} + EI_{transp} + EI_{package} + EI_{recycle} + EI_{disposal} + EB_{bonus} \qquad (12\text{-}1)$$

式中 EI——回收过程的环境负荷;

EI_{manuf}——再制造过程的环境负荷;

EI_{transp}——运输过程的环境负荷;

$EI_{package}$——包装产生的环境负荷;

$EI_{recycle}$——破碎分离产生的环境负荷;

$EI_{disposal}$——填埋处理产生的环境负荷;

EB_{bonus}——能够减少的环境负荷(负值)。

环境负荷的计算值只具备比较意义,并无绝对意义。采用不同的回收策略,将涉及不同的回收过程。因此,上述环境负荷的计算不一定包括上述公式所列的各项,例如对于部件的再使用就不涉及再制造、回收及最终处理等过程。

③ 成本估算 成本因素是决定是否可进行回收利用的关键因素。回收策略不同,所需的回收成本也不同,必须在权衡成本和收益后做出决策,成本计算公式如下。

$$PLM(k) = R_{vk} - C_{dk} - C_{pk} + C_{rk} + C_{bk} \qquad (k = 1, 2, 3, \cdots, j) \qquad (12\text{-}2)$$

式中 $PLM(k)$——第 k 个零部件采用某种回收策略的盈亏值;

R_{vk}——第 k 个零部件采用某种回收策略的收益值;

C_{dk}——第 k 个零部件采用某种回收策略时的拆解成本;

C_{pk}——第 k 个零部件采用某种回收策略时再制造的成本;

C_{rk}——第 k 个零部件采用某种回收策略时回收处理成本;

C_{bk}——第 k 个零部件采用某种回收策略时的奖励值。

12.4.2.2 产品可回收性设计要求

废弃产品的回收利用能减轻自然资源的消耗强度,同时也可减少废弃物对环境的危害。美国、日本和欧盟等国家和地区先后颁布了有关产品回收利用的法律法规,引起了学术界和工业界的高度重视。许多学者和研究人员针对产品的可回收性提出了各自不同的理论,其中面向回收的设计最具代表性。所谓的面向回收的设计是指在产品设计时,应保证产品、零部件的回收利用率,并达到节约资源及环境影响最小的目的。面向回收设计也被称为可回收性设计。

广义上讲，产品可回收性设计包括以下内容：可回收材料的选择和可回收性标识、可回收产品及零部件的结构设计、可回收工艺及方法的确定和可回收经济性评价等。面向回收的设计思想要求在产品设计时，既要减少对环境的影响，又要使资源得到充分利用，同时还要明显降低产品的生产成本，其主要要求包括以下几个方面。

（1）合理选择材料

① 应用新型材料　汽车上使用的树脂类材料必须具有足够的刚度、冲击韧性和良好的可回收性，并且材料回收再利用时，性能不能退化。例如，丰田公司采用新的结晶理论进行材料分子结构设计，开发出了商业化的丰田超级石蜡聚合物。这种热塑性塑料比常规的增强型复合聚丙烯具有更好的回收性。现在，超级石蜡聚合物已经广泛应用于各种新车型的部件制造。1999 年 9 月以来，丰田公司已经在各种车型上开始使用这些改进型材料。

② 少用 PVC 材料　用具有良好循环性的材料代替聚氯乙烯材料（PVC）。例如，用无卤素基线束代替具有溴化物防火阻燃层的 PVC 线束。丰田公司 2003 年在日本生产上市的 Raum 牌轿车使用的 PVC 树脂材料是以前的 1/4，甚至更少。

③ 采用天然材料　使用天然材料作车门的内装饰件等。

④ 减少材料种类　例如汽车仪表台采用的材料组合型结构，是由基材、发泡材料和表面蒙皮组成。采用热塑性树脂使三种结构的材料成分统一，可以简化材料的回收工艺，避免了对复杂材料成分的分离。

⑤ 标注统一标识　采用国际标准化的材料标识，有利于提高材料的回收利用率。

（2）改进可拆解性　丰田公司在 Raum 车上采用新的拆解技术，使车辆的拆解时间缩短了20％。改进主要体现在废液的排出和大尺寸树脂部件的拆解方法上，使拆解效率有较大的提高。为改进结构的可拆解性，主要采取以下措施：

① 使固定部件粘接区域可以在较大的拉力下被分离的连接结构；
② 尽可能使用弹性卡夹固定方式替代使用螺栓的固定方式；
③ 部件模块化；
④ 避免零部件采用材料组合型结构，即避免所用零部件的材料成分不同；
⑤ 设计和采用易拆解标识。

为简化拆解工艺，在车辆部件上标注拆解标识。当第一次拆解时，可以清楚地确定拆解点。例如，大尺寸树脂部件的固定部位、液体排放孔的位置等。

（3）控制有害材料用量　对环境有影响的材料成分主要是铅、汞、镉和六价铬等的使用。对环境有影响的材料成分及控制目标见表 12-7。

表 12-7　对环境有影响的材料成分及控制目标

对环境有害的成分	在汽车上的应用	控制目标
铅	线束防护层、燃油箱	2006 年以后,日本规定铅的用量应是以前车型的 1/4,或 123g/车。丰田车铅的用量已经达到 1996 年用量的 1/10
汞	液晶显示器	2004 年以后,日本规定除了 LCD 导航系统液晶显示器以外,禁止使用含有汞成分的部件
镉	雾灯和转向灯灯泡	丰田公司已经放弃了使用含有镉的灯泡
六价铬	螺栓、螺母	改变了螺栓、螺母的防腐成分

（4）减少废物产生

① 减轻重量　通过改进结构和工艺，降低产品重量。例如，使用高强度螺栓，减少紧固件尺寸；改进材料加工工艺，制造薄铝车轮；采用高强铝材制造制动器支架。此外，还可通过使部件小型、轻量等措施，达到减轻重量的目的。

② 提高消耗材料的使用寿命　延长发动机润滑油、冷却液、机油滤芯和自动变速器传动液等消耗材料的使用寿命，见表 12-8。

表 12-8　消耗材料使用寿命指标

消耗材料	原使用里程或时间	改进后使用里程或时间
发动机润滑油	10000km	15000km
长寿命冷却液	3 年	11 年
机油滤芯	20000km	30000km
自动变速器传动液	40000km	80000km

③ 采用可回收性结构　例如，将传统的整体式保险杠设计成组合式，以便于拆解和更换部分损坏的零件，以减少废弃物的产生。

使用高回收性的改性石蜡基树脂材料，用注射模制造零部件，例如，行李舱内饰件、空调及仪表面板和车门内饰件等，统一塑料材料的种类。

例如本田 CR-V 汽车的侧护板原来采用的是金属和树脂复合结构，现在使用聚丙烯材料，通过采用气体辅助注射成型方法既可以保证刚度要求，又可以减少材料的用量。目前，金属和树脂复合结构已减少到以前用量的 52%。

（5）遵循可回收性设计指南　为了保证在新车型的开发中具有积极的和前瞻性的再利用意识，有些汽车生产企业提出了产品可回收设计指南，使汽车零部件的可回收性在新车型的开发中达到可回收性要求。

产品设计过程是一个由概念设计到技术设计逐渐深入与不断细化的过程。在这个过程中，设计指南起到了很重要的作用，使得设计者能够沿着正确的方向和路线改进设计，从而减少了设计反复修改的过程，大大降低了设计周期。面向可回收设计应考虑的因素见表 12-9。

表 12-9　面向可回收设计应考虑的因素

序号	因素内容	考虑原因
1	提高再使用零部件的可靠性	便于产品和零部件具有再使用性
2	提高产品和回收零部件的寿命	确保再使用的产品和零部件具有多生命周期
3	便于检测和再制造	简化回收过程、提高再用价值
4	再使用件应无损地拆卸	使再使用成为可能
5	减少产品中不同种材料的种类数	简化回收过程,提高可回收利用率
6	相互连接的零部件材料要兼容	减少拆卸和分离的工作量,便于回收
7	使用可以回收的材料	减少废弃物,提高产品残余价值
8	对塑料和类似零件进行材料标识	便于区分材料种类,提高材料回收的纯度、质量和价值
9	使用可回收材料制造零部件	节约资源,并促进材料的回收
10	保证塑料上印刷材料的兼容	获得回收材料的最大价值和纯度
11	减少产品上与材料不兼容标签	避免去除标签的分离工作,提高产品回收价值
12	减少连接数量	有利于提高拆卸效率
13	减少对连接进行拆卸所需要的工具数量	减少工具变换空间,提高拆卸效率
14	连接件应具有易达性	降低拆卸的困难程度,减少拆卸时间,提高拆卸效率
15	连接应便于解除	减少拆卸时间,提高拆卸效率
16	快捷连接的位置	位置明显并便于使用标准工具进行拆卸,提高效率
17	连接件应与被连接的零部件材料兼容	减少不必要的拆卸操作,提高拆卸效率和回收率
18	若零部件材料不兼容,应使其容易分离	提高可回收性
19	减少黏结,除非被黏结件材料兼容	许多黏结造成了材料的污染,并降低了材料回收纯度
20	减少连线和电缆的数量及长度	柔性物质或器件拆卸效率差
21	将不便拆解的连接,设计成便于折断的形式	折断是一种快捷的拆解操作
22	减少零件数	减少拆卸工作量
23	采用模块化设计,使各部分功能分开	便于维护、升级和再使用
24	将不能回收的零件集中在便于分离区域	减少拆卸时间,提高拆卸效率,提高产品可回收性
25	将高价值零部件布置在易于拆卸的位置	提高可回收利用的经济效益
26	使有毒有害的零部件易于分离	尽快拆卸,减少可能产生的负面影响
27	产品设计应保证拆解对象的稳定性	有稳定的基础件,有利于拆卸操作
28	避免塑料中嵌入金属加强件	减少拆卸工作量,便于粉碎操作,提高材料回收的纯度和价值
29	连接点、断点和切割分离线应比较明确	提高拆卸效率

（6）进行可回收性评价　2003 年日产和雷诺汽车公司联合开发出了汽车回收利用评价系统（OPERA），其在开发阶段进行汽车可回收性模拟评价，计算可回收率和基于设计数据的再生费用。只要输入零部件材料、拆解时间等数据，OPERA 系统就可在设计初期阶段模拟汽车的回收率和再生费用，有利于车辆再生效率的提高。日产汽车公司已经在某些车型上开始采用此项技术，并且计划在不久的将来对所有新开发的车型都采用这项技术。

（7）注意材料的兼容性　产品的可回收性具有不同的层次，即产品级、部件级、零件级和材料级。对于产品和零部件级主要考虑的是产品和零部件的再使用性，而材料级主要考虑的是材料的可回收性。

决定产品和零部件的再使用性的主要因素有：产品和零部件的可靠性、剩余寿命、再制造和检测的方便性以及可否实现非破坏性拆解等。对于材料的回收性能，由材料本身的回收属性、产品所含材料的纯度以及这些材料成分的一致性或兼容性来决定。材料本身的回收属性要受到现有技术水平的制约，现在不能回收的材料，将来或许就能采用一定的技术手段将其回收。

目前，单一材料的回收和金属材料的回收技术相对比较成熟，而对于复合材料和混合材料的回收还存在一定的困难，而且往往是以牺牲回收材料的质量为代价的。影响回收材料纯度以及混合材料兼容性的因素如下。

① 连接件与被连接零件材料的兼容性　若两者不兼容，可能造成回收材料纯度下降。例如，被连接的两个零件材料相同，但连接件材料却与之不兼容。从拆卸的经济性考虑不需要再继续拆解下去，但对连接件却要进行非兼容材料的拆解处理。再如，由于某个连接件被腐蚀，很难将其从被连接件上拆除，而该连接件的材料就被混入其他材料的回收过程中，则需要进行拆解处理。

② 被连接零件材料的兼容性　当拆解的经济性比较差时，往往就不再继续拆解。被作为材料回收的、还没有被拆解的零部件就被混在一起处理。对混合材料的处理一般会先将各种成分采用一定的技术手段进行分离，例如，利用磁铁分离铁金属，利用密度不同分离塑料，然后再进行回收。但这种分离的效果较差，大大降低了材料的纯度，也使回收材料的质量下降。因此在设计时，应尽量使被连接零部件的材料选择相同或者兼容。

③ 金属件嵌入塑料中　由于小金属件在塑料成型过程中镶嵌在塑料零件中，分离很不方便，而且经济性又较差。这就造成了材料可回收性的下降。因此，在产品设计时应予以避免。

④ 塑料零件缺少标识　汽车使用的塑料种类繁多，成分千差万别，对其回收比较困难。由于塑料零件在外形上极其类似，使得塑料的区分和分离成为一大难题。但可以采用 ISO 11469：2000《塑料——通用定义与塑料产品标记》进行塑料成分标识。

⑤ 标签、胶黏剂或墨水的材料兼容性　许多产品为了美观、宣传和广告等目的在产品表面粘贴了很多标签或印上各种颜色的图案。虽然粘贴在装配过程中是一个快捷的操作，但拆卸相对困难。因此，从回收和环保的角度来看，应尽量少贴标签或采用材料兼容的标签、黏结剂和墨水。

（8）减少 ASR 塑料填埋量　为促进塑料材料的再利用，减少 ASR 的填埋量，大量使用热塑性材料。热塑性材料不仅易于再利用，而且还可以开发其他易于循环的材料。除此之外，还应注重塑料部件材料成分的识别和使用单一材料设计部件。日产汽车公司大量使用热塑性塑料，以增加产品的可循环性。聚丙烯（PP）是使用最多的热塑性塑料，大约用量占 50% 以上。这种材料可以制作各种零部件，从良好耐冲击性要求较高的保险杠，到具有良好耐热性的加热器部件。

12.4.2.3　产品可回收利用性评价信息

对于产品可回收性评价而言，所需要的信息包括各零部件的回收要求、材料成分、质量大小以及在使用过程中的性能变化、国家法令对产品的限制等。这些信息是从产品和零部件的设计文件中直接读取，或通过产品回收评价与决策系统交互输入。主要的信息包括以下几方面。

（1）产品设计信息　产品设计过程中，完整地描述产品所需的信息包括设计寿命、材料种类、部件结构、尺寸和质量等。这些信息决定了零部件的技术性能和结构特性，是进行产品回收决策所必需的基本信息。

（2）产品结构信息　基于产品三维装配模型提取产品的结构信息，主要是产品的装配层次、零部件之间的装配关系以及紧固件的类型与数量等信息。产品结构信息是进行产品拆解规划的基础。

(3) 零件基本信息 零件的基本信息包括零件的类型、形状、质量、位置和材料等信息。这些信息一方面影响产品拆解规划，如零件类型与形状；另一方面影响产品材料回收规划，如零件的材料及质量。

(4) 使用过程信息 在使用阶段，由于工作环境和使用者等不确定因素的长期作用，将会使产品的回收性能发生改变。因此，使用过程信息应包括使用时间、使用环境和操作人员等。

(5) 产品维护信息 在进行产品维护时常会发生零部件更换或增加的情况，这就改变了产品零部件正常的使用情况，甚至会由于维修而改变产品结构。产品回收决策必须充分考虑这些因素，以做出正确的回收规划。

(6) 产品拆解信息 对于以获取某一零件或装配体为目的拆解而言，拆解操作可分为两个部分：一是解除（其他零部件对装配体或零件的）约束；二是从一定的方向取出。从信息描述的角度，必须了解待拆零部件与整体的连接关系；在待拆零部件的拆卸方向上是否有障碍，即需要零部件在整体中的位置关系信息，以及与拆卸难易程度和经济性相关的信息，如拆卸工具和拆卸时间等。

 思考题

1. 黑色金属材料在汽车上有哪些应用？
2. 黑色金属材料简易鉴别方法有哪些？如何鉴别？
3. 有色金属材料在汽车上分别有哪些应用？

第13章
报废汽车零部件修复与再制造

13.1 汽车零件的修复和修理工艺选择

13.1.1 汽车零件修复方法简介

　　科学技术的发展为汽车零件的修复提供了多种方法，这些修复方法各自具有一定的特点和适用范围，一般根据拟修复零件的缺陷特征进行分类。

　　磨损零件的修复方法基本分为两类：一是对已磨损的零件进行机械加工，使其恢复正确的几何形状和配合特性，并获得新的几何尺寸；二是利用堆焊、喷涂电镀和化学镀方法对零件的磨损部位

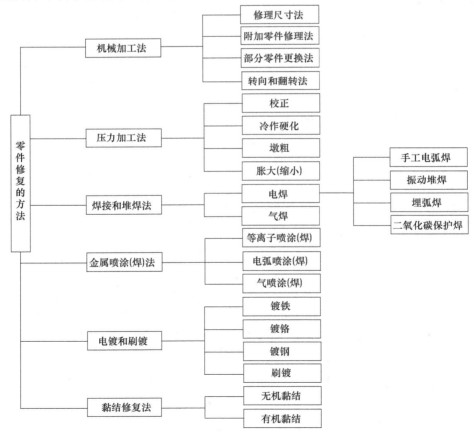

图 13-1　零件修复方法分类

进行增补，或采用胀大（缩小）镦粗等压力加工方法增大（或缩小）磨损部位的尺寸，然后再进行机械加工，恢复其名义尺寸、几何形状及规定的表面粗糙度。

变形零件的修复可采用压力校正或火焰校正法；零件上的裂缝、破损等损伤缺陷采用焊接、钎焊或钳工机械加工方法。零件修复方法分类如图 13-1 所示。

机械加工修复法是零件修复中最基本、最重要和最常用的修复方法。汽车上许多重要零件都采用机械加工方法修复，主要包括修理尺寸法、附加零件修理法、局部更换修理法和转向翻转修理法。

（1）修理尺寸法 修理尺寸法是修复配合副零件磨损的常用方法，是将待修配合副中的一个零件利用机械加工的方法恢复其正确几何形状并获得新的尺寸（修理尺寸），然后选配具有相应尺寸的另一个配合件与之相配，恢复配合性质的一种修理方法。

① 轴和孔的修理尺寸的确定 修理尺寸的大小与级别多少取决于汽车零部件修理间隔期中零件的磨损量、加工余量和安全系数，比如汽缸和曲轴的修理级差一般为 0.25mm。

轴和孔的基本尺寸、磨损后的尺寸及修理尺寸法修复后的尺寸如图 13-2 所示。

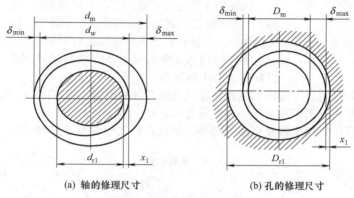

（a）轴的修理尺寸 （b）孔的修理尺寸

图 13-2 轴和孔的修理尺寸

轴和孔的修理尺寸计算如下。

轴在不改变轴心位置的情况下进行机械加工：

$$d_{r_1} = d_m - 2(\delta_{max} + x_1) \tag{13-1}$$
$$d_{r_n} = d_m nr \tag{13-2}$$

式中 d_m——轴的基本尺寸；

　　d_{r_1}——轴的第一级修理尺寸；

　　d_{r_n}——轴的第 n 级修理尺寸。

轴的最小直径是依据零件刚度、强度条件、结构上的要求以及零件表面热处理等要求的最低允许厚度值来确定。

孔在不改变中心位置的情况下进行机械加工：

$$D_{r_1} = D_m + 2(\delta_{max} + x_1) = D_m + r \tag{13-3}$$
$$D_{r_n} = D_m + nr \tag{13-4}$$

式中 D_m——孔的基本尺寸；

　　r——修理极差；

　　D_{r_1}——孔的第一级修理尺寸；

　　D_{r_n}——孔的第 n 级修理尺寸。

② 修理尺寸法的应用 修理尺寸法可适用于汽车上许多主要零件，如曲轴、凸轮轴、汽缸、转向节主销孔等。由于受到零件强度及结构的限制，采用修理尺寸法到最后一级时，零件应采用其他方法修理。

（2）附加零件修理法 附加零件修理法（也称镶套修理法），是通过机械加工方法将磨损部分切去，恢复零件磨损部位的几何形状，采用过盈配合方式加工一个套，将其镶在被切取的部位以代替零件磨损或损伤的部分，恢复到基本尺寸的一种修复方法，如图 13-3 所示。

汽车上许多零件都可以用这种方法修理，如汽缸套、气门座圈、气门导管、飞轮齿圈、变速器轴承孔、后桥和轮毂壳体中滚动轴承的配合孔以及壳体零件上的磨损螺纹孔和各类型的端轴轴颈等。

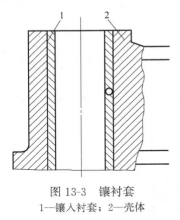

图 13-3　镶衬套
1—镶入衬套；2—壳体

（3）零件局部更换修理法　具有多个工作面的汽车零件，由于各工作表面在使用中磨损不一致，当某些部位损坏时，其他部位尚可使用，为防止浪费，可采用局部更换法。

局部更换法就是将零件需要修理（磨损或损坏）部分切除，重制这部分零件，再以焊接或螺纹连接方式将新换上的部分与零件整体连在一起，经最后加工恢复零件原有性能的方法。这种修理方法常用于修复半轴、变速器第一轴或第二轴齿轮、变速器盖及轮毂等。

例如当个别轮齿严重损坏时，可采用镶齿法进行修复，如图 13-4 所示。镶齿是在原轮齿根部开一个燕尾槽，镶入牙齿毛坯，而后加工出齿形。为使镶齿牢固，应在齿的两侧加以点焊。

零件的局部更换法可以获得较高的修理质量，节约贵重金属，但修复工艺比较复杂。

（4）转向和翻转修理法　转向和翻转修理法是将零件的磨损或损坏部分翻转一定角度，利用零件未磨损部位恢复零件的工作能力的一种修复方法。

转向和翻转修理法常用来修复磨损的键槽、螺栓孔和飞轮齿圈等，如图 13-5 所示。

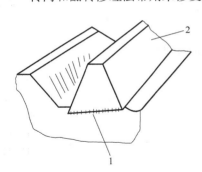

图 13-4　局部更换法修复齿轮
1—焊缝；2—镶齿

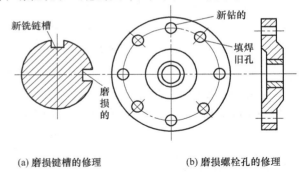

(a) 磨损键槽的修理　　　(b) 磨损螺栓孔的修理

图 13-5　零件的转向修理法

13.1.2　焊接和堆焊修复法

焊接是汽车零部件修复广泛使用的一种方法，可以修复磨损量较大的零件，能增加零件的尺寸，焊层厚度易控制，设备简单，修复成本低，是一种应用较广的零件修复方法，普遍用于修复零件磨损、破裂、断裂等缺陷。

焊接修复法修复零件是借助于电弧或气体火焰产生的热量，将基体金属及焊丝金属熔化和熔合，使焊丝金属填补在零件上，以填补零件的磨损和恢复零件的完整。焊接根据使用的热源不同分为气焊和电焊。电焊根据熔剂层的不同又可分为手工电弧焊、振动堆焊。堆焊又可分为二氧化碳气体保护焊、埋弧堆焊、电脉冲堆焊、等离子堆焊。下面介绍典型的几种焊接方法。

13.1.2.1　振动堆焊修复法

振动堆焊是焊丝以一定的频率和振幅振动的脉冲电弧焊，是机械零件修复中广泛应用的一种自动堆焊方法。其实质是在焊丝送进的同时，按一定频率振动，造成焊丝与工件周期地起弧和断弧，电弧使焊丝在较低电压（12～20V）下熔化，并稳定、均匀地堆焊到工件表面。其主要特点是堆焊层厚，结合强度高，工件受热变形小，常用于修复一些轴类零件。

（1）振动堆焊设备 振动堆焊设备包括堆焊机床、电源、电气控制柜及冷却液供给装置、蒸汽发生器等附属设备。国产振动堆焊设备有 ADZ-300 型和 NU-300-1 型。

（2）振动堆焊原理及过程 振动堆焊原理如图 13-6 所示。将需堆焊的零件夹持在车床卡盘内，工件接负极，电流从直流发电机 1 的正极经焊嘴 2、焊丝 3、工件 4 及电感器 5 回到发电机负极。

焊丝由焊丝盘 6 经送丝轮 7 进入焊嘴，送丝由焊丝驱动电动机 8 驱动，焊嘴受交流电磁铁 9 和弹簧 10 的作用以 50～100Hz 的频率使焊嘴振动，在振动中焊丝尖端与堆焊表面不断地起弧（断开）和断弧（接通），电弧丝熔化并焊在工件表面上，为防止焊丝和焊嘴熔化粘连，焊嘴应少量冷却；当堆焊圆柱形工件时，可一边施焊一边旋转，同时焊嘴作横向移动，焊道呈螺旋状缠在零件上。堆焊过程的每个循环基本可分为三阶段，即短路期、电弧期和空程期。

（3）曲轴的振动堆焊工艺 当曲轴的轴颈磨损超过极限，不能以其最小一级修理尺寸进行修理时，可采用堆焊方法增补磨损表面后再磨削到名义尺寸而延长曲轴寿命。

① 焊前准备

a. 清洗 曲轴在堆焊前必须用煤油等进行清洗，用砂布打磨各道轴颈除去全部油污和锈迹。

b. 检查 用磁力探伤或其他方法检查曲轴，若有环形裂纹或长度超过 20mm 纵向裂纹，应用凿子或用气割枪吹掉，经电弧焊补、锉光后再进行堆焊；检查曲轴是否弯曲、扭曲，如变形超限，应校正后再堆焊。

c. 磨削 曲轴轴颈表面金属在使用过程中会因疲劳而产生一些细小裂纹，同时因受到有害气体酸类作用，使金属变质。在此类金属表面堆焊易产生裂纹和气孔。因此，堆焊前必须进行磨削。此外对于喷涂过的金属层，必须将原喷涂层磨掉后才能堆焊。

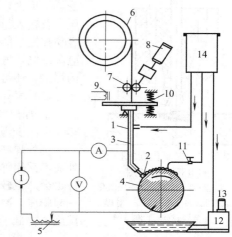

图 13-6 振动堆焊原理图
1—发电机；2—焊嘴；3—焊丝；4—工件；5—电感器；
6—焊丝盘；7—送丝轮；8—焊丝驱动电机；
9—电磁铁；10—弹簧；11—阀；12—冷
却液；13—电机；14—冷却液箱

d. 堵油孔 油孔和油道里的油脂是造成油孔附近焊层气孔多的主要原因，因此，在堵油孔前应仔细清洗油孔和油道，然后用铜棒、炭精棒或石墨膏堵塞油孔。

e. 预热 曲轴或者直径大于 60mm 的其他工件，焊前必须预热，以防止产生跨焊道的纵向裂纹并减少焊层里的气孔，改善堆焊时焊层与基体金属的熔合，一般的预热温度为150～350℃。预热时应垂直吊放，以防止变形。

② 曲轴的堆焊 曲轴堆焊时应先选好合理的工艺参数，然后再进行堆焊。为防止轴颈圆角处应力集中，在距曲柄 2～2.5mm 处不应堆焊且在堆焊靠近圆角处开始或仅剩两圈焊道时不浇冷却液。为了防止开始堆焊的地方出现堆焊不完全等缺陷，曲轴堆焊时最好从曲柄臂的前侧方向起焊且圆角处停止堆焊，堆焊时先堆焊连杆轴颈，后堆焊主轴颈，且从中间向两边堆焊，可有效地防止工件变形。

③ 焊后处理 为减少曲轴变形和消除残余应力，曲轴堆焊后最好在 100～200℃ 的保温箱内保温一段时间，然后钻通各轴颈油孔，并检查有无缺陷，必要时进厂焊接修复。

（4）堆焊层的性质

① 硬度及耐磨性 振动堆焊层的硬度不均匀，这是由于后一焊滴对前一焊滴，或后一圈焊波对前一圈焊波均存在回火现象。大量振动堆焊修复的曲轴装车使用后表明，这种软硬相间的组织并不影响其耐磨性，与新曲轴性能相差不多。

② 结合强度 堆焊层与基体的结合强度高达 5MPa，这是由于堆焊层与基体的结合是冶金结合，比喷涂修复层的结合强度高得多，使用中很少发现有脱落、掉块现象。

③ 疲劳强度　由于振动堆焊层与基体金属间有很大的内应力，因此，堆焊修复后疲劳强度降低较多，一般可高达 40%，因此受大冲击负荷的柴油机曲轴、合金钢及铸铁曲轴不应采用振动堆焊修复。

13.1.2.2　其他堆焊修复法

蒸汽保护下振动堆焊、二氧化碳气体保护焊以及埋弧焊的原理与振动堆焊相同，仅在于保护焊层的性能，减少焊层的气孔、裂纹和夹渣，堆焊过程是在气体或焊剂保护下的一种振动堆焊，如图 13-7 所示。

13.1.2.3　气焊

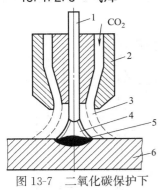

图 13-7　二氧化碳保护下的电弧区示意图
1—焊丝；2—焊嘴；3—二氧化碳气流；4—电弧；5—对焊金属；6—工件

（1）气焊的特点及应用范围　气焊火焰热量较电焊分散，工件受热变形大，生产效率低且焊接质量不如电弧焊。但是火焰对熔池压力及输入量可控制。溶池冷却速度、焊缝形状和尺寸、焊透程度容易控制，能使焊缝金属与基材相近似。同时由于设备简单，不受电源限制，方便灵活，而用途广泛。主要适用于碳钢、合金薄板件的焊接，还可用于有色金属和铸铁的焊补。

（2）气焊焊接方法

① 加热减应焊　又称对称加热法，即焊补时选定减应区进行加热，以减少焊补时的应力和变形。

例如焊补有孔的零件，加热区如图 13-8 所示。如直接焊接裂纹处而不采用加热减应，则焊后焊缝很可能被拉断，即使不拉断，零件也会产生较大的变形。如在减应区加热，焊缝与减应区在受热时一起膨胀，冷却时又一起收缩，就会大大减小焊补应力。加热区的温度不得低于 400℃，但不能超过 750℃，以免引起相变。

② 焊接工艺

a. 焊前准备　当焊接部分厚度在 6mm 以上时，要开 90°～120°的 V 形坡口，如所焊部位厚度在 15mm 以上时，要开 X 形坡口。

b. 焊接要点　施焊火焰应用弱碳化焰或中性火焰，加热区应用氧化焰，施焊方向应指向减应区。施焊时，先熔母材，再掺入焊丝，否则熔化不良；并随时用焊丝清除杂质，以防气孔和夹渣。施焊时应一次焊完，避免反复加热而造成应力过大。施焊焊条应选 QHT1 和 QHT2。

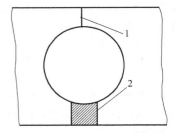

图 13-8　加热减应区选定示意图
1—裂纹；2—加热减应区

③ 加热减应焊的应用　发动机缸体的裂纹、气门座孔内的裂纹、曲轴箱内的裂纹、汽缸体上平面裂纹以及变速器壳体均可采用加热减应焊。

13.1.2.4　手工电弧焊

手工电弧焊是利用普通电弧作为热源，以焊条为填充金属材料，采用手工操纵焊条进行焊接的方法。

（1）手工电弧焊的特点及适用范围　手工电弧焊具有设备简单、操纵方便、连接强度高、施焊速度快、生产率高、零件变形小等优点，广泛应用于碳钢、合金钢及铸铁等金属材料不同厚度及不同位置的焊接，主要用于修复汽车零部件的裂纹、裂痕和断痕等。但由于其焊缝硬而脆、塑性差、机械加工性能比气焊差，且在焊接应力作用下易产生裂纹及焊缝剥离，为保证焊接修复质量，应在工艺上采取措施。

（2）手工电弧焊工艺

① 预热保温　对较大的零件应进行预热和焊后保温，可以减小焊接应力及防止裂纹产生。

② 焊前准备　当母材材质较差时，为防止焊接时裂纹延伸和提高焊补强度，在裂纹两侧钻止裂孔，止裂孔的直径根据板厚来确定，一般为 3～5mm。在裂纹处开坡口，可以全部或部分地除去裂纹。其坡口形状如图 13-9 所示。

③ 施焊　采取小电流、分层、分段、趁热锤击等方法，以减少焊接应力和变形，并限制母材金属成分对焊缝的影响。

a. 分段施焊法　焊接过程可减小焊补区与整体之间的温差，相应减少焊接时的应力和变形。

b. 分层施焊法　通常在工件较厚时采用此法。用较细的焊条、较小的电流，使后焊的一层对先焊的一层有退火软化作用。同时趁热锤击，每焊完一段，应趁热锤击焊缝，直到温度降至 40～60℃时为止，然后再焊下一段。其目的是消除焊接应力，砸实气孔，提高焊缝的致密性。

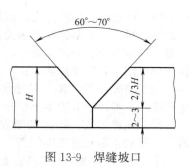

图 13-9　焊缝坡口

④ 焊后检查　零件焊完后，应检查有无气孔、裂纹，焊缝是否致密、牢固，如有缺陷，应采取必要的补救措施。

13.1.3　喷涂与喷焊修复法

13.1.3.1　喷涂

金属喷涂是用高速气流将被热源熔化的金属（丝材、棒材或粉末）雾化成细小的金属颗粒，以极高的速度吹覆到已准备好的零件表面上。

金属电喷涂是指压缩空气把熔化的金属吹散成为直径 0.01～0.015mm 的微小颗粒并以 100～180m/s 的速度撞击到经过准备的零件表面上。

分类：根据熔化金属所用热源的不同，喷涂可分为电喷涂、气体火焰喷涂、高频电喷涂、等离子喷涂、爆炸喷涂等。

特点：具有设备简单、操作简便、应用灵活、噪声小等优点，因此在汽车零件修复中应用最广，主要用于修复曲轴、凸轮轴、汽缸等。

（1）气体火焰喷涂（氧-乙炔喷涂）设备　所用设备主要有喷涂枪、氧气瓶、乙炔发生器等组成。

（2）喷涂粉末　打底层粉末、工作粉末。

（3）喷涂工艺

① 工件表面的准备　喷涂前工件表面准备是喷涂成败的关键，通过表面准备使待喷涂表面绝对干净，并形成一定粗糙度，才能保证涂层与工件的结合强度。

② 喷涂　喷打底层（厚约0.1mm）；喷工作层应来回多次喷涂，且总厚度不应超过2mm，太厚则结合强度会降低。

③ 喷涂层加工。

（4）涂层性质　喷涂层性质与很多因素有关，如粉末材料、喷涂工具、喷涂工艺等，尤其是所选用的材料不同，其性能各异。

① 硬度　喷涂层的组织是在软基体上弥散分布着硬质相，并含有12％的气孔，其硬度值主要取决于所选用的喷涂材料。

② 耐磨性　喷涂层的耐磨性优于新件和其他修复层；这是由涂层组织决定的，喷涂层这种软硬相间的结构能保证摩擦面间最小的摩擦系数；此外涂层中的气孔有助于磨损表面形成油膜，起到减磨贮油作用，但是磨合期或干摩擦时磨损较快，且磨下的颗粒易堵塞油道。

③ 涂层与基体结合强度　涂层与基体主要靠机械结合，因此结合强度较低。

④ 疲劳强度　喷涂对零件疲劳强度影响比其他修复法小，一方面是因为喷涂前表面加工量小；另一方面是喷涂时，基体没有熔化，基材损伤小。

13.1.3.2　喷焊

（1）喷焊特性　喷焊是利用高速气流将氧-乙炔火焰加热熔化的自熔合金粉末喷涂到准备好的零件表面，经再一次重熔处理形成一层薄而平整、呈焊合状态的表面层，即喷焊层。喷焊层能够使工件表面具有耐磨、耐蚀、耐热及抗氧化的特殊性能。

喷焊层与喷涂工艺相似，但可达到堆焊的效果。一般喷涂的缺点是涂层与工件之间呈机械结合、结合强度低、内应力大，而堆焊层虽与工件是冶金结合，但堆焊时基体的熔池较深且不规则、堆焊层粗糙不平、基体冲淡率大，而氧-乙炔焰喷焊能克服以上两个缺点，喷涂层薄且均匀、表面光滑、结构致密、冲淡率极小，且焊层与基材结合强度高。因而得到了广泛应用，可用于修复旧件，也可用于新件表面强化。

（2）喷焊设备 氧-乙炔喷焊设备，包括喷焊炬、氧气和乙炔供给装置。为了适应不同工艺及工况要求，喷焊炬分为中小型和大型两类。

（3）喷焊工艺 氧-乙炔喷焊工艺一般为：工件表面准备—喷前预热—喷涂粉末—重熔处理—冷却—精加工等几道工序。

① 工件表面准备 工件表面准备主要包括除油污、铁锈、氧化物及电镀、渗碳、氧化等表面层，有时为了容纳一定焊层厚度还需开槽。

② 预热 其目的是为了防止涂层脱落。预热温度应根据其材质的性质而定。通常碳钢的预热温度为250～300℃，合金钢为350～400℃，预热温度不应使零件变形。

③ 喷涂与重熔 氧-乙炔焰喷焊有两种基本操作方法，即边喷边熔一步法和先喷后熔两步法。

边喷边熔一步法喷焊是喷涂和熔化在同一操作过程中完成，喷焊时先预热工件，然后再送粉进行熔化，这种连续的喷熔直到整个待喷表面被喷焊层覆盖为止。

喷焊时要求火焰为中性焰或轻微的碳化焰，喷嘴与工件的距离为100～150mm或火焰内焰与工件的距离为10mm。一步法喷焊对工件热影响小，适用于面积小或形状不规则的零件。

先喷后熔两步法：喷涂和重熔分开进行，先将合金粉用轻微碳化焰喷涂到零件上形成一定厚度，然后立即用中性焰或弱碳化焰将涂层重熔处理。喷涂时要求喷嘴与工件距离为150mm；重熔时要求喷嘴与涂层表面距离为20～30mm，且火焰与零件表面成60°～70°夹角；两步法适用于轴类及外形简单的大批量生产场合。

④ 冷却及加工 由于焊层延展性差，线膨胀系数较大，冷却过程易产生裂纹或使工件变形，因此喷焊后可埋入石棉、草灰中缓冷；对于合金钢件，不锈钢件应在喷焊后进行等温退火。

喷焊层的加工可用车削和磨削来进行。

车削加工时，应选用强度较高、耐磨性较好的刀具，切削速度可选5～17m/min，切削宽度为0.3～1mm/r，深度为0.5mm。

磨削加工时，最好采用人造金刚石或氧化硼砂轮，对于镍基或铁基粉末焊层也可选用碳化硅砂轮进行磨削。

⑤ 喷焊层性能及用途 喷焊层性能取决于喷焊合金粉末材料。

a. 硬度和耐磨性 喷焊层组织为在奥氏体基体上分布着碳化物和硼化物的硬质相，其维氏硬度可达1000～1200HV，这些硬质相分布在整个焊层内，正是由于这些软硬不同的硬质相，赋予该焊层优良的耐磨性。

b. 结合强度 焊层与基材的结合不同于喷涂，其属于冶金结合。用Ni45在40Cr上喷焊测定其结合强度在5.99～6.29MPa之间。

由于喷焊层具有高的结合强度和好的耐磨性，目前被广泛用于修复阀门、气门、键轴、凸轮等零件。

13.1.4 电镀和电刷镀修复法

电镀是汽车零件修复工艺的重要方法之一。由于电镀过程温度不高，不致使零件受损、变形，也不影响基体组织结构，且可以提高机械零件的表面硬度，改善零件表面性能，同时还可恢复零件的尺寸，因此在汽车零部件修复中得到广泛应用。例如各种铜套镀铜修复，既能修复零件，又能延长零件寿命，还可节约大量贵重金属铜。特别是对于磨损0.01～0.05mm就不能使用的汽车重要零件，用电镀修复最为方便。电镀可以采用有槽电镀和无槽电镀等方式。

13.1.4.1 电镀

（1）电镀的基本原理 电镀是将金属工件浸入电解质（酸类、碱类、盐类）溶液中（刷镀则不浸入），以工件为阴极通直流电，在电流作用下，溶液中的金属离子（或阳极溶解的金属离子）析出，沉积到工件表面上，形成金属镀层的过程。根据零件的结构特点和使用性能，目前用来修复磨损零件的金属电镀有镀铁、镀铬和镀铜等。

（2）电镀工艺 电镀工艺包括镀前准备、电镀及镀后处理。镀前准备包括清洗、机械加工、除锈除油、冲洗等。

电镀包括表面电化学处理和电镀。表面电化学处理包括阳极刻蚀、交流活化、浸蚀，目的是除去待镀表面的氧化膜、钝化膜，以保证镀层与基体良好结合。

镀后处理：将镀件放在清水中冲洗，然后在70～80℃的10%苛性钠溶液中浸泡5～10min，以中和残留在镀件上的电解液，再放入热水中清洗，最后进行机械加工。

13.1.4.2 刷镀

刷镀又称涂镀，是近些年发展起来的一种零件修复工艺。其特点是设备简单，无需镀槽，在不解体或半解体条件下快速修复零件，可用于轴、壳体、孔类、花键槽、轴瓦瓦背平面类及盲孔、深孔等各类零件的修复。

刷镀机动灵活，可用于零件的局部修复，且镀层均匀、光滑、致密，尺寸精度容易控制，修理成本低，因此在修理行业得到广泛推广和应用。

（1）刷镀基本原理 刷镀的基本原理和槽镀相同，刷镀就是利用刷子似的镀笔在被镀工件上来回摩擦而进行电镀的方法，其原理如图13-10所示。零件作为阴极装在机床的卡盘上，石墨镀笔接阳极，刷镀时用外包吸入纤维的镀笔吸满镀液在工件上相对运动，这时镀液中的金属离子在电场力作用下，向工件表面扩散，镀在工件表面形成镀层，刷笔刷到哪里，哪里就形成镀层，直至达到所需厚度。

（2）刷镀设备 刷镀设备主要包括刷镀电源、刷镀笔及辅助工具等。

① 刷镀电源 刷镀电源用直流电源，要求其输出的外特性平直，输出电压为0～25V，并能无级调节。目前国内刷镀电源种类繁多，但其基本结构形式分为两大类：硅整流电源和晶闸管电源。

② 刷镀笔 刷镀笔由导电手柄和阳极两部分组成，阳极和导电手柄用螺纹相连或压紧。导电手柄的作用是连接电源和阳极，使操作者可以移动阳极作需要的动作，以实现金属刷镀，其构造如图13-11所示。阳极是镀笔的工作部分，一般采用石墨作

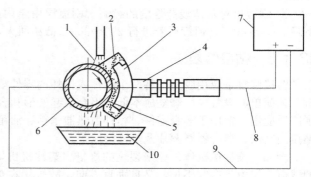

图13-10 刷镀原理
1—刷镀液；2—阳极包套；3—石墨阳极；4—刷镀笔；5—刷镀层；
6—工件；7—电源；8—阳极电缆；9—阴极电缆；10—贮液盒

阳极。为了适应不同形状零件刷镀的需要，阳极有圆柱形、平板形、瓦片形、圆饼形、半圆形、板条形等。

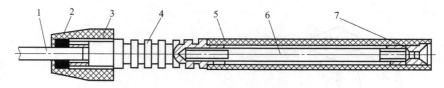

图13-11 导电手柄结构
1—阳极；2—O形密封圈；3—锁紧螺母；4—手柄套；5—绝缘套；6—连接螺栓；7—电缆插座

③ 刷镀辅助工具 主要有转胎和镀液循环泵，主要作用是夹持工件和泵送镀液。

（3）刷镀溶液 刷镀溶液按其作用不同可分为表面准备液、电镀溶液、退镀溶液和钝化溶液四大类。刷镀溶液中最常用的是表面准备液和电镀溶液两种。

① 表面准备液 表面准备液又称预处理液，其主要作用是去除被镀零件表面的油污和氧化物，

以获得洁净的待镀表面。表面准备液有电净液和活化液两种。电净液用于镀前工件除油。一般工件进行电净处理时，工件接负极，镀笔接正极。利用氢气产生的大量气泡对油膜产生撕裂作用来除油，同时镀笔在工件上反复擦拭，促使溶液中的化学物质与其发生皂化或乳化反应而将油污带走，起到除油效果，但对某些氢脆敏感零件（如弹簧钢、高碳钢）不宜采用上述方法，以防氢脆。活化液的作用是去除待镀工件表面的氧化膜、杂质和残留物，从而使基体金属露出其纯净的显微组织，以利于金属的沉积，活化处理有阳极活化和阴极活化，但以阳极活化居多。

② 刷镀溶液　刷镀溶液种类很多，但常见的有镍、铜、铬、镉、锡、锌、铟、银、金等盐镀液和合金镀液数十种，以满足被镀件的不同需要。

（4）刷镀工艺　刷镀的工艺过程包括：一般预处理—电净—水冲—活化—水冲—镀过渡层—水冲—镀工作层—镀后处理。

电净结束的标志是水冲后，被镀表面水膜连续，活化好的标志是低碳钢表面呈银灰色，高、中碳钢呈黑灰色，铸铁表面呈深黑色。

过渡层一般用特殊镍或碱铜作过渡层，工作层一般根据工件不同需要和要求选取后进行刷镀。

（5）刷镀层的性能

① 镀层与基体结合强度　结合强度是衡量刷镀层质量好坏的重要指标之一。镍、铁等刷镀层的结合强度大于镀层本身结合强度，并且远高于喷涂。

② 硬度　刷镀层硬度比槽镀镀层硬度高，一般硬度可选 50HRC 以上。

③ 刷镀层的耐磨性　刷镀的耐磨性比 45# 淬火钢好，其中镀铁层是 45# 淬火钢耐磨性的 1.8 倍。

④ 刷镀层对基体疲劳强度的影响　刷镀层由于内应力较大，对金属疲劳强度影响较大，一般下降 30%～40%，但镀后若进行 200～300℃ 低温回火，可降低其对疲劳强度的影响。

13.1.5　粘接修复法

粘接修复是应用胶黏剂将两个物体或损坏的零件牢固地粘接在一起的一种修复方法。由于其具有工艺简单、设备少、修复成本低、不会引起变形和金属组织变化的特点，因此在机械修复中得到了广泛应用。常用于车身零件、粘补散热器水箱、油箱和其他壳体上穿孔和裂纹等修复，也可用于粘接制动蹄、离合器摩擦片及缸体裂纹等。

例如，柴油机机体外侧壁裂纹的修复。柴油机机体外侧壁裂纹长约 100mm，此部位承受一定的载荷，但由于裂纹不长，又是垂直方向，故采用在裂纹处开 V 形坡口直接涂胶修复方法，如图 13-12 所示，采用的胶黏剂是 JW-1 环氧修补胶。修复工艺过程如下。

① 清除零件表面油污，找出裂纹的走向。

② 在裂纹两端钻止裂孔，以防裂纹进一步扩展。止裂孔的直径为 3～5mm。

③ 用狭凿沿裂纹凿出 V 形槽，长度超过裂纹两端各 5～10mm，深度视零件厚度而定。在零件壁厚度较大、不影响强度条件下，最好将裂纹全部凿去，以利于消除应力、避免裂纹进一步扩大，如图 13-13 所示。

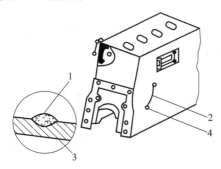

图 13-12　柴油机体侧面壁裂纹修复
1—胶黏剂；2—裂纹；3—V 形坡口；4—止裂孔

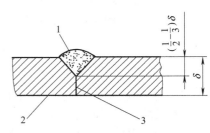

图 13-13　V 形槽
1—胶黏剂；2—V 形槽；3—裂纹

④ 用丙酮或四氯化碳等有机溶剂仔细清洗裂纹及其周围部分，一般清洗 2～3 次。

⑤ 根据所选定胶黏剂的配比及所修零件的用胶量配胶。

⑥ 在 V 形槽内灌满配好的胶黏剂。

⑦ 根据胶黏剂种类确定固化条件，进行固化，待完全固化后，用锉刀与砂皮进行表面修整，然后进行缸体水压试验。

胶黏剂种类繁多，有机胶黏剂如环氧树脂、酚醛树脂、Y-150 厌氧胶、J-19 高强度胶黏剂等，无机胶黏剂常用氧化铜胶黏剂，汽车零件胶黏修复中常用的是环氧树脂胶、酚醛树脂胶、氧化铜胶等胶黏剂。

(1) 环氧树脂胶胶黏剂　环氧树脂胶胶黏剂是一种人工合成的树脂状化合物，能使多种材料表面产生较大的黏结力，是目前广泛使用的一种胶黏剂。环氧树脂本身不能单独作为胶黏剂使用，使用时必须加入固化剂、稀释剂、增塑剂和填料等等。其特点是：黏附力强，固化收缩小，机械强度高，且耐腐蚀、耐油、电绝缘性好，适合工件工作温度在 150℃ 以下使用。其缺点在于性脆，韧性较差。

(2) 酚醛树脂胶黏剂　酚醛树脂是由酚醛类在催化剂中经缩合而得到的一类树脂，其可以单独使用，也可以和环氧树脂混合使用。酚醛树脂有较高的粘接强度，耐热性好，但脆性较大，不耐冲击。汽车修理中常用来粘接制动蹄片及离合器摩擦片。

酚醛树脂与环氧树脂混合使用时，其用量为环氧树脂的 30%～40%，同时还要添加增塑剂和填料。为加速固化，可加入 5%～6%乙二胺，既改善其耐热性，又提高其韧性。

(3) 氧化铜胶黏剂　氧化铜胶黏剂具有耐热好（耐热温度为 600～900℃），粘接工艺简单、使用方便、操纵容易，且固化过程体积略有膨胀，宜采用槽接或套接。适用于缸体上平面、气门室裂纹、管接头防漏等粘接。其缺点是粘接脆性大，耐冲击能力差。

氧化铜胶黏剂是由粒度为 320 目的纯氧化铜粉和密度为 1.7g/cm² 的磷酸（H_3PO_4）调和而成。调制过程中，将纯氧化铜粉和无水磷酸放在铜片上用竹片调匀，待能拉出 7～10mm 的细丝时即可使用。

13.1.6　汽车零件修复工艺选择

13.1.6.1　汽车零件修复质量评价

汽车零件的修复质量可用修复零件的工作能力来表示，而零件的工作能力是由耐用性指标来评价的。

修复零件的耐用性指标与覆盖层的力学性能以及对基体金属的影响程度有关。统计资料表明修复件丧失工作能力的基本原因是由于覆盖层与基体金属结合强度不够，耐磨性不好，零件疲劳强度降低过多而引起的。因此在一般情况下，上述三个指标决定了修复零件的质量。

(1) 修复层结合强度　结合强度是评定修复层质量的重要指标，如果修复层的结合强度不够，在使用中就会出现脱皮、滑圈、掉块等现象。结合强度按受力情况可分为抗拉、抗剪及抗扭转、抗剥离等，其中抗拉结合强度能较真实地反映修复层与基体金属的结合力。

抗拉结合强度试验目前国内暂无统一标准，检验零件修复层结合强度的方法主要有敲击法、车削法、磨削法、凿剔法和喷砂法等，出现脱皮、剥落则为不合格。

(2) 修复层耐磨性　修复层耐磨性通常以一定工况下单位行程磨损量来评定，不同方法修复的覆盖层耐磨性不完全一致。

(3) 修复层对零件疲劳强度的影响　许多汽车零件常处于高交变载荷及高冲击荷载环境下工作，因此修复层对零件疲劳强度的影响是考核零件修复质量的一个重要指标。修复层不仅影响零件的使用寿命，而且关系到行车安全。例如，由于振动堆焊对疲劳强度的影响大，因而不允许应用这种方法修复转向节和半轴。

13.1.6.2　汽车零件修复方法选择

汽车零件修复方法的选择直接影响到汽车零件的修复成本与修复质量。应根据零件的结构、材料、损伤情况、使用要求以及企业的工艺装备等情况进行选择，通过对零件的适用性指标、耐用性指标和技术经济指标进行统筹分析后来确定。

零件的适用性指标取决于零件的材料、结构复杂程度、损伤状况及可修性等因素，可由下列函数表示：

$$K_n = f(M_n, Q_g, D_g, E_g H_g, \sum T_i) \tag{13-5}$$

式中　　M_n——修复件的材料；

　　Q_g，D_g——修复件的外形和直径；

　　　　E_g——修复件需要修复缺陷的数量及其组合；

　　　　H_g——修复件承受载荷的性质与数量；

　　　　$\sum T_i$——修复工艺累计时间或工作量。

耐用性指标取决于零件修复后的耐磨性系数、疲劳强度影响系数、结合强度影响系数等，是用来表征零件修复的质量指标，可用公式表示为：

$$K_g = f(K_e, K_b, K_c) \tag{13-6}$$

式中　　K_e——耐磨性系数；

　　　　K_b——疲劳强度影响系数；

　　　　K_c——结合强度影响系数。

技术经济指标取决于修复方法的生产率和修复费用，并与相应的经济指标有关，可表示为：

$$K_{ne} = f(K_n, E) \tag{13-7}$$

式中　　K_n——修复方法生产率系数；

　　　　E——修复方法的经济指标。

广义的零件修复方法选择，是指在给定条件下能得到最好修复效果的方法，应根据技术可行、质量可靠、经济合理等原则来确定选择方法，同时还应考虑以下几点。

① 充分考虑零件的工作条件（工作温度、润滑条件、载荷及配合特性等）及其对修复部位的技术要求等，使选择的方法技术上可行。

当零件磨损严重时，有些修复方法不能适用。例如，用镀铬修复磨损零件时，镀层厚度一般不超过 0.30mm。

零件工作条件不同，其所要求的修复方法也不同。例如，环氧树脂胶黏剂修复的零件一般只适用于工作温度不超过 100℃的零件；金属喷涂法修复零件时，因涂层与基体结合强度低，不能修复用于承受冲击载荷及抗剪结合强度要求较高的零件；用电脉冲堆焊修复零件时，因堆焊对零件的疲劳强度影响较大，不适用于修复对疲劳强度十分敏感的零件；用镀铬修复的零件，因光滑的镀铬层适油性差，磨合性不好，不适宜在润滑困难的条件下工作。

② 应掌握各种修复方法的特点、影响因素及适用范围。

③ 确定零件修复方法时，要同时进行成本核算。某种零件修复方法的选择合理性应符合下式：

$$\frac{C_p}{L_p} \leqslant \frac{C_h}{L_h} \tag{13-8}$$

式中　　C_p——修复成本，包括原材料费、基本工资和其他杂费等；

　　　　L_p——制造成本，包括原材料、基本工资和其他杂费等；

　　　　C_h——零件修复后的行驶里程；

　　　　L_h——新零件的行驶里程。

式（13-8）表明，修复件每百公里成本应低于新零件，否则成本核算不合格，即经济不合算。但是，衡量是否经济，要从全局观点出发，如配件供应不足，停工待料等。

④ 确定零件修复方法时应考虑企业现有生产设备，必须采用新工艺方案时，应进行经济论证。

通常工艺方案的改变会直接导致设备的更换和工艺的变更，需要追加基建投资。经济论证的目的在于比较不同方案的生产率增长速度和修复成本。

13.2 其他修复技术

随着科学技术的进步，机械设备（包含汽车）向着高精度、高自动化、高智能化方向发展，因而对机械零件的修复加工要求更高。传统的机件修复法主要依靠电焊或气焊，但许多精密件对强韧性、尺寸精度都有严格要求，焊接工艺往往不能满足要求。而昂贵配件的更换（例如模具）会大幅度增加成本，减少经济效益，并且许多配件并无现成的备件，因此更需要进一步提高机件的修复技术水平。利用传统手段难以达到高质量的修复要求，因此需要借助现代先进的修复技术。

13.2.1 埋弧自动堆焊

埋弧自动堆焊又称焊剂层下自动堆焊，是埋弧自动焊的一种。其焊剂对电弧空间有可靠的保护作用，可减少空气对焊层的不良影响。熔渣的保温作用使熔池内的冶金作用比较完全，焊层的化学成分和性能比较均匀，焊层表面也光洁平直，焊层与基体金属结合强度高，能根据需要选用不同焊丝和焊剂以获得比较满意的堆焊层。与手工堆焊相比，埋弧自动堆焊劳动条件好，生产率高 10 倍左右，适于堆焊修补面积较大、形状不复杂的工件。

（1）埋弧自动堆焊原理　埋弧自动堆焊原理如图13-14 所示。电弧在焊剂下形成，由于电弧的高温放热，熔化的金属与焊剂蒸发形成金属蒸气与焊剂蒸气，在焊剂层下形成一个密闭的空腔，电弧在此空腔内燃烧。空腔的上面由熔化的焊剂层覆盖，隔绝了大气对焊缝的影响。由于气体的热膨胀作用，空腔内的蒸气压力略高于大气压力，此压力与电弧吹力共同作用向后方挤压熔化的金属，增大了基体金属的熔深。随金属一同被挤向熔池较冷部分的熔渣相对密度较小，在流动过程中渐渐与金属分离而上浮，最后浮于金属熔池的上部，因其熔点较低、凝固较晚，而降低了焊缝金属的冷却速度，使液态时间延长，有利于熔渣、金属及气体之间的反应，能够更好地清除熔池中的非金属质点、熔渣和气体，从而得到化学成分相近的金属焊层。

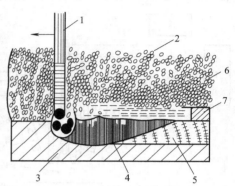

图 13-14　埋弧自动堆焊原理图
1—焊丝；2—焊剂；3—基体；4—熔化金属；
5—凝固焊层金属；6—熔渣；7—渣壳

（2）埋弧自动堆焊设备　埋弧自动堆焊设备包括堆焊电源、送丝机构、堆焊机床和电感器。堆焊电源是直流电，具有平硬或缓降的特性，能提供0～26V 电压及 0～320A 的电流。送丝机构能实现无级调节，速度一般在 1～3m/min 之间。堆焊机床可根据拟修复工件的要求设计，一般要求其主轴转速在0.3～10r/min 范围内进行无级调节，堆焊螺距在 2.3～6mm/r 范围内调节，埋弧自动堆焊设备如图 13-15 所示。

13.2.2 等离子喷焊

等离子喷焊和等离子喷涂都是以等离子弧为热源，但等离子喷焊采用转移和非转移联合型弧。转移弧用于加热工件使其表面形成熔池，同时将喷焊粉末材料送入等离子弧中，粉末在弧柱中得到预热，呈熔化或半熔化状态，被焰流喷射至工件熔池里，充分熔化并排出气体，浮出熔渣。随着喷焊枪和工件的相对移动，合金熔池逐渐凝固，形成合金熔焊层。

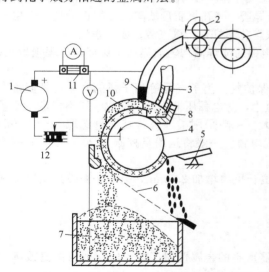

图 13-15　埋弧自动堆焊设备工作示意图
1—送丝盘；2—送丝轮；3—焊剂软管；4—工件；5—除渣刀；6—渣壳筛；7—焊剂箱；8—焊剂挡板；9—焊丝导管；10—焊剂；11—堆焊电源；12—电感器

（1）等离子喷焊特点
① 喷焊层成形平整、光滑，尺寸可得到较精确控制。一次喷焊可控制宽度 3～40mm，厚度

0.25～8mm，而其他堆焊法难以实现。

② 喷焊层稀释率低，可控制在5%以下。

③ 焊层成分和组织均匀。

④ 等离子弧温度高，可进行各种材料的喷焊，尤其适用于难熔材料的喷焊。

⑤ 工艺稳定性好，易于实现喷焊过程自动化。

根据以上特点，目前等离子喷焊主要用于修补那些对焊层质量要求较高的工件，诸如高温耐磨件、强腐蚀介质耐磨件及承受强负荷冲击、冲刷的工件。

（2）等离子喷焊设备 由于等离子喷焊工艺程序和规范的控制要求较严格，要求配备精密设备。等离子粉末喷焊设备由焊接电源、电气控制系统、喷焊枪、供粉系统、气路系统、水冷系统和机械装置等成分组成。其中大部分与等离子喷涂设备相类似，仅增加一个摆动机构，且主电路、喷焊枪与离子喷涂存在差别，如图13-16所示。

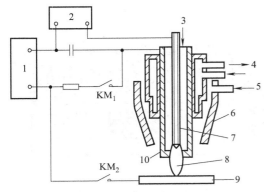

图13-16 等离子喷焊系统示意图
1—焊接电源；2—高频振荡器；3—离子气；4—冷却水；
5—保护气；6—保护气罩；7—钨极；8—等离子弧；
9—工件；10—喷嘴；KM_1，KM_2—接触器触头

（3）等离子喷焊工艺 等离子喷焊工艺主要包括以下参数。

① 非转移弧和转移弧的电流 非转移弧对喷焊过程的稳定性和熔敷率都有较大影响，为提高合金粉末在弧柱中的预加热效果，减少传给工件的热量，以降低熔深，喷焊中应保留非转移弧，但其电流大小要适当，电流过大，会造成喷嘴冷却强度不够，不利于对电弧的压缩。转移弧是喷焊的主要热源，规范的电压和电流是决定喷焊层质量的主要参数，要得到较大的熔敷率和较小的冲淡率，则需根据工件大小、焊层厚度和宽度来适当选择转移弧电流值。

② 喷焊速度与送粉量 提高喷焊速度，焊层变薄，熔深减小，稀释率降低。若速度过快，会出现未焊透、气孔等质量缺陷。增加送粉量，焊层变厚，熔深减小，焊层稀释率降低。送粉量过大将造成熔化不好，严重飞散，成形恶化。

③ 喷焊枪的摆动频率和摆幅摆动 频率要保证电弧对喷焊面均匀加热，避免焊道出现锯齿状；摆幅按一次焊道宽度要求确定。

④ 工作气体 工作气体包括离子气、送粉气和保护气。离子气是等离子弧的介质，其流量大小对电弧的稳定性和压缩效果产生较大影响。流量过小，对电弧压缩不好，造成电弧不稳定；流量过大，则电弧呈刚性，使基体熔深增大、稀释率增大。一般采用柔性弧，其流量选取6～9L/min为宜。送粉量过小会发生堵塞，送粉量过大则会干扰电弧。一般将送粉量控制在20～100g/min为宜，保护气流量一般选离子气流量的1～2倍。

⑤ 电极内缩短喷距 电极内缩量一般为喷嘴孔道长度再增加2.5mm，喷距一般按焊层厚度和弧电流大小在6～18mm范围内进行调整。

13.2.3 特种电镀技术

电镀是一种用电化学方法在镀件表面上沉积所需形态的金属覆层工艺。电镀的目的是改善材料的外观，提高材料的各种物理化学性能，赋予材料表面特殊的耐蚀性、耐磨性、装饰性、焊接性及电、磁、光学性能等，因此镀层仅需几微米到几十微米厚。电镀工艺设备较简单，操作条件易于控制，镀层材料广泛，成本较低，因而在工业中广泛应用，也是报废汽车零部件表面修复的重要方法。镀层种类很多，按使用性能分类，可分为以下九类。

① 防护性镀层 例如锌、锌-镍、镍、镉、锡等镀层，作为耐大气及各种腐蚀环境的防腐蚀镀层。

② 防护-装饰性镀层　例如 Cu-Ni-Cr 镀层等，既具有装饰性，又具有防护性。

③ 装饰性镀层　例如 Au 及 Cu-Zn 仿金镀层、黑铬、黑镍镀层等。

④ 耐磨和减磨镀层　例如硬铬、松孔镀、Ni-SiC，Ni-石墨、Ni-PTFE 复合镀层等。

⑤ 电性能镀层　例如 Au、Ag、Rh 镀层等，既具有高导电率，又可防氧化，避免增加接触电阻。

⑥ 磁性能镀层　例如软磁性能镀层有 Ni-Fe、Fe-Co 镀层；硬磁性能镀层有 Co-P、Co-Ni、Co-Ni-P 镀层等。

⑦ 可焊性镀层　如 Sn-Pb、Cu、Sn、Ag 等镀层。可改善可焊性，在电子工业中广泛应用。

⑧ 耐热镀层　例如 Ni-W、Ni、Cr 镀层，熔点高，耐高温。

⑨ 修复用镀层　一些造价较高的易磨损件，或加工超差件，采用电镀修复尺寸，可节约成本，延长使用寿命。例如可电镀 Ni、Cr、Fe 层进行修复。

若按镀层与基体金属之间的电化学性质分类，可分为阳极性镀层和阴极性镀层。凡镀层相对于基体金属的电位为负时，镀层是阳极，称为阳极性镀层，例如钢材的镀锌层。而镀层相对于基体金属的电位为正时，镀层呈阴极，称为阴极性镀层，例如钢材的镀镍层和镀锡层等。

按镀层的组合形式分，镀层可分为单层镀层、多层金属和复合镀层。单层镀层例如 Zn 或 Cu 镀层，多层金属镀层例如 Cu-Sn/Cr、Cu/Ni/Cr 镀层等；复合镀层例如 Ni-Al$_2$O$_3$、Co-SiC 镀层等。

若按镀层成分分类，可分为单一金属镀层、合金镀层及复合镀层。

不同成分及不同组合方式的镀层具有不同的性能，如何合理选用镀层，其基本原则与通常的选材原则基本相同。首先要了解镀层是否具有所要求的使用性能，然后按照零件的工作条件及使用性能要求，选用适当的镀层；其次，要参照基材的种类和性质，选用相匹配的镀层，例如阳极性或阴极性镀层，特别是当镀层与不同金属零件接触时，更要考虑镀层与接触金属的电极电位差对耐蚀性的影响，或摩擦副是否匹配；再次，要依据零件加工工艺选用适当的镀层，例如铝合金镀镍层，镀后需通过热处理提高结合力，对于时效强化铝合金镀后热处理会造成超过时效。此外，要考虑镀覆工艺的经济性。

13.3　报废汽车零部件循环利用和再制造概述

13.3.1　汽车发动机再制造工程

（1）再制造工程的内涵　再制造工程是一个以产品的整个寿命周期为研究对象，以优质、高效、节能、节材、环保为目标，以先进技术和产业化生产为手段来修复和改造废旧产品的一系列技术措施或工程活动的总称。再制造可以针对汽车总成，如发动机总成、变速器总成，也可以针对汽车零件，如汽缸体。前者称为总成再制造，后者称为零件再制造。

发动机再制造不等同于发动机大修，其主要区别在于：一是加工对象不同，大修的加工对象是故障产品，再制造的对象是大批量的报废产品；二是生产方式不同，大修多采用手工单件生产，再制造是采用先进工艺进行批量生产；三是加工深度不同，大修仅限于部分超过使用极限的损伤，再制造则要对总成零部件进行全面检验，对不合格零部件全部进行修理或更换；四是效果不同，大修产品的质量很难达到新产品水平，再制造的产品质量却能达到甚至超过新产品，且成本远远低于新产品。

（2）国内外发动机再制造概况　发动机再制造在国外已有 50 余年历史，从技术标准、生产工艺、加工设备到产品销售和售后服务，已形成一套完整体系和成形技术，并已形成了足够规模。在美国和欧洲的许多国家都有专门的发动机再制造协会。美国发动机再制造协会有 160 多个会员单位，协会负责管理协调发动机再制造企业之间的技术、设备、产品和备件供应等事宜。世界著名的汽车公司（如福特、通用、大众、雷诺等）与本公司相配套的发动机再制造厂及其他独立的专业发动机制造厂保持固定的合作关系，以便于对旧发动机进行再制造。

随着中国再制造行业的飞速发展，再制造的初步应用取得了非常明显的节能减排效果。近年来，为促进再制造产业发展，国家出台了一系列支持再制造产业发展的措施。2005 年，国务院在《关于加快发展循环经济的若干意见》中明确提出支持发展再制造；同年，经国务院批准，国家第一批循环经济试点将再制造作为重点领域。2008 年，《循环经济促进法》将再制造纳入法律范畴进行规范。目前，我国汽车零部件再制造试点取得了初步成效，到 2009 年底，已形成汽车发动机、变速箱、转向机、发电机共 23 万台套的再制造能力，并在探索旧件回收、再制造生产、再制造产品流通体系及监管措施等方面取得积极进展。再制造基础理论和关键技术研发取得重要突破，开发应用的自动化纳米颗粒复合电刷镀等再制造技术达到国际先进水平。工程机械、机床等再制造试点工作也已开展。2010 年 5 月，为全面贯彻落实《循环经济促进法》，培育新的经济增长点，国家发展改革委、科技部、工业和信息化部等 11 个部门以发改环资〔2010〕991 号印发《关于推进再制造产业发展的意见》，该意见明确指出，要进一步深化汽车零部件再制造试点，加快再制造重点技术研发与应用，完善再制造产业发展的政策保障措施等促进再制造产业发展的指导思想。该意见同时指出，要以推进汽车发动机、变速箱、发电机等零部件再制造为重点，加大资金投入，消除制度瓶颈，完善回收体系，规范流通市场，努力做大做强。在此基础上，将试点范围扩大到传动轴、压缩机、机油泵、水泵等部件，与此同时继续推进大型旧轮胎翻新。2011 年 3 月，国家发布了《国民经济和社会发展第十二个五年规划纲要》，将再制造作为一项战略性新兴产业予以重点支持，并提出加快完善再制造旧件回收体系，推进再制造产业发展，开发应用再制造等关键技术，推广循环经济典型模式。2013 年 2 月，国务院办公厅下发了《关于加强内燃机工业节能减排的意见》，文件总体要求中明确指出培育一批汽车、工程机械用发动机等再制造重点企业。2013 年 7 月，国家发改委、财政部、工信部、商务部、质检总局联合下发了《关于印发再制造产品"以旧换再"试点实施方案的通知》，进一步推进再制造产品的推广使用。

目前，我国再制造业试点企业已形成汽车发动机、变速箱、转向机、发电机等多种部件的再制造规模，并在探索旧件回收、再制造生产、再制造产品流通体系及监管措施等方面取得有效进展。卡特彼勒（中国）投资有限公司与广西玉柴机器股份有限公司（玉柴）于 2009 年 12 月签署创办合资公司协议，为玉柴柴油发动机和零部件及部分卡特彼勒柴油发动机和零部件提供再制造服务。中国重汽集团济南复强动力有限公司由中国重型汽车集团有限公司与英国 Lister Petter 公司于 1995 年合资创办，是国内第一家汽车发动机再制造公司，也是我国唯一一家北美发动机翻新协会 PERA 的会员。在此背景下，济南复强得以成功入围第一批发动机再制造试点企业。

（3）国内发动机再制造发展趋势

① 充分发挥汽车（总成）生产厂的龙头作用　汽车（总成）生产厂具有较强的技术装备和较系统的工艺技术，而且制造厂对本厂生产的产品最熟悉，从事本厂产品的再制造，具有得天独厚的优势条件。此外，对本厂产品的再制造还有利于产品质量的信息反馈，因此汽车（总成）生产厂可以设立再制造厂，与汽车回收部门配合，将回收的本企业生产的汽车（总成）在本企业的再制造厂中完成再制造。

② 建立专业化的再制造厂　与汽车其他零部件或总成再制造一样，发动机再制造也需要专业化，而且要形成足够的规模批量，尽量采用先进技术，从而保证产品质量，降低产品成本。有条件的汽车修理厂或配件厂也可以考虑建设专业化再制造厂。

③ 引进国外再制造技术和管理模式　引进国外 50 多年发展起来的先进技术和管理模式是一条行之有效的捷径。在一个高起点上建立我国的再制造业，既有利于快速发展我国的再制造业，又能引领我国汽车维修服务业向世界先进水平靠拢。

④ 完善发动机再制造技术标准　为了确保发动机再制造质量，必须制定完备的检验技术标准。发动机再制造技术标准应包括再制造前的零部件检验分类标准和再制造后的产品检查验收标准。前者用于界定零部件是否具有再制造价值，后者用于控制产品的加工质量，两个标准同样重要。

⑤ 开辟国际市场　发动机再制造的原材料成本较低，而劳动成本较高。应利用我国较低的劳动力成本，参与国际竞争，使我国的发动机再制造扩大国际市场份额。

⑥ 运用经济手段鼓励再制造业发展。

⑦ 转变观念　发动机再制造是一个新概念，容易被人误解为发动机大修，市场上对再制造发动机质量往往持怀疑态度。近年来社会上出现的"汽车大修取消论"也对发动机再制造产生消极影响。有人片面认为"视情修理"不需要全面大修，至于零件修理更无必要。

⑧ 关于其他总成的再制造　除发动机再制造外，其他总成再制造主要包括变速器、转向器、驱动桥等，但要对具体问题进行具体分析，例如变速器常损伤的零件主要是齿轮和轴，目前对齿轮的再制造暂无新工艺，若能研发齿轮的再制造新工艺（如真空熔结工艺），变速器的再制造将极具价值。

⑨ 大力发展再制造的基础研究　发动机再制造在国外已有较成熟的经验，但随着科学技术的发展，新技术、新工艺不断出现，如何把新技术、新工艺引入再制造，将大大提高再制造产品的质量。如发动机汽缸的等离子淬火技术、轴类零件的等离子喷涂和堆焊技术、键齿类零件的真空熔结技术等，都可显著提高产品的再制造质量，使再制造产品的质量超过新产品。解放军装甲兵工程学院再制造工程技术研究室是国防科技重点实验室，其丰硕的研究成果为零部件再制造的发展做出了重要贡献。其他大专院校、科研院所和生产单位也应不断加大再制造的研究力度。

13.3.2　汽车零部件再制造

（1）汽车零部件再制造与零部件修复　汽车零件再制造与零件修复存在相似性。汽车零件修复在我国经历了从无到有、由盛到衰的曲折发展历程。20 世纪 60～70 年代随着汽车保有量的增加和相关汽车及零部件制造企业的技术进步，为解决配件供应不足的矛盾，零件修复业快速发展，修复件的比例大大增加，解决了配件供应不足的燃眉之急。从 20 世纪 80 年代开始，随着配件供应逐渐充足，旧件修复开始由盛转衰，报废旧件甚至淘汰。

从我国汽车零件修复业的发展历程可以看出，我国汽车零件修复业未能实现可持续发展，原因在于观念落后，仅把零件修复作为解决配件供应不足的权宜之计，未将其提到绿色再制造的高度。零件修复与再制造的区别主要在于生产方式不同。零件修复是在修理厂内进行的单件生产，由于修复工艺和设备落后，修复质量难以保证，修复成本也较高。因此，其生命力不强。而零件再制造是在专业化的零件修复厂，对报废汽车的可修复零件集中进行专业化大批量再制造，因此再制造零件的质量可以达到或超过新件，而再制造成本仅达到新件的 50%～60% 左右。

汽车零部件再制造与修复存在差异性。再制造处于修理和制造之间，再制造技术是直接将产品中的零部件功能恢复、升级或再造，最大限度地达到节省资金、节约能源、节约耗材和保护环境的效果，再制造工程在节约能源、节约耗材、提高经济效益上的作用巨大，汽车发动机再制造的综合效益统计情况见表 13-1。

表 13-1　汽车发动机再制造的综合效益统计情况

项　目	2005～2010 年	2010～2015 年	2015～2020 年
年均可再制造发动机/万台	225～360	750～1200	2100～3300
年均销售额/亿元	225～360	750～1200	2160～3360
年均节电/亿千瓦·时	13～21	43～69	124～193
年均回收附加值/亿元	307～490	1021～1636	2945～4582
年均减少 CO_2 排放/万吨	144～230	479～766	1379～2146

（2）汽车零部件再制造在成本上的优势　汽车零部件再制造在保障质量的同时，大大降低了成本。再制造产品所需能源是生产新产品成本的 50%，使再制造产品的价格降低为新产品的 40%～60%，同时也减少了生产新产品带来的污染。

（3）汽车零部件再制造在效益上的优势　汽车零部件再制造使维修业效率提高。传统的汽车大修，对零部件的修理大都采取原件修理，修理时间长。应用再制造的零部件可大大缩短了汽车在修时间，提高了汽车维修企业的效率和效益。

（4）汽车零部件再制造在能源上的优势　再制造产品的质量和性能能够达到或超过新产品，再制造产品所需能源是生产新产品所需能源的 20%～25%，可以节约能源 60%，节约耗材 70%，对环境的影响也显著降低，减少了其他成本的投入。

（5）国外汽车零部件再制造概况　自 20 世纪 80 年代以来，我国的零件修复由盛转衰的原因很多，但其中的一个重要原因是认识的偏见。一些人受西方设备快速更新和高消费的思想影响，既不考虑我国国情，也未全面了解发达国家汽车修理和再制造的现状，实际上，工业发达国家并未忽视汽车维修和零部件再制造。据 80 年代我国机械工业部赴美考察组的考察报告，美国的汽车、拖拉机再生厂、零件再生厂、旧车拆卸再生厂遍及全国。再生件在汽车修理中的应用比例甚高，见表13-2。

表 13-2　美国公用汽车维修企业修理中所用再生件的比例

总成、零件名称	所用配件总数/千件	新配件/千件	再生件/千件	再生件占总件数的比例/%
发动机	2105	834	1271	60
凸轮轴	1259	710	549	44
化油器	4262	1472	2790	66
燃油泵	10004	4195	5809	58
发电机	8874	1253	7621	85
启动机	4284	892	3392	80
水泵	11046	6196	4850	43
主制动缸	4496	2926	1570	35

（6）我国汽车零部件再制造的发展

① 汽车零部件再制造应与汽车总成再制造同步发展　发动机再制造与其零部件再制造相辅相成。发动机再制造离不开发动机零部件再制造，这里的零部件再制造不是发动机再制造厂进行的零部件再制造，而是由专业化零部件再制造厂进行的零部件再制造。零部件再制造厂的产品可以进入配件流通领域，供给汽车维修厂，也可以供给总成再制造厂。总成再制造与零部件再制造性质一致，仅在于产品不同，前者是再制造的总成，而后者是再制造的零件。

② 零部件再制造厂的专业化分工　专业化的零部件再制造厂可按再制造零部件的种类分工。如壳体类零件再制造厂、轴类零件再制造厂、键齿类零件再制造厂、特种零件（如轮胎）再制造厂等。不同性质的零部件，其结构、损伤性质不同，再制造采用的工艺和设备也不同，进行零部件再制造厂的专业化分工，有利于采用专用设备进行专业化再制造。例如，汽缸体的再制造主要采用焊接和机械加工设备，轴类零件再制造主要采用自动堆焊、喷涂、电镀等工艺装备。

③ 再制造零件的来源渠道　再制造零部件的来源渠道有两个：一是汽车维修厂大修时的需修件和部分报废件；二是从报废汽车上拆解出的可修件。维修厂的需修件是指超过使用极限，限于本厂条件不能进行简单修复的零部件，例如未超过最后一级修理尺寸的曲轴。部分报废件是指修理厂无法修复的报废零件，如磨损超过最后一级修理尺寸的曲轴，在修理厂只能报废，而在零件再制造厂可以再生。从报废汽车上拆解的可修件是指在零件再制造厂能够高质量修复，达到再制造零件质量标准的零件。

（7）再制造零件的确定原则　再制造厂应根据以下原则确定零件的再制造价值。

① 技术可行性原则　即根据再制造厂的技术设备条件，能够高质量完成待修复零件再制造，使其修复后质量能够达到或超过新产品。

② 经济合理性原则　即在再制造产品寿命达到或超过新品的前提下，其再制造成本应低于新件成本。再制造件成本低于新件价格 30% 以上，再制造才具有经济价值，通常其成本为新件成本的 50%～60%。

（8）再制造发展方向

① 循环经济是最大限度利用资源和保护环境的经济发展模式。实现汽车回收现代化是汽车行业发展循环经济的重要战略举措。

② 汽车回收现代化是遵循汽车寿命周期循环系统的思路，将汽车回收理念贯穿于汽车的整个

寿命周期,即从汽车的设计制造开始,到使用维修,直至报废回收更新为止,每个环节都要考虑高效回收利用问题。

③ 汽车零部件再制造是实现汽车现代化的重要组成部分。汽车零部件再制造包括汽车总成再制造及零件再制造。再制造技术的关键是提高认识,转变观念,不能把再制造与修理等同。

④ 汽车零部件再制造要以汽车生产企业为龙头,在各汽车生产企业增设专业化的再制造厂,率先进行发动机再制造,在此基础上逐步完善变速器、转向器、驱动桥等其他总成和零部件的再制造。

⑤ 再制造是汽车和总成大修的发展方向。具备条件的汽车修理厂可以在汽车修理的同时,考虑发动机和零件的再制造。

⑥ 再制造尚有许多问题有待于进一步深入研究。各有关企业、高校和科研单位应积极开展再制造相关问题的研究。

汽车再制造是废旧汽车最为经济的修复手段。汽车再制造延长了产品的生命周期,节约了能源,减少了生产过程中的环境污染,具有极大的经济和社会效益。汽车再制造需要应用各种高新技术实现节约资源、提高性能和质量。再制造工程的发展要走产业化、高技术化的道路,建立严格的管理检测机制,确保再制造产品的性能和质量,才能使再制造工程得到健康地发展,并发挥良好的作用,产生巨大的经济效益、社会效益和环境资源效益。

13.4 表面技术概述

表面技术涉及的科学技术领域宽广,是一门具有极高使用价值的基础性技术。表面技术的使用可以追溯到很久以前,早在战国时期,我国就已经使用淬火技术提高钢的表面硬度。欧洲使用类似的技术也有较长历史。但是,表面技术的迅速发展是从19世纪工业革命开始的,尤其是在最近几十年内,随着工业的现代化、规模化、产业化,以及高新技术的不断发展,表面技术得到了迅速发展,人们在广泛使用和不断试验的过程中积累了丰富经验,目前表面技术已经成为支撑当今技术革新与技术发展的重要因素。

表面技术是一门跨学科、综合性强的基础性工程技术,目前把用于提高材料表面性能的各种技术统称为材料表面技术。

13.4.1 表面技术应用重要性

表面技术的应用已经遍及各行各业,内容十分广泛,可用于耐蚀、耐磨、修复、强化、装饰等,也可用于光、电、磁、声、热、化学、生物等方面。表面技术所涉及的基体材料不仅包括金属材料,还包括无机非金属材料、有机高分子材料及复合材料。表面技术的种类繁多,将这些技术适当用于构件、零部件和元器件,能够获得非常可观的效益。表面技术应用的重要性主要在于以下几方面:

① 材料的疲劳断裂、磨损、腐蚀、氧化、烧损以及辐照损伤等,一般都是从表面开始,由其带来的破坏和损失十分惊人。因此,采用各种表面技术,加强材料表面保护具有十分重要的意义。

② 随着经济和科学技术的迅速发展,人们对各种产品抵御环境作用能力和长期运行的可靠性、稳定性提出了越来越高的要求。而构件、零部件和元器件的性能和质量,主要取决于材料表面的性能和质量。例如,由于表面技术有了很大改进,材料表面成分和结构可得到严格控制,同时又能进行高精度的微细加工,因而许多电子元器件大大缩小了产品的体积和减轻了重量,而且生产的重复性、成品率和产品的可靠性、稳定性都获得显著提高。

③ 许多产品的性能主要取决于表面的特性和状态,而表面(层)很薄,用材很少,因此表面技术可实现以最低的经济成本来生产优质产品。同时,许多产品要求材料表面和内部具有不同性能或者对材料提出其他一些棘手的难题,如"材料硬面不脆"、"耐磨而易切削"、"体积小而功能多"等,此时表面技术就成为了必不可少的途径。

④ 应用表面技术可在广阔的领域中生产各种新材料和新器件。目前表面技术已在制备高临界

温度超导膜、金刚石膜、纳米多层膜、纳米粉末、纳米晶体材料、多孔硅、C60等新型材料中起关键作用，同时又是许多光学、光电子、微电子、磁性、量子、热工、声学、化学、生物等功能器件的研究和生产上的最重要的基础之一。表面技术的应用使材料表面具有原本没有的性能，大幅度拓宽了材料应用领域，充分发挥材料的潜能。

13.4.2　表面技术主要目的

对于固体材料而言，表面技术的主要目的：

① 提高材料抵御环境作用的能力；

② 赋予材料表面某种机械性能、装饰性能、物理性能或某种其他特殊性能，包括光、电、磁、声、热、吸附和分离等各种物理和化学性能；

③ 利用固体表面的失效机理和各种特殊性能要求，实施特定的表面加工来制备性能优异的构件、零部件和元器件等先进产品。

13.4.3　表面技术提高途径

表面技术主要通过以下两种途径来提高材料抵御环境作用能力和赋予材料表面某种功能特性。

① 施加各种覆盖层。主要采用各种涂层技术，包括电镀、电刷镀、化学镀、涂装、黏结、堆焊、熔结、热喷涂、塑料粉末涂敷、热浸涂、搪瓷涂敷、陶瓷涂敷、真空蒸镀、溅射镀、离子镀、化学气相沉积、分子束外延制膜、离子束合成薄膜技术等。此外，还有其他形式的覆盖层，如各种金属经氧化和磷化处理后的膜层、包箔、贴片的整体覆盖层、缓蚀剂的暂时覆盖层等。

② 采用机械、物理、化学等方法，改变材料表面的形貌、化学成分、相组成、微观结构、缺陷状态或应力状态，即采用各种表面改性技术。主要有喷丸强化、表面热处理、化学热处理、等离子扩渗处理、激光表面处理、电子束表面处理、高密度太阳能表面处理、离子注入表面改性等。

13.4.4　表面技术基础和应用理论

表面技术是一门与应用技术结合十分密切的学科，其理论基础是表面科学。表面科学主要包括表面物理、表面化学、表面分析技术三部分内容。表面物理和表面化学主要研究两相间所发生的物理和化学过程，从理论体系上讲，包括微观理论和宏观理论两个方面。微观主要指在原子、分子水平上研究表面的组成、原子的结构及运输现象、电子结构与运动及其对表面宏观性质的影响；在宏观尺度上，主要是从能量角度研究各种表面现象。表面分析技术是揭示表面现象的微观实质和各种动力学过程的必要手段，主要包括表面的原子排列结构、原子类型和电子能态结构等内容。上述三部分相互补充、相互依存，表面科学不仅有重要的基础研究意义，而且与许多技术科学密切相关，在应用上具有非常重要的意义。

表面技术的应用理论主要包括表面失效分析、摩擦磨损理论、腐蚀与防护理论、表面结合、复合理论与功能效应等，这些理论对表面技术的发展与应用具有直接的指导意义。

13.4.5　表面技术应用

① 表面技术在结构材料以及工程构件和机械零部件上的应用。结构材料主要用来制造工程建筑中的构件、机械装备中的零部件以及工具、模具等，在性能上以力学性能为主，同时在许多场合又要求兼有良好的耐蚀性和装饰性。表面技术在这方面能起着防护、耐磨、强化、修复、装饰等重要作用。

② 表面技术在功能材料和元器件上的应用。材料的许多性质和功能与表面组织结构密切相关，因而通过各种表面技术可制备或改进一系列功能材料及其元器件。

③ 表面技术在人类适应、保护和优化环境方面的重要性日益突出。运用表面技术可以净化大气、抗菌灭菌、吸附杂质、去除藻类污垢，同时在生物医学、治疗疾病及绿色能源、优化环境起着很大的作用。

④ 表面技术在研究和生产新型材料中的应用。表面技术的种类甚多，方法繁杂，各种表面技

术还可以适当地复合起来，材料经表面处理或加工后可以获得许多不寻常（远离平衡态）的结构形式，因此表面技术在研制和生产新型材料方面十分重要。

13.5 表面涂覆技术及表面改性技术

表面涂覆技术是指用涂料通过各种方法涂布于材料表面的一种技术，已有非常广泛的应用。常用的涂覆技术，包括涂装、粘接、堆焊、热喷涂、电火化表面涂敷、熔结、热浸涂、陶瓷涂层、搪瓷及塑料涂敷。

表面改性技术是指采用某种工艺手段使材料表面获得与其基体材料的组织结构、性能不同的一种技术。材料经表面改性处理后既能发挥基体材料的力学性能，又能使材料表面获得各种特殊性能（如耐磨、耐腐蚀、耐高温、合适的射线吸收、辐射和反射能力、超导性能、润滑、绝缘、贮氢等）。它可以掩盖基体材料表面缺陷.延长材料和构件使用寿命，节约稀、贵材料，节约能源，改善环境，并对各种高新技术的发展具有重要作用，表面改性技术的研究和应用已有多年历史。20世纪70年代中期以来，国际上出现了表面改性热，表面改性技术越来越受到人们的重视。表面改性技术包括金属表面形变强化、表面热处理、等离子表面处理、激光表面处理、电子束表面处理、高密度太阳能表面处理等。

13.5.1 表面涂覆技术

13.5.1.1 涂装

用有机涂料通过一定方法涂覆于材料或制件表面，形成涂膜的全部工艺过程，称为涂装。涂装用的有机涂料是涂于材料或制件表面而能形成具有保护、装饰或特殊性能（如绝缘、防腐、标志等）固体涂膜的一类液体或固体材料之总称。早期大多以植物油为主要原料，故有"油漆"之称，后来合成树脂逐步取代了植物油，因而统称为"涂料"。现在对于呈黏稠液态的具体涂料品种仍可按习惯称为"漆"，对于其他一些涂料，如水性涂料、粉末涂料等新型涂料不能如此称呼。

（1）涂料主要组成　涂料主要由成膜物质、颜料、溶剂和助剂四部分组成。

（2）涂装工艺　使涂料在被涂的表面形成涂膜的全部工艺过程称为涂装工艺。具体的涂装工艺要根据工件的材质、形状、使用要求、涂装用工具、涂装时的环境、生产成本等加以合理选用。涂装工艺的一般工序如下。

① 涂前表面预处理　为获得优质涂层，涂前表面预处理十分重要，对于不同工件材料和使用要求，有各种具体规范，主要有以下内容：

a. 清除工件表面的各种污垢；

b. 对清洗过的金属工件进行各种化学处理，以提高涂层的附着力和耐蚀性；

c. 若前道切削加工未能消除工件表面的加工缺陷和得到合适的表面粗糙度，则在涂前要用机械方法进行处理。

② 涂布　涂布的方法很多，常用的方法有：手工涂布法，浸涂、淋涂和转鼓涂布法，空气喷涂法，无空气喷涂法，静电涂布法，电泳涂布法，粉末涂布法，自动喷涂，辊涂法，抽涂和离心涂布法等。

③ 干燥固化　涂料主要靠溶剂蒸发以及熔融、缩合、聚合等物理或化学作用而成膜。

13.5.1.2 黏结与黏涂

用胶黏剂将各种材料或制件连接成为一个牢固整体的方法，称为黏结或黏合。作为黏结技术的一个分支，黏涂技术获得迅速发展，该技术是将特种功能的胶黏剂（通常是在胶黏剂中加入二硫化钼、金属粉末、陶瓷粉末和纤维等特殊的填料）直接涂覆于材料或零件表面，成为一种有效的表面强化和修补手段。

（1）胶黏剂分类　胶黏剂又称黏合剂，俗称胶，是由基料、固化剂、填料、增韧剂、稀释剂及其他辅料配合而成。按基料分，胶黏剂分为无机胶黏剂和有机胶黏剂（天然胶黏剂、合成胶黏剂）。

无机胶黏剂有硅酸盐、磷酸盐、氧化铅、硫黄、氧化铜－磷酸等。天然有机胶黏剂有植物、动物、矿物胶黏剂之分，资源丰富，价格低廉，多数是水溶性、水分散性或热熔性，无毒或低毒的，生产工艺简单，使用方便，但耐水性不好，质量不稳定，易受环境影响，粘接强度不够理想，部分品种不耐霉菌腐蚀。近年来，由于高分子化学和合成材料工业的进步，促使合成胶黏剂迅速发展，品种繁多，性能各异，用途广泛，几乎已经取代天然胶黏剂，合成胶黏剂虽然耐热性和耐老化性通常不如无机胶黏剂，但具有良好的电绝缘性、隔热性、抗震性、耐腐蚀性以及产品多样性，已占胶黏剂的主导地位。

胶黏剂可黏结各种材料，特别适合于黏结弹性模量与厚度相差较大，不宜采用其他方法连接的材料，以及薄膜、薄片材料等。黏结也可作为修补零部件的一种方法。

(2) 胶黏剂应用　目前胶黏剂应用甚广，主要集中在以下工业领域。

① 机械工业　例如：钻探机械制动衬片和离合器面片用改性酚醛黏料制成；机械紧固采用了厌氧胶；立车侧刀架用快固化丙烯酸酯结构胶定位，再用无机胶装配；大型制氧设备用聚氨酯超低温胶修复等。

② 电子电器工业　例如：印刷电路板上安装芯片使用液型环氧胶或 UV 固化型胶黏剂；彩电调谐器、录像机、计算机、程控交换机的组装生产采用单组分高温快固化环氧胶；微型电机、继电器开关处用有机硅胶黏剂等。

③ 汽车工业　例如：发动机罩内外挡板和行李厢用氯丁胶黏剂；挡风玻璃和后窗玻璃用液湿气固化聚氨酯胶；车身两侧粘的聚氯乙烯保护条及装饰条用双面压敏胶带等。

④ 航空宇航工业　例如目前小型机体、大型机械 50% 以上连接部位采用黏结结构。胶黏剂以 120℃固化的环氧-丁腈胶为主，并以胶膜形式使用。胶黏剂还应用于纺织工业、木材工业和医疗卫生业等。

(3) 黏涂技术　表面黏涂技术是将加入二硫化钼、金属粉末、陶瓷粉末和纤维等特殊填料的胶黏剂，直接涂覆于材料或零件表面，使之具有耐磨、耐蚀、绝缘、导电、保温防辐射等功能的新技术，黏涂技术是黏结技术的一个分支，目前主要应用于表面强化和修复。

黏涂具有黏结技术的大部分优点，如应力分布均匀、容易做到密封、绝缘、耐蚀和隔热等。其工艺简单，不需要专门设备，而是将配好的胶涂覆于清理好的零件表面，待固化后进行修整即可。黏涂通常在室温操作，不会使零件产生热影响和变形等。

黏涂工艺适用范围广，能黏涂各种不同的材料。黏涂层厚度可以从几十微米到几十毫米，并且具有良好的结合强度。在修复应用方面，除一般零件外，黏涂对难于或无法焊接的材料制成的零件、薄壁零件、复杂形状的零件、具有爆炸危险的零件以及需要现场修复的零件等也可使用。黏涂突出的优点，使其成为表面工程的一项重要技术。

13.5.1.3　堆焊

堆焊是在金属材料或零件表面熔焊上耐磨、耐蚀等特殊性能的金属层的一种工艺方法。通过堆焊可以修复外形不合格的金属零部件及产品，或制造双金属零部件。堆焊工艺技术已被广泛地用于航天、兵器、能源、冶金、矿山、石油、化工设备、建筑、农机、纺织以及工模具的制造与修复领域。

(1) 堆焊材料的分类　所有堆焊材料可归纳为铁基、镍基、钴基、碳化钨基和铜基等几种类型。铁基堆焊材料性能变化范围广，韧性和耐磨性匹配好，能满足许多不同的要求，而且价格低，所以应用最广泛。镍基、钴基堆焊材料价格较高，但高强性能好，耐腐蚀，主要用于要求耐高温磨损、耐高温腐蚀的场合。铜基堆焊材料耐蚀性好，并能减少金属间的磨损。碳化钨基堆焊材料价格较高，但在耐严重磨料磨损的条件下，堆焊仍然占有重要地位。

(2) 常用堆焊材料及堆焊工艺

① 铁基堆焊材料及堆焊工艺　铁基堆焊材料按合金元素含量分为：低合金、中合金和高合金三种。为防止堆焊层开裂（高铬铸铁允许堆焊裂纹存在），工件通常需焊前预热和焊后缓冷。

② 镍基堆焊材料及工艺　镍基堆焊材料中除了高镍堆焊材料用于铸铁堆焊时常作为过度层外，其他常用镍基堆焊材料是 Ni-Cr-B-Si 型、Ni-Cr-Mo-W 型以及近年来开发研制的 Ni-Cr-W-Si 和 Ni-Mo-Fe。镍基堆焊材料比铁基有更高的热强度和更好的耐热腐蚀性，但价格远高于铁基，故应用相

当有限。只有要求堆焊层耐热或耐腐蚀以及耐低应力磨料磨损时，才用镍基堆焊材料。

镍基堆焊材料常用堆焊方法为焊条电弧堆焊、氧-乙炔喷涂、等离子堆焊等。在低碳钢、低合金钢和不锈钢上堆焊镍基堆焊材料时，一般不要求预热。尽量采用小线能量，焊后一般不热处理，工件含碳量高时，应先堆焊过渡层。

③ 钴基堆焊材料和堆焊工艺　钴基堆焊材料主要指钴铬钨堆焊材料，即通常所谓斯太利合金。该堆焊层在650℃左右仍能保持较高的硬度。这是钴基堆焊材料得到较多应用的重要原因。钴基堆焊材料价格昂贵，所以尽量用镍和铁基堆焊材料代替。

为节约昂贵的钴基堆焊材料，应尽量采用低稀释率的氧-乙炔焰堆焊或粉末等离子堆焊，当工件较大时也可采用焊条电弧堆焊。

氧-乙炔焰堆焊质量很好，常用于D802的堆焊。其工艺原则是采用3～4倍乙炔过剩焰，以获得还原性气氛，并使母材表面增碳，降低工件表面熔点和浸润温度，使堆焊易于进行。对于较厚的工件采用中性焰预热430℃堆焊，焊后缓冷。

粉末等离子堆焊要求焊前严格清除工件表面的氧化物和油污。堆焊工艺要控制适当，以避免堆焊层稀释率过高；大工件应焊前预热，焊后缓冷。

焊条电弧焊稀释率较大，对堆焊层性能不利，一般适用于要求高耐磨性的较大工件的堆焊，焊条焊前必须150℃烘干1h。宜采用直流反接，小电流短弧堆焊。

13.5.1.4　热喷涂

热喷涂技术是采用气体、液体燃料或电弧、等离子弧、激光等作为热源，使金属、合金、金属陶瓷、氧化物、碳化物、塑料以及它们的复合材料等喷涂材料加热到熔融或半熔融状态，通过高速气流使其雾化，然后喷射，沉积到经过预处理的工件表面，从而形成附着牢固的表面层的加工方法。若将喷涂层再加热重熔，则产生冶金结合。这种方法称为热喷涂方法。

采用热喷涂技术不仅能使零件表面获得各种不同的性能，如耐磨、耐热、耐腐蚀、抗氧化和润滑等性能，而且在许多材料（金属、合金、陶瓷、水泥、塑料、石膏、木材等）表面上都能进行喷涂。喷涂工艺灵活，喷涂层厚度达0.5～5mm，而且对基体材料的组织和性能的影响甚小。

（1）热喷涂原理　喷涂时，首先将喷涂材料加热到熔化或半熔化状态；接着是熔滴雾化阶段；然后是被气流或热源射流推动向前喷射的飞行阶段；最后以一定的动能冲击基体表面，产生强烈碰撞展平成扁平状涂层并瞬间凝固，如图13-17（a）所示。在凝固冷却的0.1s中，此扁平状态层继续受环境和热气流影响，如图13-17（b）所示，每隔0.1s第二层薄片形成，通过已形成的薄片向基体或涂层进行热传导，逐渐形成层状结构的涂层，如图13-17（c）所示。

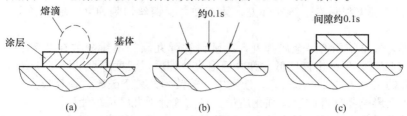

图13-17　热喷涂层形成过程

（2）热喷涂种类和特点

① 热喷涂种类　按涂层加热和结合方式，热喷涂有喷涂和喷熔两种，前者是基体不熔化，涂层与基体成机械结合；后者则是涂层经再加热重熔，涂层与基体互溶并扩散形成冶金结合；热喷涂与堆焊的根本区别都在于母材基体不熔化或极少溶化。

热喷涂技术按照加热喷涂材料的热源种类分为火焰喷涂、电弧喷涂、高频喷涂、等离子弧喷涂（超音速喷涂）、爆炸喷涂、激光喷涂和重熔、电子束喷涂。

② 热喷涂特点　适用范围广，涂层材料可以是金属和非金属以及复合材料，被喷涂工件也可以是金属和非金属；工艺灵活，喷涂既可在整体表面上进行，也可在指定区域内涂覆；喷涂层的厚度可调范围大，涂层厚度可从几十微米到几毫米；工件受热程度可以控制，工件不会发生畸变，不

改变工件的金相组织；生产率高，大多数工艺方法的生产率可达到每小时喷涂数千克喷涂材料，有些工艺方法可高达 50kg/h 以上。

（3）热喷涂材料　热喷涂材料有热喷涂线材（碳钢及低合金钢丝、不锈钢丝、铝丝、锌丝、钼丝、铅及铅合金丝、铜及铜合金丝等）和热喷涂粉末（金属及合金粉末、陶瓷粉末、复合材料粉末、塑料等）。

（4）热喷涂工艺　工件经清整处理和预热后，一般先在表面喷一层打底层（或称过渡层），然后再喷涂工作层。具体喷涂工艺因喷涂方法不同而有所差异。

13.5.2　表面改性技术

13.5.2.1　表面形变强化

表面形变强化是提高金属材料疲劳强度的重要工艺措施之一，基本原理是通过机械手段（辊压、内挤压和喷丸等）在金属表面产生压缩变形，使表面形成形变硬化层，此形变硬化层的深度可 0.5～1.5mm。

（1）表面形变强化主要方法　表面形变强化是近年来国内外广泛研究应用的工艺之一，强化效果显著，成本低廉，常用的金属表面形变强化方法主要有液压、内挤压和喷丸等工艺，尤以喷丸强化应用最为广泛。

① 辊压　图 13-18（a）为表面辊压强化示意图，目前辊压强化用的辊轮、辊压力大小等尚无标准。对于圆角、沟槽等可通过辊压获得表层形变强化，并能在表面产生约 5mm 深的残余压应力，其分布如图 13-18（b）所示。

② 内挤压　内孔挤压是使孔的内表面获得形变强化的工艺措施，效果明显，美国已申请专利。

③ 喷丸　喷丸是国内外广泛应用的一种再结晶温度以下的表面强化方法，即利用高速弹丸强烈冲击零部件表面，使之产生形变硬化层并引进残余压应力。喷丸强化已广泛用于弹簧、齿轮、链条、轴、叶片、火车轮等零部件；可显著提高抗弯曲疲劳、抗腐蚀疲劳、抗应力腐蚀疲劳、抗微动磨损、耐点蚀（孔蚀）能力。

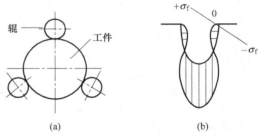

图 13-18　表面辊压强化示意图

（2）喷丸表面形变强化工艺及应用

① 喷丸材料　喷丸材料有：铸铁弹丸、铸钢弹丸、钢丝切割弹丸、玻璃弹丸、陶瓷弹丸、聚合塑料弹丸等。

冷硬铸铁弹丸最早使用的是金属弹丸，冷硬铸铁弹丸碳的质量分数在 2.75%～3.60%，硬度很高，为 58～65HRC，但冲击韧度低。弹丸经退火处理后，硬度降至 30～57HRC，可提高弹丸的韧性，铸铁弹丸的尺寸为 0.2～1.5mm，使用中，铸铁弹丸易于破碎，损耗较大，要及时分离排除破碎弹丸，否则会影响零部件的喷丸强化质量。目前这种弹丸已很少使用。

铸钢弹丸的品质与碳含量有很大关系。其碳的质量分数一般在 0.85%～1.2% 之间，锰的质量分数在 0.60%～1.20% 之间。

目前使用的钢丝切割弹丸是用碳的质量分数一般为 0.7% 的弹簧钢丝（或不锈钢丝）切制成段，经磨圆加工制成。常用钢丝以直径为 0.4～1.2mm、硬度为 45～50HRC 为最佳，使用寿命比铸铁弹丸面高 20 倍左右。

玻璃弹丸是近十几年发展起来的新型喷丸材料，已在国防工业和飞机制造业中获得广泛应用。玻璃弹丸应含质量分数为 67% 以上的 SiO_2，直径在 0.05～0.40mm 范围内，硬度为 46～50HRC，脆性较大，密度在 2.45～2.55g/cm³ 范围内。目前市场上按直径分为≤0.05mm、0.05～0.15mm、0.16～0.25mm 和 0.26～0.35mm 四种。

② 喷丸强化用设备　喷丸采用的专用设备，按驱动弹丸的方式可分为机械离心式喷丸机和气动式喷丸机两大类。喷丸机又有干喷和湿喷之分，干喷式工作条件差，湿喷式是将弹丸混合在液态

中成悬浮状,然后喷丸,因此工作条件有所改善。

无论哪类设备,喷丸强化的全过程必须实现自动化,而且喷嘴距离、冲击角度和移动(或回转)速度等的调节都要稳定可靠,喷丸设备必须具有稳定重现强化处理强度和有效区的能力。

13.5.2.2 表面热处理

表面热处理是指仅对零部件表层加热、冷却,从而改变表层组织和性能而不改变成分的一种工艺,是最基本、应用最广泛的材料表面改性技术之一。当工件表面层快速加热时,工件截面上的温度分布是不均匀的,工件表层温度高且由表及里逐渐降低,从而得到硬化的表面层,即通过表面层的相变达到强化工件表面的目的。

表面热处理工艺包括感应加热表面淬火、火焰加热表面淬火、接触电阻加热表面淬火、浴炉加热表面淬火、电解液加热表面淬火、高密度能量的表面淬火及表面保护热处理等。

(1) 感应加热表面淬火 生产中常用工艺是高频和中频感应加热淬火,近年来又发展了超音频、双频感应加热淬火工艺。当感应线圈通以交流电后,感应线圈内即形成交流磁场。置于感应线圈内的被加热零件引起感应电动势,零件内将产生闭合电流(即涡流),在每一瞬间,涡流的方向与感应线圈中电流方向相反。被加热的金属零件电阻极小、涡电流很大,可迅速将零件加热。对于铁磁材料,除涡流加热外,还有磁滞热效应,可以使零件加热速度更快。

感应加热方式有同时加热和连续加热,用同时加热方式淬火时,零件需要淬火的整个区域被感应器包围,通电加热到淬火温度后迅速冷却淬火,可以直接从感应器的喷水孔中喷水冷却,也可以将工件移出感应器迅速浸入淬火槽中冷却。此法适用于大批量生产。用连续加热方式淬火时,零件与感应器相对移动,使加热和冷却连续进行,适用于淬硬区较长、设备功率又达不到同时加热要求的情况。

(2) 火焰加热表面淬火 火焰加热表面淬火是应用氧-乙炔或其他可燃气体对零件表面加热,随后淬火冷却的工艺。与感应加热表面淬火等方法相比,具有设备简单,操作灵活,适用钢种广泛,零件表面清洁,一般无氧化和脱碳、畸变小等优点。常用于大尺寸和重量大的工件,尤其通用于批量少、品种多的零件或局部区域的表面淬火,如大型齿轮、轴、轧辊和导轨等。但加热温度不易控制,噪声大,劳动条件差,混合气体不够安全,不易获得薄的表面淬火层。

(3) 接触电阻加热表面淬火 接触电阻加热表面淬火是利用触头(铜滚轮或碳棒)和工件间的接触电阻使工件表面加热,并依靠自身热传导来实现冷却淬火。该方法设备简单,操作灵活,工件变形小,淬火后不需回火。接触电阻加热表面淬火能显著提高工件的耐磨性和抗擦伤能力,但淬硬层较薄(0.15~0.30mm),金相组织及硬度的均匀性都较差,目前多用于汽缸套、曲轴等的淬火。

(4) 浴炉加热表面淬火 将工件浸入高温盐浴(或金属浴)中,短时加热,使表层达到规定淬火温度,然后激冷的方法称为浴炉加热表面淬火。此方法不需添置特殊设备,操作简便,特别适合于单件小批量生产。所有可淬硬的钢种均可进行浴炉加热表面淬火,但以中碳钢和高碳钢为宜,高合金钢加热前需预热。

浴炉加热表面淬火加热速度比高频和火焰淬火低,采用的浸液冷却效果没有喷射强烈,所以淬硬层较深,表面硬度较低。

(5) 表面光亮热处理 对高精度零件进行光亮热处理有两种方法,即真空热处理和保护热处理。最先进的方法是真空热处理。真空热处理设备投资大,维护困难,操作技术比较复杂,在国内应用尚在不断扩大中。虽然目前国内研制的涂层的自剥性和保护效果还不能令人满意,价格也较贵,但涂料品种多,工艺成熟,应用广泛。表面光亮热处理在各种钢等材料的淬火、固溶、时效、中间退火、锻造加热或热成型时均可应用。

13.5.2.3 金属表面化学热处理

金属表面化学热处理是利用元素扩散性能,使合金元素渗入金属表层的一种热处理工艺。其基本工艺是:首先将工件置于含有渗入元素的活性介质中加热到一定温度,使活性介质通过分解(包括活性组分向工件表面扩散以及界面反应产物向介质内部扩散)并释放出欲渗入元素的活性原子,活性原子被表面吸附并溶入表面,溶入表面的原子向金属表层扩散渗入形成一定厚度的扩散层,从而改变表层的成分、组织和性能。

（1）金属表面化学热处理目的

① 提高金属表面的强度、硬度和耐磨性。如渗氮可使金属表面硬度达到 $950\sim1200HV$，渗硼可使金属表面硬度达到 $1400\sim2000HV$ 等，可使工件表面具有极高的耐磨性。

② 提高材料疲劳强度。如渗碳、渗氮、渗铬等渗层中由于相变使体积发生变化，导致表层产生很大的残余压应力，从而提高疲劳强度。

③ 使金属表面具有良好的抗黏着、抗咬合的能力和降低摩擦因数，如渗硫等。

④ 提高金属表面的耐蚀性，如渗氮、渗铝等。

（2）化学热处理种类　根据渗入元素的介质不同，化学热处理可分以下几类。

① 渗硼　渗硼就是把工件置于含有硼原子的介质中加热到一定温度，保温一段时间后，在工件表面形成一层坚硬的渗硼层。其主要目的是为了提高金属表面的硬度、耐磨性和耐蚀性。可用于钢铁材料、金属陶瓷和某些有色金属材料，如钛、钽和镍基合金，但该方法成本较高。

② 渗碳、渗氮、碳氮共渗　渗碳、渗氮、碳氮共渗等可提高材料表面硬度、耐磨性和疲劳强度，在工业中得以广泛的应用。

③ 渗金属　渗金属方法是使工件表面形成一层金属碳化物的一种工艺方法，即渗入元素与工件表层中的碳结合形成金属碳化物的化合物层，次层为过渡层。此类工艺方法适用于高碳钢，渗入元素大多数为 W、Mo、Ta、V、Nb、Cr 等碳化物形成元素，为获得碳化物层，基材的碳的质量分数必须超过 0.45%。

④ 其他渗元素　渗硅是将含硅的化合物通过置换、还原和加热分解得到的活性硅，被材料表面所吸收并向内扩散，从而形成含硅的表层。渗硅的主要目的是提高工件的耐蚀性、稳定性、硬度和耐磨性。

渗硫的目的是在钢铁零件表面生成 FeS 薄膜，以降低摩擦系数，提高抗咬合性能，工业上应用较多的是在 $150\sim250℃$ 进行的低温电解渗硫。

多元共渗，包括多元渗硼、氧氮共渗。

⑤ 表面氧化和着色处理　在水蒸气中对金属进行加热时，在金属表面将生成 Fe_3O_4，处理温度约 $550℃$ 左右；通过水蒸气处理后，金属表面的摩擦系数将大为降低。用阳极氧化法可使铝、镁表面生成氧化铝、氧化镁膜，改善其耐磨性。

金属着色是金属表面加工的一个环节，用硫化法和氧化法等可使铜及铜合金生成氧化亚铜（Cu_2O）或氧化铜（CuO）的黑色膜，钢铁包括不锈钢也可着黑色，铝及铝合金可着灰色和灰黑色等多种颜色，从而起到美化装饰作用。

13.5.2.4　激光表面处理

激光表面处理是高能密度表面处理技术中的一种主要手段，在一定条件下它具有传统表面处理技术或其他高能密度表面处理技术不能或不易达到的特点，这使得激光表面处理技术在表面处理的领域内占据了一定的地位。目前，国内外对激光表面处理技术进行了大量的试验研究。研究和应用已经表明，激光表面处理技术已成为高能粒子束表面处理方法中的一种最主要的手段。

激光表面处理目的是改变表面层的成分和显微结构，激光表面处理工艺包括激光相变硬化、激光熔覆、激光合金化、激光非晶化和激光冲击硬化等，从而提高表面性能，以适应基体材料的需要。激光表面处理的许多效果与快速加热和随后的急速冷却分不开，加热和冷却速率可达 $10^6\sim10^8℃/s$。目前，激光表面处理技术已用于汽车再制造等领域，并正显示出越来越广泛的工业应用前景。

13.5.2.5　电子束表面处理

高速运动的电子具有波的性质。当高速电子束照射到金属表面时，电子能深入金属表面一定深度，与基体金属的原子核及电子发生相互作用。电子与原子核的碰撞可看成弹性碰撞，能量传递主要是通过电子束的电子与金属表层电子碰撞而完成的。所传递的能量立即以热能形式传给金属表层原子，从而使被处理金属的表层温度迅速升高。这与激光加热有所不同，激光加热时被处理金属表面吸收光子能量，激光并未穿过金属表面。目前电子束加速电压达 $125kV$，输出功率达 $150kW$，能量密度达 $10^3MW/m^2$，这是激光器无法比拟的。因此，电子束加热的深度和尺寸比激光大。

（1）电子束表面处理设备　处理设备包括高压电源、电子枪、低真空工作室、传动机构、高真空系统和电子控制系统。

（2）电子束表面处理的应用

① 薄形三爪弹簧片电子束表面处理。三爪弹簧片材料为 T7 钢，要求硬度为 800HV，用 1.75kW 电子束能量，扫描频率为 50Hz，加热时间为 0.5s。

② 美国 SKF 工业公司与空军莱特研究所共同研究成功了航空发动机主轴轴承圈的电子束表面相变硬化技术。用 Cr 的质量分数为 4.0%、Mo 的质量分数为 4.0% 的美国 50 钢所制造的轴承圈易在工作条件下产生疲劳裂纹面导致突然断裂。采用电子束进行表面相变硬化后，在轴承旋转接触面上得到 0.76mm 的淬硬层，有效防止了疲劳裂纹的产生和扩展，提高了轴承圈的寿命。

13.5.2.6　高密度太阳能表面处理

太阳能表面处理是利用聚焦的高密度太阳能对零件表面进行局部加热，使表面在短时间（0.5s 至数秒）内升温到所需温度（对钢铁件加热到奥氏体相变温度），然后冷却的处理方法。

（1）太阳能表面处理设备　高温太阳炉由抛物面聚焦镜、镜座、机电跟踪系统、工作台、对光器、温度控制系统以及辐射测量仪等部件组成；常用的高温太阳炉主要技术参数为：抛物面聚焦镜直径 1560mm，焦距 630mm，焦点 6.2mm，最高加热温度 3000℃，跟踪精度即焦点漂移量小于 ±0.25mm/h，输出功率达 1.7kW。

（2）太阳能表面处理应用　太阳能表面处理从节能的角度来看优点是很突出的，在表面淬火、碳化物烧结、表面耐磨堆焊等方面很有发展前途，是一种先进的表面处理技术。

① 太阳能相变硬化　太阳能淬火是一种自冷淬火，可获得均匀硬度且方法简便、太阳能淬火层的耐磨性比普通淬火（盐水淬火）的耐磨性好。

② 太阳能合金化处理　太阳能合金化使工件表面获得具有特殊性能的合金表面层。

③ 太阳能表面重熔处理　太阳能表面重熔处理是利用高能密度太阳能对工件表面进行熔化-凝固的处理工艺，以改善表面耐磨性等性能。铸铁件表面经太阳能表面重熔处理后，硬化区可达 4～7mm，表面硬度达 860～1000HV，表面平整。尤其以珠光体球墨铸铁的表面质量最佳，抗回火能力强，经 400℃ 回火后仍能保持 700HV，具有良好的耐磨性能。

13.6　表面微细加工技术及表面复合处理技术

表面加工技术，尤其是表面微细加工技术，是表面技术的一个重要组成部分。目前高新技术不断涌现，大量先进产品对加工技术的要求越来越高，在精细化上已从微米级、亚微米级发展到纳米级，表面加工技术的重要性日益提高。

微电子工业的发展在很大程度上取决于微细加工技术的发展，所谓的微细加工是一种加工尺度从微米到纳米量级的制造微小尺寸元器件或薄膜图形的先进制造技术。微细加工技术不仅是大规模和超大规模、特大规模集成电路的发展基础，也是半导体微波技术、声表面波技术、光集成等许多先进技术的发展基础，在其他许多制造部门中，涉及加工尺度从微米至纳米量级的精密、超精密加工技术也将越来越多。例如，用于汽车、飞机、精密机械的微米级精密加工。

单一表面技术往往具有一定的局限性，不能满足人们对材料越来越高的使用要求，因此，近年来综合运用两种或两种以上的表面处理技术的复合表面处理得到迅速发展。将两种或两种以上的表面处理工艺方法用于同一工件的处理，不仅可以发挥各种表面处理技术的各自特点，而且更能显示组合使用的突出效果。这种组合起来的处理工艺称为复合表面处理技术。复合表面处理技术在德国、法国、美国和日本等国家已获广泛应用，并取得了良好效果。

13.6.1　表面微细加工技术简介

（1）光刻加工　光刻加工是用照相复印的方法将光刻掩模上的图形印制在涂有光致抗蚀剂的薄膜或基材表面，然后进行选择性腐蚀，刻蚀出规定图形。所用的基材有各种金属、半导体和介质材料。光致抗蚀剂俗称光刻胶或感光胶，是一类经光照后能发生交联、分解或聚合等光化学反应的高分子溶液。

光刻工艺按技术要求不同而有所不同，但基本过程通常包括涂胶、曝光、显影、坚膜、腐蚀、去胶等步骤。在制造大规模、超大规模集成电路等场合，需采用电子计算机辅助技术，把集成电路的设计和制版结合起术，即进行自动制版。

(2) 电子束加工　电子束加工是利用阴极发射电子，经加速、聚焦成电子束，直接射到放置于真空室中的工件上，按规定要求进行加工。该技术具有小束径、易控制、精度高以及对各种材料均可加工等优点，因而应用广泛，目前加工方法主要有两类。

① 高能量密度加工　即电子束经加速和聚焦后能量密度高达 $10^6 \sim 10^9$ W/cm^2，当冲击到工件表面很小的面积上时，在几分之一微秒内将大部分能量转变为热能，使受冲击工件局部位置达到几千摄氏度高温而熔化和气化。

② 低能量密度加工　即用低能量电子束轰击高分子材料，发生化学反应，进行加工。电子束加工装置通常由电子枪、真空系统、控制系统和电源等部分组成。电子枪产生一定强度电子束，可利用静电透镜或磁透镜将电子束进一步聚成极细束径，其束径大小随应用要求而确定。如用于微细加工时约为 $10\mu m$ 或更小；用于电子束曝光的微小束径是平行度高的电子束中央部分，仅有 $1\mu m$ 量级。

(3) 离子束加工　它是利用离子源中电离产生的离子，引出后经加速、聚焦形成离子束，向真空室中的工件表面进行冲击，以其动能进行加工，目前主要用于离子束注入、刻蚀、曝光、清洁和镀膜等方面。

(4) 激光束加工　它是利用激光束具有高亮度（输出功率高），方向性好，相干性、单色性强，可在空间和时间上将能量高度集中起来等优点，对工件进行加工。当激光束聚焦在工件上时，焦点处功率密度可达 $10^7 \sim 10^{11}$ W/cm^2，温度可超过 10000℃。

① 激光束加工的优点

a. 不需要工具，适合于自动化连续操作。

b. 不受切削力影响，容易保证加工精度。

c. 能加工所有材料。

d. 加工速度快，效率高，热影响区小。

e. 可加工深孔和窄缝，直径或宽度可小到几微米，深度可达直径或宽度的 10 倍以上。

f. 可透过玻璃对工件进行加工。

g. 工件可不放在真空室中，不需要对 X 射线进行防护，装置较为简单。

h. 激光束传递方便，容易控制。

目前用于激光束加工的能源多为固体激光器和气体激光器。固体激光器通常为多模输出，以高频率的掺钕钇铝石榴石激光器为最常使用。气体激光器一般用大功率的二氧化碳激光器。

② 激光束加工技术的主要应用

a. 激光打孔　如喷丝头打孔，发动机和燃料喷嘴加工，钟表和仪表用的宝石轴承打孔，金刚石拉丝模加工等。

b. 激光切割或划片　如集成电路基板的划片和微型切割等。

c. 激光焊接　目前主要用于薄片和丝等工件的装配，如微波器件中速调管内的钽片和钼片的焊接，集成电路中薄膜焊接，功能元器件外壳密封焊接等。

d. 激光热处理　如表面淬火，激光合金化等。

e. 铝合金的激光熔敷　采用适当工艺，完全可以获得稀释度很小而又有良好结合力的熔敷层。铝合金的激光熔敷已在国外获得应用。如丰田汽车的发动机阀板，过去是把烧结合金或耐磨合金镶于汽缸头，后来用激光熔敷代替，使阀板的耐磨性、润滑性、耐凝集性、冷却性、耐久性都提高了。

实际上激光加工有着更广泛的应用，从光与物质相互作用的机理看，激光加工大致可以分为热效应加工和光化学反应加工两大类。

激光热效应加工是指用高功率密度激光束照射到金属或非金属材料上，使其产生基于快速热效应的各种加工过程，如切割、打孔、焊接、去重、表面处理等。

光化学反应加工主要指高功率密度激光与物质发生作用时，可以诱发或控制物质的化学反应来完成各种加工过程，如半导体工业中的光化学气相沉积、激光刻蚀、退火、掺杂和氧化，以及某些非金属材料的切割、打孔和标记等。这种加工过程，热效应处于次要地位，故又称激光冷加工。

（5）超声波加工 它是利用超声波进行加工的一种方法，可用来清洗、焊接以及对硬脆材料进行加工等。

超声波加工适合于加工各种硬脆材料，尤其是不导电的非金属硬脆材料，如玻璃、陶瓷、石英、铁氧体，硅、锗、玛瑙、宝石、金刚石等。对于导电的硬质金属材料如淬火钢、硬质合金等，也能进行加工，但加工效率较低。加工的尺寸精度可达 $\pm 0.01\text{mm}$，表面粗糙度可达 $0.63\sim 0.08\mu m$。主要用于加工硬脆材料圆孔、弯曲孔、型孔、型腔；可进行套料切割、雕刻以及研磨金刚石拉丝模等；此外，也可加工薄、窄缝和低刚度零件。

超声波加工在焊接、清洗等方面有许多应用。超声波焊接是两焊件在压力作用下，利用超声波的高频振荡，使焊件接触面产生强烈的摩擦作用，表面得到清理，并且局部被加热升温面实现焊接的一种压焊方法。用于塑料焊接时，超声振动与静压力方向一致，而在金属焊接时超声振动与静压力方向垂直。振动方式有纵向振动、弯曲振动、扭转振动等。接头可以是焊点；相互重叠焊点形成的连续焊缝；用线状声极一次焊成直线焊缝；用环状声极一次焊成圆环形、方框形等封闭焊缝。相应的焊接机有超声波点焊机、缝焊机、线焊机、环焊机。超声波焊接适于焊接高导电、高导热性金属，以及焊接异种金属、金属与非金属、塑料等，可焊接薄至 $2\mu m$ 的金箔。

表面微细加工技术除以上介绍的几种以外，还有电火花加工、电解加工、电铸加工等，表面微细加工技术在现代加工技术中应用越来越广泛。

13.6.2 表面复合处理技术

（1）复合表面化学热处理 复合表面化学热处理是指将两种或两种以上热处理方法复合起来的加工技术，在生产实际中已得到广泛应用。

① 例如渗钛与离子渗氮的复合处理强化方法是先将工件进行渗钛的化学热处理，然后再进行离子渗氮的化学热处理，经过这两种化学热处理复合处理后，在工件表面形成硬度极高，耐磨性很好且具有较好耐腐蚀性的金黄色 TiN 化合物层，其性能明显高于单一渗钛层和单一渗氮层的性能。

② 渗碳、渗氮、碳氮共渗对提高零件表面的强度和硬度有十分显著的效果，但这些渗层表面抗黏着能力并不十分令人满意。在渗碳、渗氮、碳氮共渗层上再进行渗硫处理，可以降低摩擦系数，提高抗黏着磨损的能力，提高耐磨性。如渗碳淬火与低温电解渗硫复合处理工艺是先将工件按技术条件要求进行渗碳淬火，在其表面获得高硬度、高耐磨性和较高的疲劳性能，然后再将工件置于温度为 $190℃\pm 5℃$ 的盐浴中进行电解渗硫。渗硫后获得复合渗层，渗硫层是呈多孔鳞片状的硫化物，其中的间隙和孔洞能贮存润滑油，因此具有很好的自润滑性能，有利于降低摩擦系数，改善润滑性能和抗咬合性能，减少磨损。

（2）表面热处理与表面化学热处理复合强化处理 表面热处理与表面化学热处理的复合强化处理在工业上的应用实例较多，如下所示。

① 液体碳氮共渗与高频感应加热表面淬火的复合强化 液体碳氮共渗可提高工件的表面硬度、耐磨性和疲劳性能，但该项工艺有渗层浅，硬度不理想等缺点。若将液体碳氮共渗后的工件再进行高频感应加热表面淬火，则表面硬度可达 $60\sim 65\text{HRC}$，硬化层深度达 $1.2\sim 2.0\text{mm}$，零件的疲劳强度也比单纯高频淬火的零件明显增加，其弯曲疲劳强度提高 $10\%\sim 15\%$，接触疲劳强度提高 $15\%\sim 20\%$。

② 渗碳与高频感应加热表面淬火的复合强化 一般渗碳后要经过整体淬火与回火，虽然渗层深，其硬度也能满足要求，但仍有变形大，需要重复加热等缺点。使用该复合处理方法，不仅能使表面达到高硬度，而且可减少热处理变形。

③ 氧化处理与渗氮化学热处理的复合处理工艺 氧化处理与渗氮化学热处理的复合称为氧氮化处理。就是在渗氮处理的氨气中加入体积分数为 $5\%\sim 25\%$ 的水分，处理温度为 $550℃$，适合于

高速钢刀具。高速钢刀具经过这种复合处理后，钢的外表层被多孔性质的氧化膜（Fe_3O_4）覆盖，其内层形成由氮与氧富化的渗氮层。其耐磨性、抗咬合性能均显著提高，改善了高速钢刀具的切削性能。

④ 激光与离子渗氮复合处理。钛的质量分数为 0.2% 的钛合金经激光处理后再离子渗氮，硬化层硬度从单纯渗氮处理的 600HV 提高到 700HV，钛的质量分数为 1% 的钛合金经激光处理后再离子渗氮，硬化层硬度从单纯渗氮处理的 645HV 提高到 790HV。

（3）热处理与表面形变强化的复合处理工艺

① 普通淬火回火与喷丸处理的复合处理工艺在生产中应用很广泛，如齿轮、弹簧、曲轴等重要受力件经过淬火回火后再经喷丸表面形变处理，其疲劳强度、耐磨性和使用寿命都有明显提高。

② 复合表面热处理与喷丸处理的复合工艺　例如离子渗氮后经过高频表面淬火后再进行喷丸处理，不仅使组织细致，而且还可以获得具有较高硬度和疲劳强度的表面。

③ 表面形变处理与热处理的复合强化工艺　例如工件经喷丸处理后再经过离子渗氮，虽然工件的表面硬度提高不明显，但能明显增加渗层深度，缩短化学热处理的处理时间，具有较高的工程实际意义。

（4）镀覆层与热处理的复合处理工艺　镀覆后的工件再经过适当的热处理，使镀覆层金属原子向基体扩散，不仅增强了镀覆层与基体的结合强度，同时也能改变表面镀层本身的成分，防止镀覆层剥落并获得较高的强韧性，可提高表面抗擦伤、耐磨损和耐腐蚀能力。

① 在钢铁工件表面电镀 20μm 左右含钢（铜的质量分数约 30%）的铜-锡合金，然后在氮气保护下进行热扩散处理，升温时在 200℃ 左右保温 4h，再加热到 580～600℃ 保温 4～6h，处理后表层是 1～2μm 厚的锡基铜固溶体，硬度约 170HV，有减摩和抗咬合作用。其下为 15～20μm 厚的金属化合物 Cu_4Sn，硬度约 550HV，这样，钢铁表面覆盖了一层高耐磨性和高抗咬合能力的青铜镀层。

② 在钢铁表面上电镀一层锡锑镀层，然后在 550℃ 进行扩散处理，可获得表面硬度为 600HV（表层碳的质量分数为 0.35%）的耐磨耐蚀表面层，也可在钢表面上通过化学镀获得镍磷合金镀层，再 400～700℃ 扩散处理，提高了表面层硬度，并具有优良的耐磨性、密合性和耐蚀性，这种方法已用于制造玻璃制品的模具、活塞和轴类等零件。

③ 铜合金先镀 7～10mm 厚锡合金，然后加热到 400℃ 左右（铝青铜加热到 450℃ 左右）保温扩散，最表层是抗咬合性能良好的锡基固溶体，其下是 Cu_3Sn 和 Cu_4Sn，硬度 450HV（锡青钢）或 600HV（含铅黄铜）左右。提高了铜合金工件的抗咬合、抗擦伤、抗磨料磨损和黏着磨损性能，并提高表面接触疲劳强度和抗腐蚀能力。

④ 在铝合金表面同时镀 20～30μm 厚的铟和铜，或先后镀锌、铜和铟，然后加热到 150℃ 进行热扩散处理。处理后外表层为 1～2μm 厚的含铜与锌的铟基固溶体，第二层是铟和铜含量大致相等的金属间化合物（硬度 400～450HV）；靠近基体的为 3～7μm 厚的含铟铜基固溶体，该表层具有良好的抗咬合性和耐磨性。

⑤ 锌浴淬火法是淬火与镀锌相结合的复合处理工艺。如碳的质量分数为 0.15%～2.3% 的硼钢在保护气氛中加热到 900℃，然后淬入 450℃ 的含铝的锌浴中等温转变，同时镀锌，该复合处理缩短了工时，降低了能耗，提高了工件性能。

（5）覆盖层与表面冶金化的复合处理工艺　利用各种工艺方法先在工件表面上形成所要求的含有合金元素的镀层、涂层、沉积层或薄膜，然后再用激光、电子束、电弧或其他加热方法使其快速熔化，形成符合要求的经过改性的表面层。

柴油机铸铁阀片经过镀铬、激光合金化处理，表层的表面硬度达 60HRC，该层深度达 0.76mm，延长了使用寿命。45# 钢经过 Fe-B-C 激光合金化后，表面硬度可达 1200HV 以上，提高了耐磨性和耐蚀性。

（6）离子辅助涂覆　在等离子体辅助沉积技术中，将离子镀和溅射沉积所应用的等离子体与气相反应物相结合，产生一种称为等离子辅助化学气相沉积（PACVD）的技术。若用离子束代替等离子体来完成类似效应的称为离子辅助涂覆，该技术具有灵活性和重复性，可在低温操作且快速、可控，通常用于高度精密表面处理以及普通技术不能处理的一些表面。

13.7 报废汽车零部件增材制造

近20年来，增材制造是信息技术、新材料技术与制造技术多学科融合发展的一种先进制造技术。增材制造作为有望产生"第三次工业革命"的代表性技术，引领大批量制造模式向个性化制造模式发展。

美国材料与试验协会（ASTM）F42国际委员会对增材制造和3D打印有明确的概念定义。增材制造（Additive Manufacturing，AM）技术是通过CAD设计数据采用材料逐层累加的方法制造实体零件的技术。相对于传统的材料去除（切削加工）技术，是一种"自下而上"材料累加的制造方法。自20世纪80年代末增材制造技术逐步发展，期间也被称为"材料累加制造"（material increase manufacturing）、"快速原型"（rapid prototyping）、"分层制造"（layered manufacturing）、"实体自由制造"（solid free-form fabrication）、"3D打印技术"（3D printing）等。

增材制造技术不需要传统的刀具、夹具及多道加工工序，利用三维设计数据在一台设备上可快速而精确地制造出任意复杂形状的零件，从而实现"自由制造"，解决许多过去难以制造的复杂结构零件的成形，并大大减少了加工工序，缩短了加工周期，而且越是复杂结构的产品，其制造的速度作用越显著。近年来，增材制造技术取得了快速发展。增材制造原理与不同材料和工艺结合形成了许多增材制造设备。目前已有设备种类达到20多种。该技术一出现就取得了快速发展，在各个领域都取得了广泛应用，如在消费电子产品、汽车、航天航空、医疗、军工、地理信息、艺术设计等。

13.7.1 报废汽车零部件增材制造的优越性

与传统再制造手段相比，采用增材制造技术生产报废汽车零部件可以快速成形，运用快速成形技术能及时发现产品设计差错，缩短开发周期，降低研发成本，快速验证关键、复杂零部件或样机的原理及可行性，例如缸盖、同步器开发，以及橡胶、塑料类零件的单件生产。增材制造技术无需金属加工或任何模具，能够省去模具开发、铸造、锻造等繁杂工序，省去试制环节中大量的人员、设备投入。据调查，目前国内零部件模具开发周期一般在45天以上，而增材制造技术可以在没有任何刀具、模具及工装夹具的情况下，快速实现零件的单件生产。根据零件的复杂程度，加工时间仅需1～7d，与传统铸造或锻造加工方式相比，增材制造技术具有绝对的高效率。

增材制造设备所使用的原材料并不局限于树脂或工程塑料，金属材质同样可以进行增材制造。金属材质通过激光或电子束直接熔化金属粉末，逐层堆积金属，形成金属直接成形技术。该技术在报废汽车零部件再制造领域的应用显示突出优势：一方面，可以直接制造复杂结构的金属零部件，省去开发模具、再制造零部件的工序；另一方面，目前的增材制造技术水平可以使汽车金属零部件的力学性能和精度达到锻造件的性能指标，能够保证汽车零部件对于精度和强度的需求。

美国福特汽车公司运用增材制造技术制造了不同类型的汽车零部件，比如福特C-MAX和福特福星混合动力汽车的转子、阻尼器外壳和变速器，福特翼虎混合动力汽车使用Eco Boost四汽缸发动机和福特2011版探险家的刹车片。目前我国已有报废汽车零部件再制造企业通过增材制造技术制造缸体、缸盖、变速器齿轮等产品，并采用增材制造技术修复受损的汽车零部件。

13.7.2 增材制造对汽车零部件制造业的影响

目前美国已将增材制造技术广泛应用于汽车零部件的制造与再制造领域，我国也正在探索增材制造技术在该领域中的应用，增材制造技术主要优点在于以下几个方面。

（1）加快汽车更新换代 由于增材制造技术集概念设计、技术验证与生产制造于一体，将会使更多的"概念汽车"梦想成真，并将极大缩小概念汽车从"概念"到"定形"的时间差，缩短汽车设计研发的周期，从而加快汽车更新换代。增材制造技术能使赛车的技术研发和性能改进更加快捷，能将现代汽车制造技术发挥到极致；增材制造技术同样能使跑车、特种车辆的研发随心所欲，将使汽车具备更多功能，以充分满足人们的不同需求。总之，增材制造技术的不断发展将使个性化的定制产品成为主流，在互联网和搜索引擎的链接下，社会需求将同制造无缝衔接，促成个性化、实时化、经济化的生产和消费模式，对汽车制造业产生很大影响。

（2）简化生产环节　增材制造技术将对传统制造业产生"革命性"冲击，其将取代模具、部件、半成品到成品等生产环节。传统的劳动力、设备投资、工人技能、生产型管理将变得不再重要。由此可见，增材制造技术将对我国劳动密集型的汽车及其零配件产业带来较大冲击。

（3）便捷汽车零部件再制造　增材制造技术会对汽车零部件再制造产生深远影响。当高档轿车的贵重零部件如曲轴、缸体、缸盖出现磨损、裂纹等故障时，技术人员可利用增材制造技术进行修复，延长关键零部件的使用寿命，降低零部件制造成本，甚至直接把损毁的部件、紧缺的零件增材制造出来，减少备件库存和备件资金占用。

当前，以增材制造技术为重要代表的第三次工业革命初现端倪，增材制造技术将生产制造从大型、复杂、昂贵的传统工业过程中分离出来，人类将以新的合作方式进行生产制造，制造过程与管理模式将发生极大变革。因此，增材制造在未来必将带来一场产业革命并深刻影响报废汽车零部件制造产业。

13.7.3　增材制造汽车零部件存在的问题

尽管增材制造技术已成功地将传统复杂的生产工艺简单化，将材料领域的疑难问题程序化，拥有诸多优势，但就目前的发展来看，如何推广增材制造技术的应用还存在一些问题。受技术装备、新型材料、设计软件、质量安全和公共环境等制约和影响，目前仅适用于少批量、小尺寸、高精度、造型复杂的零部件的加工制造，尚难以代替传统制造业大规模、大批量的加工制造优势。

由于报废汽车零部件产品再制造成本较高及再制造所需材料种类较少，导致增材制造技术在报废汽车零部件制造领域中的推广应用受到一定制约。增材制造技术取代传统铸造、锻造技术进行汽车零部件的大批量、规模化生产尚存在差距。只有将增材制造技术的个性化、复杂化、高难度的特点与传统制造业的规模化、批量化、精细化相结合，与制造技术、信息技术、材料技术相结合，才能不断推动增材制造技术在汽车零部件产业的创新发展。

13.8　汽车发动机零部件及总成再制造工艺

再制造工艺是一种可实现资源持续利用的工艺，是修复和再使用耗损设备零件的全部技术和活动的总过程。研究出更好的再制造工艺，会降低再制造的成本，使购买者享受再制造产品与全新产品相同的售后服务。

在美国、加拿大、欧盟等发达国家，废旧机电产品再制造已有几十年的发展历史，从再制造产品的技术标准、生产工艺、加工设备到废旧产品回收、销售和售后服务等方面形成了一套完整的产业体系。

当前，国内很多学者对汽车再制造的意义和可行性进行了较多的研究和探讨，而再制造工艺的技术却未得到长足发展。国家发改委起草了《汽车零部件再制造试点方案》，汽车零部件再制造从技术性、经济性和从产业规模上，都具有优势，其工艺应该尽快成熟。

13.8.1　汽车零部件再制造工艺

（1）工艺过程　汽车零部件再制造是把汽车零部件经过若干个加工工序，恢复出厂时的使用功能的一种加工制造，是一个可逆的过程，因此采用逆向工程的思维。发动机零部件再制造的逆向工程，是消化、吸收先进技术的一系列工作方法的技术组合，是对已有发动机进行解剖、深化和再创造的过程，汽车零部件再制造逆向工程框架如图13-19所示。

（2）总的工艺要求　发动机零部件再制造可以采取先零件、后总成，先配件、后组装的循序渐进的工艺路线，同时要有科学的再制造工艺流程。例如在德国，汽车零部件拆解企业在流水线上，汽车以逆向制造程序被分解，发动机、金属车架、塑料、导线和稀有金属等被分门别类堆放在一

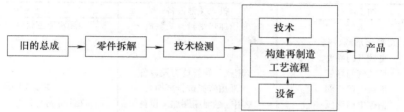

图 13-19 汽车零部件再制造逆向工程框架

起，完好的部件被作为再制造的母体，其余材料作为回收料进行再生处理。

13.8.2 发动机总成再制造工艺

在国内，已经有发展较快的汽车总成再制造公司。其中发动机是很有代表性的汽车再制造总成，其典型零部件有缸体、缸盖、曲轴、连杆、各种传感器及其他小件等，发动机总成再制造工艺流程如图 13-20 所示。针对零部件的尺寸超差和材料缺陷这两大类因素，采用先进的再制造设备对其进行加工，可以挽救大部分次品，重新赋予其"生命"。

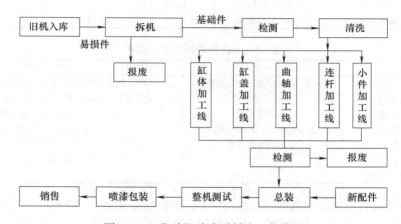

图 13-20 发动机总成再制造工艺流程

（1）旧机检测 旧发动机是进行再制造产品生产的原材料，必须能够进行再制造。旧发动机质量的好坏直接影响生产成本，所以旧发动机入厂必须进行检测。

（2）拆机、清洗 拆机、清洗发动机是再制造主要特点之一。根据零部件的用途、材料选择不同的清洗方法。例如，直接剔除易损件（轴瓦、活塞、活塞环、垫片和橡胶件等），拆机时剔除明显损坏的零部件，剔除清洗后目检无法进行再制造的零部件。

（3）缸盖 其再制造工艺顺序为水检、喷油器衬套更换、气门导管更换、气门座圈更换和加工、缸盖下平面的平面度校正和缸盖装配等。对超差缸孔进行再制造的关键在于设备的加工精度，通常缸孔的圆度小于 0.005 mm，直线度要求达到 0.005mm 以内，缸孔内表面必须有符合要求的平台网纹，其具体工艺流程见表 13-3。

（4）汽缸体 汽缸体常见的损伤有上平面度超限、水套壁裂纹、汽缸磨损超过最后一级修理尺寸等，其制造工艺流程见表 13-4。

（5）曲轴 首先要消除曲轴内应力，然后进行曲轴加工、曲轴探伤、曲轴热处理，最后将曲轴抛光及曲轴清洗。曲轴有 −0.25mm 和 −0.50mm 等几个修理级别，使用曲轴磨床修复其尺寸，对于需要渗碳或氮化处理的曲轴，磨削之后必须再次进行同样的处理，见表 13-5。

（6）连杆 连杆再制造先要进行连杆探伤处理，再进行大头孔珩磨、小头孔更换衬套、加工衬套孔、连杆重量分组，最后进行连杆大、小头孔平行及扭曲的检查。

表 13-3　缸盖再制造工艺流程

序号	加工项目	投入关键设备	工艺性能与优点
1	水检	专用加热密封性检测机	检测水道密封性,消除漏水隐患
2	更换碗形塞、铜套	—	
3	更换气门导管	—	
4	精铰气门导管	专用气门导管铰刀及设备	—
5	更换气门座圈	采用液氮进行更换	座圈无脱落现象
6	精铰气门座圈	专用气悬浮座圈加工设备	在线可测密封性,无需研磨气门
7	修气门	数控修磨机床	研磨气门,恢复与气门座圈密封性
8	装配总成	—	
9	铣磨平面	数控磨床	恢复表面缺陷

表 13-4　汽缸体再制造工艺流程

工序号	工序名称	设备	工序号	工序名称	设备
1	清洗	清洗机	7	镶套前镗缸	镗缸机 T-8014
2	水压试验	水压试验台	8	镶套	油压机
3	焊接	电焊机	9	镶套后镗缸	镗缸机 T-8014
4	焊缝整修	手砂轮	10	激光淬火	固体激光加工机
5	水压试验	水压试验台	11	镗缸	衍磨机
6	磨削上平面	专用平面磨床	12	检验	

表 13-5　曲轴再制造工艺流程

工序号	加工项目	投入设备	工艺性能及优点
1	轴连杆密封轴颈	AMC 的曲轴磨床,保证精度	将轻度受损的曲轴,修理后可再次装机使用
2	检验、测量、校直	专用工装器具	一定限度内,恢复其跳动检测其有无暗伤,消除隐患
3	探伤	磁力探伤机	彻底清除油道死角,保证清洁度
4	清洗油道	综合利用煤油、清洗剂、高压风	提高表面硬度和光洁度
5	氮化、精磨、抛光	专用曲轴氮化炉	延长使用寿命
6	装齿轮法兰	—	氮化后,必要的工序
7	修止推面	—	

（7）其他小零部件　主要包括气门检查、加工；挺柱检查、加工、热处理；气门弹簧检查；凸轮轴检查；其他零件检查等。表面疏松、有砂眼等不致引起零部件结构强度和密封性能的缺陷都可以进行再制造。此类缺陷往往在工件的精加工阶段才会被发现,虽然此类缺陷不会影响工件的密封、润滑和配合,但是按照工厂检验制度的规定,通常被视为废品。

13.8.3　发动机总成再制造关键工艺

汽车再制造的关键是发动机的再制造,因此主要以发动机为例分析其再制造工艺。

（1）发动机再制造拆解　拆解是产品进行再制造的前提,无法拆解的产品谈不上再制造。拆解设计必须考虑以下准则：拆解工作量最小原则,结构可拆解准则,拆解易于操作原则等。

（2）发动机再制造清洗　清洗是指清除工件表面液体和固体的污染物,使工件表面达到一定的洁净程度。大众联合发展有限公司的发动机翻新厂对分类好的零部件采用化学药剂浸泡、喷丸等手段进行清洗。在进行喷丸时,需对螺纹等一些表面贴上覆盖物进行保护。

（3）发动机再制造修复　一般采用以下三种方式来对产品性能进行修复。

① 强化修复法　以采用高新表面工程技术修复磨损件为特点,主要提高产品零部件的表面综合性能,延长其使用寿命。

② 功能替换法　以采用最新多功能模块替换旧模块或增加新模块为特点,主要用于恢复甚至提高产品的功能、环保性、可靠性等,优化产品。

③ 改造完善法　以局部结构改造为特点,主要用于修补原产品的缺陷,提高可靠性,使再制造产品适合服役环境或条件。

其修复技术有以下几种。

① 现代表面技术 现代表面技术具有优质、高效、低耗等先进制造技术特征，是再制造的重要手段之一。采用多种现代表面技术可直接针对许多贵重零部件的失效原因，实施局部表面强化或修复，重新恢复使用价值，如纳米电刷镀技术、高速电弧喷涂技术、纳米固体润滑干膜技术。

② 粘接技术

利用各种胶黏剂修复不宜采用其他方法修复的零部件，可收到很好的效果。

③ 再制造零部件"毛坯"成型技术 采用铸、锻、焊方法修复零件或形成再制造"毛坯"。

④ 再制造零部件再加工技术

a. 采用传统常规加工方法 车、钳、铣、刨、钻、镗、拉、磨等及其发展的各种数控、高速、强力、精密等新方法，进行再制造加工。

b. 采用传统特种加工方法 电火花、电解、超声波、激光等及其发展的各种自动化、柔性化、精密化、集成化、智能化等新型的高效特种加工技术进行再制造加工。

采用更高的高精度、高效率复合加工及组合工艺技术进行再制造加工。

13.9 再制造汽车零部件质量检验

2008 年 3 月 6 日，发改委正式发布《汽车零部件再制造试点管理办法》，确定了首批 14 家汽车零部件再制造试点企业，同时将开展再制造试点的汽车零部件产品范围暂定为：发动机、变速箱、发电机、启动机、转向器五类产品。

再制造汽车零部件的检验是再制造工作中的一个关键工序，检验工作对汽车总成、零部件再制造的质量、物质消耗、生产率、成本等都有决定性的影响。因此，针对不同零部件的不同缺陷，应选用合适的检验量具、仪器，采用正确的检验方法，严格检验再制造零部件的技术状态，从而确定取舍、制订零部件再制造方案，恢复零件性能。

13.9.1 汽车零部件常见缺陷

13.9.1.1 铸件常见缺陷

铸造是指将熔化的金属浇注到已制好的铸型空腔中，待其冷却凝固后，获得具有所需形状、大小的毛坯或零件的方法，常见的缺陷如下。

（1）气孔 气孔是在铸件内部、表面或表层处所存在的大小不等的光滑孔洞，如图 13-21 所示。气孔主要是由于铸型透气性差、型砂含水过多或金属溶解气体太多所致。

在汽车零部件上，气孔常存在于后桥外壳、变速器外壳、分动器外壳、水泵外壳等加工过的部位。

（2）缩孔和缩松 金属在冷却凝固过程中，会产生体积收缩。当铸件外层已冷凝结成壳体，内部的金属液继续冷凝时，如无另外的金属液予以补充其收缩的体积时，则完全凝固后就会在铸件中形成孔洞，这种孔洞称为缩孔，如图 13-22 所示。细小而分散的缩孔称为缩松，如图 13-23 所示。缩孔、缩松的内表面粗糙不平，常发生在铸件壁厚的部位。

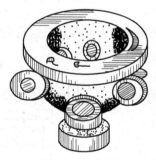

图 13-21 气孔

图 13-22 缩孔

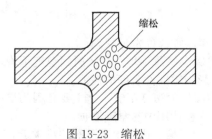

图 13-23 缩松

在汽车零部件上，缩松常出现在活塞环的平面、气门导管的内表面及其外部的下端、活塞的销孔、干式缸套的内表面等部位。

（3）渣孔和砂眼　指在铸件内部或表面处存在的形状不规则、里面填充熔渣或型砂的孔洞，如图13-24、图13-25所示。在汽车零部件上，渣孔、砂眼常出现在气门导管外部的下端，活塞环的平面、汽缸套筒等部位。

（4）裂纹　裂纹一般出现在铸件壁厚相差较大的过渡部位，如裂纹常会出现在水泵壳的轴承座孔部位和缸套的两端面，特别是下端口及有的活塞的分模线部位，如图13-26所示。

13.9.1.2　锻件常见缺陷及检查

锻造是指将金属材料加热到一定温度，在外力（锤击力、压力）作用下，发生塑性变形而获得毛坯或零件的方法。

图 13-24　渣孔

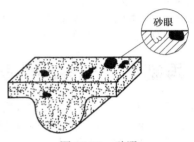

图 13-25　砂眼

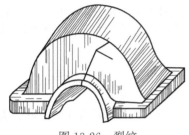

图 13-26　裂纹

（1）表面缺陷　表面缺陷包含裂纹、折叠、过烧、碰伤等，一般目测就能发现此类缺陷，若难以判断，可用磁粉及其他探伤方法检查。

（2）细长轴类锻件弯曲变形　检查时可将被检轴放在平板上滚动，用塞尺检查，也可把锻件两端支承在两V形块上或顶在两顶件上，旋转锻件用百分表测量，如图13-27所示。

13.9.1.3　热处理零部件常见缺陷

在汽车零部件中，经过热处理的零件归纳起来可分为渗碳件、调质件、弹簧件和轴承件等四类，其中以渗碳件、调质件为多。下面简要介绍这两类热处理器材常见的缺陷。

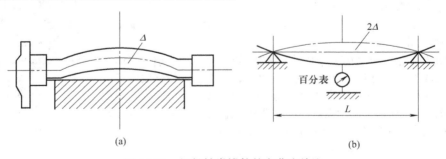

图 13-27　细长轴类锻件的弯曲度检查

（1）渗碳零部件常见缺陷

① 渗碳层厚薄不均　渗碳时因温度不均，或零件放置不当等原因，均会造成渗碳层厚薄不均，严重者会影响零部件表面的性能。

② 渗碳层的深度不够　这主要是因为渗碳温度不够，或渗碳时间太短所致。渗碳层的深度不够使零部件在使用中易早期磨损。

③ 硬度不足　这主要是零部件渗碳后，淬火的加热温度不够，或回火温度过高所致。硬度不

足以降低器材表面的耐磨性，缩短使用寿命。

④ 晶粒粗大　这主要是渗碳后，热处理时的加热温度过高或保温时间太长所致。晶粒粗大，使零部件的强度、塑性和韧性都降低。

(2) 调质零部件常见缺陷　调质零件的缺陷大多产生在淬火阶段。

① 变形　变形是淬火处理最常见的缺陷，如轴类零件发生弯曲，薄壁零件发生扭曲等。变形是由于淬火时加热不均或零件各部分冷却快慢不一致而引起的内应力所造成的。变形严重影响零件的装配和使用性能。

② 裂纹　裂纹也是在淬火过程中，因操作不当，而产生内应力超过了零件材料的强度所致。开裂的零件都不合格。

③ 淬火软点与硬度不足　软点是指淬火后的零件表面，在局部区域表现硬度不高的现象，零件的软点与硬度不足相似，均使其耐磨性降低，影响零件的使用性能和寿命。淬火软点与硬度不足产生的原因主要是零件原材料的组织不均、回火温度过高或保温时间过长。

④ 过热与过烧　淬火时，加热温度过高或保温时间过长而使钢的内部组织显著粗大，强度、塑性、韧性大幅度下降的现象称为过热。如果加热温度更高，接近钢的熔点，钢就会被局部熔化，该现象称为过烧。过热可以用正火处理予以消除，而过烧的零件只能报废。

13.9.1.4　电镀零部件常见缺陷及检查

由于被镀零件表面所覆盖的金属不同，在汽车零部件上，电镀主要是镀铬、镀锌、镀锡和镀铜等四种。

(1) 镀铬　在汽车配件中，一些轿车用到装饰性镀铬件，有的汽车活塞环中的第一道气环采用镀铬环来提高其耐磨性。镀铬层常见缺陷及其检查方法如下。

① 外观缺陷　镀层粗糙、起泡、烧焦、脱落、局部无镀层及有树状结晶等，正常应是结晶细致均匀、颜色正常、结合力良好。

② 铬层厚度不均匀　可用磁性测厚仪测量铬层厚度及各部位的厚度差。

③ 孔隙率过高　可采用铁锈溶液试验来测定孔隙率。铁锈溶液配方：铁氰化钾为 10g/L；氯化钠为 20g/L。测定方法：用酒精洗净被测表面，将过滤纸在加热至 82～94℃ 的铁锈试验液中浸湿后，贴在被测表面上。保持 20min 后取下滤纸，检查滤纸和被测表面有无蓝色小点。若有，说明铬层上有孔隙，在 $10mm^2$ 的铬层上有 3～5 个孔是合格的。

产生上述缺陷的原因，主要是由于电流密度、电镀液温度、镀前处理及操作不当所致。

(2) 镀锌　镀锌是为了防止钢铁零件锈蚀，其主要优点是加工方便。在汽车零部件中，轮胎螺钉、制动软管接头等都是采用镀锌作防护层。镀锌零部件的常见缺陷及其检查方法如下。

① 外观缺陷　镀层粗糙、起泡、剥落、局部无镀层等。允许有轻微的水痕及夹具接触点，钝化膜允许有轻微的划伤。

② 结合强度差、镀层发脆　镀层的结合强度检查，可用钢针或刀片在镀层上交叉划割，通过观察交叉处有无起皮、脱层现象来测定。

③ 厚度不够　镀层厚度可用磁性测厚仪、塞规、螺纹环规检查，也可用点滴法检查。

点滴法是用吸管吸取溶液，在测定点进行点滴，每滴溶液保持 1min 后用药棉擦去，再滴第二滴，直到暴露出基体金属为止，根据总的滴数计算镀层厚度。每滴溶液在不同温度下所除去的镀层厚度见表 13-6。点滴液的配方：碘化钾（KI）为 200g/L；碘（I_2）为 100g/L。

表 13-6　镀锌层厚度估算

温度/℃	10	15	20	25	30	35
除去镀层厚度/μm	0.78	1.01	1.24	1.45	1.63	1.77

(3) 镀锡　镀锡主要用在曲轴及连杆轴承、偏心轴轴承的瓦背上，以使其与轴承座孔间形成紧密接触。镀锡层的常见缺陷及其检查方法如下。

① 外观缺陷　镀层粗糙，呈树枝状、海绵状结晶、起泡、烧焦、针孔、麻点剥皮、局部无镀层及边缘过厚凸起等。镀层外观应为淡灰色的平滑表面，结晶细致均匀。

② 镀层太薄　镀层厚度可用磁性测厚仪检查，也可用点滴法测定。溶液配方：三氯化铁（$FeCl_3$）（化学纯）为 75g/L；硫酸铜（$CuSO_4$）（化学纯）为 50g/L；盐酸（HCl）（化学纯）为 300g/L。

测定方法：在清洗干净的镀锡层表面上滴一滴溶液，待 30s 后，用滤纸吸干，在同一地方滴上第二滴溶液。反复进行至出现基体金属为止，然后按下式计算。

$$镀层厚度（\mu m）=(n-1)K \tag{13-9}$$

式中　n——试验用的溶液滴数；

　　　K——温度系数（表 13-7），μm。

表 13-7　镀锡层温度系数

温度/℃	9	15	19	23	25
$K/\mu m$	0.88	0.94	1.02	1.10	1.14

（4）镀铜　在汽车零部件中，转向系的横直拉杆球销颈部、变速器副轴端头采用镀铜以防止渗碳，有的减速器盆形齿轮也采用镀铜，以减少摩擦和噪声。镀铜层常见缺陷及其检查方法如下。

① 外观缺陷　镀层呈暗红色、黑色，表面粗糙、起泡、烧焦、脱落、局部无镀层及有树枝状、海绵状结晶等。正常应为玫瑰红色、结晶细致均匀。

② 结合不牢　当弯折、划切和敲击时，出现脱落、起皮现象。

③ 厚度不均匀　可用磁性测厚仪测定，也可用点滴法测定厚度。点滴法测量用的是浓度为 44g/L 的硝酸银（$AgNO_3$）溶液，每滴溶液除去的镀铜层厚度见表 13-8。

表 13-8　镀铜层厚度估算

温度/℃	10	15	20	25	30
除去镀层厚度/μm	0.79	0.89	1.08	1.20	1.26

13.9.1.5　氧化（发蓝）处理零件常见缺陷及检查

钢铁零件的氧化处理又称发蓝，是使零件表面生成一层很薄的黑蓝色氧化膜，以防锈蚀。如汽车上的气门弹簧、离合器压力板弹簧，缸盖螺栓、连杆螺栓等常做氧化处理。

（1）常见缺陷　氧化膜表面发花，有绿色或红色沉淀物，有针孔、裂纹、花斑点、机械损伤及氧化膜太薄等。

（2）质量检查

① 外观检查　观察外观有无上述缺陷，氧化膜颜色是否正常。根据零件材料不同，其颜色也有差异。碳素钢和低合金钢零件在氧化后呈黑色和黑蓝色，铸钢呈暗褐色，高合金钢呈褐色或紫红色，但氧化膜应是均匀致密的。

② 抗腐蚀检验　一般应根据使用要求进行氧化膜的抗腐蚀试验。可采用以下两种方法。

a. 将氧化零件放入 3% 的硫酸铜溶液里，在室温下浸泡 20s 后取出，用水洗净，在氧化膜表面上不得出现铜的红色斑点。

硫酸铜溶液的配制方法：将 3g 纯硫酸铜溶液溶解在 97mL 的蒸馏水里后，再加入少量的氧化铜，仔细搅拌均匀，然后将剩余的氧化铜滤掉即成。

b. 用酒精擦净表面，滴上硫酸铜溶液若干滴，20s 后不得出现铜的红色斑点。

13.9.1.6　磷化处理零件常见缺陷及检查

钢铁零件的磷化处理就是使零件表面获得一层不溶于水的磷酸盐薄膜。磷化处理比发蓝抗蚀能力强，并能提高零件表面的耐磨性，但有脆性。磷化处理所需设备简单，操作方便，成本低，生产效率高，所以汽车零部件如活塞等采用磷化的方法来提高其耐磨性。

（1）常见缺陷　磷化膜很薄、不均匀，结晶粗大、局部无磷化膜等。

（2）质量检查

① 外观检查　磷化膜应呈灰色或深灰色，结晶均匀、致密牢固、膜面完整。因对表面去油、除锈或喷砂不均匀、光洁度不同以及零件经过焊接或淬火等原因，允许磷化膜颜色不一致，但不允

许磷化膜呈褐色。

② 耐腐蚀性检验　可选用下述方法之一。

a. 硫酸铜溶液点滴法　在室温（15～25℃）下，用酒精擦净的磷化零件表面，滴几滴 3％的硫酸铜（化学纯）溶液，30s 后不得出现玫瑰红斑为合格。也可吸取少量的按以下配方制成的溶液，在室温下滴于磷化膜上：硫酸铜（$CuSO_4 \cdot 5H_2O$）为 71.05g；氯化钠（NaCl）为 132.9g；0.1mol/L 盐酸（HCl）为 13.2mL；蒸馏水为 986mL。根据膜层的厚度，观察液滴变色时间，见表 13-9。

表 13-9　点滴液变色时间

膜的类型	合格的变色时间/min	膜的类型	合格的变色时间/min
厚膜	≥5	薄膜	1
中等膜	≥2		

b. 氯化钠溶液浸泡法　将磷化零件浸入 3％的 NaCl 溶液中，在室温下保持 15min，取出用水洗净，在空气中干燥 30min，若不出现褐黄色的锈点为合格。

13.9.1.7　橡胶制品的常见缺陷及检查

橡胶制品的质量主要靠工艺保证。在生产和检验中常见的缺陷，有些虽属外观缺陷，但也反映了内在质量问题。在橡胶制品技术标准中，规定了允许缺陷的类别、数量、大小及部位，就是为了在保证使用质量的前提下，使一些只有小毛病的产品能合理运用或降等使用，不至于浪费。常见缺陷一般分为物理性和化学性两类。物理缺陷大多是因外力造成的，如修理时损伤、受压变形等，较易分析和鉴别。化学性缺陷的形成有下列多种原因。

（1）喷霜和喷硫　橡胶制品胶料中部分配合剂从内部析出到达表面，好像在外部均匀地喷了一层薄霜，称为喷霜。很多情况是胶料内部的硫析出表面，形成微小致密的结晶硫，即喷硫。通常将喷硫也包含在喷霜范围内。该缺陷大多是由于配料时配比不对，硫化时欠硫等造成的，影响其内在质量。

喷霜要和喷蜡区别开来，因为喷蜡是有意识地使胶料内部的少量蜡类配合剂等析出表面，甚至产品完工后喷上一层薄薄的蜡液，使产品表面与大气隔离，起物理防老作用，所以喷霜和喷蜡反映在外观上都是灰白色，但用手摸时能够区别，喷霜是一层细密的粉末，而喷蜡则有油腻感。

（2）缺胶和起泡　缺胶是指产品表面出现少胶、凹陷现象；起泡是指橡胶制品在生产或使用过程中，产生局部鼓起脱层现象。产生的原因主要是工艺方面造成的。

（3）老化和开裂　橡胶制品或生胶在使用和保管过程中，重要的力学性能，如弹性、机械强度、硬度、抗溶胀性能及绝缘性能发生变化，出现橡胶变色、发黏、变硬、发脆及龟裂等现象，以致失去使用价值，该现象为橡胶的老化。老化是橡胶的最大缺点，直接影响生胶及橡胶制品的性能和使用寿命。

老化一般是由于配方设计不好，保管不当（特别是阳光直射及大气中氧、臭氧的影响）、使用条件恶劣等原因造成的。天然橡胶制品老化以后，发黏现象多，而顺丁橡胶、丁苯橡胶、氯丁橡胶、丁腈橡胶制品老化后，主要表现为硬度增加。

开裂是指外力造成的机械性损伤，开裂多在局部。有些胶料耐撕裂性能差，扯断强度低，极易开裂，有的油封是用硅氟橡胶制造的，不耐撕裂，抗张力低。但其他性能很好，保管及使用装配时要特别注意。

（4）杂质和海绵　杂质是指原材料中胶料存在的杂物在硫化前未除去，硫化后呈现在制品表面，原因是原材料筛选不当等。海绵是指产品局部发生微小气孔现象，常常是许多小孔密布一团，表面有时发黏，原因很多，一般在炼胶工艺、硫化工艺上来解决。

（5）橡胶的简易鉴别法

① 相对密度和燃烧试验鉴别，见表 13-10。

② 浓硫酸浸渍试验鉴别，见表 13-11。试样厚约 3～5mm，宽约 5mm，浸入相对密度为 1.84 的浓硫酸内（10mL，装在试管内）观察变化，部分硫化胶内含碳酸钙，浸渍时产生二氧化碳气体，试验时应注意。

表 13-10 橡胶相对密度和燃烧试验鉴别

橡胶种类	相对密度	燃烧难易	火焰情况	试样状态	臭味
天然	0.9~0.92	易	黑烟、暗黄色	软化	天然橡胶特有臭味
丁苯	0.9~0.94	易	黑烟、暗黄色	软化	苯乙烯臭味
丁腈	0.9~1.00	易	黑烟、暗黄色	软化	类似蛋白质臭味
氯丁	1.2~1.25	稍难	黑烟、橙黄色	软化	盐酸臭
丁基	0.9~0.92	易	无烟、无尾的火焰	软化	带甜味臭
聚硫	1.3~1.60	易	无烟硫磺状	—	二氧化硫臭

表 13-11 橡胶浓硫酸浸渍试验鉴别

橡胶种类	浸 20min 及状态	浸 1h 水洗后状态
天然	变成赤褐色	灰白色,生胶不透明,硬脆,风干后带白色
丁苯	有气体,使刚果红试纸变蓝、变黑稍溶胀	表面硬脆,变黑色
丁腈	变褐色、溶胀	急剧溶胀、变赤褐色,破坏成硬质树脂状小粒
氯丁	带黑色	表面变色,硬而脆
丁基	不变	几乎不变,表面稍硬化
聚硫	看不出变化	看不出变化

13.9.2 再制造汽车零部件检验方法

从广义上讲，汽车零部件检测就是"通过观察和判断，必要时结合测量、试验或估计所进行的符合性的评价"。检测实际上就是用一定的方法，测定产品特性，并将其结果与质量标准进行比较，从而判断其合格与否。

再制造汽车零部件检测是指对某种再制造零部件的一个或多个特性，进行测量、检查或试验，并将结果与规定要求加以比较，从而确定每项特性是否合格的技术方法。因此，再制造汽车零部件的检测通常可归纳为外观检测与技术检测两种。为了做好再制造汽车零部件的检测工作，必须熟悉和掌握检测的方法。

(1) 外观检测 当今国外许多工业产品，包括汽车零部件已经达到了精雕细刻的程度。检测人员也应重视外观检测，促进生产厂家提高外观质量。

① 外观检测的内容 再制造汽车零部件检测的内容包括：核对零部件的车型、品名、规格、型号，检验零件的密封包装、产品标志和锈蚀变质等情况；检验零部件有无不符合产品技术要求、产品图样规定的外观质量缺陷等。

由于外观检验一般不依靠仪器设备，因此要求检测人员必须能够熟练地识别汽车零部件，掌握零部件密封包装和鉴别锈蚀变质的知识。一般对精度要求不高和对行车安全影响不大的零部件，或不便于进行技术检验的零部件，一般只在验收数量时进行外观检验。在外观检验时发现问题，再进行技术检验。

② 外观检测方法 再制造汽车零部件外观检测通常是借助检测人员的感觉器官，如凭眼看、手摸、耳听等来检测和判断零件技术状态的方法。这种方法简便易行，在实践中应用较广，车辆上差不多一半以上的零件，可用此法确定其技术状态。

a. 目测法 对于表面损伤的零件，如表面毛糙、沟槽、明显裂纹、刮伤、剥落（脱皮）、折断、缺口或破洞等损伤，零件的重大变形、严重磨损、表面退火或烧蚀，橡胶零件材料的变质等，都可以通过眼看、手摸或借助放大镜，观察、检验和确定是否符合质量要求。

b. 敲击法 车辆上部分壳体及盘形零件有无裂纹，用铆钉连接的零件有无松动，轴承合金与底板结合是否紧密，可用敲击听音的方法进行检验。即用小锤轻击被检验零件，如发出清脆的金属敲击声，说明技术状态良好；如声音沙哑，可以判定零件裂纹、松动或结合不紧。

c. 比较法 用新的标准零件与被检验的再制造零件相比较，从对比中鉴别被检验零件的技术状态。如用这种方法检验弹簧的自由长度和负荷下的长度，就可确定弹簧的技术状态。

外观检验，只是零部件验收的一项内容，不能代替几何尺寸、内在性能、可靠性等检查，但其简单易行，在产品供应业务中，完全也应该列入产品入库验收的日常工作。把外观检验抓紧抓好，在此基础上再开展好其他检验，以切实把好质量关。

(2) 技术检测　技术检测是指利用检验量具和仪器对零部件的再制造质量进行技术检查。由于技术检测是一项技术性较强的工作，要求检测人员必须熟悉检验所用量具和仪器的性能，掌握其检验的工艺方法和操作技能，熟悉汽车零部件的结构、性能，以及各零部件的技术标准，以提高检验的质量和效率。再制造汽车零部件技术检测一般有测量法和探测法两种。

① 测量法　通过量具或仪器检验器材的尺寸、加工精度，根据器材的技术标准，来确定零件是否合格。

常用的量具和仪器有：千分表、千分尺、游标卡尺、圆度仪、粗糙度仪、弹簧拉压试验器、汽车电气试验台等。使用这些量具和仪器检验准确、精度高。但要使用得当，同时使用前必须检查其本身的精度，正确选择测量部位。

② 探测法　对于隐伤，如曲轴、转向节等细微裂纹，用上述方法是无法检测的，必须通过其他途径进行检验。

a. 浸油敲击法　先将需要检验的零件浸入煤油（或柴油）中片刻，取出后将表面擦干，撒上一层白粉，然后用小锤轻敲其非工作面，如有裂纹，由于振动，浸入裂纹的油溅出，使裂纹处的白粉呈黄色线痕。根据线痕即可判定裂纹位置，浸油敲击法检查转向节如图 13-28 所示。

b. 磁力探伤法　磁力探伤是用探伤器将零件磁化，如零件表面有裂纹，在裂纹部位磁力线就会被中断而形成磁极，建立自己的磁场，若在零件表面上撒上细微颗粒的铁粉，铁粉被磁化吸附在裂纹处，从而暴露出裂纹的位置和大小，如图 13-29 所示。

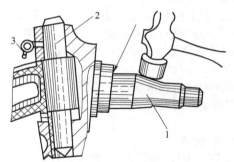

图 13-28　浸油敲击法检查转向节
1—转向节；2—主销；3—黄油嘴

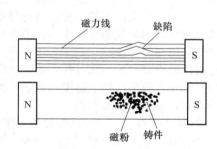

图 13-29　磁力探伤的原理

零件上的裂纹，可能是纵向的、横向的或任意方向的，对于不同方向的裂纹，需要用不同的磁化方向来检查。因为只有使磁力线垂直裂纹时，裂纹才会被发现；当裂纹方向平行磁力线时，裂纹不切断磁力线，裂纹两边不会产生磁极，不能吸附铁粉，也就无法发现裂纹。所以，利用磁力探伤器检查零件裂纹时，必须估计裂纹可能产生的位置和方向，采用不同的磁化方法：纵向磁化和环形磁化。检查曲轴轴颈的横向裂纹如图 13-30 所示，检查平行轴线的纵向裂纹如图 13-31 所示。

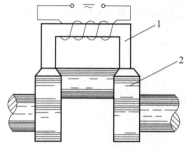

图 13-30　检查曲轴轴颈横向裂纹
1—马蹄形电磁铁；2—被检查的曲轴

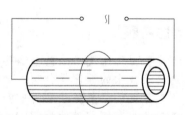

图 13-31　检查平行轴线的纵向裂纹

零件经磁化检验后，会留下一部分剩磁，必须彻底退去。否则，使用中会吸附铁屑，产生磨料磨损。退磁方法：如采用直流电磁化的零件，只要将电流方向改变，并逐渐减小到零，即可退磁；在实际工作中，为简便起见，也可敲击磁化零件的非工作面，达到退磁的目的。

磁力探伤只能检验钢铁零件裂纹的部位和大小，但检查不出深度。另外，对于有色金属零件、硬质合金零件等不受磁化，故不能用磁力探伤。

c. 荧光探伤及着色探伤　荧光探伤是在铸件被查表面上涂一层渗透性很强的渗透液（由85%的煤油与15%的航空汽油混合而成，在紫外线下发出强烈荧光，故称为荧光液），待渗透液渗入表面缺陷的孔隙内，擦去表面上剩余的渗透液，撒上显示粉（细滑石粉），这时渗入孔隙中的渗透液将因毛细管作用而被显示粉吸出，在暗室中用荧光灯照射，缺陷部位呈亮白色，从而显示出铸件上缺陷的形状和位置。

此法简单，不需专用设备，灵敏度高，能检查出极细的裂纹，但对铁磁性材料而言，油液渗透费时，不及磁粉探伤快，同时也不能检查表层内的缺陷。

着色探伤与荧光探伤相似，只不过是在渗透液中加入油溶性颜料（如苏丹3号），不需荧光灯照射，在普通灯光下可显示出缺陷的形状和位置，但灵敏度比荧光探伤低。

d. 压力试验　压力试验是用来检查铸件致密性的一种方法，如汽缸、汽缸盖等铸件一般都应经过压力试验。

压力试验通常是把具有一定压力的水或空气压入铸件内腔，若铸件有缩松、贯穿的裂纹等，水或空气就会通过铸件的壁渗透出来，从而发现缺陷的存在及其位置。试验的压力一般要超过铸件的工作压力的30%～50%。

用水进行压力试验称为水压试验。因水不是弹性体，试验时较安全、经济、方便，因此水压试验是压力试验中应用最多的一种。当铸件不易构成密封的空腔进行压力试验时，可倒入煤油来检查铸件的致密性。因为煤油黏度小，渗透性好，在铸件的外表面撒上细白粉，以发现煤油渗出的部位，即缺陷所在位置。

对钢件的内部缺陷，如气孔、缩孔、内部裂纹等可用射线探伤或超声波探伤。

（3）汽车零部件结构（强度或性能）类试验　零部件结构强度试验装置是汽车零部件试验装置的另一大类，可将其分为三类。

① 静强度试验　这一类试验设备主要由以下几种试验组成。

a. 静扭试验机　用于传动轴、半轴、变速器以及所有需要校核扭转强度的零部件。

b. 拉压试验　用于桥壳、车架、车身、前桥、传动轴等零部件的弯曲强度和刚度试验以及车身、弹簧等零部件的拉压试验。

② 振动疲劳强度试验　该类试验主要用于结构件的弯曲疲劳强度试验、扭转疲劳强度试验和拉压疲劳寿命试验，如车桥、车架、驾驶室、前轴等部件的弯曲疲劳寿命试验和半轴、传动轴、转向杆等零部件的扭转疲劳试验以及减振器、弹簧、车身等部件的拉压振动疲劳试验。其主要设备种类有：液压脉动疲劳试验机、机械式振动疲劳试验机和扭转疲劳试验机等。

③ 模态分析试验　这种试验设备是由激振器、传感器（位移和加速度）、电荷放大器、磁带记录仪及计算机数据处理系统组成，主要用于测试车架、车身、后桥等部件结构振动参数，如各阶振型、固有频率、阻尼等，以便发现设计的缺陷及改进方向，这在汽车开发中也是十分重要的。

 思考题

1. 何谓表面改性技术？包含哪些内容？
2. 热喷涂技术的原理是什么？有哪些特点？
3. 汽车零件的修复方法有哪些？
4. 再制造汽车零部件的检测方法有哪些？如何检测？
5. 增材制造技术是什么？有哪些优越性？

第14章
汽车拆解回收信息管理系统

　　随着汽车保有量的不断增加，如何减少报废汽车造成的固体废弃物污染和提高报废汽车再生资源的循环利用率已经成为汽车工业可持续发展的研究内容之一。目前，汽车制造商不仅要面对越来越严格的环境保护法规（包括报废汽车处理责任），而且还要面对消费者越来越成熟的环境保护意识，即消费者可能根据制造商是否参加环保活动和产品是否对环境产生影响而选择购置相应产品。

　　由于报废汽车的拆解问题不仅涉及环境保护，而且直接影响到汽车再生资源利用的效果。因此，汽车制造商向汽车回收业者、拆解业者和再生资源利用业者提供有关汽车拆解方法和零部件材料成分的信息与数据就成为推动报废汽车无害化和资源化处理的重要手段。在 20 世纪 90 年代的中期，国外有关汽车制造厂商就已经联合起来，开发了国际车辆拆解信息系统（IDIS，International Dismantling Information System）。

14.1　汽车拆解回收信息管理系统框架

　　国际车辆拆解信息系统（IDIS）软件是由欧洲、日本和美国的主要汽车制造商组成的 IDIS2 联盟支持开发的。其主要目的是为汽车拆解业者提供有益于报废汽车环保化处理和再生资源利用最大化的信息。该系统列出了有回收价值的零部件名称，确认了零件材料的成分，给出了发动机油、冷却液和变速器齿轮油等液体以及空调制冷剂和安全气囊的处理与拆解程序，甚至还可查询到 20 世纪 80 年代的某些车型的相关信息。

　　IDIS2 联盟成员已发展到 25 个，其中包括宝马、戴姆勒-克莱斯勒、福特、通用、本田等世界著名的汽车制造商。IDIS2 联盟开发出的车辆拆解信息数据库界面友好，除包含车辆基本信息外，还包括有回收价值的零部件拆解信息与拆解程序。

　　(1) IDIS 软件媒体形式及版本　IDIS 软件采用两种应用媒体方式，即光盘和网站。这些信息面向拆解业者、资源再生利用者和对此领域感兴趣的群体。IDIS 可以选择 30 种不同语言的版本，适用于 39 个国家和地区。

　　IDIS5.34 版数据库包括 69 个汽车品牌，1931 个年型和版本。最新数据可以从最新版本的 DVD 或网站上获取，IDIS 的网址是：www.idis2.com。

　　(2) IDIS 软件功能设计

　　① 功能模块　IDIS 有 11 个功能模块，由一个菜单和两个工具条来完成切换，见表 14-1。

表 14-1　IDIS 软件模块组成

序号	1	2	3	4	5	6	7	8	9	10	11
模块	厂商确认	车型查询	数据浏览	拆解数据	拆解工具	拆解报告	文件选择	参数选择	合同编辑	数据编辑	义务编辑

　　② 主要界面及信息格式

　　a. 主页　IDIS 主页由顶部的动态滚动条和左侧以国旗作为图标的语言选择工具条组成。主窗口上部是简单的关于 IDIS 文字介绍，如图 14-1 所示。

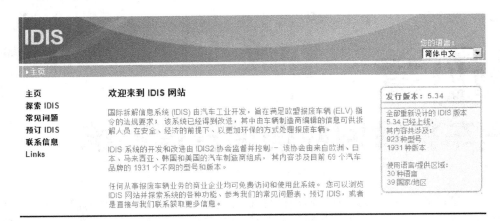

图 14-1　IDIS 主页界面

　　点击相应国家的国旗图标，进入 IDIS 搜索界面。IDIS 搜索界面由主窗口、顶部动态滚动信息条和左侧 IDIS 使用常识工具条构成。

　　主窗口以文本方式介绍了 IDIS 的功能和使用要求。左侧的使用常识工具条包括 9 个条目，分别是主页（Home）、IDIS 搜索（Discovery）、问题解答（F，A，Q）、订购样单（Order）、联系方式（Contacts）、联盟成员（Consortium）、意见反馈（Feedback）、版权声明（Copyright）和语言选择（Language）。点击"语言选择（Language）"条目，可返回到 IDIS 主页。

图 14-2　IDIS 车型目录界面

　　在 IDIS 搜索窗口中，有 IDIS 在线演示程序连接（IDIS Software Online Demo）。点击提示后即进入 IDIS 车型目录界面，如图 14- 2 所示。

　　b. 目录　IDIS 车型目录界面由左侧功能工具条和厂商标志及查询车型复选框组成。左侧功能工具条包括车型目录（Content）、浏览（View）、数据库（Database）、工具（Tools）、报告（Reports）、帮助（Help）和退出（Exit）等条目。

　　在 IDIS 车型目录界面上，可以选择厂商标志、复选品牌、年型和型号等参数确定查询车型，点击相应的功能菜单项目条，进入相关界面。

　　c. 浏览　点击"浏览"条目，首先进入的是"预处理部件组"界面。界面左侧有功能工具条；界面底部左端有 8 个部件组选项条；中部是窗口内容标题和页码，右端是部件拆解参数查询条。界面窗口内有要查询的车辆外形，顶部是车辆基本信息，右下角是窗口内容标题下子项内容的部件拆解信息查询图标。点击部件参数查询条中的带下划线的文字或点击部件拆解信息查询图标，将以文本方式显示内容，见表 14-2。

表 14-2　"预处理部件组"界面文本显示内容

序号	显示内容类别	内 容 说 明
1	系列号	用来确认部件所在系统,系列号由两部分组成,第一部分是小数点前的数字,表示部件的分组;第二部分是数字识别号,在某些情况下还有 1 个或多个字母。

续表

序号	显示内容类别	内容说明
2	部件名称	部件全名
3	基本信息	
4	固定方式	固定方式名称和数量
5	工具	拆除部件的工具名称;如果图标被显示,点击按钮则显示相应的工具图形。
6	方法	以文本方式介绍拆卸方法
7	注释	由制造商提供的关于部件拆除的说明
8	设置	显示删除文件名、协议名和义务要求等内容

如果部件以彩色显示,则可以点击激活。点击后可以显示部件相关信息,即自动显示系列号和部件名,同时其他的信息也相应地被调出。也可双击框格线文字,以显示与部件相关的内容。点击部件组选择图标可以阅览其他部件的矢量图,部件基本信息见表14-3。

表 14-3 部件基本信息

序号	信息类别	信息内容
1	部件通用性	特殊部件的识别标志,只对5门轿车或柴油车的特殊部件有效,对通用性的默认值是"全部"。
2	材料分类	分为9类材料,即丙烯腈-丁二烯-苯乙烯(ABS)、聚丙烯(PP)、聚氯乙烯(PVC)、聚氨酯(PUR)、聚酰胺(PA)、聚甲基丙烯酸酯/有机玻璃(PMMA)、聚乙烯(PE)和其他(Other)
3	材料成分	表示零部件制造所用材料,例如PE、Pb、酸
4	义务要求	指出部件拆除是否属应尽义务
5	数量	所选区域相同部件的数量
6	质量或拆除时间	单个部件的质量或体积,单位为g或mL;大约拆除时间,单位为s

点击部件组选项条可以选择相应的部件组,IDIS将部件组分为8类,见表14-4。拆解信息的数据格式见表14-5。

表 14-4 IDIS部件组分类

序号	部件组类别	应拆卸的部件说明
1	预处理部件	蓄电池、电瓶线、电瓶连接件、气囊、安全带涨紧器、空调系统、灯光仪表件、导航系统、通信系统、轮胎平衡块、燃油、机油、齿轮油、减震器油、转向助力器油、发动机滤芯、制动液、冷却液、车窗洗涤液、轮胎、催化器
2	门窗玻璃	风挡玻璃、后窗玻璃、门玻璃、车门饰件
3	外饰件	保险杠、前面罩、进气管、洗涤箱、车轮
4	仪表台	仪表台、中央饰件、贮物箱
5	坐椅	坐垫、靠背垫
6	内饰件	C柱饰件、B柱饰件、A柱饰件
7	发动机室饰件	进气管、空气滤清器箱、空气滤清器箱盖
8	行李舱	行李舱内饰件、手扣饰件

表 14-5 拆解信息的数据格式

序号	数据类型	拆解信息说明
1	零部件编号	Battery(零部件名称)
2	General Information(基本信息)	
3	Derivative(通用性)	All(全部车型)
4	Family(材料分类)	Pre-treatment(预处理组)
5	Materials(材料成分)	PP(聚乙烯)、Pb(铅)
6	Quantity(数量)	1
7	Weight(质量)	12500g
8	Marked(标记)	not marked(无标记)
9	Position(位置)	Front(前部)
10	Tools(工具)	
11	Impact Screwdriver(扳手)	

序号	数据类型	拆解信息说明
12	Fixings(固定方式)	
13	固定数量	Nut(螺母)
14	Method(拆卸方法)	
15	Screw off(拧下)	
16	Comment(说明)	

d. 数据 数据库界面左侧是功能工具条；窗口顶部显示车辆基本信息和部件组选项条；主窗口显示出与部件组选项条图表相对应的数据信息。点击部件组选项图标可以列出对应部件组的拆解信息。在部件组信息列表中，点击部件名称，则可以显示具体的零件拆解信息。

e. 工具 界面结构与"数据库"界面结构一样。窗口显示被选择当前激活区域拆除时所需工具列表。如果被选择工具的图形被存储在数据库中，其将在屏幕的右侧显示。否则，将出现"数据库中没有工具图形"提示。

f. 报告 IDIS系统提供不同类型和格式的拆解信息文件和拆解工作报告。报告类型有应拆解部件报告和已拆解部件报告。

对于应拆解部件报告，利用复选按钮，可以选择希望打印报告的格式，即文本格式或图形格式。文本格式有全部打印和选择打印方式之分。

对于已拆解部件报告，同样可以选择两种格式进行打印，即已拆除部件列表和材料回收校对单。

(3) IDIS文件编辑

① 选择文件

a. 文件选择

• 数据文件 目录包括当前国家或所有国家的数据文件名称，可以选择其一。

• 合同文件 目录包含所选择车辆建立的合同名称。选择时，将输出数据文件或合同。如确定为非选择功能，则不显示数据文件或合同目录。

• 义务文件 目录包含由所选国家或全部国家的义务文件名称。可以选择其中之一，也可以选择"无义务"，则不列出义务文件名。

b. 参数选择 利用这个窗口可以初始化当前语言，相关信息将以所选择的语言提供。在任何时候都可以改变这些参数，在文件菜单中设有"参数选择"项。

② 编辑文件

a. 合同文件 允许输入、输出、建立、修改和删除合同。合同文件是指定国家和所选车辆上应拆除部件列表，其主要内容见表14-6。

表 14-6 合同文件的内容

序号	合同内容	内容说明
1	合同名称	从下拉菜单中选择"合同名称"或从"NEW"选项中建立一个新的合同名称。必须按照下拉菜单所列特性选择车型，包括制造商、品牌、年型和参数。如果希望条款是国际化的，应该从"国家"下拉菜单中,选择"全部国家"
2	添加部件	显示车辆中所有被使用的部件,选择并添加到文件目录中
3	要求部件	显示在合同中所要求拆解回收的部件列表,选择添加到原列表中
4	数据操作	当从数据库改变或删除一个合同时,确认信息的出现
5	确认合同	确认修改信息,确认删除
6	输入/输出	输入功能是确保利用文本文件插入新的合同并进入数据库

b. 义务文件 允许输入、输出、建立、修改和删除义务文件。义务文件关系到某些对部件有要求的国家。例如，如果义务栏中被设置为"在英国"、"气囊"、"是"，意味着在英国气囊应该被拆解。义务文件的主要内容见表14-7。

表 14-7　义务文件的主要内容

序号	合同内容	内容说明
1	文件名称	从义务文件目录中选择现有的义务文件。在下拉菜单中选择"NEW"选项，并建立新名称
2	激活区域	在激活区域下拉菜单中选择一个区域，相关部件被展现在部件表中
3	国家	必须指定国家，并从国家下拉菜单中选择义务文件
4	输入/输出	输入功能允许在数据库中使用文本文件插入新的义务文件。输出功能允许建立一个包含义务文件的文本文件

（4）IDIS 主要特点　为了提高车辆的可回收性，需要加强汽车制造业、拆解业和循环利用之间的紧密协作。汽车制造商不仅应在汽车设计制造过程中对产品进行可回收设计和可拆解设计，而且拆解业者也应为循环利用者提供优质的再生资源。因此，拆解业作为车辆循环利用系统的重要环节，必须掌握报废汽车的拆解和可回收性。

① IDIS 的示范性　在国际汽车拆解标准化软件支持市场上，IDIS 是目前唯一以提供汽车拆解与再生信息为目的的应用软件，其数据库结构和和使用功能具有示范性。

② IDIS 的权威性　IDIS 以 25 家著名汽车制造商组成的 IDIS2 联盟为支撑，所提供的对报废汽车进行有益于环境保护和再生利用的拆解数据信息有权威性。

③ IDIS 的完备性　IDIS 提供的车辆零部件的通用性、材料分类、材料成分、数量、质量、标记、固定方式、固定数量、拆卸方法和拆解工具等内容，对车辆的再生利用提供了完备的数据与信息。此外，尽管有些汽车制造商出版了相应的汽车拆解手册或在网站上公布相关拆解信息，从而提供了良好的可扩展平台。

④ IDIS 的适用性　由于拆解业必须面对大量不同品牌和型号的报废车辆，因此，需要有与之相对应的容量大、数据全的信息平台支持。IDIS 囊括了 95％以上在欧洲市场销售的汽车品种，适用面广；其次，IDIS 提供信息的方式多元化，应用方便；再者，IDIS 版本不断的升级，应用持续有效。

14.2　汽车拆解回收信息管理系统信息采集

IDIS 系统的成功经验证明，专业的拆解信息发布平台是指导回收拆解企业安全、高效、环保地处置报废汽车的有效工具。信息平台是由行业第三方负责开发建设拆解信息系统，由汽车生产企业组织各车型拆解信息填报和发布，由具备资质的回收拆解企业以在线或离线方式查询便利的发布方式。汽车行业所有车型拆解信息均存储于系统服务器或光盘（每年更新）中，回收拆解企业只需登录系统便可查询预拆解车型的详细信息。

我国汽车行业已自主研发了"中国汽车绿色拆解系统"（CAGDS，China Automotive Green Dismantling System）。CAGDS 系统采用汽车生产企业填报、发布拆解信息，回收拆解企业在线或离线（光盘）查询的方式指导报废汽车的解体工作。

（1）CAGDS 概述　CAGDS 是为解决我国报废汽车拆解技术信息发布渠道和载体缺失等问题，由中国汽车技术研究中心构建的拆解信息发布平台，旨在支持政府主管部门的管理，协助整车企业编制拆解手册，落实生产者责任，指导报废汽车拆解企业安全、高效、环保地拆解报废汽车，提高我国报废汽车的资源综合利用水平。相比 IDIS，CAGDS 在预处理后的拆解阶段各总成、零部件的拆卸信息方面更加细化，强调有毒有害物质处置和材料标识；CAGDS 响应速度较快，具有拆解信息设置更加符合中国拆解行业的特点，操作方式更加符合中国用户使用习惯，操作也更加便捷。

（2）CAGDS 功能介绍

① 拆解信息填报　CAGDS 系统主界面如图 14-3 所示，拆解信息填报的流程为：创建品牌—创建车型—填报 DI—校验—发布。点击"拆解信息填报"菜单，右侧工作区会显示本企业品牌操作页面，用户可以对品牌进行"品牌中文名称"、"品牌英文名称"、"品牌 Logo"信息录入，点击【保存】按钮将品牌信息添加至系统数据库。选中某一品牌，点击品牌记录末尾的"查看车型"操

作，可进入该品牌下的车型创建与维护界面，点击添加车型，用户将车型信息输入对应车型属性中，点击【保存】按钮，可将车型信息录入系统数据库。添加完车型后，会关闭当前页面并返回车型列表页，可看到新添加的车型在列表中的显示。

图 14-3　CAGDS 主界面图

选中某一车型，点击填报 DI（Dismantling Information）。零部件 DI 信息包括：主要材料、紧固件、紧固件数量、拆解方法、回收利用途径、拆解注意事项、安全警示图标等内容。所有企业品牌、车型以及拆解信息的填报工作，均需在此功能菜单下来完成，如图14-4所示。

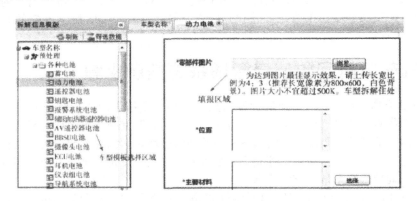

图 14-4　拆解信息填报页面

② 模板管理　CAGDS 是一个动态、模板化的软件系统。整个软件使用统一的自定义模板，该模板分为 3 级，第 1 级模板固定为"预处理"和"车身内外零部件拆解"，数量不可以动态定义；第 2 级模板为"预处理"和"车身内外零部件拆解"的各环节，数量可以动态定义；第 3 级模板为单个零部件。整车企业可以根据特定车型结构，进行相应勾选，点击确定按钮，仅显示勾选内容，如图 14-5 所示。

③ 车型校验与发布　车型拆解信息填写完毕后，需要对填报的数据进行校验和发布操作。只有校验通过并成功发布的车型，拆解企业用户才可以进行查询。目前系统只是针对部分零部件节点是否填报进行了校验，校验规则如下：预处理节点下的"各种电池"、"安全有关部件"、"燃料"、"空调制冷剂"、"废油液"、"催化转化器"、"轮胎"；拆解节点下的"玻璃"、"车身外饰件"、"仪表板"、"座椅"、"内饰件"、"发动机机舱区域"、"行李舱区域"为必填项。即上述节点中，必须包含一个以上填报过拆解信息的零部件叶子节点。

④ 导出拆解手册　CAGDS 的另一个突出功能是能够快速生成拆解手册。CAGDS 系统支持导

出 Word 和 PDF 两种格式的拆解手册，拆解手册分为两部分：其中一部分是对拆解车型、拆解场地、拆解注意事项的说明；另一部分是企业所填写的具体拆解信息。导出拆解手册功能一方面为整车企业进行拆解手册备案提供便捷，另一方面也便于拆解企业使用。

图 14-5　车型模板选择界面

（3）借助 CAGDS 编制拆解手册的优越性　对传统拆解手册编制的流程和借助 CAGDS 编制拆解手册流程进行对比分析，传统拆解手册编制流程如图 14-6 所示，借助 CAGDS 编制拆解手册流程如图 14-7 所示。

传统拆解手册编制涉及多个部门，如果某个环节出现问题，则难以满足法规要求，并且存在效率低、不可逆等弊端；而借助 CAGDS 编制拆解手册，整车企业可以根据系统提供选项，轻松完成填报、发布，拆解企业可在第一时间查询到整车企业发布的车型拆解信息。

（4）不同拆解信息发布模式之间的差异　当前由于缺乏良好

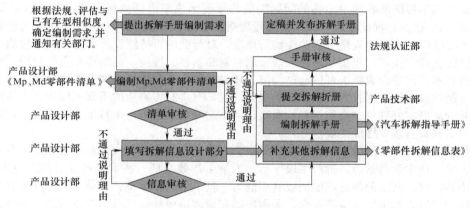

图 14-6　传统拆解手册编制流程

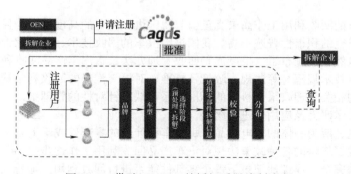

图 14-7　借助 CAGDS 的拆解手册编制流程

的拆解信息发布模式，拆解企业与整车企业沟通不畅，造成大量报废汽车得不到有效利用，不同拆解信息发布模式如图 14-8 所示。

企业可以采取寄送纸质版、企业网站发布以及使用统一的行业平台发布三种模式。对于纸质版文件，给企业带来较大的成本压力，但是发布效率低；对于企业网站公布模式，虽然可以降低企业成本，但是无法满足为拆解企业提供技术支撑的要求；对于行业统一平台，不仅可以帮助企业节约人力、物力，从容应对法规要求，还可以为拆解企业提供切实的技术指导，实现报废汽车精细化拆解的目标。

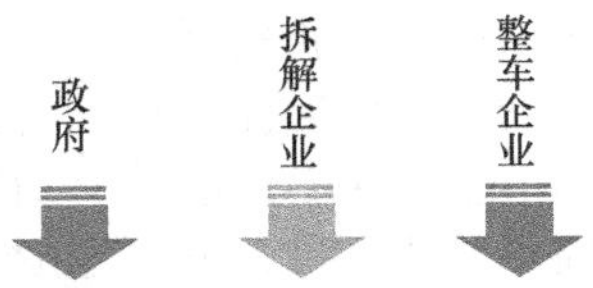

图 14-8　拆解信息发布模式对照图

14.3 汽车拆解回收信息管理系统设计与实现

（1）我国汽车拆解回收利用面临的问题　近几年我国汽车市场高速发展，2013 年，我国汽车保有量突破 1.37 亿辆。据此推算，汽车报废量接近 200 万辆。汽车产业在生产环节大量地消耗了自然资源，报废后还将产生规模空前的废物与垃圾，对行业的可持续发展提出了严峻挑战。汽车工业作为我国的支柱产业，每年都要消耗大量金属材料和塑料、橡胶、玻璃等非金属材料。金属材料的回收利用技术目前较为成熟，可以通过经济、环保的技术工艺得到合理有效的利用。非金属材料的再利用是制约我国汽车回收利用率提高的主要因素，有毒有害物质的不规范使用也直接影响了我国汽车产品的环境友好性。非金属材料性质稳定，不易降解，由于再生技术或回收成本的限制，大部分非金属材料被直接填埋或焚烧。

我国长期以来对再生资源回收利用产业的意义、作用在认识上存在偏差，忽视报废汽车回收拆解的科技含量，技术装备落后，拆解手段原始，拆解生产效率低，技术储备及更新改造能力薄弱，缺乏对车用新材料、新零部件总成的回收利用能力，且二次污染严重。目前仅有个别回收企业引入了绿色环保和"以人为本"的生产理念，采用废油和废液集中抽取、车架液压剪切、车体翻转和气动拆解等一系列新工艺和新装备，降低和控制作业过程对环境的污染，减轻作业人员的劳动强度，提高作业效率。

同时，报废汽车的回收利用工作尚未真正引起我国汽车企业的高度重视，目前参与报废汽车回收利用技术及工艺研究的积极性普遍不高。我国报废汽车的回收技术、标准及管理尚未形成系统体系。相关政府部门虽然相继颁布了《报废汽车回收管理办法》、《汽车产品回收利用技术政策》、《报废汽车回收拆解企业技术规范》等法规、政策及标准，对报废汽车的回收利用管理做出规定，但仍未建立系统、有效的相关管理政策及科学的标准体系，缺乏针对性的管理细则；同时，作为支持汽车高效回收利用的技术研究及应用也进展缓慢。

汽车是集机、电、液为一体的机电产品，每款车型涉及的零部件成千上万，涉及的材料也有千余种。国家可持续发展战略的各种政策法规对汽车产品回收利用工作逐步提出了严格要求，然而靠传统的人工方法无法完全、详细地记录下每个零部件能否进行回收利用。随着我国信息化产业的高速发展，汽车行业已经具备了一定的信息化管理经验。如何利用现代信息技术加强对汽车产品的回收利用管理已经成为政府部门、整车及零部件生产企业共同关注的问题。

（2）国外汽车回收利用信息化管理经验　目前，国外发达国家都先后制定了相关的法律、法规和技术标准等，对报废汽车回收、拆解和再利用及新车型的可回收利用性设计和禁用有毒有害物质等进行规范和引导，创造显著的社会和经济效益。2000 年 9 月 18 日，欧盟发布《报废汽车技术指令》（2000/53/EC），其内容涉及汽车产品的设计、生产、材料、标识、有害物质的禁用期限、回收体系的建立等，开始将报废车辆的回收利用纳入法制化的管理体系；随着材料技术的进步，欧盟又相继于 2002 年 12 月 27 日、2005 年 9 月 20 日和 2008 年发布了《2002/525/EC 指令》、《2005/

673/EC 指令》和《2008/689/EC 指令》,对 2000/53/EC 中的附件 Ⅱ 进行了修改。欧盟各成员国按照欧盟指令 2000/53/EC 的要求,积极推动报废汽车的回收利用工作,成员国已将有关要求转化为各自的法律法规,并自 2006 年 12 月起对 M1 和 N1 类新车进行禁用物质管理,按《关于型式认证中车辆可再使用性、可再利用性和可回收利用性的指令》(2005/64/EC)实施汽车可回收利用率认证。日本国会于 2002 年 7 月通过了《关于报废机动车再资源化等的法律》(简称《汽车回收利用法》),于 2005 年 1 月 1 日起正式实施,同时确定了相应的"实施令"和"实施细则"。美国对废轮胎的收集和运输要求注册和许可的州有 35 个,比例为 70%;对废轮胎的收集和处理设备进行注册和许可的州有 46 个,比例高达 92%;针对汽车零部件的再制造,联邦贸易委员会颁布了《再制造、翻新和再利用汽车零部件工业指南》,要求政府采购项目中优先选择再制造的汽车零部件及相关材料等。

为实现各国回收利用法规的要求,应提升汽车产品的回收利用率,推广环保材料,建立有效的数据管理系统、完善控制措施。欧盟从 20 世纪 90 年代开始着手建立国际材料数据系统(IMDS)及国际拆解信息系统(IDIS)等公共信息平台。这些系统极大地方便了生产企业掌握零部件材料信息,快捷、准确地进行产品设计、环境影响分析、可回收性设计和可回收利用率计算,在设计生产中提高汽车零部件的可拆解性和可回收性,为报废汽车的拆解提供技术信息支持,使汽车生产企业与回收利用企业形成一个有机整体,在满足法规要求的同时,提高其产品的环境友好性和市场竞争力。

与此同时,国外各大汽车企业为了满足法规关于可回收利用率的要求,保证人身安全和保护环境,已经开始基于 IMDS 等公共信息平台建立企业内部的零部件及材料信息系统。德国大众汽车公司建立自己的 MISS 系统(Material Information Systems,材料数据系统)、VERON 系统(车型回收利用率计算系统)来管理本企业的汽车材料数据信息和回收利用信息。同时,MISS 系统还支持与 IMDS 之间数据的接口与交换,如图 14-9 所示。美国通用汽车公司也建立了本企业汽车回收利用信息管理系统 MACOS(材料合成系统)。与大众汽车公司不同,通用公司没有建立企业材料数据系统。通用公司将 IMDS 的材料数据和车型的物料单同时输入到自行开发的 MACOS 系统中,由 MACOS 系统计算出车型的回收利用率。MACOS 系统是通用汽车公司的内部工具,可用于链接 BOM 和材料数据,还可用于建立材料数据文档和分析,如图 14-10 所示。

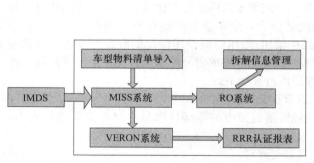

图 14-9 德国大众汽车回收利用管理体系

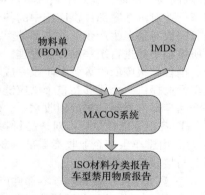

图 14-10 美国通用汽车回收利用管理体系

目前国外开展汽车回收利用的信息化管理起步较早,已经积累了比较丰富的经验。在众多信息系统的支持下,到目前为止除非金属材料外,多数金属材料的回收技术及手段相对成熟。当前欧盟国家的汽车可回收利用率已达到 95%,材料的再利用率达 85% 以上,不仅节约了大量资源,极大地降低了汽车制造、使用及回收利用过程中的二氧化碳排放量,也减少了汽车废弃物的处置量。以日本为例,日本报废汽车废弃物的 50% 以上可以再次进入材料循环系统。目前日本汽车的实际回收利用率已达到 95%,填埋量不到 5%。

(3)我国的汽车回收利用管理体系 国际组织纷纷制定管理体系标准,指导企业建立和实施管理体系。对于汽车生产企业，回收利用工作应重视汽车全生命周期循环再生利用活动信息对研发过程的反馈，以确保可利用资源的有效利用，这需要在研发阶段研究可再生材料，设计可拆解结构；在制造过程中，研发和应用各种可循环技术；在使用阶段，为经销商建立可再用部件信息系统，促进汽车可用零部件的循环利用；在报废阶段，研究有效的汽车拆解技术，提高报废汽车残余物的利用率。然而，我国现有的关于汽车回收利用管理方面的管理体系并不完善，近年出台的回收利用相关法律法规及标准规范见表14-8。

表 14-8　近年出台的回收利用的相关法律法规及标准规范

序号	层　面	法律法规标准名称	实施日期
1	基本法律	中华人民共和国固体废物污染环境防治法	2005.4.1
2		中华人民共和国循环经济促进法	2009.1.1
3	管理办法	报废汽车回收管理办法	2001.6.16
4		汽车产品回收利用技术政策	2006.2.6
5		机动车辆类(汽车产品)强制性认证实施规则	2008.1.1
6		汽车禁用物质和可回收利用率管理办法	即将实施
7	标准规范	道路车辆可再利用性和可回收利用性计算方法	2004.11.1
8		报废机动车拆解环境保护技术规范	2007.4.9
9		汽车塑料件、橡胶件和热塑性弹性体件的材料标识和标记	2008.7.1
10		报废汽车回收拆解企业技术规范	2009.1.1
11		汽车禁用物质要求	2014.6.1

对于汽车回收利用企业，回收利用过程涉及人员、设施、设备、环境、安全的管理，现有的管理体系标准也不能完全覆盖相应的管理活动。因此，需要提出面向汽车生产和回收利用企业的回收利用管理体系标准，促进汽车生产企业更好地开展回收利用工作。针对汽车回收利用信息化管理建设，国家也应及时出台相关的鼓励政策和规范措施，从而为各企业避免重复投入和资源浪费提供合理引导。

（4）回收利用信息化管理平台的设计　中国汽车材料数据系统（China Automotive Material Data System，CAMDS）是为贯彻《汽车产品回收利用技术政策》、实施汽车产品回收利用率和禁用/限用物质认证，提高中国汽车材料回收利用率而开发的产品数据管理平台。CAMDS能够帮助汽车行业对汽车零部件供应链中的各个环节和各级产品进行信息化管理。借助该系统，零部件供应商可完成对整车生产企业的零部件产品填报与提交，表明零部件的基本物质与材料的使用情况，并对所填报产品进行统一的分类管理。在此数据的基础上，整车企业能够在产品的设计、制造、生产、销售和报废回收等各个阶段完成对车辆产品中禁用/限用物质使用情况的跟踪与分析，为我国汽车行业提供一个能够在整个供应链中跟踪零部件产品化学组成成分的解决方案，全面提高我国汽车产品零部件材料的报废回收水平。CAMDS的适用范围如下。

① 各级零部件供应商对产品材料数据的填报与提交等操作。

② 由整车生产企业收集零部件材料信息，对权限范围内的零部件产品的材料数据进行查询、浏览与接收确认等操作。

③ 整车生产企业对汽车零部件产品的回收性进行管理。

④ 整车企业对汽车零部件产品中禁用/限用物质的使用情况进行跟踪与管理。

⑤ CAMDS与其他产品数据系统，例如IMDS（国际材料数据系统）或企业使用的PDM（产品数据管理）、ERP（企业资源计划）系统等之间的数据共享与交换等操作，如图14-11所示。

针对CAMDS的主要适用范围，针对CAMDS数据库进行模块化设计，主要包括产品管理模块、数据管理模块、安全性管理模块及其他功能模块等，如图14-12所示。通过这些模块，能够以B/S方式实现CAMDS的各项功能。

CAMDS的主要功能包括：产品填报功能，产品发送与接收确认，数据统计功能，用户权限管理，与其他系统的数据共享与交换等，其客户端界面如图14-13所示。

（5）利用CAMDS实现汽车回收利用的信息化管理

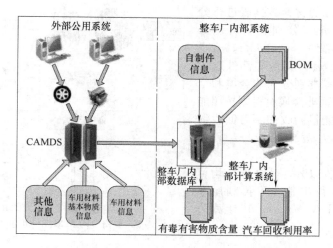

图 14-11 CAMDS 与企业内部系统的数据交换

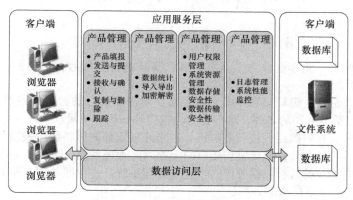

图 14-12 CAMDS 数据库模块化设计

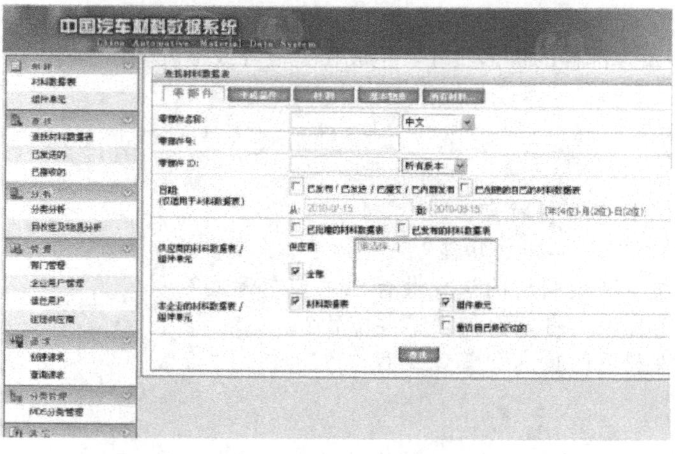

图 14-13 CAMDS 客户端界面

① 信息化管理依据及目标 对于整车生产企业，汽车回收利用的信息化管理包含很多方面，包括研发、设计、认证、采购、销售等，而实现信息化管理的基础则是搜集和记录整车的材料数据信息进而计算出整车的回收利用率。按照《道路车辆可再利用性和可回收利用性计算方法》（GB/T 19515—2004）的要求，企业首先需要根据汽车零部件的类别对 CAMDS 中已批准的供应商的材料

数据表和本企业自制件的材料数据表进行分类，分为 m_p，m_D 和 m_0，分别表示可预处理、可拆解、其他零部件。m_p，m_D 和 m_0 之和即为该整车的质量 m_V。其他零部件进行粉碎处理后，按照材料类别分为非金属和金属（m_M）材料两类，而非金属材料则按照能否进行材料循环、可能量回收和不可回收继续分为 3 类，分别称为 m_{T_r}，m_{T_e}，m_{N_o}，如图 14-14 所示。

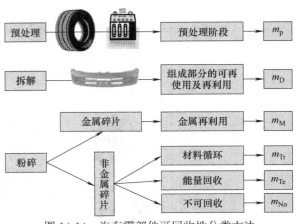

图 14-14　汽车零部件可回收性分类方法

除了 m_{N_o} 不可回收以外，其余部分均可回收。最终目标即为得出整车可再利用率（R_{cyc}）和可回收利用率（R_{cov}），其计算公式为：

$$R_{cyc} = \frac{m_p + m_D + m_M + m_{T_r}}{m_V} \times 100\% \tag{14-1}$$

$$R_{cov} = \frac{m_p + m_D + m_M + m_{T_r} + m_{T_e}}{m_V} \times 100\% \tag{14-2}$$

② 信息化管理流程　整车企业为了达到管理汽车零部件可回收性的目的，需要基于 CAMDS 依次完成以下几方面工作。

a. 为一级供应商企业注册 CAMDS 账号，并要求其按照规定的时间节点发送材料数据表，材料数据表中的信息包括零部件的名称、零部件号、供应商代码、质量、数量、材料种类、成分等。

b. 对供应商发来的材料数据表进行数据审核，对通过审核的材料数据表进行批准。

c. 建立能与 CAMDS 进行数据交换和接口的企业内部管理系统，录入相关车型 BOM 表。

d. 将 CAMDS 中批准的材料数据表导入本企业管理系统，并对照某款车型 BOM 表中的零部件号确认材料数据表是否为整车全部表单。

e. 依据标准的规定，对该车型的全部材料数据表进行分类与标识，并对不可预处理和拆解的部分按材料进行分类。

f. 计算整车、分总成的回收利用率和可再利用率，生成相关报告或报表。

g. 分析多款车型及零部件的可回收性，生成相关报告或报表。

 思考题

1. IDIS 是什么？具有哪些特点？
2. CAGDS 是什么？具有哪些功能？
3. 我国近年来汽车回收利用的法规及标准主要有哪些？
4. CAMDS 是什么？适用范围包括哪些方面？
5. 简述汽车回收利用的信息化管理流程。

参 考 文 献

［1］ 储江伟．汽车再生工程［M］．北京：人民交通出版社，2013．

［2］ 钱苗根，姚寿山等．现代表面技术［M］．北京：机械工业出版社，1999．

［3］ 金秉吉，陈静怡．汽车修理企业设计［M］．北京：人民交通出版社，1985．

［4］ 许平．汽车维修企业管理基础［M］．北京：电子工业出版社，2005．

［5］ 赵文轸，刘琦云．机械零件修复新技术［M］．北京：中国轻工业出版社，2000．

［6］ 戴冠军．汽车维修工程［M］．北京：人民交通出版社，1998．

［7］ 张春和．汽车常耗零部件的识别与检测［M］．北京：化学工业出版社，2006．

［8］ 李德才，曲洪亮，江振．汽车零部件再制造工艺研究［J］．森林工程，2007，23（5）：29-32．

［9］ 陈家瑞．汽车构造［M］：上、下册．北京：机械工业出版社，2005．

［10］ 上海大众汽车有限公司编著．中国轿车丛书［M］：上海桑塔纳．北京：北京理工大学出版社，1998．

［11］ 中国汽车工业协会．旧机动车鉴定评估与回收估价计算方法及拆解工艺标准应用手册［M］．北京：中国人民交通出版社，2008．

［12］ 边焕鹤．汽车电器与电子设备［M］．北京：人民交通出版社，2006．

［13］ 朱胜，姚巨坤．再制造设计理论及应用［M］．北京：机械工业出版社，2009．

［14］ 徐滨士．装备再制造工程［M］．北京：国防工业出版社，2013．

［15］ 朱胜，姚巨坤．再制造技术与工艺［M］．北京：机械工业出版社，2011．

［16］ 储江伟，金晓红，崔鹏飞，等．国际汽车拆解信息系统的特点和应用［J］．汽车技术，2007，（2）：43-45．

［17］ 徐树杰，徐耀宗，董长青．报废汽车绿色拆解信息化管理研究［J］．汽车工业研究，2014，（2）：32-35．

［18］ 宁淼，徐耀宗，董长青．我国报废汽车拆解信息发布方式探索［J］．绿色科技，2014，（2）：149-151．

［19］ 储江伟，金晓红，崔鹏飞，等．报废汽车拆解信息系统软件设计分析［J］．中国资源综合利用，2007，25（2）：37-40．

［20］ 夏训峰，席北斗．报废汽车回收拆解与利用［M］．北京：国防工业出版社，2008．

［21］ 徐耀宗，董长青．基于CAMDS的汽车回收利用信息化管理研究［J］．中国制造业信息化，2011，40（17）：24-28．